中国教育出版传媒集团
高等教育出版社·北京

Vegegraphy of
**Guangzhou Haizhu**
National Wetland Park

# 广州海珠

## 国家湿地公园植被志

主编 周婷

副主编 蔡莹 范存祥 陈子豪

名誉主编 彭少麟

编者名单

主　　编　　　　周　婷

副　主　编　　　　蔡　莹　范存祥　陈子豪

名誉主编　　　　彭少麟

编　　委　　　　赵恒君　李梦姣　朱宇晨　劳旋文　庄　滢　曾广宏
　　　　　　　　范圣琦　龚　楫　林志斌　潘楚婷　谢惠强　廖玉箐

广州海珠国家湿地公园已于2023年2月成功列入国际重要湿地名录，是全国唯一一个地处超大城市中轴线上的国家湿地公园，可为广州这一超大城市的可持续发展提供必需的生态系统服务，也是城市社会经济发展与生态建设平衡、人与自然和谐发展的重要支撑。湿地植被是湿地生态过程的重要基础，研究湿地植被对湿地公园的保护、管理与利用，无疑是最重要的基础性工作。

《广州海珠国家湿地公园植被志》详实研究了海珠湿地的植物群落类型；特别是，鉴于传统的湿地植被分类不适合城市湿地复合植被的情况，该专著提出了城市湿地植被新体系，这对城市湿地植被志研编是一个很好的示范。与此同时，该书还特别关注了湿地的生态系统服务和生态恢复，这都是城市植被研究中必不可少的探索途径。

该专著基于的野外调查和数据采集，不仅依赖于科研工作者，还借由科考大赛的形式，采纳了经规范培训的参赛队伍提供的部分数据。这种科研和科普相结合的模式，进一步加深了社会各界人士对植被生态学的认识，在自然教育的形式和内容上是一种值得推广的尝试。书中提出的城市湿地植被的分类框架，也是对城市湿地植被理论的有益探索。

2023年2月于北京大学

城市湿地公园植被是城市湿地发挥生态系统服务功能的基础，也是城市可持续发展的生态保障。已有一半以上全球人口居住在城市中，城市已然成为我们人类的家园，城市化进程的不断加快和超大城市群的产生，使得各种各样的生态和环境问题愈发突出。而城市湿地公园的生态效益，已成为维持城市良好的生态环境、保障经济持续发展的关键。

粤港澳大湾区是超大城市群与生态系统叠加的复合生态系统，实现人与自然和谐发展，建设充满活力的世界级城市群具有重大战略意义。广州海珠国家湿地公园是中国特大城市中规模最大、保存最完整的生态绿核。然而，历史上海珠湿地植被受到了城市化进程加快的严重影响。从2012年起至今，经过生态修复，海珠湿地已产生巨大的生态、经济与社会效益，并荣获第12届"迪拜国际可持续发展最佳范例奖"，成为中国生态文明建设和粤港澳大湾区城市可持续发展的经典案例。

《广州海珠国家湿地公园植被志》是基于对海珠湿地所有植物群落类型进行科学调查、定位和分类形成的专著。目前湿地公园植被志鲜见，大部分是以植物名录的形式记载，湿地植被的相关书籍多侧重于自然保护区、河流等自然生境，缺乏城市湿地公园植被的专著。特别值得一提的是，城市湿地公园植被是由自然植被和人工植被组成的复合植被类型，不适用于传统的湿地植被分类方法，需要在分类体系上有所突破和创新。我很高兴地看到这本书做了深入的、创新性的思考，这在学术上对城市植被的分类具有重要的参考价值。该书可为中国湿地及城市植被的资源调查提供一个优秀的案例。

该书的出版，还依托了由中山大学、广州海珠国家湿地公园和广东省国土空间生态修复协会共同主办的"粤港澳大湾区海珠湿地植被生态修复科考大赛"，超过500名来自粤港澳三地知名高校和科研院所的师生、社会各界植物爱好者以及自然教育专业志愿者参与了本次大赛。大赛的成功举办，打造了一种科研和科普有机结合的新模式，培养了社会各界对植被的理解，为粤港澳大湾区的生态文明建设做出了积极贡献。

相信该书的出版，必将发挥重要的科研教学作用，同时也将对城市生态系统管理、生物多样性保育和退化生态系统恢复等方面发挥重要的作用。更加令人欣慰的是，该书为中国湿地公园植被志的撰写提供一个参考样例，具有特殊的意义。

2023年1月

前言

城市湿地公园是"纳入了城市绿地规划系统的适宜作为公园的天然湿地类型，通过合理的保护利用，形成保护、科普、休闲等功能于一体的公园"，包含了湿地自然生态系统结构和城市的人工生态系统结构，从而体现出复合生态系统的服务功能。对城市湿地公园的有效管理和建设，可以平衡城市湿地自然保育和人工恢复的关系，为城市可持续发展提供重要的支撑。特别是在城市化进程加速发展的今天，城市湿地的生态和社会效益更为重要。

湿地是生物多样性最高的生态系统类型之一，丰富的动植物群落、珍稀濒危的物种等，为科学研究提供了物种和基因的多样性，在科学教育、生命科学研究、生物保护和生态学研究中都具有十分重要的意义。城市湿地承载着维护城市生态平衡和改善人居环境等多方面的重要功能，不仅有高度异质化的生境，生物的组成也和自然湿地有较大的差异。而随着当今经济快速发展等客观因素影响，城市湿地空间也越来越复杂，城市化造成的围垦开发、污染和生物入侵等环境问题使城市湿地生境结构和物种组成发生变化，容易发生生物多样性锐减和生态功能退化。因此，对城市湿地进行有效的保护和管理，是促进城市湿地乃至城市焕发新的生命力的重要前提。

湿地植被是城市湿地公园实现其湿地功能和科教文化服务功能的重要保障。城市湿地公园植被兼具自然植被和人工植被的综合特征，是在自然演替和人为干预下发展而来的群落，与自然湿地植被和完全人为构建的公园植被相比有显著的独特性。一方面，城市湿地由于用地历史或人为干扰的原因，除了残存的原生自然植被外，还可能带有大量围垦开发的农业植被和填湖种植的陆生植物，不同群落的生境属性、物种组成和来源皆有差异，具有较高的异质性；另一方面，植被的设计要满足公园内湿地保育、游览观赏和科教文化服务等不同功能的需要，因此群落保育或改造的目标也有显著差异；除此之外，城市湿地公园植被兼具水生植被和陆生植被的特性，需要关注其生境、物种和功能的异质性。在当前城市湿地公园的建设潮流下，植物的选种和群落配置固然重要，但进一步了解在群落水平上植物的结构空间分布的规律，是增强城市湿地公园的植被恢复保护和生态系统功能服务的必要基础。因此，针对城市湿地公园植被这一独特的植被，在理论上做出系统分类，在实践上梳理其结构与功能的关联，是城市湿地公园管理的重要步骤。

广州海珠国家湿地公园位于海珠湿地范围内，是广州第一个国家湿地公园和广东省唯一一个国家重点建设湿地公园，是中国特大城市中心规模最大、保存最完整的生态绿核，被誉为广州"绿心"，曾获评"2016年度中国人居环境范例奖"、第12届"迪拜国际可持续发展最佳范例奖"，并于2022年成为全国首个入选IUCN绿色名录的国家湿地公园。而在2012年，这里还是一个濒临"消失"的万亩果园，经过几年的生态恢复，华丽蜕变为"具有全国引领示范意义的"国家湿地公园，再到"全球标杆性城央湿地"，无疑树立了一个生态恢复的典范。海珠湿地生态环境良好，生境质量优良，生物多样性丰富，湿地保护工作成效显著，初步实现了湿地保护恢复、宣传教育、科研监测及合理利用等目标。

　　本书尝试提出城市湿地公园植被的分类体系。该分类体系在充分体现城市湿地植被的生态特征之余，也满足了其在不同层次的识别和管理需求。该体系以新一代中国植被分类系统为基础，充分参考了《中国湿地植被》一书，以及公园用地和农业用地的分类经验，同时反映了海珠湿地的现状。"植被型"主要依据生境和功能进行分类；"植被亚型"是针对植被的外貌特征差异与人为设计功能进行再分类；"群系"的分类充分体现了湿地植被的异质性与功能多样性，命名由优势种＋生境特征限定词进行命名；"群丛"通过列出各层（或层片）的优势种（或建群种）的种名进行命名。基于此分类体系，本书记录了海珠湿地3个植被型、16个植被亚型、共70个群系144个群丛，覆盖植被面积近6 km$^2$。本书详细描述了它们的外观、生境与物种组成，同时配合地图展示它们分布的位置与面积大小。在对海珠湿地植被调查的基础上，本书以城市湿地公园植被为背景，讨论海珠湿地提供的部分生态系统服务及价值。笔者希望通过对海珠湿地植被的分类探索、植被分布空间格局分析，结合海珠湿地的生态价值服务案例分析，在城市湿地公园植被的研究与实践上做出创新尝试，一方面为海珠湿地等一批城市湿地公园的生物保育、生物多样性保护、生态系统服务功能的改善和自然科普教育等工作提供依据；另一方面，为中国乃至全球的城市湿地公园植被的分类与研究提供参考。

　　由于城市湿地公园植被的结构复杂性和功能多样性，海珠湿地植被调查的工作量不亚于野外植被调查。自2020年开始，笔者进行了持续2年多的野外调查，获得大量样方数据，拍摄了上千张反映群落外貌、结构和优势种的照片，撰写了近万字的野外考察笔记。在此过程中，我们还通过科考大赛的形式开展了"科学研究 – 社会实践 – 科普活动"三位一体的全新尝试，同时培养了一批植被科学的人才。"粤港澳大湾区海珠湿地植被生态修复科考大赛（以下简称"植被大赛"）"由中山大学、广州海珠国家湿地公园、广东省国土空间生态修复协会联合主办，超过500名来自粤港澳三地知名高校院所的师生、社会各界植物爱好者以及自然教育专业志愿者踊跃报名，最终来自广州、深圳、佛山、香港、澳门等地的45支参赛队伍、354人进入植被大赛初赛。本书编委会依据国家科技基础性工作专项"《中国植被志》编研"所提出的中国植被最新的编研规范，对所有参赛队伍成员进行了植被调查及志书编写的专业培训。各队伍累计前往海珠湿地进行实地考察千余人次，调查了221个群丛，递交了大量的记录数据与群落图片，给海珠湿地植被调查带来帮助。

　　除本书编委外，参与调查的还有陈京锐、熊亲戴、吴飞、朱慧玲、林安幸、刘健伊、隋媛、张莉、周婉诗、王晓静、邓浩晖、赵文胜、王海波、周若琪等，在此对各位的辛勤工作表示感谢。本书也收录了部分参赛队伍的样方数据，包括6号队伍（胡洪江、黄维荣、冯文静、陈秋燕、陆健、邱健梓、赖宇星）、8号队伍（虞文龙、陈星亮、冯浩源、巩秋月、韩浩媛、李漪铧)、9号队伍(石珍执、罗绮泳、张颖昕、冯敏昭、林楚彬、陈东豪、余嘉怡)、10号队伍(孙芝倩、庞兴宸、陈景锋、陈梓宜、赵俊)、15号队伍[魏蜜(指导教师)、王奥成、戴智安、王宁、黄丽雯、李金洪、王健]、16号队伍(吴海煜、王懿鸿、谢芸帆、谢诗韵、王汝、张泓、谢嘉杰、李玎)、22号队伍(陈志洁、李思怡、何玉琳、卢燕丹、周梦雅、廖依、林珊玉、杨智中、李晓荣、赖丽萍)、42号队伍[周婷(指导老师)、李柯翰、李浩、单荣旭、梁城睿、蒋宗琏、廖秋嫦、陈晓滢]、44号队伍(林嘉颖、周先叶、周桂伶、庞敏媚、黄林涵、黄子璇、刘清华、蔡柳金、庄欣怡)、45号队伍(庄祺媛、邹小娟、刘亚、徐靖杭、朱佳颖、朱岚)。感谢以上参赛队伍的数据使本书的基础数据库得到进一步充实。在此,向上述各位以及在野外调查和编研过程中提供帮助但未提及姓名的许多同行,表示衷心的感谢!

本专著的出版得到了多方面的经费资助,包括"国家科技基础资源调查专项(2019FY202300)""国家公园建设专项(2021GJGY034)""广东省自然资源厅项目(GDOE[2019]A50)";此外,广州海珠国家湿地公园和广东省国土空间生态修复协会等单位亦为本专著出版提供了宝贵支持,在此一并表示感谢。

周 婷

2023年1月于中山大学康乐园

目录

# 第1章
# 海珠湿地的生境特征及植被概况

# 1.1 海珠湿地生境特征

## 1.1.1 地理位置与湿地分区

海珠湿地位于广州市中心的海珠区东南部,广州市海珠区最繁华的地段,广州新中轴线南端,广州市中央核心城区最大的江心洲上,地理位置为113°18′40″~113°21′50″E,23°02′58″~23°04′53″N,是以广州海珠国家湿地公园为主体,广州市内规模最大、保存最完整的生态绿洲,被称为广州的"南肾"。海珠湿地属于珠江水系,水源补给主要来自与珠江连接的感潮河涌——石榴岗河,进入海珠湖后,经西碌涌和北濠涌流入珠江后航道。

海珠湿地总面积为11 km²,包括广州海珠国家湿地公园、上涌生态科学园和其他湿地保育地。其中广州海珠国家湿地公园范围包括海珠湖、湿地一期、湿地二期、湿地三期、生态保育区5个地块,总计面积为8.69 km²。海珠湿地内根据管理需要,分为公众开放区、限制开放区和湿地保育区。借助高分二号卫星于2020年所摄影像及高德建筑分布数据,经由监督分类和人工识别,形成了海珠湿地范围及广州海珠国家湿地公园分区情况示意图(图1-1)。

公众开放区面积约1.4 km²,主要包括上涌生态科学园和海珠湖,是公众游览休憩和欣赏湿地美景的好去处;限制开放区面积约2.7 km²,主要为新光快速路以东、华南快速干线以西的区域,区域实施入园人流限制。限制开放区内以河涌和埭基果林湿地为主,搭配少量园林景观植物,具有游览和湿地保育的双重功能;湿地保育区面积约6.9 km²,主要为华南快速干线以东的湿地区域,不对外开放,主要以湿地生态农业植被为主,主要功能为湿地保育、开展科研工作和提升生物多样性。

## 1.1.2 地质地貌

广州市的地质地貌,在构造单元上属华南褶皱系粤北、粤东北–粤中拗陷带的粤中拗陷区;市内大面积

分布花岗岩类岩石,西南部为沉积地层,南部为三角洲沉积及花岗岩类台地。广州市地势东北高、西南低,背山面海,北部为森林集中的丘陵山区,最高峰为北部从化区与龙门县交界处的天堂顶,海拔为1 210 m;东北部为中低山地,典型的如白云山;中部为丘陵盆地,南部为沿海冲积平原,为珠江三角洲的组成部分。

海珠湿地规划区主要发育有三组断裂构造,分别为北东向、北西向及东西向断裂。以北东向北山断裂、北西向陈边断裂、北亭断裂和东西向新洲断裂为代表。前第四纪地层主要为元古代云开岩群(PtY.)和白垩纪红层,元古代云开岩群主要岩性为片岩、片麻岩、石英岩、变质砂岩及粉砂岩等。早白垩世白鹤洞组($K_1bh$)岩性主要为粉砂岩、细砂岩、粉砂质泥灰岩与灰质泥岩、泥灰岩互层,含薄层或团块状石膏,厚214.8~970.8 m。晚白垩世三水组($K_2\hat{s}$)主要岩性为砂砾岩、砂岩、泥岩、灰岩,含团块状、树枝状石膏等。厚82.5~680.3 m不等。晚白垩世大塱山组($K_2dl$)岩性主要由砂砾岩、砂岩、粉砂岩、泥岩、泥灰岩组成。厚69.3~517.1 m。第四纪地层主要为全新世桂洲组,为海陆交互相沉积,厚度一般小于50 m。海珠湿地岩浆岩以侵入岩为主,出露面积约0.5 km²。岩性由弱片麻状–片麻状细粒黑云母二长花岗岩、局部细粒(斑状)黑云母二长花岗岩组成,岩石呈灰白色,局部深灰色,同时发育有从基性—酸性的各种类型的岩脉,火山岩不发育。

海珠区地势总体平坦,全区地势北高南低,最高处的圣堂岗海拔为54.3 m,东南部海拔均在10 m以下;其中2/3的面积属珠江三角洲冲积平原,其余1/3为低丘、台地;平原主要分布在东部和东南部地区。海珠湿地规划区,处于海拔10 m以下的东南部区域,可划分为两种地貌类型,即花岗岩台地和冲积平原。冲积平原区属于珠江三角洲平原的一部分,地势低平,由河流相与滨海相相互作用、冲积和淤积而成,局部分布剥蚀残丘;花岗岩台地散布在冲积平原中,

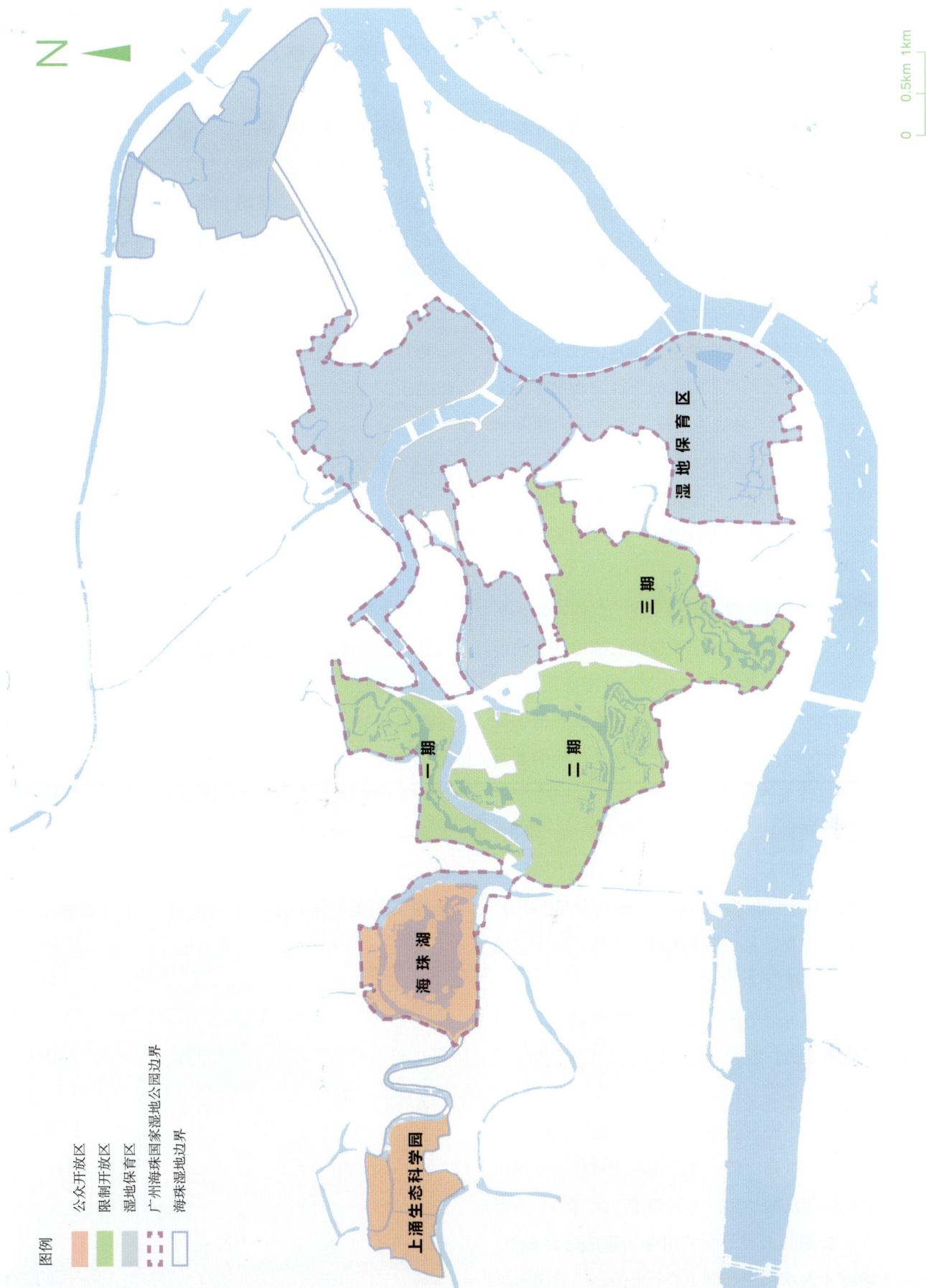

湿 地 保 育 区

三 期

一 期

二 期

海 珠 湖

上 涌 生 态 科 学 园

N

0 0.5km 1km

图例
公众开放区
限制开放区
湿地保育区
广州海珠国家湿地公园边界
海珠湿地边界

⌃ 图1-1
海珠湿地范围及
广州海珠国家湿地公园分区情况

大多由花岗岩和少量红色岩系组成。

### 1.1.3 气候

海珠区属南亚热带海洋性季风气候，光照充足、雨量充沛、年温差小、干湿季节明显。由于海珠区位于北回归线以南，故光热资源充足，年平均日照时数超过1 500 h；年平均气温在22.4 ℃左右，7月气温最高，平均气温为28.7 ℃，1月最低，平均气温为13.8 ℃。由于受城市"热岛效应"影响，西北部人口稠密区比东南部果林区气温要高。海珠区年平均降水量为1 780~1 900 mm，全年湿润。由于受季风气候影响，海珠区降水量季节变化明显，每年4月至9月底为雨季，集中了全年降水量的80%以上；10月至次年3月偏干燥、少雨，雨量一般少于年降水量的20%。海珠区夏季多东南风，冬季多北风，年平均风速2.0 m/s；年平均相对湿度75%；无霜期大于340天。

冬夏季风的交替是海珠湿地突出的气候特征，冬季受东北信风控制，偏北风因受极地大陆冷气团向南伸展而形成，较干燥和寒冷，有时会有寒潮、霜冻、冰冻等灾害；夏季分别受来自太平洋的东南热带季风和来自印度洋的西南季风的影响，偏南风因受南部两个洋面热带海洋暖气团向北扩张的影响，形成了高温、潮湿的气候特征，并伴随有台风、暴雨、雷电、强对流等常见灾害天气。季风的转换时间随不同年份会有些差别，夏季风转换为冬季风一般在每年9月份，而冬季风转换为夏季风一般在每年4月份。海珠湿地主要气象灾害是暴雨和寒冷灾害。

根据海珠区每月平均气温和平均降水量，可绘制海珠区气候图（图1-2）。

### 1.1.4 土壤

海珠区地处广州市南部，是广州市南出口，其土壤成土过程受广州市整体东北高西南低的地势、南亚热带季风气候、密布的河流以及长期的人类开发利用等因素的综合影响。全区土壤可分为水稻土和潮土2个土类，以及潴育型水稻土、潮土、湿潮土3个亚类。

按土层结构特征分类，海珠湿地土体属多层结构，土层较复杂，以淤泥、淤泥质土、淤泥质砂为主，含贝壳、蚝壳、腐木、少量可塑黏性土和稍密-中密砂土为主。海珠湿地土壤为三角洲沉积土，属潮土中的湿潮土亚类。湿潮土成土母质是珠江三角洲河流冲积物，具有耕作层乌黑油润，蓄水、保水力强，肥力持久，耕性良好，水、肥、气协调等特征；湿潮土是长期栽培蔬菜、高度熟化的农业土壤，经长期人工耕作，土壤熟化程度高。湿潮土分布于海珠湿地全部范围。

### 1.1.5 水文

海珠区四面环水，由西向东流淌的珠江前、后航道将其包围。珠江前航道从白鹅潭起至黄埔港，总长为23.2 km，珠江后航道从白鹅潭往南，经洛溪大桥、官洲岛至黄埔港，总长为27.8 km。前航道与后航道在落马洲分出的沥滘水道和三枝香水道在黄埔港附近汇合后折向东南，与东江北干流相汇后流入狮子洋，再经虎门入海。水系分为琶洲岛片、共和围片、石榴岗河南部片、石榴岗河北部片、北濠涌-石溪涌片及独立河涌片共6片，通过连通和梳理水系构成海珠区"六环七线"格局和相互联系又相互独立的水网系统。全区主要河涌总计62条，总长116.78 km，按照河流分支进行分类，有主干涌18条、支干涌13条、支涌31条，全部为感潮河涌

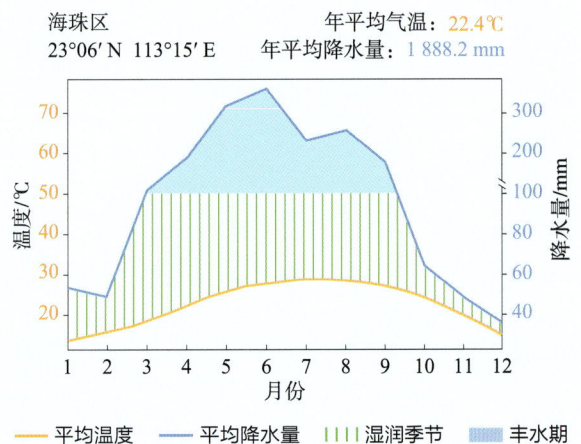

海珠区         年平均气温：22.4 ℃
23°06′ N 113°15′ E    年平均降水量：1 888.2 mm

平均温度    平均降水量    湿润季节    丰水期

▲ 图1-2
海珠区气候图

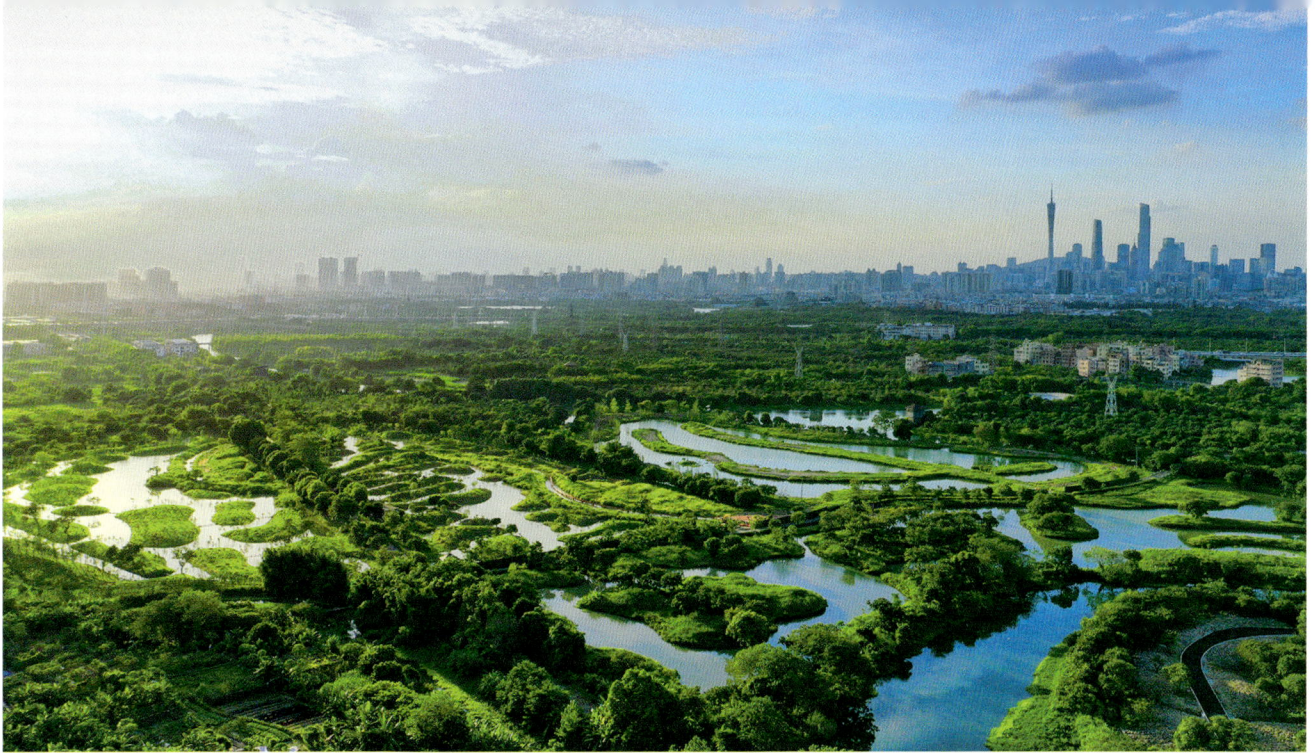

▲ 图 1-3
海珠湿地水系俯瞰图

且大多为断头涌。其中水流量较大的河涌有：主干涌中的石榴岗河、黄埔涌；支干涌中的赤沙涌、海珠涌、北濠涌、土华涌等（图1-3）。

海珠湿地主要由海珠湖和约40条河涌组成，属于典型的江心洲与河涌（河流、涌沟）果林镶嵌而成的复合型湿地生态类型。其水源补给包括感潮河道潮汐水和大气降水。潮汐为不规则半日潮，年平均涨潮、落潮潮差均在2.0 m以下，属弱潮河口。潮差年际变化不大，年内变化则较大。潮汐水主要由主干涌石榴岗河流入，在海珠湖停留后，经两条支干涌西碌涌和北濠涌流入珠江。同时，海珠湿地内的潮汐水分配主要由两端与石榴岗河连接的支干涌土华涌实现，其连接着支涌东头涌、西头涌、西江、芒围涌、新围涌和黄冲涌等6条河涌，在湿地内通过独具岭南水乡特色的三角洲湿地网络进行水资源的进一步分配。大气降水也是海珠湿地的重要水源补给，其年降水量约为1 783.8 mm，降水冬春少，夏秋多，汛期（4—9月）降水量占年总量的80.6%，其中又以5、6两月降水量最为集中；海珠湖和密布的河涌与果林镶嵌复合湿地系统在其中发挥着非常重要的雨洪调蓄作用。

## 1.2 海珠湿地植物资源与影响植被结构的因素

### 1.2.1 海珠湿地陆生植物资源

海珠湿地记录有维管植物148科、835种。由于面积有限，加上地带性植被——南亚热带季风常绿阔叶林基本丧失，海珠湿地陆生植物多样性相对较差，但此处拥有较为丰富的湿地植物和果树资源，植物多样性非常丰富。

1. 海珠湿地野生陆生维管植物

海珠湿地记录到的野生陆生维管植物涵盖93科、204属、287种。其中，蕨类植物9科、9属、10种，裸子植物2科、2属、2种，被子植物82科、193属、275种。考虑到海珠湿地地处我国第三大城市的中心，其保存的野生陆生维管植物资源可谓十分丰富。

2. 海珠湿地栽培的土著陆生维管植物

目前调查到的海珠湿地栽培的土著陆生维管植物涵盖40科、61属、79种。其中，蕨类植物1科、1属、1种；裸子植物2科、2属、2种；被子植物37科、58属、

76种。虽然种类不多，但是保护价值显著。

有部分广州市自然分布（野生）的土著陆生维管植物，目前在广州市郊外已经很难见到，包括重要的优质用材树种、药用植物、花卉、果树等。海珠湿地注意收集和保存这些重要的植物种质资源，使它们得到及时保护和拯救。目前已经收集保存了广州市的土著陆生维管植物60余种，主要有荔枝 *Litchi chinensis*、龙眼 *Dimocarpus longan*、黄皮 *Clausena lansium*、阳桃 *Averrhoa carambola*、番石榴 *Psidium guajava*、楝 *Melia azedarach*、华南蒲桃 *Syzygium austrosinense*、水石榕 *Elaeocarpus hainanensis*、假苹婆 *Sterculia lanceolata*、人面子 *Dracontomelon duperreanum* 等。

## 1.2.2 海珠湿地湿地植物资源

湿地植物包括湖滨带植物和水生植物两大类。前者分布于水分较丰富的湖滨带，可以短时期内浸泡在水中，也可以短时期内忍耐土壤干旱，但是它们的正常生长则需要土壤有较高的含水量，所以它们分布在土壤水分较充足的湖滨带；水生植物则基本上一生都要浸泡在水中，甚至它们的开花、传粉、结实、种子散布等繁殖过程都要在水中进行，离开水生环境就会出现明显生长不良，并可能最终死亡。

在海珠湿地内的湖泊、天然河道以及主要沟渠中调查到湿地植物170种，隶属于52科、109属，占广州市239种湿地植物的71.1%。其中，蕨类植物3科、3属、3种；裸子植物1科、1属、1种；被子植物48科、105属、166种。

在170种湿地植物中，包括158种野生湿地维管植物，隶属于44科94属，占广州市239种湿地植物的64.4%。其中，蕨类植物3科、3属、3种；被子植物41科、91属、151种。被子植物中，双子叶植物28科、46属、64种；单子叶植物13科、45属、87种。这些湿地植物是广州市湿地生态系统的土著物种，经过千百万年来对广州市气候及湿地环境的适应，在湿地生态系统中发挥着重要的作用。

1. 海珠湿地野生湖滨带维管植物

调查表明，海珠湿地内，主要生长在湖滨带的野生土著维管植物有114种，占广州市172种野生湖滨带维管植物的66.3%。这些植物对海珠湿地的生态系统的维持具有重要的作用。其中，蕨类植物2科、2属、2种；被子植物26科、69属、112种。被子植物中，双子叶植物22科、39属、53种；单子叶植物4科、30属、59种；其中种类最多的科是莎草科（31种）、禾本科（21种）、菊科（8种）、玄参科（8种）、十字花科（4种）、蓼科（4种）、千屈菜科（4种）和天南星科（4种）；其他18个科仅有1~3种。

2. 海珠湿地野生水生维管植物

对于湿地生态系统来说，水生植物具有最重要的生态价值。调查表明，尽管地处我国第三大城市的老城区，但由于河道水网等湿地发育，海珠湿地内现在还分布着40种野生水生植物，即：金鱼藻 *Ceratophyllum demersum*、莲 *Nelumbo nucifera*、睡莲 *Nymphaea tetragona*、穗花狐尾藻 *Myriophyllum spicatum*、轮叶狐尾藻 *Myriophyllum verticillatum*、水马齿 *Callitriche stagnalis*、虻眼 *Dopatrium junceum*、水苦荬 *Veronica undulate*、黄花狸藻 *Utricularia aurea*、水虎尾 *Dysophylla stellatus*、水毛珍珠菜 *Pogostemon auricularia*、无尾水筛 *Blyxa aubertii*、有尾水筛 *Blyxa echinosperma*、黑藻 *Hydrilla verticillata*、冠果草 *Sagittaria guyanensis* ssp. *lappula*、野慈姑 *Sagittaria trifolia*、水蕹 *Aponogeton natans*、菹草 *Potamogeton crispus*、眼子菜 *Potamogeton distinctus*、马来眼子菜 *Potamogeton malaianus*、南方眼子菜 *Potamogeton octandrus*、箭叶雨久花 *Monochoria hastata*、鸭舌草 *Monochoria vaginalis*、菖蒲 *Acorus calamus*、浮萍 *Lemna minor*、紫萍 *Spirodela polyhiza*、狭叶香蒲 *Typha angustifolia*、田葱 *Philydrum lanuginosum*、翅茎灯芯草 *Juncus alatus*、灯芯草 *Juncus effusus*、笄石菖 *Juncus prismatocarpus*、荸荠 *Eleocharis dulcis*、龙师草 *Eleocharis tetraquetra*、水虱草 *Fimbristylis miliacea*、萤蔺 *Scirpus juncoides*、水葱 *Schoenoplectus tabernaemontani*、稗 *Echinochloa crus-galli*、

芦苇 *Phragmites australis*、大芦 *Phragmites karka*、苹 *Marsilea quadrifolia* 等，占广州市野生水生维管植物的 59.7%。这些植物种类，将作为未来海珠湿地重点加强管护和繁育的对象。

### 1.2.3 海珠湿地重要的热带果树种质资源

广州是多种重要岭南果树的栽培起源地与种植基地。海珠湿地拥有大量湿地垛基果林，维护和保育了许多本土果树种质资源，体现重要的经济文化价值。

1. 广州热带果树种质资源概况

岭南为我国南方五岭之南的地区，相当于现在广东、广西全境，以及湖南、江西等省部分地区。岭南地区处于承受东南热带季风前沿的低山丘陵地带，具有热带、南亚热带海洋性气候特点。因全年气温较高、雨水充沛、水热条件十分优越，所以岭南水果（特别是热带水果）品种繁多，味道也特别，一年四季都有鲜果上市，故有"岭南佳果"的盛誉。

自秦汉以来，广州就是岭南的政治、经济、文化中心，同时是多种岭南果树栽培起源地之一和主要种植基地之一。广州处于荔枝、龙眼、甜橙、毛叶榄等果树起源和品质形成中心范围之内，现有果树品种（包括野生、半野生、栽培品种）500多个，分属于41科、82属、174个种及变种，经有关部门认定列为地方品牌的有37个品种。

2. 海珠湿地果树种质资源多样性

海珠湿地的前身为万亩果园，是广州市海珠区内一个果树种植面积达 1 000 hm$^2$ 以上的大型水果生产基地，是国内唯一地处现代都市中心且规模庞大的果树林，拥有悠久的栽培历史，已成为岭南水果的传统产区；所产的石硖龙眼、红果阳桃等十多种岭南水果，由于品质优良而驰名中外。

根据历史数据和本次调查统计，万亩果园拥有40种果树（达79个品种）。仅3种即巨峰葡萄、猕猴桃 *Actinidia chinensis* 和菠萝 *Ananas comosus*（包括无刺卡因菠萝 *Ananas comosus* 'Smooth Cayenne' 和糖心菠萝 *Ananas comosus* 'Tangxin'）为非乔木植物，并且这3种果树在本区域种植面积小，因此万亩果园也可称为万亩果林。在万亩果园中种植面积较大的果树有荔枝 *Litchi chinensis*、龙眼 *Dimocarpus longan*、阳桃 *Averrhoa carambola*、黄皮 *Clausena lansium* 等四大果树，每种果树下辖众多品种。

3. 海珠湿地果树种质资源价值

万亩果园种植了荔枝、龙眼、阳桃、黄皮等四大果树，均为岭南水果的代表，拥有极为丰富的种质资源；此外，亦有众多香蕉、杧果、番石榴、番木瓜等热带果树优良品种，集中展现了广州乃至整个岭南水果主要资源。珠江三角洲地区一直以来是我国南部尤其岭南地区最早开发的区域，一直生产热带水果，优质贡品不断，形成了悠久而独特的岭南水果文化。而位于海珠湿地的万亩果园则是珠江三角洲城市群中唯一一个面积达万亩的果树林，是在城市中展示岭南水果文化的绝佳之地。因此，海珠湿地将会成为广州乃至珠江三角洲展现城市文化的重要名片。

### 1.2.4 影响海珠湿地植被结构的因素

海珠湿地位于广州市市中心，其植被结构主要受土地开发历史和植被恢复工作影响。

1. 土地开发历史

广州市地带性植被主要残存于北部白云山地区，而南部珠江三角洲有着悠久的开发历史，因此仅残存部分水生植物和栽培果树种质资源。南部珠江三角洲残存的最大部分即为海珠湿地（主体为由河网密布的三角洲湿地上发育的万亩果园）。河网密布的万亩果园不仅拥有丰富的岭南水果种质资源，也是我国南方重要的湿地植物的保护地。

2. 植被恢复工作

海珠湿地于2018—2020年进行植被恢复，包括自然恢复和人工辅助自然恢复两种方式。在人为干扰不大、土壤种子库丰富的区域采取自然恢复方式，即采取封禁手段，对湿地修复区域通过封育措施恢复林草植被。在人为干扰强度大、采取自然恢复方式效果较慢时，规划采用人工辅助自然恢复方式，即采取种植湿地内原有乡土植物改善生境的方式进行群落结构配置和优化，恢复湿地植被的外貌、结构及功能；在恢复后期，以自然恢复为主。因此，恢复后的植被是在半自然果林–河涌–湖泊等构成的复合湿地生态系统的基础上丰富湿地植物和陆生景观植物，生境异质性相对较高，组成上相比原始的果林植被会更为多样复杂。

# 1.3 海珠湿地植被研究背景

海珠湿地位于中国特大城市——广州市的中心城区，是在权衡价值超过万亿的土地商业开发和生态保护之后，通过湿地保护修复、改造丢荒果园恢复建立起来的 1 100 hm² 城央湿地公园（相当于3个纽约中央公园，4个伦敦海德公园）。20世纪80年代，随着经济社会发展和城市化进程的加快，万亩果园慢慢被城市包围，空气、水质、土壤被污染，直接影响果树生长与收成，加之房地产开发等多种因素导致万亩果园面积不断萎缩，环境破坏不断加剧。为拯救万亩果园，2012年获国务院批准成为全国首例"只征不转"生态实施项目，一次性征地成为海珠湿地；2015年通过国家湿地公园试点验收，成为广州市第一个国家湿地公园、广东省目前唯一的国家重点建设湿地。海珠湿地内的半自然果林–河涌–湖泊复合湿地生态系统中残存部分水生植物和栽培果树种质资源，与修复工程中人工种植的水生或陆生植物相互交错，形成多样而独特的植被群落。

由于城市湿地公园的高度异质性和较强的人为干扰，城市湿地公园植被成为一种十分独特的植被，不能单纯地概括为城市湿地植被或公园植被。作为城市湿地公园植被的代表以及城市生态恢复的典范，海珠湿地至今未有完整植被调查，现有植被调查多以植物名录的形式记载，未能清楚了解其在群落水平上的结构空间分布。植被是支撑区域生态平衡的基础，只有充分地认识植被，才可以合理利用和改造植物群落，提高植物的生产力，并使植被生态与人文等服务功能最大化。通过对海珠湿地植被进行调查、分类以及对湿地内多种生态系统服务价值的探索和研究，能为海珠湿地的生物保育、生物多样性保护、生态系统服务功能的改善和自然科普教育等工作提供参考依据，同时也在城市湿地公园植被的研究与实践上作出创新的尝试。

# 第2章
# 海珠湿地植被分类依据与分类体系

一个地区的植被是该地区所有植物群落的总和。植物群落（phytocoenosium/phytocommunity/plant community）是由一些植物在一定的环境条件下所构成的一个总体，其中植物与植物之间、植物与环境之间具有一定的相互关系，并形成一个特有的内部环境或植物环境（王伯荪与彭少麟，1987）。植物群落不仅指自然形成的群落，还包括为满足人类需求而人工栽培且具有一定植物种类组成和结构的群落。

只有正确认识植被的特点及发展规律，才能有效控制、利用与改造自然生态系统，提高植物的生产力，使生态与人文等植被功能得以有效发挥。植被分类被视为植被研究最复杂的问题之一。随着研究的不断深入，其概念、方法、成果及应用也在不断更新。要正确认识植被，必须要从研究植被的各种类型开始，并对植被类型加以划分和归类，根据不同植物群落的固有自然特征将其分别纳入一定的等级系统中，从而实现同组群落属性尽量相似、不同组的群落尽量相异的目的。通过植被分类，我们不仅能更加方便地对比各个植被类型之间的相似性和差异性，还能更好地深入认识特定地区的植被特点及其与其他地区植被的联系。由于地域差异及学术思想等因素，不同国家或地区逐渐发展出不同的植被分类理论，也由此衍生出各式各样的植被分类系统。随着植被研究的深入，植被分类研究仍然是植被生态学领域中的一项重要任务（van der Maarel 等，2017）。

## 2.1 植被分类依据

通过植被分类，最终达到能够识别、描述常重复出现且相对离散而均一的植物聚集体的效果，并建立起它们之间的联系。植被往往随环境的变化而变化，但这些变化又会在不同程度上受到人类发展史上必然及偶然事件的影响。因此，依据哪种理论进行植被分类，都需要结合当地的具体实际情况进行综合的考量。

虽然各种植被分类依据不尽相同，但它们都有一些共同的观点。Ellenberg将各种分类依据总结为植被本身的特点、植被以外的特点及植被与环境结合的特点（Ellenberg and Mueller-Dombois，1974）。

植被本身的特点包括外貌和结构的标准、植物种类的标准、数量关系的标准（群落系数）三方面。特定的植物种类不仅组成了特定的植物群落，同时也决定了群落的外貌特征及结构特征。因此，在进行植被分类时，应首先将植被本身的特点作为划分依据，尤其是植物群落的优势种、建群种及共建种。

植被以外的特点包括顶极群落、生境或环境、群落的地理位置等方面。特定的植物群落往往分布在特定的生境中，具有一定的地理分布范围。植物群落会在一定程度上影响生境，同时生境也直接影响和制约了植被的生长与分布。因此，植被以外的特点也是划分群落类型的一个重要依据。

植被与环境结合的特点是通过分析得到的。可通过单独分析植被和环境成分，然后把它们联系起来；或通过植被和环境的联合分析，强调机能上的相互依赖性。

随着植被分类研究的逐步深入，植被分类系统也需要具有更加完整的涵盖范围、稳定的分类单位及相对透明的构建过程。另外，现有的植被分类系统能否满足使用者的需求，其应用性能否得到进一步的增强，也是当今植被分类领域所要面临的新挑战（van der Maarel等，2017）。

## 2.2 植被分类方法与系统

植被群落研究开始于19世纪初，德国植物学家Von Humboldt和Bonpland首先提出以生长型划分植被类型（Von Humboldt and Bonpland，1807）；1872年Grisebach把气候与植被分类关联起来，之后Clements、Braun-Blanquet等众多学者进行进一步的植被分类研究，并提出自己的植被分类系统（Grisebach，1884；Clements，1905；Braun-Blanquet，1928）。但200多年来，国际上没有统一的植被分类方法，不同国家或不同地区的植被分类方法和分类系统不尽相同。德国、奥地利、日本等国多采用Braun-Blanquet的植被分类系统。随着人们对群落的认识不断加深，在植被分类过程中，依据的原则和方法变得更加全面，而不仅是集中在单一的方法上。英国植被分类系统高级单位的划分依据是生态外貌，低级单位的依据是区系特征，中级单位简略，符合当地植被特征。

现阶段被广为采用的植被分类方法主要有外貌分类（physiognomic classification）、生态-外貌分类（eco-physiognomic classification）、结构分类（structural classification）、植物区系分类（floristic characteristic classification）、优势度分类（dominate type classification）、演替分类、数量分类（numerical classification）等（王伯荪，1987；宋永昌，2011）。

1. 外貌分类

外貌分类是较常用的群落分类标准之一，近几十年被广泛采用。根据演替理论，任何一个区域，最终会形成外貌相同的顶极群落，因此每个区域都存在着一定的主要外貌群落。1806年Humboldt首先按外形发表了第一个植物生长型（growth form）的分类，后经过Auguest Grisebach、Anton Kerner、Oscar Drude和Eduard Rübel等生态学者的修正补充，主要植物群落外貌类型归纳为森林（forest）、林地（woodland）、密灌丛（scrub）、草地（grassland）、稀疏干草原

（savanna）、灌木稀疏干草原（shrub savanna）、树丛（groveland）、稀树草地（parkland）、草甸（meadow）、干草原（steppe）、草甸性草原（meadow-steppe）、真草原（true steppe）、灌丛干草原（shrub-steppe）、草本沼泽（marsh）、木本沼泽（swamp）、荒原（fellfield）（王伯荪，1987；姜汉侨，2004）。

2. 生态–外貌分类

生态–外貌分类的特点是：直观具体，并能反映气候条件。一般而言，在较大范围或洲际尺度上，气候是决定陆地植被类型及其分布的最主要因素，植被则是气候最鲜明的反映和标志，植被与气候的关系是相互对应的，这是从长期研究中得出的基本植被生态学规律。1872年，Grisebach第一次以外貌为基础描述全球植被与气候的关系，并把这种外貌的分类单位称为"formation"（群系）（Grisebach，1884）。之后，生态–外貌分类方法得到了普遍的推广和应用。生态–外貌分类方法对植物学界主要学派之一的苏黎世学派影响深远，并成为其传统思想。其中，以Ellenberg和Mueller-Dombois于1967年和1974年依据生态–外貌分类方法提出的分类系统最为著名（Ellenberg，1967；Mueller-Dombois and Ellenberg，1974）。

Ellenberg和Mueller-Dombois的世界植被分类系统，为联合国教育、科学及文化组织（UNESCO）修订的《世界植物群系的外貌–生态分类试行方案》（1967）中的突出代表（Carnahan，1973）。这个分类系统的植物群系及各级分类单位都是以植物生活型和群落外貌为依据。群系纲的划分以植物生活型为依据，在群系纲下按常绿或落叶及对生境的生态适应划分群系亚纲，在群系亚纲下按群落对大气候适应所形成的生态外貌划分群系组，在群系组下按群落的生境与相关的外貌划分群系，群系下再按阔叶或针叶等划分亚群系，亚群系下还可进一步细分。具体分类单位如下：

Ⅰ. 群系纲（formation class）
  A. 群系亚纲（formation subclass）
    1. 群系组（formation group）
      a. 群系（formation）
        （1）亚群系（subformation）
          （a）（再细分）

这个分类系统的特点是易伸缩，若有需要，允许增加单位。它提供了一个框架，可使无数在植物种类上十分不同的分类单位对应成外貌上和生态上相等的抽象类目。该分类方法适用于地域宽广的高级单位的划分。

3. 结构分类

相同群落结构和外貌是有关联的，有时甚至是同一的。Fosberg在20世纪60年代提出了植被一般的结构分类近似系统（Fosberg系统），这个分类系统被国际生物计划（IBP）采纳作为制订植被图的指南。Fosberg系统严格地以现有植被为根据，并有意识地避免了与环境标准的结合。Fosberg把外貌和结构做了明确的划分，外貌是指外部表现及总的组成特征，例如森林、草地、热带稀树草原、荒漠这样的大单位；结构则关系到植物生物量的空间排列（Fosberg，1961）。此外，Fosberg用从季节性落叶与叶片的存留，以及生长型或生活型的特殊季相作为植被分类的重要标准。

依据结构原则进行分类的著名方案有Dansereau和Kuchler的分类方案（Dansereau，1957；Kuchler，1967）。根据王伯荪介绍，Dansereau使用了植物生活型、植物大小、盖度、功能（落叶或常绿）、叶型与大小，以及叶片质地6个结构特征；Kuchler的系统则提供了一种谱系式方案，首先分为木本植被和草本植被两大类。木本植被中分为B.阔叶常绿、D.阔叶落叶、E.针叶林常绿、N.针叶落叶、A.无叶、S.半落叶（B+D）、M.混交（E+D）7个类别；草本植被则分为G.禾草类及H.非禾草类、地衣和苔藓，并进一步按特化的生活型、叶片质地、高度和盖度等特征来分类。这些结构分类原则的另一特点，是可以用文字或符号组成公式以表达植被特征（王伯荪，1987）。

### 4. 植物区系分类

植物区系分类系统即 Braun-Blanquet 的分类系统（Westhoff and Maarel，1978），被认为是应用最广泛、最有效和最标准化的分类系统。植物区系分类系统起源于南欧，以法瑞学派为代表，该分类系统强调特征种在群落分类中的作用都是以植物种类组成的相似性[特别是以特征种（characteristic species）的代表性为依据] 将植被样地归为群落类型的。植物种类组成的分类系统的基本单位是群丛（association），群丛可再归为更高级的群属（alliance），群属之上有群目（order），群目可再归为更高级的群纲。群丛可以向下细分为亚群丛，亚群丛可再分为变型（variant）和群相（facies）（宋永昌，2011）。

### 5. 优势度分类

优势度分类以英美学派为代表。优势度类型是根据一个或几个优势种所确定的一种群落的类型级。这些优势种往往是群落最上层中最主要的种，有时也可以是群落下层中盖度最大的种。Flahault 早在 1901 年就开始用优势度作为群丛划分的依据（Flahault，1901）。Clements 学派所提倡的分类方法，在苏联及北欧，特别是斯堪的纳维亚半岛上的国家的学者们，更多地注意各层的优势种，注意各层优势种的结合，把各层优势种相同的群落称为基群丛，然后再根据主要层次的异同确定更高级的单位。Clements 学派的优势度型是与顶极群落相联系的，被划分出来的优势度型称为群丛，外貌一致的群丛联合为群系（formation）（Clements，1916）。

### 6. 演替分类

演替分类又称"动态的植被分类"。Clements 和 Tansley 根据演替关系发展了一个分类系统，亦从空间上的相似性、优势种及其群落的差异上推导出时间上的变化（Clements，1916；Tansley，1920）。关键的部分形成了一个地区性的气候顶极群落，所有其他群落都以年代顺序与气候顶极群落关联起来。植被分类主要是对顶极群落进行分类，而顶极群落同时也是某种气候的指示，这样的顶极群落称为群系。在群系下按种类组成再划分亚类，称之为群丛。群丛以下按伴生的优势种不同可以再划分为变群丛（faciation），其下还可进一步划分为局丛（lociation），这是局部单位，只是在相对多度和优势种聚生情况上彼此有差异。这一方案曾用于北美洲植被划分上（宋永昌，2011）。

### 7. 数量分类

由于大多数植被分类方法都带有不同程度的主观性，可以获得较为客观结果的数量分类便发展了起来。所谓客观结果，是指用数量分类方法对样地资料进行类型划分，只要按照规定的方式进行，任何人都会得到准确一致的结果。数量分类学在 20 世纪 50 年代末由美国生物统计学家索卡尔和英国微生物学家斯尼思首创，在发展初期，数量分类方法首先被表征学派接受。20 世纪 80 年代以后，数量分类也得到发展，逐渐被越来越多的生物学家接受，并且广泛应用于生物分类中。数量分类在生物分类中提出定量的观点，并采用数学方法把分类学的研究从定性的描述提高到定量的综合分析，对生物分类学的发展产生了重大的影响。

数量分类的基本思想是计算实体或属性间的相似系数，因此大部分数量分类方法首先要求计算样地记录间的相似（或相异）系数，再以此为基础把样地记录归并为组，使得组间样地记录尽量相似，而不同组间的样地记录尽量相异。数量分类的方法很多，依据分类方法的特点可以将其划分为等级聚合方法、等级划分法、非等级分类法和模糊数学分类法4种。随着计算机技术的应用而发展起来的数量分类，为样地资料的汇总、标准化、排列、计算等诸多方面提供了便利、快捷、准确和客观的手段，但它目前只是一种辅助手段，尚难用它建立起一套由低层到高阶的完整的分类体系（宋永昌，2011；张金屯，2011）。

# 2.3 中国植被分类单位与系统

中国很早就有关于植物群落的记载，约在公元前200年，《管子·地员篇》就是早期研究我国土壤和植物的关系及植物分布与地下水的关系很有价值的文献。但系统地对植被分类却是20世纪60年代开始。1960年，侯学煜在《中国的植被》一书中第一次系统地对我国植被进行了分类，他吸收了国际上主要植被分类系统的经验，提出了群落综合特征的分类，即根据群落的生态外貌、区系组成和生境特征进行群落分类（侯学煜，1960）；同年，钱崇澍、吴征镒等主编了《中国植被区划（初稿）》。1980年，参照了国外一些植物生态学派的分类原则和方法，采用不重叠的等级分类法编写的《中国植被》正式出版。《中国植被》依据群落本身的综合特征将中国植被分类系统分为3个主要分类单位，即植被型、群系和群丛；在这3个分类单位之上，各设有一个辅助级；此外，根据需要在每一主要分类单位之下，再设亚级以做补充，如下所示：

植被型组

植被型

……

（高级单位）

（植被亚型）

群系组

群系

……

（亚群系）

群丛组

群丛

……

主要分类单位的含义如下：

## 1. 植被型

凡建群种生活型（一级或二级）相同或相似，同时将水热条件的生态关系一致的植物群落联合为植被型，如寒温性针叶林、夏绿阔叶林、温带草原、热带荒漠等。建群种生活型相近而且群落外貌相似的植被型联合为植被型组，如针叶林、阔叶林、草地、荒漠等。

## 2. 群系

凡是建群种或共建种相同的植物群落联合为群系。例如，凡是以马尾松为建群种的任何群落都可归为马尾松群系；以此类推，如杉木群系、福建柏群系、栲群系等。如果群落具共建种，则称为共建种群系，如马尾松、杉木混交林。建群种亲缘关系近似（同属或相近属）、生活型（三级和四级）近似或生境相近的群系可联合为群系组，例如落叶栎林、丛生禾草草原、根茎禾草草原等。

在生态幅度比较宽的群系内，则根据次优势层片及其反映的生境条件的差异划分亚群系。对于大多数群系而言，不需要划分亚群系。

## 3. 群丛

是植物群落分类的基本单位，类似于植物分类中的种。凡是层片结构相同、各层片的优势种或共优种相同的植物群落联合为群丛；凡是层片结构相似，而且优势层片与次优势层片的优势种或共优种相同的植物群丛联合为群丛组。

在群丛范围内，由于生态条件或发育年龄上的差异，往往不可避免地在区系成分、层片配置、动态变化等方面出现若干细微的变化。亚群丛就是用来反映这种群丛内部的分化和差异的，是群丛内部的生态-动态变型。

《中国植被》是当时我国植被生态学研究者思想和野外实践的结晶，为后来中国植被分类研究奠定了基础。该书将全国植被分为10个植被型组，29个植被型，560多个群系（中国植物委员会，1980）。

随着人口增加与社会发展，城市生态系统和农田生态系统的地位大大提高，农业植被和城市植被比例大大增加。由于受到人为的养护管理，植被的外貌、结构、物种组成、动态和功能都与自然植被有差异。然而这两类与人类日常生活密切相关的植被却未被纳入到《中国植被》中。2015年国家科技基础性工作专项"《中国植被志》编研"正式启动，经过十多次专家会议，最终完善了中国植被分类系统修订方案（方精云等，2020）。修订内容主要包括：①重组了"植被型组"，在1980年分类方案的10个植被型组的基础上修改为9个，即：森林、灌丛、草本植被（草地）、荒漠、高山冻原与稀疏植被、沼泽与水生植被（湿地）、农业植被、城市植被、无植被地段；②将"乔木"生活型为主的所有植被归并为"森林"植被型组，与"灌丛""荒漠"和"草地"等植被型组并列；③新增了"城市植被"和"无植被地段"植被型组。具体分类如表2-1所示（方精云等，2020；郭柯等，2020）。

# 2.4 城市湿地公园植被分类系统及其在海珠湿地的实践

城市湿地公园的定义和属性决定了其既有湿地的自然特征，又有公园的人工改造特点和服务属性，因此其植被是在自然演替和人为干预下发展而来的群落，具有突出的独特性。一方面，城市湿地由于用地历史或人为干扰的原因，除了残存的原生自然植被外，还可能带有大量围垦的农业植被和填湖种植的陆生植物，不同群落的生境属性、物种组成和来源皆有差异，具有较高的异质性。另一方面，植被的设计要满足公园内湿地保育、游览观赏和科普等不同功能，不同功能和服务定位的群落保育或改造的目标也有显著差异（王浩等，2008）。将城市湿地公园植被简单地当作湿地植被或城市植被进行管理，而忽略其群落中来源、生境、物种和功能的异质性，只会顾此失彼，无法满足城市湿地公园保育和游览宣教的多功能目标。

对于城市湿地公园植被进行分类，应在充分考虑植被的起源、生境属性、群落结构和功能服务的差异的基础上，参考传统的植被分类方法建立一套系统的分类体系。

首先，城市湿地公园中植物群落间有不同的生境和不同的改造历史或目标，在长期适应生境特点和不同人为改造过程下形成了不同的外貌特征和结构特点，因此城市湿地公园植被中植物群落的生境特点和功能用途依旧是最高级分类单位（植被型）的分类标准。其次，因为历史原因和恢复工程，不同群落物种组成和不同的人为干扰程度是两个区分海珠湿地不同类型群落的显著特征，也是影响群落的未来演替与发展的重要因素。因此，对于不同的植被型，还需要针对其主要演变驱动力进行亚型的划分，便于未来更具体的规划和管护。

海珠湿地是在受人为干扰、高生态异质性的半自然果林–河涌–湖泊复合湿地生态系统下，通过生态恢复工程建成的代表性城市湿地公园，其植被是城市湿地公园植被的典范，对其区域内的植物群落进行调查研究是对城市湿地公园植被的良好探索。因此，在海珠湿地植被调查的基础上，本书参考了新一代中国植被分类系统和其他湿地与公园植被分类的经验，沿用的"植物群落学–生态学"分类原则，提出以海珠湿地植被为代表的"植被型–植被亚型–群系–群丛"的城市湿地公园植被分类系统，创新性地将生态、景观和行业属性融入植被类群的命名。

植被型作为高级单位，主要按照群落中最为显著的特点——生境和总体功能用途进行分类命名，包括湿地水生植被、湿地陆生景观植被和湿地生态农业植被3类。

植被亚型是在植被型的基础上，针对植被的外貌特征差异与人为设计功能进行再分类，以下是各类植被型的具体植被亚型分类。

湿地水生植被是海珠湿地的展现湿地自然特色，具有湿地特征的自然植被，主要通过湿地的自我恢复功能进行恢复，总体呈现较强的自然演替特征。本书参考了《中国湿地植被》和部分前人对自然湿地植被的分类经验，按照植物的生活型分为湿地针叶林、湿地阔叶林、湿地针阔混交林、湿地灌丛、湿地挺水草丛、湿地漂浮草丛、湿地沉水草丛7个植被亚型（中国湿地植被编辑委员会，1999；梁士楚，2020；赵魁义等，2020）。

湿地陆生景观植被为公园建立后在原有半自然果林–河涌–湖泊复合湿地植被上经过人工快速恢复形成的群落，主要提供游览观赏、科普等服务功能，有较强的人为干扰痕迹，群落间生态系统服务功能有明显的差异（如树木固碳能力和美感等有所不同）。所以本书参考了公园用地的划分方法，在这一植被型下分为公园生态保育林、公园行道林、公园综合休闲林、公园风景文化林和人工草地5个植被亚型（成玉宁等，2012）。绿化林包括林木类与荫木类的木本植物（如榕树和樟树等），具有树高较大、冠幅较大、生长速率较快等特点，主要起到遮阴、防风、降尘等净化防护作用；景观林则包括美丽异木棉、宫粉羊蹄甲和黄槿串钱柳等叶木类、花木类、果木类木本植物，由于其叶、花或果实体态优美，常作为观花、观果或观叶的园林树种，其观赏价值相对突出（褚芷萱等，2022）。

湿地生态农业植被是由原来大片退化的果园和农田改造得到的垛基果林与湿地农田半自然生态系统，是湿地公园中自然恢复和人工恢复的共同结果，在发挥湿地生态功能的基础上，还具有科普的功能，体现城市湿地人与自然和谐相处的魅力。本书按照最主要的农业用途，将其划分为湿地垛基果林、湿地苗圃林、湿地生态稻田和复合湿地农田4个植被亚型。

群系作为中级分类单位，偏重于描述群落的组成和结构，一般用优势种作为群系的名称，但园区内部分物种在不同的生境下形成优势群落（如栽种于河滩上和陆地上的榕树林），简单归并为同一群落并不妥当。针对海珠湿地植被的异质性与功能多样性，为了更加准确地区分群落的差异，本书群系的命名由优势种＋生境特征限定词进行命名。群丛作为低级单位和基本单位，本书通过列出各层（或层片）的优势植物（或建群种）的种名进行命名，以充分反映群落的种类组成和群落结构。综上，海珠湿地的植被分类系统如表2-2所示。

表2-1　中国植被分类系统高级分类单位划分方案［根据郭柯等（2020）改编］

| 植被型组→→ | 森林 Forest | | | | | | | |
|---|---|---|---|---|---|---|---|---|
| 植被型→→ | 落叶针叶林 Deciduous Coniferous Forest | | 落叶与常绿针叶混交林 Mixed Deciduous and Evergreen Coniferous Forest | 常绿针叶林 Evergreen Coniferous Forest | | | | |
| 植被类型→→ | 落叶松林 | 其他落叶针叶林（部分含常绿与落叶针叶混交林） | 落叶与常绿针叶混交林 | 冷杉林 | 云杉林 | 松林（分3册：寒温性、温性、暖性松林） | 铁杉林 黄杉林 | 柏木林 圆柏林 |

| 植被型组→→ | 森林 Forest | | | | | |
|---|---|---|---|---|---|---|
| 植被型→→ | 落叶阔叶林 Deciduous Broad-leaved Forest | | | | 常绿与落叶阔叶混交林 Mixed Evergreen and Deciduous Broad-leaved Forest | |
| 植被类型→→ | 水青冈林 | 落叶栎林 | 柳林 枫杨林 | 栗林（锥栗、茅栗、板栗） | 其他落叶阔叶林 | 常绿与落叶阔叶混交林（含落叶-常绿阔叶混交林及山地常绿-落叶阔叶混交林） | 石灰岩常绿与落叶阔叶混交林 |

| 植被型组→→ | 森林 Forest | | | 灌丛 Shrubland | | | | |
|---|---|---|---|---|---|---|---|---|
| 植被型→→ | 季雨林 Monsoon Forest | 红树林 Mangrove Forest | 竹林 Bamboo Forest | 常绿针叶灌丛 Evergreen Coniferous Shrubland | 落叶阔叶灌丛 Deciduous Broad-leaved Shrubland | | 常绿阔叶灌丛 Evergreen Broad-leaved Shrubland | |
| 植被类型→→ | 季雨林 | 红树林 | 毛竹林 | 其他竹林 | 常绿针叶灌丛（含亚高山） | 温带落叶阔叶灌丛 | 热带亚热带落叶阔叶灌丛 | 高山亚高山落叶阔叶灌丛 | 热带亚热带常绿阔叶灌丛 | 亚高山常绿阔叶灌丛 |

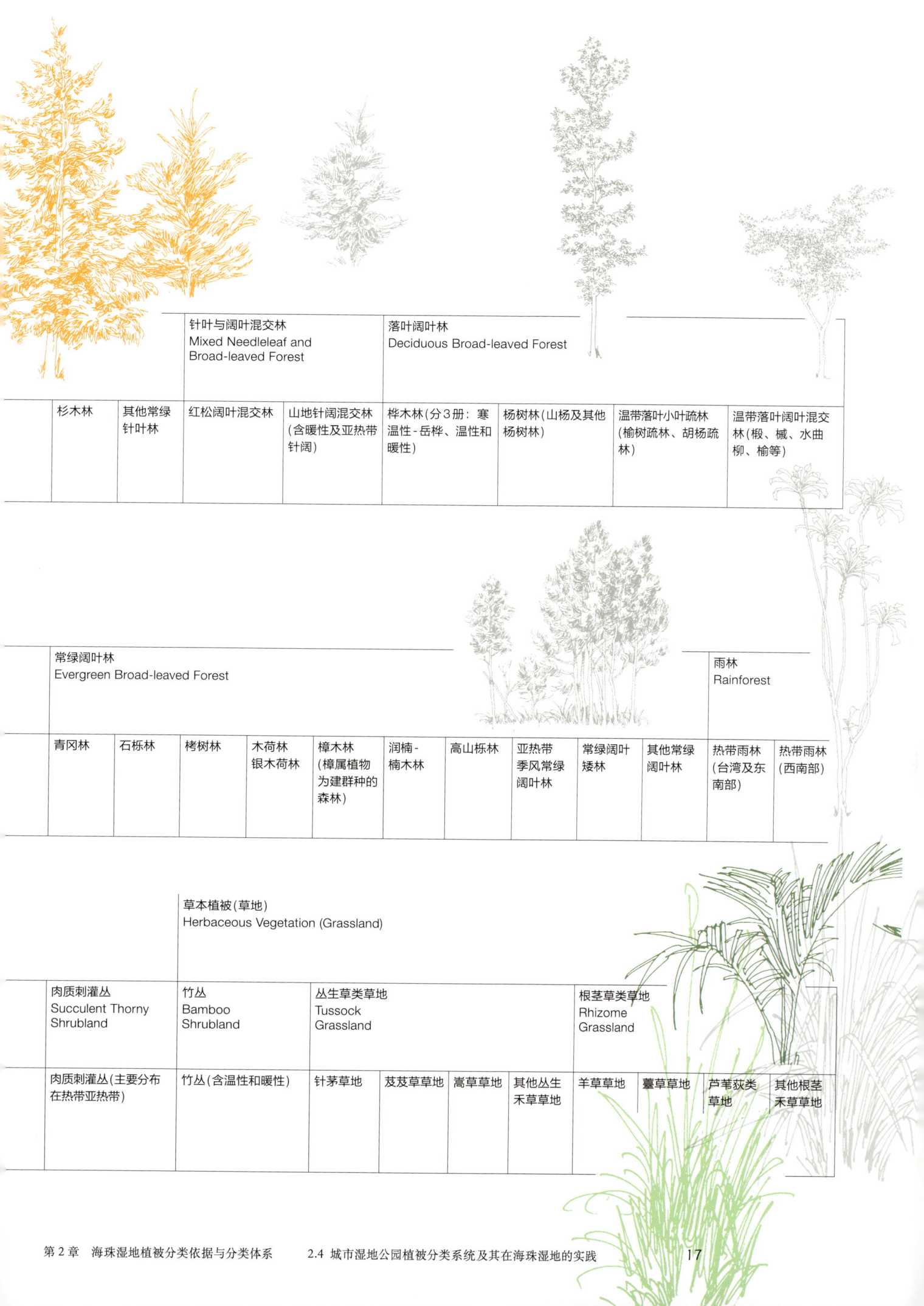

| 针叶与阔叶混交林<br>Mixed Needleleaf and<br>Broad-leaved Forest | | | | 落叶阔叶林<br>Deciduous Broad-leaved Forest | | | |
|---|---|---|---|---|---|---|---|
| 杉木林 | 其他常绿<br>针叶林 | 红松阔叶混交林 | 山地针阔混交林<br>(含暖性及亚热带<br>针阔) | 桦木林(分3册：寒<br>温性-岳桦、温性和<br>暖性) | 杨树林(山杨及其他<br>杨树林) | 温带落叶小叶疏林<br>(榆树疏林、胡杨疏<br>林) | 温带落叶阔叶混交<br>林(椴、槭、水曲<br>柳、榆等) |

| 常绿阔叶林<br>Evergreen Broad-leaved Forest | | | | | | | | | | 雨林<br>Rainforest | |
|---|---|---|---|---|---|---|---|---|---|---|---|
| 青冈林 | 石栎林 | 栲树林 | 木荷林<br>银木荷林 | 樟木林<br>(樟属植物<br>为建群种的<br>森林) | 润楠-<br>楠木林 | 高山栎林 | 亚热带<br>季风常绿<br>阔叶林 | 常绿阔叶<br>矮林 | 其他常绿<br>阔叶林 | 热带雨林<br>(台湾及东<br>南部) | 热带雨林<br>(西南部) |

| 草本植被(草地)<br>Herbaceous Vegetation (Grassland) | | | | | | | | | |
|---|---|---|---|---|---|---|---|---|---|
| 肉质刺灌丛<br>Succulent Thorny<br>Shrubland | 竹丛<br>Bamboo<br>Shrubland | 丛生草类草地<br>Tussock<br>Grassland | | | | 根茎草类草地<br>Rhizome<br>Grassland | | | |
| 肉质刺灌丛(主要分布<br>在热带亚热带) | 竹丛(含温性和暖性) | 针茅草地 | 芨芨草草地 | 嵩草草地 | 其他丛生<br>禾草草地 | 羊草草地 | 薹草草地 | 芦苇荻类<br>草地 | 其他根茎<br>禾草草地 |

## 草本植被(草地) / 荒漠

| 植被型组 →→ | 草本植被(草地)<br>Herbaceous Vegetation (Grassland) | | | | | | | | 荒漠<br>Desert |
|---|---|---|---|---|---|---|---|---|---|
| 植被型 →→ | 杂类草草地<br>Forb Grassland | | 半灌木草地<br>Semi-Shrubby Grassland | 灌草丛<br>Shrubby Grassland | | | 稀树草丛<br>Savanna-like Grassland | | 半乔木与灌木荒漠<br>Semi-Arbor and Shrub Desert |
| 植被类型 →→ | 杂类草草地 | 杂草草地 | 半灌木草地 | 灌丛化草原(主要指温带地区) | 温性草丛 | 暖性草丛 | 干热河谷稀树草丛 | 热带稀树草丛 | 半乔木与灌木荒漠 |

## 农业植被

| 植被型组 →→ | 农业植被<br>Agricultural Vegetation | | | | | | | | | | | |
|---|---|---|---|---|---|---|---|---|---|---|---|---|
| 植被型 →→ | 粮食作物<br>Food Crop | | | | | 油料作物<br>Oil Crop | | | | | 纤维作物<br>Fiber Crop | 糖料作物<br>Sugar Crop |
| 植被类型 →→ | 水稻 | 小麦 | 玉米 | 马铃薯 | 其他粮食作物 | 大豆 | 花生 | 油菜 | 木本油料作物 | 其他油料作物 | 棉花、苎麻、剑麻及其他 | 甘蔗、甜菜及其他 |

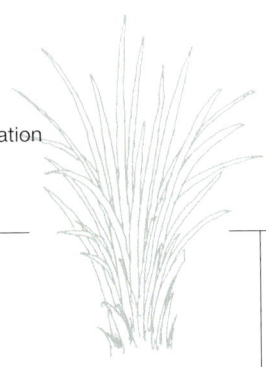

## 农业植被

| 植被型组 →→ | 农业植被<br>Agricultural Vegetation | | | | |
|---|---|---|---|---|---|
| 植被型 →→ | 菜园<br>Vegetable Farm | | | 果园<br>Orchard | |
| 植被类型 →→ | 茎叶类菜园(大白菜、油菜、包心菜、茼蒿、菠菜、苋、莴笋、茭白等) | 果菜类菜园(番茄、茄、青椒、豆类蔬类等) | 根茎类菜园(萝卜、胡萝卜、莲藕、山药、芋头、大头菜等) | 温带果园(苹果、梨、桃、葡萄、杏、李、柿、山楂、石榴、猕猴桃、枣、西瓜、甜瓜、哈密瓜、其他瓜类) | 热带亚热带果园(杧果、香蕉、椰子、菠萝蜜、火龙果、榴梿、荔枝、桂圆、柑橘、百香果、猕猴桃、草莓等) |

| 高山冻原与稀疏植被 Alpine Tundra and Sparse Vegetation | | | | 沼泽与水生植被 Swamp and Aquatic Vegetation | | | | | | |
|---|---|---|---|---|---|---|---|---|---|---|
| 半灌木与草本荒漠 Semi-Shrub and Herb Desert | 高山冻原 Alpine Tundra | 高山垫状植被 Alpine Cushion Vegetation | 高山稀疏植被 Alpine Sparse Vegetation | 木本沼泽 Woody Swamp | 草本与苔藓沼泽 Herb and Moss Swamp | 水生植被 Aquatic Vegetation | | | | |
| 半灌木与草本荒漠 | 高山冻原 | 高山垫状植被 | 高山稀疏植被 | 木本沼泽 | 草本与苔藓沼泽 | 藻类植被 | 沉水植被 | 漂浮植被 | 浮叶植被 | 挺水植被 |

| 药用作物 Medicinal Crop | | 饮料作物 Beverage Crop | 饲料作物 Forage Crop | | | | | 烟草作物 Tobacco Crop |
|---|---|---|---|---|---|---|---|---|
| 木本药用植物(杜仲、金银花、木通、连翘、枇杷、乌药等) | 草本药用植物(人参、金线莲、甘草、艾、石斛、天麻、桔梗、黄连等) | 饮料作物(茶、咖啡、可可、椰子等) | 苜蓿 | 燕麦及青稞 | 甜高粱及青贮玉米 | 构及桑树 | 其他饲料作物 | 烟草及其他 |

| 城市植被 Urban Vegetation | | | | | | | | 无植被地段 Non-Vegetated Area |
|---|---|---|---|---|---|---|---|---|
| 花卉园 Flower Garden | | 其他经济作物 Other Cash Crops | 城市森林 Urban Forest | 城市草地 Urban Grassland | 城市湿地 Urban Wetland | 城市行道树 Urban Street Tree | 城市公园植被 Urban Park Vegetation | 无植被地段 Non-Vegetated Area |
| 温带花卉园 | 热带或亚热带花卉园 | 其他经济作物 | 城市森林 | 城市草地 | 城市湿地 | 城市行道树 | 城市公园植被 | 无植被地段(各类戈壁、盐壳、裸露石山、裸露盐碱地、冰川积雪等) |

表2-2　海珠湿地城市湿地公园植被分类系统

**第一部分**

| 植被型→→ | 湿地水生植被 | | | | | | | | | | |
|---|---|---|---|---|---|---|---|---|---|---|---|
| 植被亚型→→ | 湿地针叶林 | | | | | | | | | | |
| 群系→→ | 池杉<br>湿地针叶林 | | | | | | | 落羽杉<br>湿地针叶林 | | | |
| 群丛→→ | 池杉+落羽杉群丛 | 池杉-凤尾竹+野芋群丛 | 池杉-菰群丛 | 池杉-水龙群丛 | 池杉-睡莲群丛 | 池杉-香蒲群丛 | 池杉-野芋+花叶芦竹群丛 | 落羽杉-美人蕉群丛 | 落羽杉群丛 | 落羽杉-野芋群丛 | 落羽杉-再力花+菖蒲群丛 |

**第二部分**

| 植被型→→ | 湿地水生植被 | | | | | | | | | | |
|---|---|---|---|---|---|---|---|---|---|---|---|
| 植被亚型→→ | 湿地挺水草丛 | | | | | | | | | | |
| 群系→→ | 菖蒲<br>湿地挺水草丛 | | 春羽<br>湿地挺水草丛 | | 风车草<br>湿地挺水草丛 | | | 菰<br>湿地挺水草丛 | | | |
| 群丛→→ | 菖蒲+美人蕉群丛 | 菖蒲群丛 | 春羽+水鬼蕉群丛 | 春羽群丛 | 风车草+畦畔莎草+菰群丛 | 风车草+鸭跖草群丛 | 风车草+泽泻+睡莲群丛 | 菰+类芦群丛 | 菰+芦竹+类芦群丛 | 菰+睡莲群丛 | 菰群丛 |

**第三部分**

| 植被型→→ | 湿地水生植被 | | | | | | | | | | |
|---|---|---|---|---|---|---|---|---|---|---|---|
| 植被亚型→→ | 湿地挺水草丛 | | | | | | | | | | |
| 群系→→ | 美人蕉<br>湿地挺水草丛 | | | | | | | | 蒲苇<br>湿地挺水草丛 | | |
| 群丛→→ | 美人蕉+梭鱼草群丛 | 美人蕉+香蒲+水竹叶群丛 | 美人蕉+野芋+凤眼莲群丛 | 美人蕉+野芋群丛 | 美人蕉+再力花+大薸群丛 | 美人蕉+再力花+水竹叶群丛 | 美人蕉+再力花+野芋群丛 | 美人蕉群丛 | 蒲苇+美人蕉+莲群丛 | 蒲苇+再力花+水竹叶群丛 | 蒲苇+再力花群丛 |

**湿地阔叶林 / 湿地针阔混交林 / 湿地灌丛**

| 湿地阔叶林 | | | | 湿地针阔混交林 | | 湿地灌丛 | |
|---|---|---|---|---|---|---|---|
| 构 湿地阔叶林 | | | 黄槿 湿地阔叶林 | 落羽杉 湿地针阔混交林 | 榕树 湿地针阔混交林 | 夹竹桃 湿地灌丛 | 银合欢 湿地灌丛 |
| 构+垂叶榕-夹竹桃-微甘菊群丛 | 构+大花紫薇-夹竹桃-微甘菊群丛 | 构+瘤枝榕-黄花夹竹桃-花叶芦竹+镜面草+小鱼眼草群丛 | 黄槿-黄花夹竹桃-芦竹+蓝花草+野芋群丛 | 落羽杉-构-鬼针草群丛 | 榕树+池杉-鹅掌藤-蓝花草群丛 | 夹竹桃-花叶芦竹+毛草龙+野天胡荽群丛 | 银合欢+叶子花-皇冠草+风车草+草龙群丛 |

**湿地挺水草丛**

| 类芦 湿地挺水草丛 | | 莲 湿地挺水草丛 | 芦苇 湿地挺水草丛 | | 芦竹 湿地挺水草丛 | | 美人蕉 湿地挺水草丛 | | | |
|---|---|---|---|---|---|---|---|---|---|---|
| 类芦+风车草+梭鱼草群丛 | 类芦群丛 | 莲群丛 | 芦苇+水葱+菰群丛 | 芦苇群丛 | 芦竹+类芦+睡莲群丛 | 芦竹+野芋群丛 | 美人蕉+莲群丛 | 美人蕉+芦竹+花叶芦竹群丛 | 美人蕉+水竹叶+凤眼莲群丛 | 美人蕉+梭鱼草+南美天胡荽群丛 |

**湿地挺水草丛 / 湿地漂浮草丛**

| 梭鱼草 湿地挺水草丛 | 五节芒 湿地挺水草丛 | | 香彩雀 湿地挺水草丛 | 香蒲 湿地挺水草丛 | 鸢尾 湿地挺水草丛 | | 再力花 湿地挺水草丛 | | 泽泻 湿地挺水草丛 | 凤眼莲 湿地漂浮草丛 |
|---|---|---|---|---|---|---|---|---|---|---|
| 梭鱼草+莲群丛 | 五节芒+风车草群丛 | 五节芒群丛 | 香彩雀群丛 | 香蒲+风车草+美人蕉群丛 | 鸢尾+莲群丛 | 鸢尾+美人蕉+睡莲群丛 | 再力花+野天胡荽群丛 | 再力花群丛 | 泽泻+睡莲+梭鱼草群丛 | 凤眼莲+鸭跖草+芦苇群丛 |

| 植被型 →→ | 湿地水生植被 | | 湿地陆生景观植被 | | | | | |
|---|---|---|---|---|---|---|---|---|
| 植被亚型 →→ | 湿地漂浮草丛 | 湿地沉水草丛 | 公园生态保育林 | | | | | |
| 群系 →→ | 蕹菜 湿地漂浮草丛 | 狐尾藻 湿地沉水草丛 | 构 公园生态保育林 | 火焰树 公园生态保育林 | 榕树 公园生态保育林 | | | |
| 群丛 →→ | 蕹菜+ 鸭跖草 群丛 | 狐尾藻 群丛 | 构-构- 海芋群丛 | 火焰树-构- 蓝花草群丛 | 榕树+美丽 异木棉+ 小叶榄仁- 构-海芋群丛 | 榕树+蒲桃- 蒲桃-蓝花草 群丛 | 榕树+宫粉羊 蹄甲-灰莉- 狼尾草群丛 | 榕树- 芭蕉群丛 |

| 植被型 →→ | 湿地陆生景观植被 | | | | | | |
|---|---|---|---|---|---|---|---|
| 植被亚型 →→ | 公园行道林 | | | | 公园综合休闲林 | | |
| 群系 →→ | 榕树 公园行道林 | 宫粉羊蹄甲 公园行道林 | 樟 公园行道林 | 大花紫薇 公园综合休闲林 | 高山榕 公园综合休闲林 | 林刺葵 公园综合休闲林 | 美丽异木棉 公园综合休闲林 |
| 群丛 →→ | 榕树-叶子花- 海芋群丛 | 榕树-棕竹- 五爪金龙群丛 | 宫粉羊蹄甲- 地毯草群丛 | 樟+非洲楝- 地毯草群丛 | 大花紫薇+ 白千层+ 红花羊蹄甲- 龙船花- 肾蕨群丛 | 高山榕- 山菅兰群丛 | 林刺葵- 龙船花- 海芋群丛 | 美丽异木棉+ 大花紫薇+ 黄花风铃木- 叶子花- 麦冬群丛 |

| 植被型 →→ | 湿地陆生景观植被 | | | | | | |
|---|---|---|---|---|---|---|---|
| 植被亚型 →→ | 公园综合休闲林 | | | 公园风景文化林 | | | |
| 群系 →→ | 榕树 公园综合休闲林 | 双荚决明 公园综合休闲林 | 大王椰 公园综合休闲林 | 杜英 公园风景文化林 | 凤凰木 公园风景文化林 | 海南蒲桃 公园风景文化林 | 红花羊蹄甲 公园风景文化林 |
| 群丛 →→ | 榕树-九里香- 蓝花草群丛 | 双荚决明+ 榕树-山黄麻- 铺地黍群丛 | 大王椰+樟+ 雅榕-蒲葵- 篱栏网群丛 | 杜英+大花 紫薇- 变叶珊瑚花+ 叶子花- 艳山姜群丛 | 凤凰木+黄花 风铃木+ 高山榕-木槿- 花叶芒群丛 | 海南蒲桃- 火焰花- 锦绣苋群丛 | 红花羊蹄甲+ 秋枫+宫粉羊 蹄甲-小蜡- 蓝花草群丛 · 红花羊蹄甲- 地毯草群丛 |

## 公园行道林

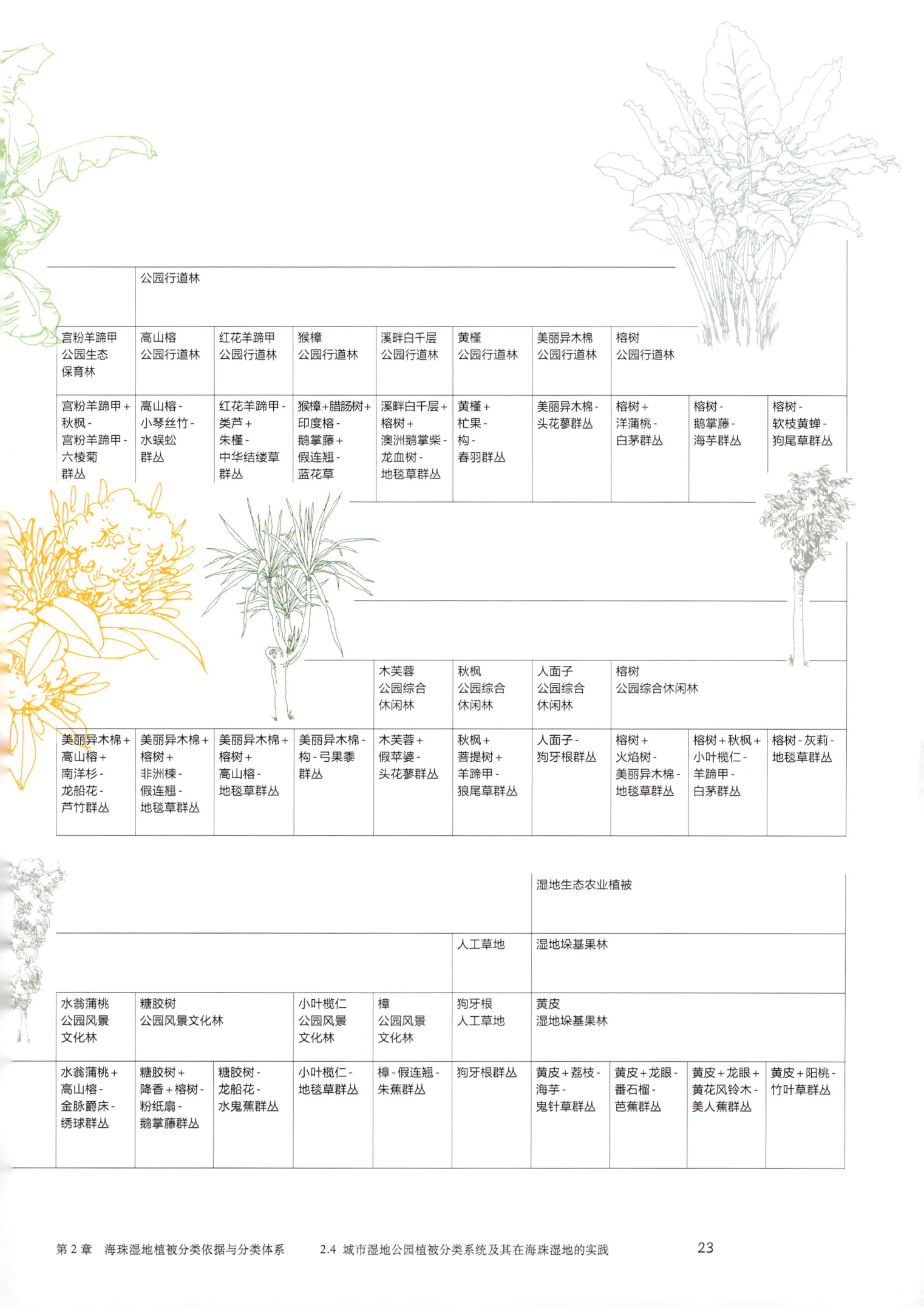

| 宫粉羊蹄甲 公园生态保育林 | 高山榕 公园行道林 | 红花羊蹄甲 公园行道林 | 猴樟 公园行道林 | 溪畔白千层 公园行道林 | 黄槿 公园行道林 | 美丽异木棉 公园行道林 | 榕树 公园行道林 | | |
|---|---|---|---|---|---|---|---|---|---|
| 宫粉羊蹄甲+秋枫-宫粉羊蹄甲-六棱菊群丛 | 高山榕-小琴丝竹-水蜈蚣群丛 | 红花羊蹄甲-类芦+朱槿-中华结缕草群丛 | 猴樟+腊肠树-印度榕-鹅掌藤+假连翘-蓝花草 | 溪畔白千层+榕树+澳洲鹅掌柴-龙血树-地毯草群丛 | 黄槿+杜果-构-春羽群丛 | 美丽异木棉-头花蓼群丛 | 榕树+洋蒲桃-白茅群丛 | 榕树-鹅掌藤-海芋群丛 | 榕树-软枝黄蝉-狗尾草群丛 |

| 木芙蓉 公园综合休闲林 | 秋枫 公园综合休闲林 | 人面子 公园综合休闲林 | 榕树 公园综合休闲林 | | |
|---|---|---|---|---|---|
| 美丽异木棉+高山榕+南洋杉-龙船花-芦竹群丛 | | | | | |
| 美丽异木棉+榕树+非洲楝-假连翘-地毯草群丛 | | | | | |
| 美丽异木棉+榕树+高山榕-地毯草群丛 | | | | | |
| 美丽异木棉-构-弓果黍群丛 | 木芙蓉+假苹婆-头花蓼群丛 | 秋枫+菩提树+羊蹄甲-狼尾草群丛 | 人面子-狗牙根群丛 | 榕树+火焰树-美丽异木棉-地毯草群丛 | 榕树+秋枫+小叶榄仁-羊蹄甲-白茅群丛 |
| | | | | | 榕树-灰莉-地毯草群丛 |

## 湿地生态农业植被

| | | | | 人工草地 | 湿地垛基果林 | | | |
|---|---|---|---|---|---|---|---|---|
| 水翁蒲桃 公园风景文化林 | 糖胶树 公园风景文化林 | | 小叶榄仁 公园风景文化林 | 樟 公园风景文化林 | 狗牙根 人工草地 | 黄皮 湿地垛基果林 | | |
| 水翁蒲桃+高山榕-金脉爵床-绣球群丛 | 糖胶树+降香+榕树-粉纸扇-鹅掌藤群丛 | 糖胶树-龙船花-水鬼蕉群丛 | 小叶榄仁-地毯草群丛 | 樟-假连翘-朱蕉群丛 | 狗牙根群丛 | 黄皮+荔枝-海芋-鬼针草群丛 | 黄皮+龙眼-番石榴-芭蕉群丛 | 黄皮+龙眼+黄花风铃木-美人蕉群丛 |
| | | | | | | | | 黄皮+阳桃-竹叶草群丛 |

**Block 1**

| 植被型<br>→ → | 湿地生态农业植被 | | | | | | | | |
|---|---|---|---|---|---|---|---|---|---|
| 植被<br>亚型<br>→ → | 湿地<br>垛基果林 | | | | | | | | |
| 群系<br>→ → | 黄皮<br>湿地垛基果林 | | | | 荔枝<br>湿地垛基果林 | | | | 龙眼<br>湿地垛基果林 |
| 群丛<br>→ → | 黄皮-<br>番石榴-<br>假臭草群丛 | 黄皮-鬼针草<br>群丛 | 黄皮-海芋-<br>华南毛蕨<br>群丛 | 黄皮-微甘菊<br>群丛 | 荔枝+楝+<br>秋枫-朱蕉-<br>海芋群丛 | 荔枝+榕树+<br>美丽异木棉-<br>地毯草群丛 | 荔枝群丛 | 荔枝-<br>山油麻-<br>鬼针草群丛 | 龙眼+黄皮-<br>阳桃-鸭跖草<br>群丛 |

**Block 2**

| 植被型<br>→ → | 湿地生态农业植被 | | | | | | | | |
|---|---|---|---|---|---|---|---|---|---|
| 植被<br>亚型<br>→ → | 湿地<br>垛基垛基果林 | | | | | | | | |
| 群系<br>→ → | 龙眼<br>湿地垛基果林 | | | | | | | | 香蕉<br>湿地垛基果林 |
| 群丛<br>→ → | 龙眼+<br>美丽异木棉-<br>龙眼+<br>土蜜树-<br>美人蕉群丛 | 龙眼+<br>美丽异木棉-<br>宫粉羊蹄甲-<br>地毯草群丛 | 龙眼+乌墨-<br>构+小叶女贞<br>+长隔木-<br>地毯草群丛 | 龙眼-番石榴-<br>假臭草群丛 | 龙眼-狗牙<br>花-狗牙根<br>群丛 | 龙眼-鬼针草<br>群丛 | 龙眼-幌伞枫<br>群丛 | 龙眼-朱缨<br>花-金腰箭<br>群丛 | 香蕉+加杨-<br>青葙-凹头苋<br>群丛 |

**Block 3**

| 植被型<br>→ → | 湿地生态农业植被 | | | | | | | | |
|---|---|---|---|---|---|---|---|---|---|
| 植被<br>亚型<br>→ → | 湿地<br>垛基果林 | | | | | 湿地<br>苗圃林 | | 湿地<br>生态稻田 | 湿地<br>共生型农田 |
| 群系<br>→ → | 阳桃<br>湿地垛基果林 | | | | 洋蒲桃<br>湿地垛基果林 | 尾叶桉<br>湿地苗圃林 | 钟花樱<br>湿地苗圃林 | 湿地<br>生态稻田 | 不做群系<br>分类 |
| 群丛<br>→ → | 阳桃+黄皮-<br>杜鹃-春羽<br>群丛 | 阳桃+荔枝-<br>马唐群丛 | 阳桃-夹竹桃-<br>大野芋群丛 | 阳桃-苎麻-<br>鬼针草群丛 | 洋蒲桃群丛 | 尾叶桉-<br>白饭树-<br>蟛蜞菊群丛 | 钟花樱-<br>龙船花-<br>狗牙根群丛 | 稻群丛 | 零星分布 |

# 第3章
# 海珠湿地植被结构与类型

　　本章根据2021年10月—2022年1月的调查结果和2020年的粤港澳大湾区海珠湿地植被生态修复科考大赛的部分农业植被调查数据进行分类和描述植被群落类型，仅介绍群落组成稳定、受人为干扰较少的群落。使用比赛队伍调查样方数据的群丛使用脚注标记。海珠湿地植被共有3个植被型、16个植被亚型，共70个群系144个群丛。

# 3.1 湿地水生植被

湿地水生植被是位于湿地水域中软质驳岸、沼泽和小岛等永久水淹区、季节性水淹区或瞬时水淹区的植被，群落生境偏潮湿，泥土主要为泥炭土或沼泽土，是城市湿地公园生态系统中最基础且功能最重要的植被之一（陆健健，2006）。群落内物种组成较为多样，除了半湿生乔木外还有大量挺水、漂浮与沉水的草本植物。群落主要位于水陆缓冲带或全部在水域中，作为湿地物质循环和能量流动的"过滤器"，为湿地动物提供食物。

考虑到海珠湿地内的湿地水生植被主要是依赖湿地生态系统恢复能力而形成的次生群落，因此本植被型下参考自然湿地植被的分类，划分为湿地针叶林、湿地阔叶林、湿地针阔混交林、湿地灌丛、湿地挺水草丛、湿地漂浮草丛和湿地沉水草丛。

## 3.1.1 湿地针叶林

湿地针叶林为湿地水生植被的一个植被亚型，主要位于沿岸的永久水淹区。群落中物种组成相对简单，主要为池杉和落羽杉两种湿地针叶木本植物，并伴生有草本植物。湿地针叶林在陆地和水体间形成缓冲带，在对来自陆地的地表径流提供过滤作用的同时，也营造了错落有致、视野开阔的湿地景观。本植被亚型下包括2个群系。

池

杉

湿地针叶林

*Taxodium distichum var. imbricatum*
Wetland Coniferous Woodland

池杉（*Taxodium distichum var. imbricatum*），属于柏科（Cupressaceae）落羽杉属（*Taxodium*），乔木，高可达25 m。池杉树形优美，枝叶秀丽，秋叶棕褐色，生长快，抗性强，树冠窄，耐水湿，是观赏价值很高的园林树种。特别适合水滨湿地成片栽植、孤植或丛植为园景树，亦适合种植于长江流域和珠江三角洲的农田水网等地区，以防风、防浪等。

（中国科学院中国植物志编辑委员会，1978；周厚高，2019a）

26

## 池杉+落羽杉群丛

*Taxodium distichum var. imbricatum+*
*Taxodium distichum*
Association

——

池杉+落羽杉群丛位于海珠湖东驿站西南侧岸边，群丛外貌呈浅绿色，秋天呈橙色（图3-1）。群落结构简单，仅有乔木层，优势种为池杉和落羽杉，高度为6～9.5 m，盖度约为70%。

❯图3-1
池杉+落羽杉
群丛外貌

## 池杉-凤尾竹+野芋群丛

*Taxodium distichum var. imbricatum-*
*Bambusa multiplex f. Fernleaf+*
*Colocasia antiquorum*
Association

——

池杉-凤尾竹+野芋群丛位于海珠湖游船码头西南侧岸边，群丛外貌呈绿色、秋天呈橙色（图3-2）。群落结构有明显分层，优势种为池杉和凤尾竹，高度为8～12 m，盖度约为70%；伴生有一些野芋和对叶榕，盖度约为15%。

❯图3-2
池杉-凤尾竹+野芋
群丛外貌

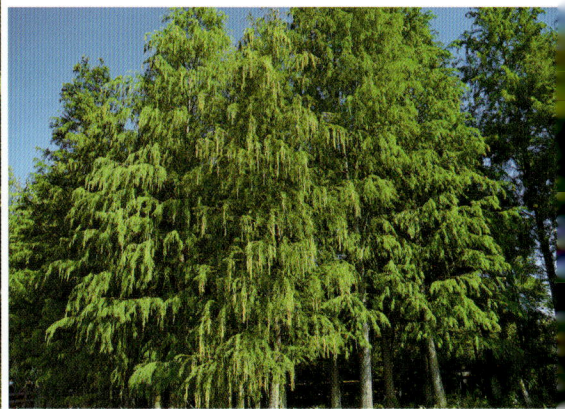

## 池杉-菰群丛

*Taxodium distichum var. imbricatum – Zizania latifolia* Association

———

池杉-菰群丛位于湿地三期中南部路旁岸边,群丛外貌呈橙黄色(图3-3)。群落结构分层明显,优势种为池杉和菰,池杉高度为4~7 m,盖度约为50%;菰高度为1~2 m,盖度约为60%。

❥图3-3
池杉-菰
群丛外貌

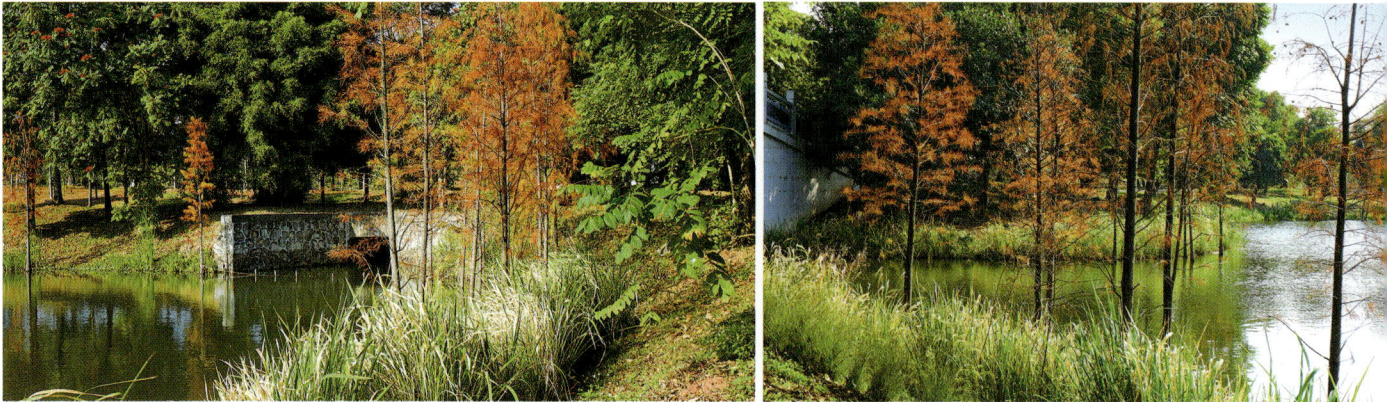

## 池杉-水龙群丛

*Taxodium distichum var. imbricatum – Ludwigia adscendens* Association

———

❥图3-4
池杉-水龙
群丛外貌

池杉-水龙群丛位于湿地三期南部南门附近沿岸,群丛外貌呈橙黄色(图3-4)。群落结构分层明显,优势种为池杉和水龙,池杉高度为4~7 m,盖度约为50%;水龙高度为0.2~0.6 m,盖度约为40%。

## 池杉-睡莲群丛

*Taxodium distichum var. imbricatum - Nymphaea tetragona* Association

池杉-睡莲群丛位于湿地三期小洲东路以南区域木栈道旁水域，群丛外貌呈橙黄色（图3-5）。群落结构分层明显，优势种为池杉和睡莲，池杉高度为4~7 m，盖度约为30%；睡莲高度为0.1~0.3 m，盖度约为80%。

❯图3-5
池杉-睡莲群丛
群丛外貌

## 池杉-香蒲群丛

*Taxodium distichum var. imbricatum - Typha orientalis* Association

池杉-香蒲群丛位于湿地三期南部南门附近沿岸，群丛外貌呈黄绿色（图3-6）。群落结构分层明显，优势种为池杉和香蒲，池杉高度为3~7 m，盖度约为20%；香蒲高度为0.5~1.2 m，盖度约为30%。

❯图3-6
池杉-香蒲
群丛外貌

## 池杉-野芋+花叶芦竹群丛

*Taxodium distichum* var. *imbricatum* –
*Colocasia antiquorum* +
*Arundo donax* 'Versicolor'
Association

———

❯ 图 3-7
池杉 - 野芋 + 花叶芦竹
群丛外貌

池杉 - 野芋 + 花叶芦竹群丛位于湿地三期小洲东路以南区域中部路旁沿岸，群丛外貌呈黄绿色（图3-7）。群落结构分层明显，优势种为池杉，池杉高度为3~7 m，盖度约为30%；伴生有少量野芋和花叶芦竹，盖度均在1%左右。

———

# 落羽杉

## 湿地针叶林

**Taxodium distichum**
Wetland Coniferous Woodland

落羽杉（*Taxodium distichum*），属于柏科（Cupressaceae）落羽杉属（*Taxodium*），落叶乔木，高可达50 m。落羽杉树形美观，挺拔坚韧，叶线形，叶丛秀丽。其喜潮湿，具有膝状呼吸根，适合种植于湿地；新叶嫩绿色，入秋后变为红褐色，可成排种植用于湿地造景。

（中国科学院中国植物志编辑委员会，1978；孙苏南等，2013；闫双喜等，2013）

## 落羽杉群丛

*Taxodium distichum*
Association
——

落羽杉群丛位于海珠湖亲水平台与观鱼亭间岸边、湿地一期花溪北侧、湿地一期朱雀桥旁、湿地一期西门路旁和湿地二期南部凫鹭泾附近，群丛外貌呈浅绿色，秋天呈浅橙色（图3-8）。群落结构层次错落有致，优势种为落羽杉，高度为6～12 m，盖度约为80%；伴生有毛草龙、梭鱼草、美人蕉和紫芋，盖度约为10%。

❯ 图3-8
落羽杉群丛外貌

## 落羽杉-野芋群丛

*Taxodium distichum –*
*Colocasia antiquorum*
Association
——

落羽杉-野芋群丛位于海珠湖湖心岛西侧岸边，群丛外貌呈浅绿色，秋天乔木层呈橙色（图3-9）。群落结构有一定分层，优势种为落羽杉和野芋，落羽杉高度为6～8 m，盖度约为45%；野芋高度为1～2 m，盖度约为35%；伴生有少量花叶芦竹，盖度在5%以内。

❯ 图3-9
落羽杉-野芋
群丛外貌

## 落羽杉-美人蕉群丛

*Taxodium distichum – Canna indica* Association

—

落羽杉-美人蕉群丛位于海珠湖观鸟长廊东南侧栈道旁，群丛外貌呈黄绿色，秋天乔木层呈橙色（图3-10）。群落结构层次分明，优势种为落羽杉和美人蕉，落羽杉高度为8.0～12.0 m，盖度约为60%；美人蕉高度为0.6 m，伴生有一些小叶榄仁，盖度为8%左右。

❯ 图3-10
落羽杉-美人蕉
群丛外貌

## 落羽杉-再力花+菖蒲群丛

*Taxodium distichum – Thalia dealbata + Acorus calamus* Association

—

落羽杉-再力花+菖蒲群丛位于湿地一期绿影长廊南侧岸边，群丛外貌呈黄绿色（图3-11）。群落结构有一定分层，优势种为落羽杉，高度为4.0～8.0 m，盖度为40%；伴生有再力花和菖蒲，盖度均为10%。

❯ 图3-11
落羽杉-再力花+菖蒲
群丛外貌

### 3.1.2 湿地阔叶林

湿地阔叶林为湿地水生植被的一个植被亚型，主要分布在岸边沼泽或小岛中，物种组成相对简单，主要为亚热带常绿阔叶木本及湿生草本植物，乔木相比于陆生群落较为低矮。湿地阔叶林在形成水陆缓冲带的同时，也为水鸟等湿地动物提供了栖息地。本植被亚型下包括2个群系。

---

## 构

### 湿地阔叶林
### *Broussonetia papyrifera*
### Wetland Broad-leaved Woodland

构（*Broussonetia papyrifera*），属于桑科（Moraceae）构属（*Broussonetia*）。落叶乔木，高达16 m。构喜光，抗烟抗粉尘，树干挺拔，枝叶茂密，速生耐修剪，适应性强，叶形叶色变化丰富，雌株果期极具观赏价值。

（中国科学院中国植物志编辑委员会，1998；闫双喜等，2013；周璟等，2015）

**构 +**
**垂叶榕 - 夹竹桃 - 微甘菊群丛**

*Broussonetia papyrifera +*
*Ficus benjamina – Nerium oleander –*
*Mikania micrantha*
Association

构 + 垂叶榕 - 夹竹桃 - 微甘菊群丛位于海珠湖观鸟岛东部，群丛外貌呈浅绿色（图3-12）。群丛结构复杂，乔木层优势种为构，高度为2.5～4.0 m，盖度为70%；伴生垂叶榕，盖度约为20%；灌木层有夹竹桃，而草本层有微甘菊，盖度约20%。

‹‹ 图3-12
构 + 垂叶榕 -
夹竹桃 - 微甘菊
群丛外貌

**构+
大花紫薇-夹竹桃-
微甘菊群丛**

*Broussonetia papyrifera +
Ficus benjamina – Nerium oleander –
Mikania micrantha
Association*

———

» 图3-13
构+大花紫薇-
夹竹桃-微甘菊
群丛外貌

构+大花紫薇-夹竹桃-微甘菊群丛分布于海珠湖观鸟岛西南部，群丛外貌呈黄绿色（图3-13）。群丛分为灌木层和草本层。灌木层优势种为构，高度为1.0~2.0 m，盖度为50%；伴生有大花紫薇和夹竹桃，盖度为30%。草本层有少量微甘菊，盖度约10%。

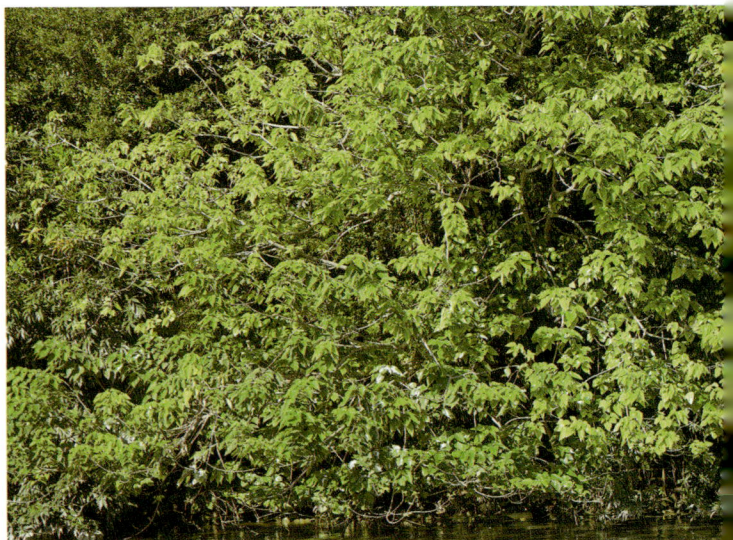

**构+
瘤枝榕-黄花夹竹桃-
花叶芦竹+镜面草+
小鱼眼草群丛**

*Broussonetia papyrifera +
Ficus maclellandii – Nerium oleander –
Arundo donax 'Versicolor' + Pilea peperomioides +
Dichrocephala benthamii
Association*

———

构+瘤枝榕-黄花夹竹桃-花叶芦竹+镜面草+小鱼眼草群丛分布于海珠湖观鸟岛附近小岛四周沿岸，群丛外貌呈深绿色（图3-14）。群落分为灌木层和草本层两层，灌木层优势种为构，高度约2.0 m，盖度约50%；伴生有瘤枝榕，盖度约20%。草本层优势种为花叶芦竹，伴生有镜面草、毛草龙、小鱼眼草、鬼针草和微甘菊。

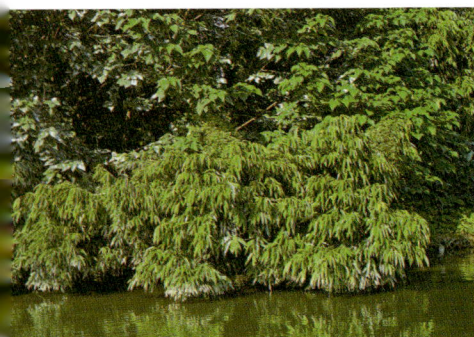

«» 图3-14
构+瘤枝榕-
黄花夹竹桃-花叶芦竹+
镜面草+小鱼眼草
群丛外貌

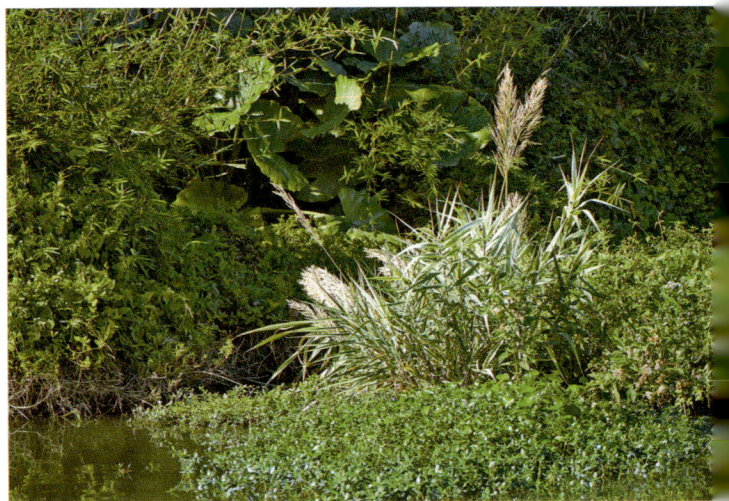

# 黄
# 槿

## 湿地阔叶林
### *Talipariti tiliaceum*
### Wetland Broad-leaved Woodland

黄槿（*Talipariti tiliaceum*），属于锦葵科（Malvaceae）黄槿属（*Talipariti*），常绿灌木或乔木，高4～10 m。黄槿树性强健，生长迅速，叶大似心形，四季开花，花以春夏居多，黄色花朵形似羽毛球。

（中国科学院中国植物志编辑委员会，1984；周厚高，2019b）

**黄槿-**
**黄花夹竹桃-芦竹+蓝花草+**
**野芋群丛**

〜〜〜

*Talipariti tiliaceum-*
*Nerium oleander-*
*Arundo donax+*
*Ruellia simplex+*
*Colocasia antiquorum*
Association

———

黄槿-黄花夹竹桃-芦竹+蓝花草+野芋群丛分布于海珠湖碧云天亲子驿站西侧，群众外貌呈深绿色（图3-15）。群落结构复杂，其中乔木层优势种为黄槿，高约3.0 m；灌木层为黄花夹竹桃，高约2.5 m；草本层主要由芦竹、蓝花草和野芋组成。

➤ 图3-15
黄槿-黄花夹竹桃-
芦竹+蓝花草+野芋
群丛外貌

### 3.1.3 湿地针阔混交林

湿地针阔混交林为湿地水生植被的一个植被亚型，群落分布在水淹时长短、地形平整且土壤厚实的河滩上，湿生的针叶树和部分人工种植阔叶树相互交杂，因此物种十分丰富。乔木层有湿生针叶乔木、半湿生阔叶乔木和部分陆生乔木，灌木层和草本层也有多样的物种。湿地针阔混交林在形成水陆缓冲带的同时，也为水鸟等动物提供了栖息地，针／阔叶树种混交也极大地提升了群落的观赏美感。本植被亚型下包括2个群系。

---

## 榕

## 树

### 湿地针阔混交林
### *Ficus microcarpa*
### Wetland Mixed Coniferous and Broad-leaved Woodland

榕树（*Ficus microcarpa*），属于桑科（Moraceae）榕属（*Ficus*），常绿大乔木，高15～25 m。榕树不仅有雄伟挺拔的树形，而且有速生的特质，四季常青，姿态优美，具有较高的观赏价值和良好的生态效益。在湿地水生植被中，榕树与池杉等湿生或半湿生植物生长于河滩上，形成物种丰富的湿地针阔混交林。

（中国科学院中国植物志编辑委员会，1998；周厚高，2019b）

## 榕树+
## 池杉-鹅掌藤-蓝花草群丛

*Ficus microcarpa+*
*Taxodium distichum var. imbricatum -*
*Heptapleurum arboricola -*
*Ruellia simplex*
Association

———

榕树+池杉-鹅掌藤-蓝花草群丛在海珠湖的东部的东驿站南侧，代表群丛外貌呈深绿色至黄褐色，林冠不齐，总郁闭度40%~70%（图3-16）。群落植物种类组成较丰富，结构复杂。乔木可分为两层，中乔木层平均高度9.3 m，主要优势种为榕树和池杉，此外还有大花紫薇、秋枫等；小乔木层平均高度6.5 m，由潺槁木姜子、池杉、大花紫薇、黄花风铃木、夹竹桃、榕树组成。灌木层极稀疏，主要由鹅掌藤组成，此外还有少量叶子花、灰莉、龙船花、幌伞枫、土蜜树等；林下草本层较丰富，主要优势种为蓝花草。

❯ 图3-16
榕树+池杉-
鹅掌藤-蓝花草
群丛外貌

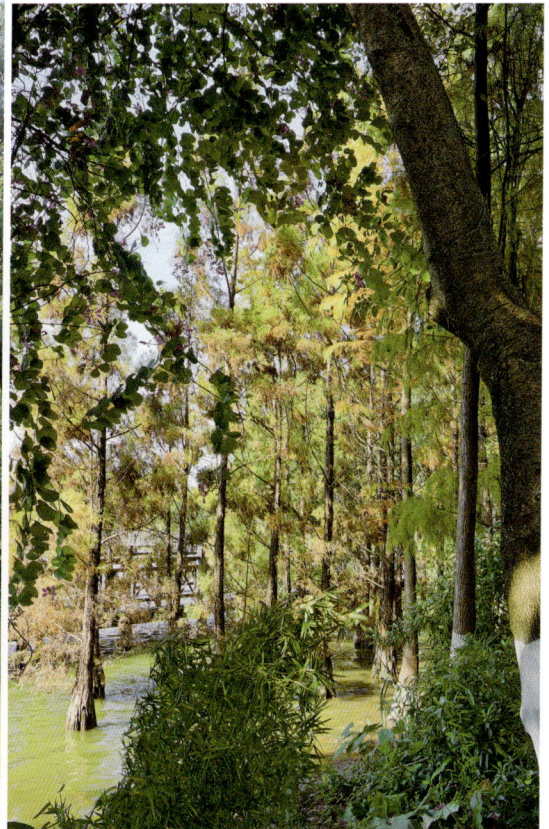

# 落羽杉

## 湿地针阔混交林
### *Taxodium distichum*
### Wetland Mixed Coniferous and Broad-leaved Woodland

　　落羽杉（*Taxodium distichum*），属于柏科（Cupressaceae）落羽杉属（*Taxodium*），落叶乔木，高可达50 m，可直接种植于水中或湿润土壤中，配合其他园林植物可以塑造出复杂的层次的陆生景观。落羽杉湿地针阔混交林中由于大量阔叶树的存在，群落外貌更有层次感、颜色更多样，群落物种组成比针叶阔叶林更加丰富。

（中国科学院中国植物志编辑委员会，1978；孙苏南等，2013；闫双喜等，2013）

※» 图3-17
落羽杉-构-
鬼针草
群丛外貌

## 落羽杉-构-鬼针草群丛

*Taxodium distichum –*
*Broussonetia papyrifera –*
*Bidens pilosa*
Association

　　落羽杉-构-鬼针草群丛分布在湿地一期南部凌波桥西南侧沿岸。代表群丛外貌呈红色和绿色，林冠较整齐，总郁闭度60%~70%（图3-17）。群落植物种类组成较丰富，结构较复杂。乔木可分为两层，中乔木层平均高度9.4 m，主要优势种为落羽杉，此外还有楝和构；小乔木层平均高度6.1 m，由落羽杉、黄皮、构、荔枝组成。灌木层稀疏，主要优势种为构幼苗，此外还有白饭树、荔枝、海南蒲桃、九里香和楝幼苗。林下草本层丰富，主要优势种为鬼针草。

## 3.1.4 湿地灌丛

湿地灌丛是湿地水生植被的一个植被亚型，在河漫滩和湖滨常见，主要由阔叶灌木组成，伴生有湿生草本植物（赵魁义等，2020）。低矮茂密的灌丛和草丛可以为鸟类或两栖动物提供栖息地。本植被亚型共有2个群系。

## 银合欢

### 湿地灌丛
### *Leucaena leucocephala*
### Wetland Shrubland

银合欢（*Leucaena leucocephala*），属于豆科（Fabaceae）银合欢属（*Leucaena*），灌木或小乔木，高可达6 m。银合欢树形优雅，耐修剪，叶片银灰色，浓密茂盛；花色金黄灿烂，开花期长；主根发达，吸收能力强。银合欢是良好的园林绿化树种，具有显著的社会效益和生态效益。

（中国科学院中国植物志编辑委员会，1988；熊友华与闫建勋，2011）

### 银合欢+
### 叶子花-皇冠草+风车草+
### 草龙群丛

*Leucaena leucocephala+*
*Bougainvillea spectabilis-*
*Echinodorus grisebachii+*
*Cyperus involucratus+*
*Ludwigia hyssopifolia*
Association

————

银合欢+叶子花-皇冠草+风车草+草龙群丛位于海珠湖湖心岛西北侧，群丛外貌呈绿色（图3-18）。群落结构有一定分层，灌木层优势种为银合欢和叶子花，高约4.0 m；草本层优势种为皇冠草、风车草和草龙，高度为0.6~0.8 m，盖度约为70%。

‹‹ 图3-18
银合欢+
叶子花-
皇冠草+
风车草+
草龙
群丛外貌

# 夹
# 竹
# 桃

## 湿地灌丛
### *Nerium oleander*
### Wetland Shrubland

夹竹桃（*Nerium oleander*），属于夹竹桃科（Apocynaceae）夹竹桃属（*Nerium*），常绿直立大灌木，高5 m。夹竹桃嫩枝具棱，微被毛，老时脱落；叶3~4枚轮生，枝条下部为对生，窄披针形，叶缘反卷；花序顶生，花冠深红色或粉红色，单瓣或重瓣；蓇葖果细长。夹竹桃常植于公园、庭院、街头、绿地等处，枝繁叶茂，四季常青，是极好的背景树种。

（中国科学院中国植物志编辑委员会，1977）

❯ ≫ 图3-19
夹竹桃-
花叶芦竹+
毛草龙+
野天胡荽
群丛外貌

## 夹竹桃-花叶芦竹+毛草龙+野天胡荽群丛

### *Nerium oleander-*
### *Arundo donax* 'Versicolor'+
### *Ludwigia octovalvis*+
### *Hydrocotyle vulgaris*
### Association

夹竹桃-花叶芦竹+毛草龙+野天胡荽群丛位于海珠湖湖心岛东南侧岸边。群丛外貌呈绿色（图3-19）。群落结构有一定分层，灌木层优势种为夹竹桃，高约3.0 m；草本层优势种为花叶芦竹和毛草龙，高度为1.0~2.0 m，盖度约为65%；伴生有一些野天胡荽，盖度约为15%。

## 3.1.5 湿地挺水草丛

湿地挺水草丛为湿地景观植被的一个植被亚型，群落中物种组成多样，主要为多种挺水湿生草本植物，分布于湿地沿岸，是湿地水生植被的主要群落。湿地挺水草丛能净化湿地内污水，为鸟类或鱼类提供了栖息地，还有一定的观赏价值。本植被亚型共有20个群系。

## 美人蕉

### 湿地挺水草丛
**Canna indica**
Wetland Emerged Grassland

美人蕉（*Canna indica*），属于美人蕉科（Cannaceae）美人蕉属（*Canna*），高可达1.5 m。美人蕉茎叶茂盛，叶片肥大，花朵俊美，具有很高的观赏价值，可露地栽培，装点池边湖畔。美人蕉根系发达，吸收能力强，可做人工湿地植物，亦可用于净化城市污水，效果颇佳。

（中国科学院中国植物志编辑委员会，1981；周厚高，2019a）

### 美人蕉群丛
*Canna indica*
Association

美人蕉群丛位于海珠湖亲水平台西南侧沿岸、海珠湖观鸟岛西南部沿岸和湿地一期飞龙桥两岸，并散布于湿地三期北部至中部沿岸，群丛外貌呈绿色（图3-20）。群落结构无分层，优势种为美人蕉，高度为0.5~1.5 m，盖度为60%。

◀◀⌄ 图3-20
美人蕉
群丛外貌

## 美人蕉+莲群丛

Canna indica +
Nelumbo nucifera
Association

—

美人蕉+莲群丛位于湿地一期龙腾桥西南沿岸，群丛外貌呈绿色（图3-21）。群落结构无明显分层，优势种美人蕉，高度为0.5~1.5 m，盖度为30%。伴生有睡莲，盖度为5%。

## 美人蕉+再力花+水竹叶群丛

Canna indica+
Thalia dealbata+
Murdannia triquetra
Association

—

美人蕉+再力花+水竹叶群丛位于湿地三期北门和东北门正对水域的南侧沿岸，群丛外貌呈浅绿色（图3-22）。群落结构无明显分层，优势种为美人蕉、再力花和水竹叶，美人蕉高度为0.5~1.5 m，盖度为20%；再力花高度为0.3~0.8 m，盖度为20%。伴生有水竹叶、大藻，盖度分别为30%和15%。

## 美人蕉+芦竹+花叶芦竹群丛

*Canna indica+*
*Arundo donax+*
*Arundo donax* 'Versicolor'
Association

———

美人蕉+芦竹+花叶芦竹群丛位于湿地三期南区中部连桥两岸，群丛外貌呈黄绿色（图3-23）。群落结构无明显分层，优势种为美人蕉和花叶芦竹，美人蕉高度为0.5~1.5 m，盖度为80%；花叶芦竹高0.3~2.0 m，盖度为20%；伴生有芦竹，盖度为20%。

‹‹ 图3-23
美人蕉+芦竹+
花叶芦竹
群丛外貌

## 美人蕉+水竹叶+凤眼莲群丛

*Canna indica+*
*Murdannia triquetra+*
*Eichhornia crassipes*
Association

———

⌄ 图3-24
美人蕉+水竹叶+
凤眼莲
群丛外貌

美人蕉+水竹叶+凤眼莲群丛位于湿地三期西北部连桥北侧，群丛外貌呈浅绿色（图3-24）。群落结构无明显分层，优势种美人蕉和水竹叶，美人蕉高度为0.5~1.5 m，盖度为50%；水竹叶高0.1~0.4 m，盖度为30%；伴生有凤眼莲和南美天胡荽，凤眼莲盖度为10%，南美天胡荽盖度为5%。

## 美人蕉+梭鱼草+南美天胡荽群丛

**Canna indica+**
**Pontederia cordata+**
**Hydrocotyle verticillata**
**Association**

美人蕉+梭鱼草+南美天胡荽群丛位于湿地三期东北部水道沿岸，群丛外貌呈浅绿色（图3-25）。群落结构无明显分层，优势种为美人蕉和梭鱼草，美人蕉高度为0.5～1.5 m，盖度为40%；梭鱼草高0.2～0.6 m，盖度为20%；伴生有水竹叶和南美天胡荽，水竹叶盖度为10%，南美天胡荽盖度为20%。

➤➤ 图3-25
美人蕉+梭鱼草+
南美天胡荽
群丛外貌

## 美人蕉+香蒲+水竹叶群丛

**Canna indica+**
**Typha orientalis+**
**Murdannia triquetra**
**Association**

美人蕉+香蒲+水竹叶群丛位于湿地三期东北角水域沿岸，群丛外貌呈绿色（图3-26）。群落结构无明显分层，优势种为美人蕉和香蒲，美人蕉高度为0.5～1.5 m，盖度为40%；香蒲高0.5～1.5 m，盖度为40%；伴生有水竹叶、再力花和海芋，水竹叶、再力花盖度为20%，海芋盖度为10%。

❯ 图3-26
美人蕉+
香蒲+水竹叶
群丛外貌

## 美人蕉+野芋+凤眼莲群丛

*Canna indica+*
*Colocasia antiquorum+*
*Eichhornia crassipes*
Association

———

美人蕉+野芋+凤眼莲群丛位于湿地三期西北角水域沿岸，群丛外貌呈绿色（图3-27）。群落结构无明显分层，优势种为美人蕉，高度为0.5～1.2 m，盖度为50%；伴生有凤眼莲和野芋，盖度均为20%。

> ❯ 图3-27
> 美人蕉+
> 野芋+凤眼莲
> 群丛外貌

## 美人蕉+大藻+再力花群丛

*Canna indica+*
*Pistia stratiotes+*
*Thalia dealbata*
Association

———

> ❯ 图3-28
> 美人蕉+
> 再力花+大藻
> 群丛外貌

美人蕉+再力花+大藻群丛位于湿地三期东北角水域沿岸，群丛外貌呈绿色（图3-28）。群落结构无明显分层，优势种为美人蕉和大藻，美人蕉高度为0.5～1.3 m，盖度为50%；大藻盖度50%；伴生有再力花，盖度为20%。

# 美人蕉+再力花+野芋群丛

*Canna indica+*
*Thalia dealbata+*
*Colocasia antiquorum*
Association

———

美人蕉+再力花+野芋群丛位于海珠湿地三期西北角水域沿岸，群丛外貌呈绿色（图3-29）。群落结构无明显分层，优势种为美人蕉和再力花，美人蕉高度为0.5~1.5 m，盖度为50%；再力花高度为1.0~1.5 m，盖度为30%；伴生有野芋和海芋，盖度均为20%。

❯ 图3-29
美人蕉+
再力花+野芋
群丛外貌

# 美人蕉+梭鱼草群丛

*Canna indica+*
*Pontederia cordata*
Association

———

美人蕉+梭鱼草群丛位于海珠湖景融轩西南侧岸边，覆盖面积为725.5 m²，群丛外貌呈浅绿色（图3-30）。群落结构简单，没有明显分层，优势种为美人蕉和梭鱼草，高度为0.5~0.7 m，盖度约为65%。伴生有少量紫芋，盖度约为10%。

❯❯ 图3-30
美人蕉+梭鱼草
群丛外貌

美人蕉+野芋群丛位于海珠湖可居文房东北侧岸边，群丛外貌呈浅绿色（图3-31）。群落结构简单，没有明显分层，优势种为美人蕉和野芋，高度为0.6～0.8 m，盖度约为90%。

‹‹ 图3-31
美人蕉+野芋
群丛外貌

# 菰

## 湿地挺水草丛
### *Zizania latifolia*
### Wetland Emerged Grassland

菰（*Zizania latifolia*），属于禾本科（Poaceae）菰属（*Zizania*），多年生挺水植物，高1 m。菰植株挺拔粗壮，叶鞘碧绿肥厚，植株茎秆密集，形体大，是我国著名的水生植物。菰主要用于园林水体的浅水绿化布置，富有野趣，是营造田园风光的好材料，在园林大型水景营造中的应用也越来越多。

（中国科学院中国植物志编辑委员会，2002；周厚高，2019a）

## 菰群丛

Zizania latifolia
Association

—

菰群丛位于湿地三期南门附近水域岸边。群丛外貌呈黄绿色（图3-32）。群落结构无明显分层，优势种为菰，高度为0.5～1.5 m，盖度约为35%。

❯ 图3-32
菰群丛外貌

## 菰+类芦群丛

Zizania latifolia+
Neyraudia reynaudiana
Association

—

菰+类芦群丛位于海珠湿地三期中部东侧水域沿岸，群丛外貌呈绿色（图3-33）。群落结构无明显分层，优势种为菰和类芦，菰高度为0.5～1.0 m，盖度约为60%；类芦高度为0.5～1.5 m，盖度约为20%。

❯ 图3-33
菰+类芦群丛外貌

48

## 菰+芦竹+类芦群丛

*Zizania latifolia+*
*Arundo donax+*
*Neyraudia reynaudiana*
Association

—

菰+芦竹+类芦群丛位于湿地三期中部东侧水域沿岸，群丛外貌呈黄绿色（图3-34）。群落结构无明显分层，优势种为菰，高度为0.5～1.0 m，盖度约为60%；伴生有芦竹、睡莲和类芦，芦竹盖度约为10%，睡莲和类芦盖度约为20%。

❯ 图3-34
菰+芦竹+类芦
群丛外貌

## 菰+睡莲群丛

*Zizania latifolia+*
*Nymphaea tetragona*
Association

—

菰+睡莲群丛位于海珠三期南门附近水域，群丛外貌呈浅绿色（图3-35）。群落结构无明显分层，优势种为菰和睡莲，菰高度为0.3～0.8 m，盖度约为40%；睡莲盖度约为30%。

❯ 图3-35
菰+睡莲群丛外貌

# 蒲
# 苇

## 湿地挺水草丛
### *Cortaderia selloana*
### Wetland Emerged Grassland

蒲苇（*Cortaderia selloana*），属于禾本科（Poaceae）蒲苇属（*Cortaderia*），多年生植物，高2~3 m。蒲苇植株高大，密集丛生，夏末银白色的花序耀眼迷人，富有动感。可在湿地边缘栽植，营造宁静深远的景观效果；亦可作为绿篱进行布置，可以起到隔音、防尘等功能。

（中国科学院中国植物志编辑委员会，2002；周厚高，2019a）

⌄ 图3-36
蒲苇+美人蕉+莲
群丛外貌

### 蒲苇+美人蕉+莲群丛

*Cortaderia selloana+*
*Canna indica+*
*Nelumbo nucifera*
Association

蒲苇+美人蕉+莲群丛位于湿地一期南部凌波桥南面水域沿岸，群丛外貌呈绿色（图3-36）。群落结构无明显分层，优势种为蒲苇，高度为0.8~1.8 m，盖度为40%；伴生有美人蕉和莲，美人蕉盖度为15%，莲盖度为5%。

## 蒲苇+再力花+水竹叶群丛

*Cortaderia selloana+*
*Thalia dealbata+*
*Murdannia triquetra*
Association

——

蒲苇+再力花+水竹叶群丛位于湿地三期东北角沿岸，群丛外貌呈浅绿色（图3-37）。群落结构无明显分层，优势种为蒲苇和再力花，蒲苇高度为0.5～1.8 m，盖度为60%；再力花高度为0.3～0.8 m，盖度为40%；伴生有凤眼莲、水竹叶，盖度分别为30%和20%。

‹‹ 图3-37
蒲苇+
再力花+
水竹叶
群丛外貌

## 蒲苇+再力花群丛

*Cortaderia selloana+*
*Thalia dealbata*
Association

——

蒲苇+再力花群丛位于湿地一期龙腾桥西侧水域岸边，群丛外貌呈浅绿色（图3-38）。群落结构无明显分层，优势种为蒲苇和再力花，蒲苇高度为0.5～1.8 m，盖度为30%；再力花高度为0.3～0.8 m，盖度为20%。

˅ 图3-38
蒲苇+再力花
群丛外貌

# 风车草

## 湿地挺水草丛
### *Cyperus involucratus*
### Wetland Emerged Grassland

风车草（*Cyperus involucratus*），属于莎草科（Cyperaceae）莎草属（*Cyperus*），高 0.3～1.5 m。风车草茎秆直立丛生，叶大而窄，聚生于茎顶，扩散成伞状，似绿色旋转的小风车；花淡紫色，花期六至七月；株丛茂密，长势强健，富有南方气息，是常见的绿饰植物。

（中国科学院中国植物志编辑委员会，1961；罗毅，2000）

❯ 图3-39
风车草+
畦畔莎草+菰
群丛外貌

## 风车草+畦畔莎草+菰群丛

*Cyperus involucratus+*
*Cyperus haspan+*
*Zizania latifolia*
Association

风车草+畦畔莎草+菰群丛位于湿地二期南丫围桥南侧水域岸边，群丛外貌呈浅绿色（图3-39）。群落结构无明显分层，优势种为畦畔莎草和风车草，畦畔莎草高度为 0.5～1.5 m，盖度约为 40%；风车草高度为 0.3～1.0 m，盖度约为 40%；伴生有菰，盖度在 20% 左右。

## 风车草+鸭跖草群丛

*Cyperus involucratus+*
*Commelina communis*
*Association*

—

风车草+鸭跖草群丛位于湿地一期都市田园东南角侧水边，群丛外貌呈绿色（图3-40）。群落结构无明显分层，优势种为鸭跖草和风车草，鸭跖草高度为0.2~0.5 m，盖度约为40%；风车草高度为0.3~0.8 m，盖度约为20%。

❯ 图3-40
风车草+鸭跖草
群丛外貌

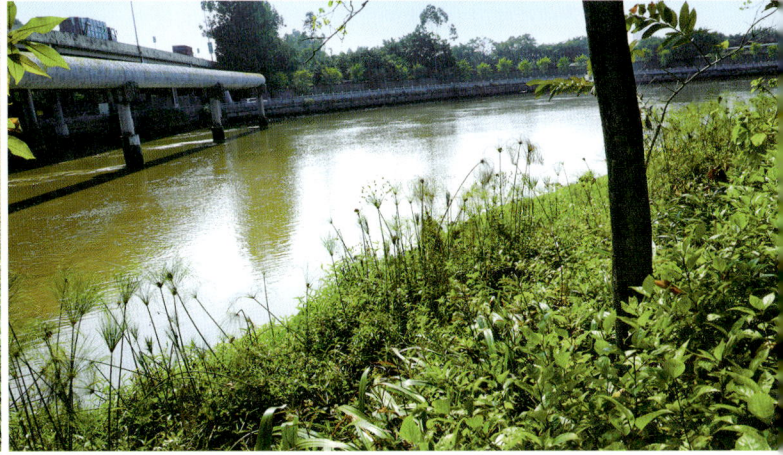

## 风车草+泽泻+睡莲群丛

*Cyperus involucratus+*
*Alisma plantago - aquatica+*
*Nymphaea tetragona*
*Association*

—

风车草+泽泻+睡莲群丛位于湿地一期花溪北侧，群丛外貌呈绿色（图3-41）。群落结构无明显分层，优势种为风车草，高度为0.3~0.8 m，盖度约为40%；伴生有泽泻和睡莲，盖度均在30%左右。

❯ 图3-41
风车草+
泽泻+睡莲
群丛外貌

# 芦

# 竹

## 湿地挺水草丛
### *Arundo donax*
### Wetland Emerged Grassland

芦竹（*Arundo donax*），属于禾本科（Poaceae）芦竹属（*Arundo*），多年生挺水高大宿根草本。高3~4 m。芦竹外形雄伟壮观，遒劲有力，秋季密生白柔毛的花序随风摇曳，姿态别致，在南方常作为河岸、湖边、池畔的景观背景。在岸边湿地，芦竹成片能形成高大的屏障，营造出良好的景观。

（中国科学院中国植物志编辑委员会，2002；周厚高，2019a）

**芦竹+类芦+睡莲群丛**

*Arundo donax+*
*Neyraudia reynaudiana+*
*Nymphaea tetragona*
Association

芦竹+类芦+睡莲群丛位于湿地三期中部，群丛外貌呈绿色（图3-42）。群落结构无明显分层，优势种为芦竹和类芦，芦竹高度为0.5~1.2 m，盖度为60%；类芦高度为0.5~1.5 m，盖度为50%；伴生有睡莲，盖度为15%。

❯ 图3-42
芦竹+类芦+睡莲
群丛外貌

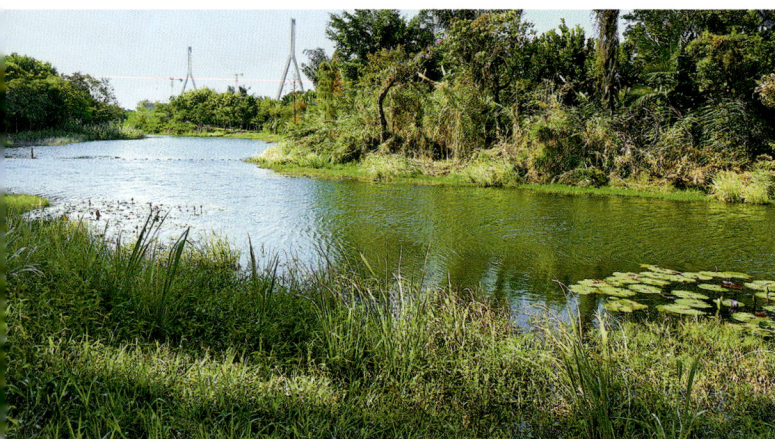

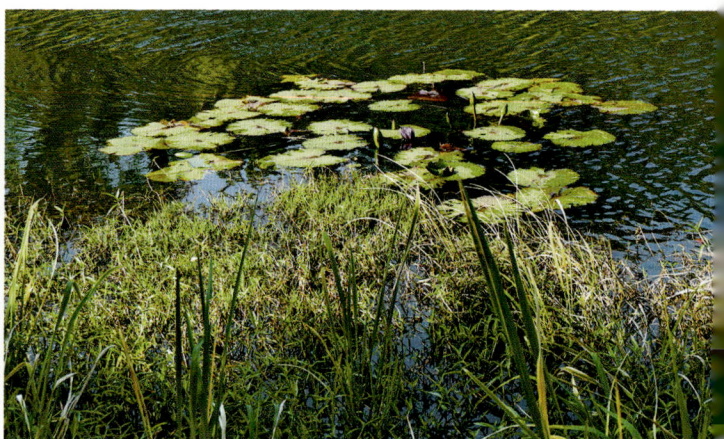

**芦竹 + 野芋群丛**

*Arundo donax +*
*Colocasia antiquorum*
Association

芦竹 + 野芋群丛位于海珠湖北广场东南角沿岸和蔷薇水廊东面小岛四周，群丛外貌呈青绿色（图3-43）。以小灌木和草本为主。群落结构分层不明显，优势种为芦竹和野芋，高度为1.0 ~ 5.0 m，盖度约为80%；伴生有少量风车草，盖度为7%左右。

❯ 图3-43
芦竹 + 野芋
群丛外貌

# 类

## 芦

### 湿地挺水草丛
*Neyraudia reynaudiana*
Wetland Emerged Grassland

类芦（*Neyraudia reynaudiana*），属于禾本科（Poaceae）类芦属（*Neyraudia*），多年生草本植物，高2~3 m。类芦是一种适应性极强的天然禾草，是保水固土能力特别强的水土保持型草本植物；其在边坡上能形成低矮、致密、均一而美观的植被，满足了人们对于边坡修复与美化的需求，因此被广泛应用于边坡防护与绿化中。

（中国科学院中国植物志编辑委员会，2002；王炜等，2006）

## 类芦群丛

*Neyraudia reynaudiana*
**Association**

———

类芦群丛位于海珠湿地一期花果岛西北侧沿岸和海珠湿地三期东南部水域岸旁，群丛外貌呈浅绿色（图3-44）。群落结构无明显分层，优势种为类芦，高度为0.3～1.0 m，盖度约为80%。

>> 图3-44
类芦
群丛外貌

## 类芦+风车草+梭鱼草群丛

*Neyraudia reynaudiana+*
*Cyperus involucratus+*
*Pontederia cordata*
**Association**

———

⌄ 图3-45
类芦+风车草+
梭鱼草
群丛外貌

类芦+风车草+梭鱼草群丛位于海珠湿地一期都市田园南侧沿岸，群丛外貌呈绿色（图3-45）。群落结构无明显分层，优势种为类芦和风车草，类芦高度为0.5～1.5 m，盖度约为80%；风车草高度为0.3～0.8 m，盖度约为40%；伴生有梭鱼草，盖度约为10%。

# 芦苇

## 湿地挺水草丛
### *Phragmites australis*
### Wetland Emerged Grassland

芦苇（*Phragmites australis*），属于禾本科（Poaceae）芦苇属（*Phragmites*），多年生草本植物，高可达 2 m。芦苇茎直而挺实，叶片狭长，花序羽毛状，花紫褐色，有光泽，根状茎具有蔓生性；可在湿地中大面积种植，营造芦荡风光的独特景色，景观效果极佳。该群落分布于海珠湿地二期。

（中国科学院中国植物志编辑委员会，2002；周厚高，2019a）

❯ 图3-46
芦苇
群丛外貌

**芦苇群丛**

*Phragmites australis*
Association

芦苇群丛位于海珠湿地二期卧虹桥东侧、海珠湿地二期老树园和海珠湿地二期芒滘围桥水域岸边，群丛外貌呈绿色（图3-46）。群落结构无分层，优势种为芦苇，高度为0.5～2.0 m，盖度约为45%。

**芦苇+水葱+菰群丛**

~

*Phragmites australis +*
*Schoenoplectus tabernaemontani +*
*Zizania latifolia*
Association

—

芦苇+水葱+菰群丛位于湿地二期南丫围桥南侧水域岸边，群丛外貌呈黄绿色（图3-47）。群落结构无明显分层，优势种为芦苇，高度为0.5～1.5 m，盖度为60%；伴生有水葱、菰，盖度均为25%。

⌃ 图3-47
芦苇+水葱+菰
群丛外貌

---

# 春
# 羽

## 湿地挺水草丛
## *Philodendron selloum*
## Wetland Emerged Grassland

春羽（*Philodendron selloum*），属于天南星科（Araceae）喜林芋属（*Philodendron*），多年生常绿植物，茎短。春羽叶片大而密集丛生，长椭圆形，浓绿有光泽，形状奇特优美；株型规整，整体观赏效果好，耐阴性强，具热带情调；适宜水边湿地配植，丛植、片植和孤植均可，效果较佳。

（周厚高，2019a）

58

## 春羽群丛

*Philodendron selloum* Association

——

春羽群丛位于海珠湖湖心岛东北侧岸边，群丛外貌呈翠绿色（图3-48）。群落结构明显，主要为草本层，优势种为春羽，高度为0.5 ~ 1.0 m，盖度约为85%。

◄◄ 图3-48
春羽群丛外貌

## 春羽+水鬼蕉群丛

*Philodendron selloum+ Hymenocallis littoralis* Association

——

春羽+水鬼蕉群丛位于海珠湖雨林古茶坊西侧岸边，群丛外貌呈深绿色（图3-49）。群落结构简单，没有明显分层，优势种为春羽和水鬼蕉，高度为0.6~0.8 m，盖度约为95%。

❤ 图3-49
春羽+
水鬼蕉
群丛外貌

# 再力花

## 湿地挺水草丛
### *Thalia dealbata*
### Wetland Emerged Grassland

再力花（*Thalia dealbata*），属于竹芋科（Marantaceae）水竹芋属（*Thalia*），多年生挺水草本，高达2 m以上。再力花植株高大，形似箬竹，叶片青翠，紫色圆锥花序，挺立半空，尤为动人；在热带地区广泛用于湿地景观布置，群植于水池边缘或水湿低地，形成独特的水体景观。

（周厚高，2019a）

>> ⌄ 图3-50
再力花
群丛外貌

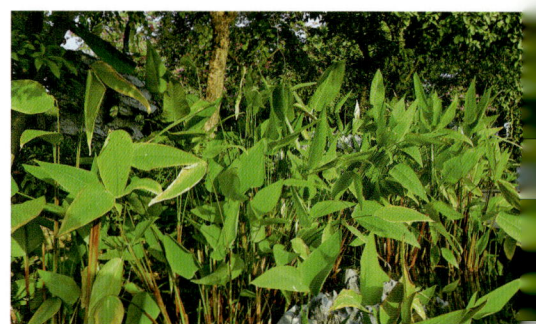

**再力花群丛**

*Thalia dealbata*
Association
———

再力花群丛位于湿地一期科普馆附近、湿地一期果香桥与水质监测站之间区域、湿地一期龙吟潭附近，群丛外貌呈浅绿色（图3-50）。群落结构无分层，优势种为再力花，高度为0.3～0.8 m，盖度为80%。

再力花+
野天胡荽群丛
————
*Thalia dealbata+*
*Hydrocotyle vulgaris*
Association
————

再力花+野天胡荽群丛位于湿地一期花溪西侧沿岸，群丛外貌呈浅绿色（图3-51）。群落结构无明显分层，优势种为再力花，高度为0.3~0.8 m，盖度为50%。伴生有野天胡荽，盖度为10%。

↖ 图3-51
再力花+野天胡荽
群丛外貌

五
节
芒

## 湿地挺水草丛

*Miscanthus floridulus*
Wetland Emerged Grassland

五节芒（*Miscanthus floridulus*），属于禾本科（Poaceae）芒属（*Miscanthus*），多年生草本，高2~4 m。五节芒为典型的芒属观赏草，充满乡间野趣，可应用于滨水绿化，栽植于水边，独特的花序在水边风中潇洒摇曳，充满动感；也可作为道路绿化，增加绿化新鲜感。

（中国科学院中国植物志编辑委员会，1997；胡瑶，2014）

## 五节芒群丛

*Miscanthus floridulus*
Association

———

五节芒群丛位于海珠湖湖心岛西南侧岸边，群丛外貌呈浅绿色（图3-52）。群落结构简单，没有明显分层，优势种为五节芒，高度为1.0~3.0 m，盖度约为90%。

➤ 图3-52
五节芒
群丛外貌

## 五节芒+风车草群丛

*Miscanthus floridulus+*
*Cyperus involucratus*
Association

———

五节芒+风车草群丛位于海珠湖湖心岛西南侧岸边，群丛外貌呈绿色（图3-53）。群落结构简单，没有明显分层，优势种为五节芒和风车草，高度为0.6~3.0 m，盖度约为90%；伴生有极少量草龙，盖度约为3%。

⌄ 图3-53
五节芒+风车草
群丛外貌

# 菖
# 蒲

## 湿地挺水草丛

### *Acorus calamus*
### Wetland Emerged Grassland

菖蒲（*Acorus calamus*），属于菖蒲科（Acoraceae）菖蒲属（*Acorus*），多年生挺水草本，高0.5~1.2 m。菖蒲叶丛青翠，株态挺拔，具有特殊香味，株丛潇洒耐看，叶片挺拔柔韧，将其配植于池边，能够为环境增添水乡气息，为我国传统常用水体景观植物之一。

（中国科学院中国植物志编辑委员会，1979；周厚高，2019a）

**菖蒲群丛**

*Acorus calamus*
Association

——

菖蒲群丛位于海珠湖香源西北侧岸边，群丛外貌呈绿色（图3-54）。群落结构简单，没有明显分层，优势种为菖蒲，高度为0.4~0.6 m，盖度约为95%。

◄◄ 图3-54
菖蒲
群丛外貌

**菖蒲＋
美人蕉群丛**

*Acorus calamus +
Canna indica*
Association

菖蒲＋美人蕉群丛位于海珠湖非遗小集北侧岸边，覆盖面积
为712.4 m²，群丛外貌呈绿色（图3-55）。群落结构简单，没有明
显分层，优势种为菖蒲和美人蕉，高度为0.6～1.0 m，盖度约为
90%；伴生有少量异型莎草和蓝花草，盖度为5%左右。

❯ 图3-55
菖蒲＋美人蕉
群丛

# 香

# 蒲

## 湿地挺水草丛

*Typha orientalis*
Wetland Emerged Grassland

香蒲（*Typha orientalis*），属于香蒲科（Typhaceae）香蒲属（*Typha*），多年水生或沼生草本，高1.3～2 m。香蒲
植株高大挺拔，叶形美观，叶绿穗奇，多以群体表现景观景色，常用于水景美化，可丛植点缀庭园池畔，构筑的水景有幽静、清凉
意境，营造出充满自然野趣的田园风光。

（中国科学院中国植物志编辑委员会，1992；周厚高，2019a）

64

香蒲+
风车草+美人蕉群丛
—

*Typha orientalis+*
*Cyperus involucratus+*
*Canna indica*
Association

—

香蒲+风车草+美人蕉群丛位于湿地二期环境监测站附近，群丛外貌呈绿色（图3-56）。群落结构无明显分层，优势种香蒲和风车草，香蒲高0.5～1.5 m，盖度为70%；风车草高度为0.3～1.0 m，盖度约为30%；伴生有美人蕉，高度为0.5～1.5 m，盖度为10%。

❯ 图3-56
香蒲+风车草+
美人蕉
群丛外貌

# 香彩雀

## 湿地挺水草丛

*Angelonia angustifolia*
Wetland Emerged Grassland

香彩雀（*Angelonia angustifolia*），属于车前科（Plantaginaceae）香彩雀属（*Angelonia*），一年生直立丛生草本，高0.8～1.2 m。香彩雀一年四季花开不断，花色有白色、紫色、紫白相间，非常美丽，在露地、浅水均可栽培，并且由于其叶、杆、花表面有黏性物保护，因此病虫害较少。

（杨海鸥，2005）

## 香彩雀群丛

*Angelonia angustifolia*
Association

———

香彩雀群丛位于海珠湖摘斗亭西侧岸边，群丛外貌呈黄绿色（图3-57）。群落结构简单，没有明显分层，优势种为香彩雀，高度为0.4～0.6 m，盖度约为90%；伴生有极少量异型莎草和水葱，盖度约为6%。

⌃ 图3-57
香彩雀
群丛外貌

# 鸢

# 尾

## 湿地挺水草丛

*Iris tectorum*
Wetland Emerged Grassland

鸢尾（*Iris tectorum*），属于鸢尾科（Iridaceae）鸢尾属（*Iris*），多年生草本，高15～50 cm。鸢尾叶片碧绿青翠，花形大而奇，花色艳丽而丰富，花姿奇特，宛如翩翩彩蝶，在园林绿化中中常应用于岩石园、花境、园路边饰，于水际、湿地、山坡的片植或丛植。

（中国科学院中国植物志编辑委员会，1985；汪学峰与杨清保，2011）

## 鸢尾+莲群丛

*Iris tectorum+*
*Nelumbo nucifera*
Association

———

鸢尾+莲群丛位于湿地一期古荫帆影西北侧沿岸，群丛外貌呈绿色（图3-58）。群落结构无明显分层，优势种鸢尾，高度为0.2～0.4 m，盖度为40%；伴生有莲，盖度为5%。

❯ 图3-58
鸢尾+莲
群丛外貌

## 鸢尾+
## 美人蕉+睡莲群丛

*Iris tectorum+*
*Canna indica+*
*Nymphaea tetragona*
Association

———

❯ 图3-59
鸢尾+
美人蕉+
睡莲
群丛外貌

鸢尾+美人蕉+睡莲群丛位于湿地二期清涟园南侧，群丛外貌呈绿色（图3-59）。群落结构无明显分层，优势种鸢尾和美人蕉，鸢尾高度为0.2～0.4 m，盖度为80%；美人蕉高0.5～1.5 m，盖度为20%；伴生有睡莲，盖度为10%。

# 泽泻

## 湿地挺水草丛
*Alisma plantago-aquatica*
Wetland Emerged Grassland

泽泻（*Alisma plantago-aquatica*），属于泽泻科（Alismataceae）泽泻属（*Alisma*），多年生水生或沼生草本，高2~11 cm。泽泻株形优美，挺拔小巧的花序具朦胧感，稠密的白色小花在炎热的夏季显得异常清新醒目，常用于园林沼泽浅水区的水景布置，整体观赏效果甚佳。

（中国科学院中国植物志编辑委员会，1992；周厚高，2019a）

> ﹀ ≫ 图3-60
泽泻＋睡莲＋
梭鱼草
群丛外貌

### 泽泻＋睡莲＋梭鱼草群丛

*Alisma plantago – aquatica+*
*Nymphaea tetragona+*
*Pontederia cordata*
Association

泽泻＋睡莲＋梭鱼草群丛位于湿地一期绿心湖水域西南部。群丛外貌呈浅绿色（图3-60）。群落结构无明显分层，优势种为泽泻，盖度为60%；伴生有睡莲和梭鱼草，盖度均为40%。

# 梭鱼草

## 湿地挺水草丛
### *Pontederia cordata*
### Wetland Emerged Grassland

梭鱼草（*Pontederia cordata*），属于雨久花科（Pontederiaceae）梭鱼草属（*Pontederia*），多年生挺水草本，高20~80 cm。梭鱼草叶色翠绿，花色迷人，花期较长，可用于家庭盆栽、池栽，也广泛应用于园林美化，栽植于河道两侧、池塘四周、人工湿地。

（闫双喜等，2013）

⌄图3-61
梭鱼草+莲
群丛外貌

**梭鱼草+莲群丛**

*Pontederia cordata+*
*Nelumbo nucifera*
Association

梭鱼草+莲群丛位于湿地一期朱雀桥西北方的池塘沿岸，群丛外貌呈浅绿色（图3-61）。群落结构无明显分层，优势种梭鱼草，高0.2~0.6 m，盖度为50%；伴生有莲，盖度为5%。

# 莲

## 湿地挺水草丛
### *Nelumbo nucifera*
### Wetland Emerged Grassland

莲（*Nelumbo nucifera*），属于莲科（Nelumbonaceae）莲属（*Nelumbo*），多年生挺水草本。莲单植和群植观赏价值均高，单植姿态优美，叶面构造特别，水滴不沾，晶莹剔透，花大色艳；群种则绿波浩荡，气势非凡。莲广泛种植于池塘、沼泽等，可用于营造园林景观、美化庭院，是深受人们喜爱的优秀花卉之一。

（中国科学院中国植物志编辑委员会，1979；周厚高，2019b）

❋ ❯❯ 图 3-62
莲群丛外貌

**莲群丛**

*Nelumbo nucifera*
Association

莲群丛位于湿地一期凌波桥北侧西岸水域，群丛外貌呈黄色（图3-62）。群落结构无分层，优势种为莲，盖度约为10%。

### 3.1.6 湿地漂浮草丛

湿地漂浮草丛为湿地水生植被的一个植被亚型，特点是优势植物的根通常不发达，植物体漂浮于水面，根悬浮于水中，随水流和风在水面上漂移（赵魁义等，2020）。湿地漂浮草丛群落物种组成单一，多数以观叶为主，为池水提供装饰和绿荫，以及提供部分水质净化的作用。本植被亚型有2个群系。

———————————————

# 蕹

# 菜

### 湿地漂浮草丛
***Ipomoea aquatica***
**Wetland Floating Grassland**

蕹菜（*Ipomoea aquatica*），属于旋花科（Convolvulaceae）虎掌藤属（*Ipomoea*），湿生蔓状浮水草本。蕹菜全株光滑无毛，青翠怡人，夏日开白花、粉红色或紫红色花，花叶俱美，繁殖容易；广泛应用于庭院水景点缀，配植于水边，茎蔓推进，富有气势，带有浓厚的乡土气息。

（中国科学院中国植物志编辑委员会，1979；周厚高，2019a）

**蕹菜＋鸭跖草群丛**
*Ipomoea aquatica+*
*Commelina communis*
Association
—

❏ 图3-63
蕹菜＋鸭跖草
群丛外貌

蕹菜＋鸭跖草群丛位于湿地一期龙吟潭近岸水域，群丛外貌呈绿色（图3-63）。群落结构无明显分层，优势种蕹菜和鸭跖草，蕹菜盖度为90%；鸭跖草高度为0.2～0.5 m，盖度为30%。

# 凤眼莲

## 湿地漂浮草丛
### *Eichhornia crassipes*
### Wetland Floating Grassland

凤眼莲（*Eichhornia crassipes*），属于雨久花科（Pontederiaceae）凤眼莲属（*Eichhornia*），多年生水生草本，高30~100 cm。凤眼莲叶色亮绿，叶柄奇特，花朵高雅俏丽，是园林水景设计中的良好植物；其还是净化水体的良好材料，在水面种植凤眼莲，可以吸收水中的重金属元素和放射性的污染物。

（中国科学院中国植物志编辑委员会，1997；周厚高，2019a）

**⌄ ≫ 图3-64**
凤眼莲+
鸭跖草+芦苇
群丛外貌

凤眼莲+
鸭跖草+芦苇群丛

*Eichhornia crassipes*+
*Commelina communis*+
*Phragmites australis*
Association

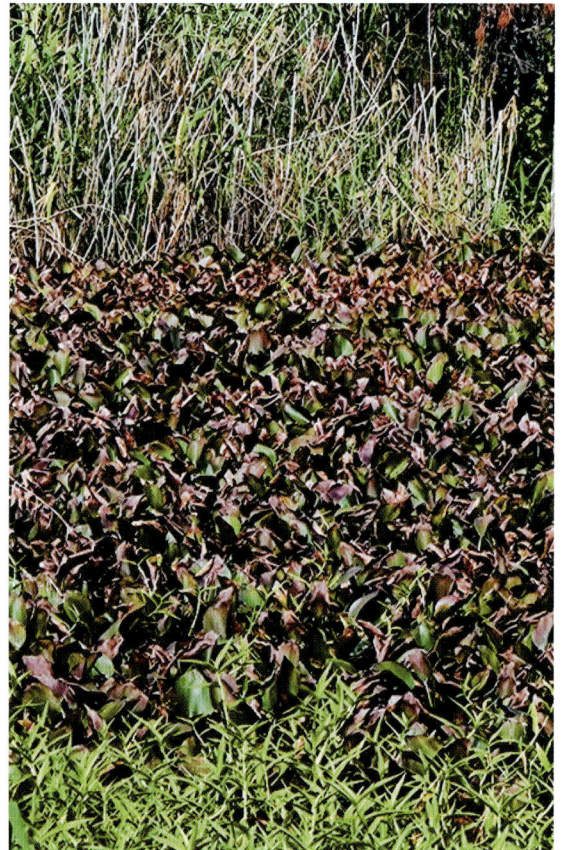

凤眼莲+鸭跖草+芦苇群丛位于湿地二期雁雨滩东侧，群丛外貌呈红绿色（图3-64）。群落结构无明显分层，优势种为凤眼莲和鸭跖草，凤眼莲高度为0.3~0.6m，盖度约为60%；鸭跖草高度为0.2~0.5 m，盖度约为40%；伴生有芦苇，盖度在10%左右。

### 3.1.7 湿地沉水草丛

湿地沉水草丛为湿地水生植被的一个植被亚型，沉水草本根生于水底泥土中，叶薄而柔软或细裂，长期沉没在水下，仅在开花时花柄、花朵才露出水面(赵魁义等，2020)。因为需要在水下进行光合作用，所以只有在水质清澈的区域才可繁殖，是湿地环境质量的物种指标之一。本植被亚型仅有1个群系。

# 狐尾藻

## 湿地沉水草丛
*Myriophyllum verticillatum*
Wetland Submerged Grassland

狐尾藻（*Myriophyllum verticillatum*），属于小二仙草科（Haloragaceae）狐尾藻属（*Myriophyllum*），多年生粗壮沉水草本。狐尾藻根状茎发达，节部生根；茎长20~40 cm，多分枝。狐尾藻株丛繁茂，易于分枝；叶片密集，色调柔美，常用于布置庭园水景，尤其是用于池塘驳岸，具有较好的观赏效果。

（中国科学院中国植物志编辑委员会，2000；周厚高，2019a）

## 狐尾藻群丛
*Myriophyllum verticillatum*
Association

狐尾藻群丛分布于湿地一期绿心湖水域西南部、湿地三期小洲东路以南区域木栈道旁水域，群丛外貌为深绿色（图3-65）。狐尾藻盖度约80%，伴生有少量芦苇。

➤➤ 图3-65
狐尾藻
群丛外貌

# 3.2 湿地陆生景观植被

城市湿地公园除了要发挥生态保育的功能，还需要兼顾综合休闲、民俗文化和科普教育等服务功能（成玉宁等，2012）。湿地陆生景观植被是海珠湿地立项成为湿地公园后，经过人为快速恢复和栽种的园林植被，其特点是物种组成较为复杂，不同群落间异质性较高且拥有不同的景观设计和服务功能，有较强的人为干预痕迹。

传统的自然植被分类方法不能有效体现湿地陆生景观植被的特点，需要参考生态公园的用地分类和使用功能，合理体现陆生景观植被的特征。因此针对海珠湿地的调查情况，本书中划分了四种植被亚型：公园生态保育林、公园行道林、公园综合休闲林、公园风景文化林。

## 3.2.1 公园生态保育林

公园生态保育林是湿地陆生景观植被的一个植被亚型，是生境条件好、基底稳定、同时用于隔离外部干扰和为动物提供栖息地的树林（成玉宁等，2012）。其主要特征是郁闭度较高、物种多样、结构复杂，一般由乔木、灌木和草本构成丰富的垂直结构，可为不同生态位的动物提供栖息地或食物，是湿地生态系统和生物多样性的保障之一。

榕

树

公园生态保育林

*Ficus microcarpa*
Park Ecological Conservational Woodland

榕树（*Ficus microcarpa*），属于桑科（Moraceae）榕属（*Ficus*），常绿大乔木，高 15～25 m。榕树不仅有雄伟挺拔的树形，而且有速生的特质，四季常青，具有较高的观赏价值和良好的生态效益，为湿地生态保育提供重要支持。

（中国科学院中国植物志编辑委员会，1998；周厚高，2019b）

## 榕树-芭蕉群丛

*Ficus microcarpa – Musa basjoo* Association

———

榕树-芭蕉群丛分布在湿地三期，代表群丛外貌呈深绿色，林冠较整齐，总郁闭度70%~80%。本群落植物种类组成较丰富，群落结构较复杂（图3-66、图3-67）。

乔木可分为两层，中乔木层平均高度9.8 m、最低8.1 m、最高11.4 m，平均胸径32.1 cm、最小11.4 cm、最大70.0 cm，主要优势种为榕树，此外还有樟、银叶树、火焰树、羊蹄甲、阴香以及黄槐决明；小乔木层平均高度6.6 m、最低2.1 m、最高7.9 m，平均胸径12.4 cm、最小5.1 cm、最大18.4 cm，由大花紫薇、宫粉羊蹄甲、羊蹄甲、构、阴香、秋枫、黄皮等组成（表3-1、图3-68）。草本层丰富，主要优势种为芭蕉（表3-2、图3-69）。

>> 图3-66　榕树-芭蕉群丛剖面图

1. 榕树（*Ficus microcarpa*）
2. 宫粉羊蹄甲（*Bauhinia variegata*）
3. 阴香（*Cinnamomum burmanni*）
4. 黄皮（*Clausena lansium*）
5. 溪畔白千层（*Melaeuca bracteata*）

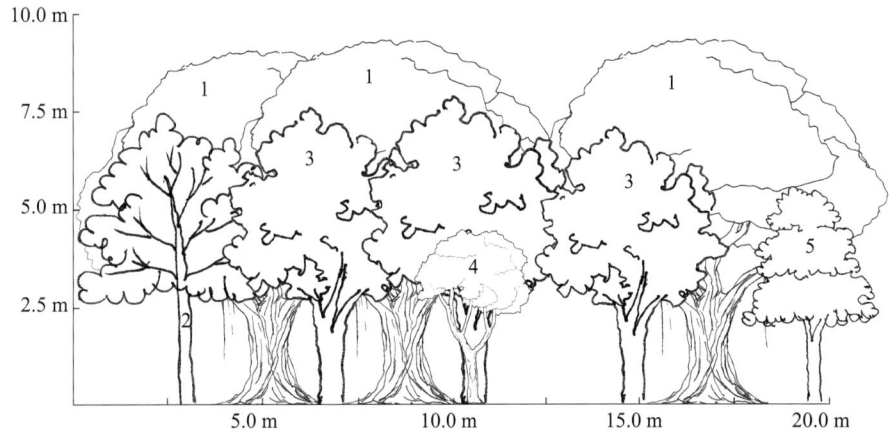

表3-1　榕树-芭蕉群丛样地乔木层表

| 物种 | 学名 | 株数 | 相对频度/% | 相对多度/% | 相对显著度/% | 重要值 | 生活型 |
|---|---|---|---|---|---|---|---|
| 榕树 | *Ficus microcarpa* | 12 | 15.00 | 22.22 | 69.31 | 35.51 | 乔木 |
| 宫粉羊蹄甲 | *Bauhinia purpurea* | 9 | 15.00 | 16.67 | 6.16 | 12.61 | 乔木或灌木 |
| 樟 | *Cinnamomum camphora* | 6 | 10.00 | 11.11 | 8.69 | 9.93 | 乔木 |
| 火焰树 | *Spathodea campanulata* | 4 | 5.00 | 7.41 | 7.37 | 6.59 | 落叶乔木 |
| 阴香 | *Cinnamomum burmanni* | 6 | 5.00 | 11.11 | 3.37 | 6.49 | 乔木 |
| 黄槐决明 | *Senna surattensis* | 4 | 10.00 | 7.41 | 1.52 | 6.31 | 灌木或小乔木 |
| 大花紫薇 | *Lagerstroemia speciosa* | 5 | 5.00 | 9.26 | 1.67 | 5.31 | 大乔木 |
| 溪畔白千层 | *Melaleuca bracteata* | 2 | 10.00 | 3.70 | 0.31 | 4.67 | 常绿灌木或小乔木 |
| 秋枫 | *Bischofia javanica* | 2 | 5.00 | 3.70 | 0.24 | 2.99 | 常绿或半常绿大乔木 |
| 宫粉羊蹄甲 | *Bauhinia variegata* | 1 | 5.00 | 1.86 | 0.51 | 2.45 | 落叶乔木 |
| 黄皮 | *Clausena lansium* | 1 | 5.00 | 1.85 | 0.33 | 2.39 | 小乔木 |
| 银叶树 | *Heritiera littoralis* | 1 | 5.00 | 1.85 | 0.28 | 2.38 | 常绿乔木 |
| 构 | *Broussonetia papyrifera* | 1 | 5.00 | 1.85 | 0.24 | 2.37 | 高大乔木 |

注：由于保留小数位数的误差，群丛信息表中的物种相对频度、相对多度、相对显著度和重要值仅表示估计值，其总和可能会在100%上下浮动，后同。

表3-2　榕树-芭蕉群丛样地草本层表

| 物种 | 学名 | 平均高度/m | 平均盖度/% | 相对高度/% | 相对盖度/% | 重要值 |
|---|---|---|---|---|---|---|
| 芭蕉 | *Musa basjoo* | 3.50 | 36.00 | 25.06 | 10.24 | 17.65 |
| 地毯草 | *Axonopus compressus* | 0.40 | 70.00 | 2.83 | 19.92 | 11.38 |
| 饭包草 | *Commelina benghalensis* | 0.30 | 60.00 | 2.15 | 17.07 | 9.61 |
| 女贞 | *Ligustrum lucidum* | 1.90 | 15.00 | 13.61 | 4.27 | 8.94 |
| 构 | *Broussonetia papyrifera* | 1.50 | 20.00 | 10.74 | 5.69 | 8.21 |
| 火焰树 | *Spathodea campanulata* | 1.60 | 15.00 | 11.46 | 4.27 | 7.86 |
| 鬼针草 | *Bidens pilosa* | 0.70 | 31.00 | 4.89 | 8.82 | 6.86 |
| 野芋 | *Colocasia antiquorum* | 0.60 | 28.30 | 4.06 | 8.06 | 6.06 |
| 羊蹄甲 | *Bauhinia purpurea* | 1.10 | 13.60 | 8.06 | 3.86 | 5.96 |
| 石楠 | *Photinia serratifolia* | 0.60 | 20.00 | 4.30 | 5.69 | 5.00 |
| 美丽异木棉 | *Ceiba speciosa* | 0.30 | 20.00 | 2.15 | 5.69 | 3.92 |
| 黄槐决明 | *Senna surattensis* | 0.80 | 4.50 | 5.69 | 1.28 | 3.49 |
| 金腰箭 | *Synedrella nodiflora* | 0.40 | 10.00 | 2.86 | 2.85 | 2.86 |
| 鸭跖草 | *Commelina communis* | 0.30 | 8.00 | 2.15 | 2.28 | 2.21 |

⌃ 图3-67
榕树-芭蕉
群丛外貌

^ 图3-68
榕树 - 芭蕉
群丛林冠层

<< 图3-69
榕树 - 芭蕉
群丛样地草本层

**榕树+
美丽异木棉+小叶榄仁-
构-海芋群丛**

*Ficus microcarpa+
Ceiba speciosa+
Terminalia neotaliala –
Broussonetia papyrifera –
Alocasia odora
Association*

———

榕树+美丽异木棉+小叶榄仁-构-海芋群丛分布在湿地一期办公区西侧，代表群丛外貌呈绿色。林冠较整齐，总郁闭度70%～80%。本群落植物种类组成较丰富，群落结构较复杂（图3-70）。

乔木可分为两层，中乔木层平均高度9.8 m、最低8.3 m、最高11.5 m，平均胸径22.7 cm、最小10.3 cm、最大41.5 cm，主要优势种为榕树，此外还有小叶榄仁、美丽异木棉、黄花风铃木和乌墨；小乔木层平均高度7.1 m、最低4.8 m、最高8.0 m，平均胸径21.9 cm、最小6.5 cm、最大41.8 cm，由美丽异木棉、黄槐决明、黄花风铃木、乌墨、构、凤凰木和大花紫薇组成（表3-3、图3-71）。灌木层稀疏，只有中灌木层，平均高度0.9 m、最低0.7 m、最高1.1 m，由构、黄花风铃木、鸡屎藤和楝组成（表3-4）。草本层较丰富，主要优势种为海芋（表3-5、图3-72）。

表3-3　榕树+美丽异木棉+小叶榄仁-构-海芋群丛样地乔木层表

| 物种 | 学名 | 株数 | 相对频度/% | 相对多度/% | 相对显著度/% | 重要值 | 生活型 |
|---|---|---|---|---|---|---|---|
| 榕树 | *Ficus microcarpa* | 23 | 11.11 | 35.38 | 30.92 | 25.80 | 乔木 |
| 美丽异木棉 | *Ceiba speciosa* | 16 | 11.11 | 24.62 | 38.67 | 24.80 | 落叶乔木 |
| 小叶榄仁 | *Terminalia neotaliala* | 12 | 11.11 | 18.46 | 21.54 | 17.04 | 常绿乔木 |
| 黄花风铃木 | *Handroanthus chrysanthus* | 6 | 11.11 | 9.23 | 2.63 | 7.66 | 落叶或半常绿乔木 |
| 乌墨 | *Syzygium cumini* | 4 | 11.11 | 6.15 | 4.72 | 7.33 | 乔木 |
| 构 | *Broussonetia papyrifera* | 1 | 11.11 | 1.54 | 0.65 | 4.43 | 高大乔木或灌木状 |
| 凤凰木 | *Delonix regia* | 1 | 11.11 | 1.54 | 0.41 | 4.35 | 高大落叶乔木，无刺 |
| 黄槐决明 | *Senna surattensis* | 1 | 11.11 | 1.54 | 0.34 | 4.33 | 灌木或小乔木 |
| 大花紫薇 | *Lagerstroemia speciosa* | 1 | 11.11 | 1.54 | 0.12 | 4.26 | 大乔木 |

表3-4　榕树+美丽异木棉+小叶榄仁-构-海芋群丛样地灌木层表

| 物种 | 学名 | 株数 | 相对频度/% | 相对多度/% | 重要值 | 生活型 |
|---|---|---|---|---|---|---|
| 构 | *Broussonetia papyrifera* | 10 | 25.00 | 71.43 | 48.22 | 高大乔木或灌木状 |
| 黄花风铃木 | *Handroanthus chrysanthus* | 2 | 25.00 | 14.29 | 19.64 | 落叶或半常绿乔木 |
| 鸡屎藤 | *Paederia foetida* | 1 | 25.00 | 7.14 | 16.07 | 藤状灌木，无毛或被柔毛 |
| 楝 | *Melia azedarach* | 1 | 25.00 | 7.14 | 16.07 | 落叶乔木 |

表3-5　榕树+美丽异木棉+小叶榄仁-构-海芋群丛样地草本层表

| 物种 | 学名 | 平均高度/m | 平均盖度/% | 相对高度/% | 相对盖度/% | 重要值 |
|---|---|---|---|---|---|---|
| 海芋 | *Alocasia odora* | 0.45 | 40.00 | 32.85 | 40.82 | 36.84 |
| 鬼针草 | *Bidens pilosa* | 0.70 | 15.00 | 51.09 | 15.31 | 33.20 |
| 土牛膝 | *Achyranthes aspera* | 0.05 | 30.00 | 3.65 | 30.61 | 17.13 |
| 牛筋草 | *Eleusine indica* | 0.15 | 10.00 | 10.95 | 10.20 | 10.57 |
| 酢浆草 | *Oxalis corniculata* | 0.02 | 3.00 | 1.46 | 3.06 | 2.26 |

➤ 图 3-70
榕树 + 美丽异木棉 +
小叶榄仁 - 构 - 海芋
群丛外貌

➤ 图 3-71
榕树 + 美丽异木棉 +
小叶榄仁 - 构 - 海芋
群丛林冠层

➤ 图 3-72
榕树 + 美丽异木棉 +
小叶榄仁 - 构 - 海芋
群丛草本层

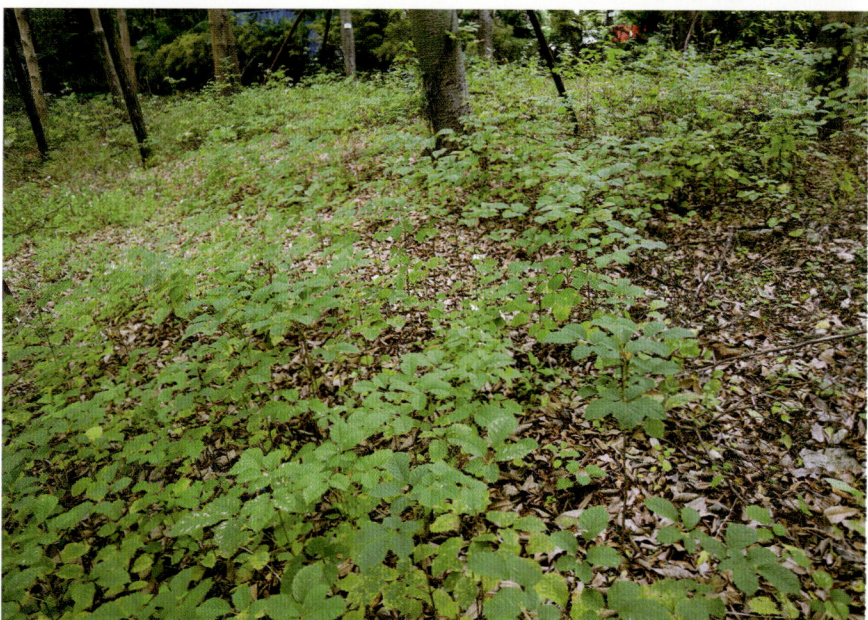

## 榕树+宫粉羊蹄甲-灰莉-狼尾草群丛

*Ficus microcarpa+ Bauhinia variegata- Fagraea ceilanica- Pennisetum alopecuroides Association*

———

榕树+宫粉羊蹄甲-灰莉-狼尾草群丛分布在湿地三期北门西侧，代表群丛外貌呈绿色，林冠较整齐，总郁闭度70%～80%。本群落植物种类组成较丰富，群落结构较复杂（图3-73、图3-74）。

乔木可分为两层，中乔木层平均高度8.4 m、最低8.2 m、最高8.5 m，平均胸径34.0 cm、最小18.1 cm、最大60.0 cm，主要优势种为榕树，此外还有菩提树和人面子；小乔木层平均高度5.9 m、最低2.8 m、最高8.0 m，平均胸径13.9 cm、最小0.3 cm、最大37.4 cm，由澳洲鹅掌柴、宫粉羊蹄甲、马占相思、樟和榕树组成（图3-75、表3-6）。灌木层稀疏，可分为两层，大灌木层平均高度2.8 m、最低2.1 m、最高3.5 m，由澳洲鹅掌柴、狗牙花、假连翘和棕竹组成；中灌木层平均高度1.5 m、最低2.0 m、最高1.2 m，主要优势种为灰莉，此外还有光叶海桐、朴树、变叶珊瑚花和朱槿（表3-7）。草本层丰富，主要优势种为狼尾草（图3-76、表3-8）。

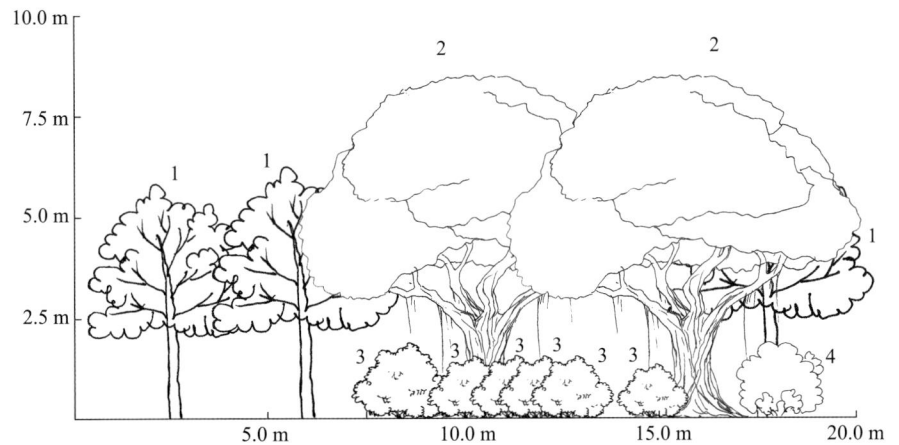

➤➤ 图3-73　榕树+宫粉羊蹄甲-灰莉-狼尾草群丛剖面图

1. 宫粉羊蹄甲（*Bauhinia variegata*）
2. 榕树（*Ficus microcarpa*）
3. 灰莉（*Fagraea ceilanica*）
4. 棕竹（*Rhapis excelsa*）

表3-6　榕树+宫粉羊蹄甲-灰莉-狼尾草群丛样地乔木层表

| 物种 | 学名 | 株数 | 相对频度/% | 相对多度/% | 相对显著度/% | 重要值 | 生活型 |
|------|------|------|-----------|-----------|-------------|--------|--------|
| 榕树 | *Ficus microcarpa* | 6 | 23.08 | 20.69 | 40.29 | 28.02 | 乔木 |
| 宫粉羊蹄甲 | *Bauhinia variegata* | 11 | 23.08 | 37.93 | 12.43 | 24.48 | 落叶乔木 |
| 菩提树 | *Ficus religiosa* | 1 | 7.69 | 3.45 | 23.86 | 11.67 | 乔木 |
| 澳洲鹅掌柴 | *Schefflera macrostachya* | 5 | 15.38 | 17.24 | 0.63 | 11.08 | 常绿乔木 |
| 樟 | *Cinnamomum camphora* | 2 | 7.69 | 6.90 | 16.23 | 10.27 | 乔木 |
| 人面子 | *Dracontomelon duperreanum* | 2 | 7.69 | 6.90 | 4.34 | 6.31 | 常绿大乔木 |
| 紫花风铃木 | *Tabebuia impetiginosa* | 1 | 7.69 | 3.45 | 1.87 | 4.34 | 乔木 |
| 马占相思 | *Acacia mangium* | 1 | 7.69 | 3.45 | 0.35 | 3.83 | 常绿乔木 |

表3-7 榕树+宫粉羊蹄甲-灰莉-狼尾草群丛样地灌木层表

| 物种 | 学名 | 株数 | 相对频度/% | 相对多度/% | 重要值 | 生活型 |
|---|---|---|---|---|---|---|
| 灰莉 | *Fagraea ceilanica* | 6 | 18.18 | 22.22 | 20.20 | 乔木或攀缘灌木状 |
| 棕竹 | *Rhapis excelsa* | 7 | 9.09 | 25.93 | 17.51 | 丛生灌木 |
| 假连翘 | *Duranta erecta* | 4 | 9.09 | 14.81 | 11.95 | 灌木 |
| 澳洲鹅掌柴 | *Schefflera macrostachya* | 3 | 9.09 | 11.11 | 10.10 | 常绿乔木 |
| 变叶珊瑚花 | *Jatropha integerrima* | 2 | 9.09 | 7.41 | 8.25 | 植物体具乳汁，有毒 |
| 狗牙花 | *Tabernaemontana divaricata* | 1 | 9.09 | 3.70 | 6.39 | 灌木 |
| 光叶海桐 | *Pittosporum glabratum* | 1 | 9.09 | 3.70 | 6.39 | 常绿灌木 |
| 海桐 | *Pittosporum tobira* | 1 | 9.09 | 3.70 | 6.39 | 常绿灌木或小乔木 |
| 朴树 | *Celtis sinensis* | 1 | 9.09 | 3.70 | 6.39 | 高大落叶乔木 |
| 朱槿 | *Hibiscus rosa-sinensis* | 1 | 9.09 | 3.70 | 6.39 | 常绿灌木 |

表3-8 榕树+宫粉羊蹄甲-灰莉-狼尾草群丛样地草本层表

| 物种 | 学名 | 平均高度/m | 平均盖度/% | 相对高度/% | 相对盖度/% | 重要值 |
|---|---|---|---|---|---|---|
| 狼尾草 | *Pennisetum alopecuroides* | 0.70 | 10.00 | 61.22 | 30.61 | 45.92 |
| 地毯草 | *Axonopus compressus* | 0.14 | 12.67 | 12.54 | 38.78 | 25.66 |
| 鬼针草 | *Bidens pilosa* | 0.10 | 5.00 | 8.75 | 15.31 | 12.03 |
| 羽芒菊 | *Tridax procumbens* | 0.12 | 3.00 | 10.50 | 9.18 | 9.84 |
| 酢浆草 | *Oxalis corniculata* | 0.08 | 2.00 | 7.00 | 6.12 | 6.56 |

≪ 图3-74
榕树+
宫粉羊蹄甲-
灰莉-狼尾草
群丛外貌

⌄ 图3-75
榕树 +
宫粉羊蹄甲 - 灰莉 - 狼尾草
群丛林冠层

⌄ 图3-76
榕树 +
宫粉羊蹄甲 - 灰莉 - 狼尾草
群丛草本层

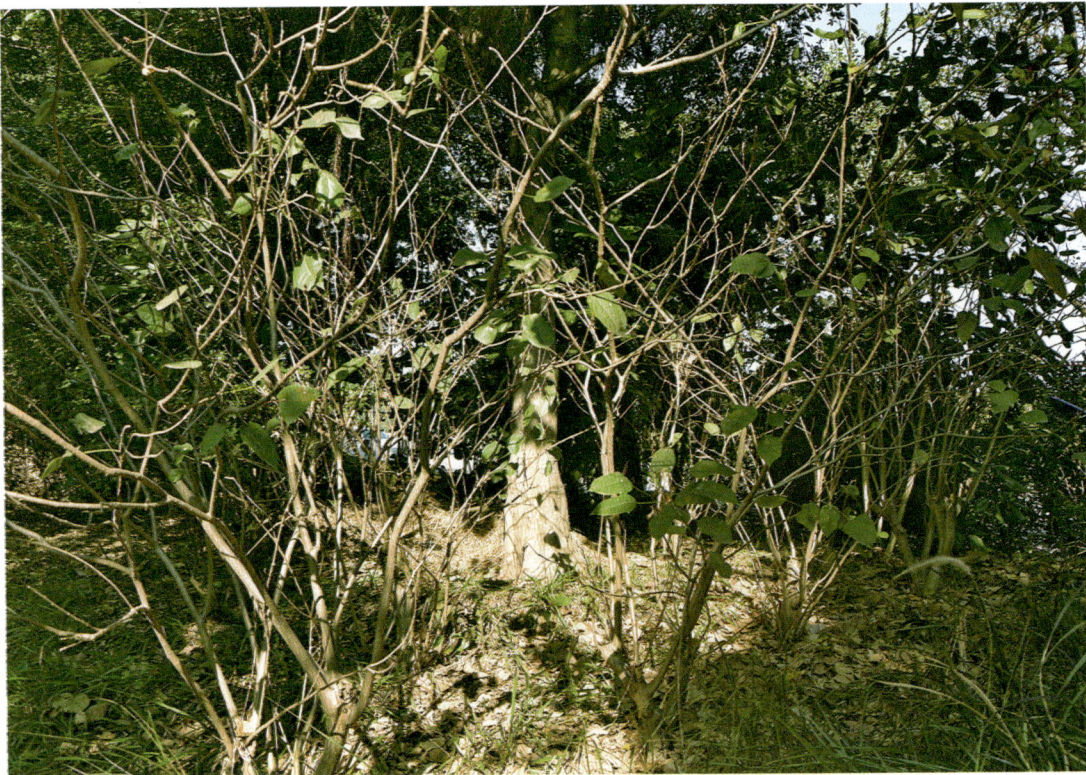

榕树+
蒲桃-蒲桃-蓝花草群丛

*Ficus microcarpa+*
*Syzygium jambos-*
*Syzygium jambos-*
*Ruellia simplex*
Association

——

榕树+蒲桃-蒲桃-蓝花草群丛分布在湿地一期都市田园东侧。代表群丛外貌呈深绿色，林冠错落有致，总郁闭度90%以上。本群落植物种类组成丰富，群落结构复杂（图3-77、图3-78、图3-79）。

乔木主要为小乔木层，其平均高度6.7 m、最低2.8 m、最高8.0 m，平均胸径13.9 cm、最小2.5 cm、最大40.0 cm，由澳洲鹅掌柴、幌伞枫、蒲桃、榕树、锐棱玉蕊及土蜜树组成（表3-9）。灌木主要为中灌木层，其平均高度1.2 m，物种组成丰富，有蒲桃、构、九里香等（表3-10）。林下草本层丰富，主要优势种为蓝花草，此外还有竹叶草、附地菜、弓果黍等（图3-80、表3-11）。

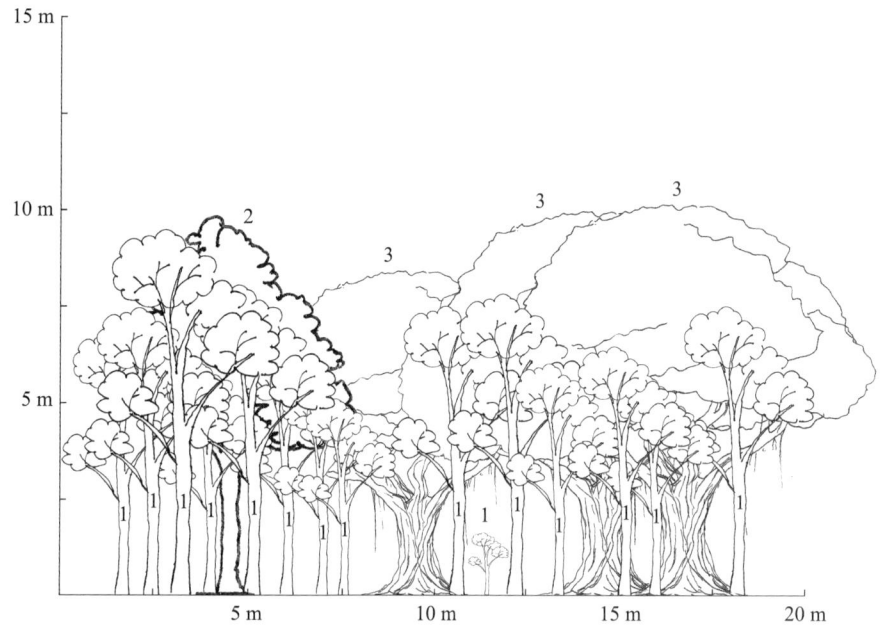

**▶▶ 图3-77 榕树+蒲桃-蒲桃-蓝花草群丛剖面图**

1. 澳洲鹅掌柴（*Schefflera macrostachya*）
2. 麻楝（*Chukrasia tabularis*）
3. 榕树（*Ficus microcarpa*）

表3-9 榕树+蒲桃-蒲桃-蓝花草群丛样地乔木层表

| 物种 | 学名 | 株数 | 相对频度/% | 相对多度/% | 相对显著度/% | 重要值 | 生活型 |
|---|---|---|---|---|---|---|---|
| 榕树 | *Ficus microcarpa* | 6 | 21.43 | 20.69 | 35.36 | 25.83 | 乔木 |
| 蒲桃 | *Syzygium jambos* | 6 | 14.29 | 20.69 | 12.45 | 15.81 | 乔木 |
| 澳洲鹅掌柴 | *Schefflera macrostachya* | 8 | 7.14 | 27.59 | 1.61 | 12.11 | 常绿乔木 |
| 黄葛树 | *Ficus virens* | 1 | 7.14 | 3.45 | 20.43 | 10.34 | 落叶或半落叶乔木 |
| 非洲楝 | *Khaya senegalensis* | 1 | 7.14 | 3.45 | 10.18 | 6.92 | 乔木 |
| 印度榕 | *Ficus elastica* | 1 | 7.14 | 3.45 | 9.22 | 6.60 | 乔木 |
| 麻楝 | *Chukrasia tabularis* | 1 | 7.14 | 3.45 | 6.57 | 5.72 | 大乔木 |
| 幌伞枫 | *Heteropanax fragrans* | 2 | 7.14 | 6.90 | 0.63 | 4.89 | 乔木 |
| 南洋杉 | *Araucaria cunninghamii* | 1 | 7.14 | 3.45 | 1.93 | 4.17 | 乔木 |
| 锐棱玉蕊 | *Barringtonia reticulata* | 1 | 7.14 | 3.45 | 1.43 | 4.01 | 常绿灌木或小乔木 |
| 土蜜树 | *Bridelia tomentosa* | 1 | 7.14 | 3.45 | 0.19 | 3.59 | 灌木或小乔木 |

表3-10 榕树+蒲桃-蒲桃-蓝花草群丛样地灌木层表

| 物种 | 学名 | 株数 | 相对频度/% | 相对多度/% | 重要值 | 生活型 |
|---|---|---|---|---|---|---|
| 蒲桃 | *Syzygium jambos* | 10 | 8.33 | 25.64 | 16.98 | 乔木 |
| 构 | *Broussonetia papyrifera* | 9 | 8.33 | 23.08 | 15.70 | 高大乔木或灌木 |
| 朴树 | *Celtis sinensis* | 5 | 16.67 | 12.82 | 14.75 | 高大落叶乔木 |
| 九里香 | *Murraya exotica* | 4 | 16.67 | 10.26 | 13.46 | 小乔木 |
| 海芋 | *Alocasia odora* | 5 | 8.33 | 12.82 | 10.57 | 大型常绿草本 |
| 血桐 | *Macaranga tanarius* var. *tomentosa* | 2 | 8.33 | 5.13 | 6.73 | 乔木 |
| 假苹婆 | *Sterculia lanceolata* | 1 | 8.33 | 2.56 | 5.44 | 乔木 |
| 秋枫 | *Bischofia javanica* | 1 | 8.33 | 2.56 | 5.44 | 常绿或半常绿大乔木 |
| 土蜜树 | *Bridelia tomentosa* | 1 | 8.33 | 2.56 | 5.44 | 灌木或小乔木 |
| 阴香 | *Cinnamomum burmanni* | 1 | 8.33 | 2.56 | 5.44 | 乔木 |

表3-11 榕树+蒲桃-蒲桃-蓝花草群丛样地草本层表

| 物种 | 学名 | 平均高度/m | 平均盖度/% | 相对高度/% | 相对盖度/% | 重要值 |
|---|---|---|---|---|---|---|
| 蓝花草 | *Ruellia simplex* | 0.40 | 75.00 | 33.33 | 36.06 | 34.70 |
| 竹叶草 | *Oplismenus compositus* | 0.30 | 45.00 | 25.00 | 21.63 | 23.31 |
| 附地菜 | *Trigonotis peduncularis* | 0.15 | 40.00 | 12.50 | 19.23 | 15.87 |
| 弓果黍 | *Cyrtococcum patens* | 0.10 | 40.00 | 8.33 | 19.23 | 13.78 |
| 海金沙 | *Lygodium japonicum* | 0.15 | 2.00 | 12.50 | 0.96 | 6.73 |
| 半边旗 | *Pteris semipinnata* | 0.10 | 6.00 | 8.33 | 2.88 | 5.61 |

>> 图3-78
榕树+
蒲桃-蒲桃-蓝花草
群丛外貌

⌃⌄ 图3-79
榕树+
蒲桃-蒲桃-蓝花草
群丛群落结构

# 构

## 公园生态保育林
### *Broussonetia papyrifera*
Park Ecological Conservational Woodland

构（*Broussonetia papyrifera*），属于桑科（Moraceae）构属（*Broussonetia*），落叶乔木，高达16 m。构喜光，抗烟抗粉尘，树干挺拔，枝叶茂密，速生耐修剪，适应性强，叶形叶色变化丰富，雌株果期极具观赏价值；植株抗大气污染并可富集重金属，根系可固沙固土，具有改善生态环境的功能；可作庭荫树、行道树或列植于水边固岸护堤。

（中国科学院中国植物志编辑委员会，1998；闫双喜等，2013；周璟等，2015）

**构-构-海芋群丛**

*Broussonetia papyrifera -
Broussonetia papyrifera -
Alocasia odora*
Association

———

构-构-海芋群丛分布在湿地二期雁语滩西侧，代表群丛外貌呈深绿色，林冠参差，总郁闭度70%～80%。本群落植物种类组成丰富，群落结构复杂（图3-81）。

乔木可分为两层，中乔木层物种单一，中乔木层平均高度10.3 m、最低9.5 m、最高11.1 m，平均胸径12.6 cm、最小7.5 cm、最大17.6 cm，由构、木芙蓉组成，优势种为构；小乔木层平均高度6.1 m、最低2.5 m、最高8 m，平均胸径11.0 cm、最小6.3 cm、最大25.8 cm，由构、黄皮及大花紫薇组成，其中主要优势种为构（图3-82、表3-12）。灌木层物种单一，仅有中灌木层，平均高度1.5 m，由构组成（表3-13）。草本层物种较少，主要优势种为海芋（图3-83、表3-14）。

表3-12 构-构-海芋群丛样地乔木层表

| 物种 | 学名 | 株数 | 相对频度/% | 相对多度/% | 相对显著度/% | 重要值 | 生活型 |
|---|---|---|---|---|---|---|---|
| 构 | *Broussonetia papyrifera* | 5 | 25.00 | 41.67 | 61.37 | 42.68 | 高大乔木或灌木 |
| 黄皮 | *Clausena lansium* | 4 | 25.00 | 33.33 | 12.66 | 23.66 | 小乔木 |
| 大花紫薇 | *Lagerstroemia speciosa* | 2 | 25.00 | 16.67 | 23.04 | 21.57 | 大乔木 |
| 木芙蓉 | *Hibiscus mutabilis* | 1 | 25.00 | 8.33 | 2.94 | 12.09 | 落叶灌木或小乔木 |

表3-13 构-构-海芋群丛样地灌木层表

| 物种 | 学名 | 株数 | 相对频度/% | 相对多度/% | 重要值 | 生活型 |
|---|---|---|---|---|---|---|
| 构 | *Broussonetia papyrifera* | 40 | 100.00 | 100.00 | 100.00 | 高大乔木或灌木 |

表3-14 构-构-海芋群丛样地草本层表

| 物种 | 学名 | 平均高度/m | 平均盖度/% | 相对高度/% | 相对盖度/% | 重要值 |
|---|---|---|---|---|---|---|
| 海芋 | *Alocasia odora* | 1.20 | 3.00 | 43.48 | 37.50 | 40.49 |
| 海金沙 | *Lygodium japonicum* | 1.50 | 2.00 | 54.35 | 25.00 | 39.67 |
| 红花酢浆草 | *Oxalis corymbosa* | 0.06 | 3.00 | 2.17 | 37.50 | 19.84 |

➤➤ 图3-81
构 - 构 - 海芋
群丛外貌

➤➤ 图3-82
构 - 构 - 海芋
群丛林冠层

➤➤ 图3-83
构 - 构 - 海芋
群丛灌木层及
草本层

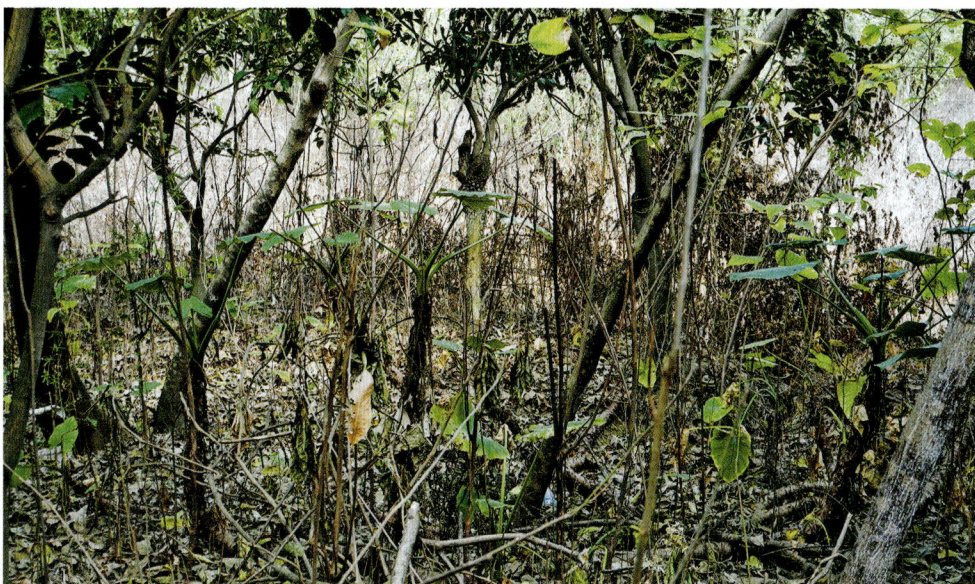

# 火焰树

## 公园生态保育林
### *Spathodea campanulata*
### Park Ecological Conservational Woodland

火焰树（*Spathodea campanulata*），属于紫葳科（Bignoniaceae）火焰树属（*Spathodea*），乔木，高达10 m。火焰树树形挺拔，叶形优雅，冠幅如伞盖，夏季开花时如星火燎原、红墨簇染，美丽壮观；常作为行道树，营造具有热带风情的景观效果，也可作为公园、景区的绿化树种，既可享受绿荫，亦可观赏其花枝招展的风采。

（中国科学院中国植物志编辑委员会，1990；丛睿与张开文，2017）

**火焰树-**
**构-蓝花草群丛**

*Spathodea campanulata -*
*Broussonetia papyrifera -*
*Ruellia simplex*
Association

火焰树-构-蓝花草群丛分布在湿地一期红树林科普基地以北，代表群丛外貌呈深绿色，林冠较整齐，总郁闭度70%～80%。本群落植物种类组成丰富，群落结构复杂（图3-84）。

乔木可分为两层，中乔木层物种较丰富，中乔木层平均高度10.3 m、最低8.5 m、最高13.5 m，平均胸径24.0 cm、最小12.0 cm、最大48.0 cm，由火焰树、小叶榄仁和少量榕树组成；小乔木层平均高度6.2 m、最低3.0 m、最高7.5 m，平均胸径12.3 cm、最小6.5 cm、最大17.5 cm，由火焰树以及少量榕树、糖胶树组成，其中主要优势种为火焰树（图3-85、表3-15）。灌木层茂密，可分为3层，大灌木层平均高度2.2 m，由阴香组成；中灌木层平均高度1.1 m、最低1.0 m、最高1.2 m，由构、幌伞枫、九里香组成：小灌木层平均高度0.3 m、最低0.2 m、最高0.4 m，由构、海南蒲桃、红鳞蒲桃组成，其中主要优势种为构（表3-16）。林下草本层丰富，主要优势种为蓝花草（图3-86、表3-17）。

表3-15　火焰树-构-蓝花草群丛样地乔木层表

| 物种 | 学名 | 株数 | 相对频度/% | 相对多度/% | 相对显著度/% | 重要值 | 生活型 |
|---|---|---|---|---|---|---|---|
| 火焰树 | *Spathodea campanulata* | 21 | 33.33 | 70.00 | 38.16 | 47.16 | 落叶乔木 |
| 小叶榄仁 | *Terminalia neotaliala* | 5 | 33.33 | 16.67 | 29.60 | 26.53 | 常绿乔木 |
| 榕树 | *Ficus microcarpa* | 3 | 16.67 | 10.00 | 31.49 | 19.39 | 乔木 |
| 糖胶树 | *Alstonia scholaris* | 1 | 16.67 | 3.33 | 0.75 | 6.92 | 乔木 |

表3-16　火焰树-构-蓝花草群丛样地灌木层表

| 物种 | 学名 | 株数 | 相对频度/% | 相对多度/% | 重要值 | 生活型 |
|---|---|---|---|---|---|---|
| 构 | *Broussonetia papyrifera* | 9 | 33.33 | 47.37 | 40.35 | 高大乔木或灌木 |
| 海南蒲桃 | *Syzygium hainanense* | 4 | 22.22 | 21.05 | 21.63 | 小乔木 |
| 红鳞蒲桃 | *Syzygium hancei* | 2 | 11.11 | 10.53 | 10.82 | 灌木或乔木 |
| 幌伞枫 | *Heteropanax fragrans* | 2 | 11.11 | 10.53 | 10.82 | 乔木 |
| 九里香 | *Murraya exotica* | 1 | 11.11 | 5.26 | 8.18 | 小乔木 |
| 阴香 | *Cinnamomum burmanni* | 1 | 11.11 | 5.26 | 8.18 | 乔木 |

表3-17　火焰树-构-蓝花草群丛样地草本层表

| 物种 | 学名 | 平均高度/m | 平均盖度/% | 相对高度/% | 相对盖度/% | 重要值 |
|---|---|---|---|---|---|---|
| 蓝花草 | *Ruellia simplex* | 0.26 | 50.00 | 14.61 | 47.02 | 30.82 |
| 黄麻 | *Corchorus capsularis* | 0.41 | 30.00 | 23.03 | 28.21 | 25.62 |
| 朱蕉 | *Cordyline fruticosa* | 0.25 | 5.00 | 14.04 | 4.70 | 9.37 |
| 鸡屎藤 | *Paederia foetida* | 0.31 | 1.00 | 17.42 | 0.94 | 9.18 |
| 弓果黍 | *Cyrtococcum patens* | 0.12 | 9.33 | 6.74 | 8.78 | 7.76 |
| 地毯草 | *Axonopus compressus* | 0.09 | 5.00 | 5.06 | 4.70 | 4.88 |
| 红花酢浆草 | *Oxalis corymbosa* | 0.12 | 3.00 | 6.74 | 2.82 | 4.78 |
| 海芋 | *Alocasia odora* | 0.13 | 1.00 | 7.30 | 0.94 | 4.12 |
| 黄花酢浆草 | *Oxalis pes-caprae* | 0.09 | 2.00 | 5.06 | 1.88 | 3.47 |

❮ 图3-84
火焰树-构-蓝花草
群丛外貌

>> 图 3-85
火焰树 - 构 - 蓝花草
群丛林冠层

<< 图 3-86
火焰树 - 构 - 蓝花草
群丛灌木层与草本层

90

# 宫粉羊蹄甲

## 公园生态保育林
*Bauhinia variegata*
Park Ecological Conservational Woodland

宫粉羊蹄甲（*Bauhinia variegata*），属于豆科（Fabaceae）羊蹄甲属（*Bauhinia*），落叶乔木，高可达7 m。宫粉羊蹄甲树冠辽阔，树形优美，先花后叶，花期长，显花性强，花微香，不仅是优良的观花园林植物，同时在林业和园林生态建设中具有调节小气候、保持水土、净化空气等生态功能。

（中国科学院中国植物志编辑委员会，1988；刘连海等，2016）

### 宫粉羊蹄甲+秋枫-宫粉羊蹄甲-六棱菊群丛

*Bauhinia variegata+*
*Bischofia javanica -*
*Bauhinia variegata -*
*Laggera alata*
Association

———

宫粉羊蹄甲+秋枫-宫粉羊蹄甲-六棱菊群丛分布在湿地三期东南角，代表群丛外貌呈翠绿色，林冠整齐，总郁闭度50%～60%。本群落植物种类组成丰富，群落结构简单（图3-87）。

乔木主要为小乔木层，其平均高度6.1 m、最低2.0 m、最高8.0 m，平均胸径11.5 cm、最小1.0 cm、最大22.0 cm，主要优势种为宫粉羊蹄甲，此外还有秋枫、人面子和榕树（图3-88、表3-18）。灌木层稀疏，中灌木层分布有马缨丹、土蜜树和宫粉羊蹄甲幼苗，其平均高度1.0 m（表3-19）。草本层物种组成丰富，优势种为六棱菊，此外还有铺地黍、鬼针草、地毯草等（图3-89、表3-20）。

表3-18 宫粉羊蹄甲+秋枫-宫粉羊蹄甲-六棱菊群丛样地乔木层表

| 物种 | 学名 | 株数 | 相对频度/% | 相对多度/% | 相对显著度/% | 重要值 | 生活型 |
|---|---|---|---|---|---|---|---|
| 宫粉羊蹄甲 | *Bauhinia variegata* | 18 | 33.33 | 58.06 | 21.20 | 37.53 | 落叶乔木 |
| 秋枫 | *Bischofia javanica* | 8 | 33.33 | 25.81 | 45.30 | 34.81 | 常绿或半常绿大乔木 |
| 榕树 | *Ficus microcarpa* | 2 | 16.67 | 6.45 | 18.56 | 13.89 | 乔木 |
| 人面子 | *Dracontomelon duperreanum* | 3 | 16.67 | 9.68 | 14.94 | 13.76 | 常绿大乔木 |

表3-19 宫粉羊蹄甲+秋枫-宫粉羊蹄甲-六棱菊群丛样地灌木层表

| 物种 | 学名 | 株数 | 相对频度/% | 相对多度/% | 重要值 | 生活型 |
|---|---|---|---|---|---|---|
| 宫粉羊蹄甲 | *Bauhinia variegata* | 9 | 33.33 | 81.82 | 57.57 | 落叶乔木 |
| 马缨丹 | *Lantana camara* | 1 | 33.33 | 9.09 | 21.21 | 灌木或蔓性灌木 |
| 土蜜树 | *Bridelia tomentosa* | 1 | 33.33 | 9.09 | 21.21 | 灌木或小乔木 |

表3-20 宫粉羊蹄甲+秋枫-宫粉羊蹄甲-六棱菊群丛样地草本层表

| 物种 | 学名 | 平均高度/m | 平均盖度/% | 相对高度/% | 相对盖度/% | 重要值 |
|------|------|-----------|-----------|-----------|-----------|--------|
| 六棱菊 | Laggera alata | 1.20 | 7.00 | 32.43 | 4.09 | 18.26 |
| 铺地黍 | Panicum repens | 0.35 | 43.00 | 9.46 | 25.15 | 17.30 |
| 鬼针草 | Bidens pilosa | 0.75 | 24.00 | 20.27 | 14.04 | 17.16 |
| 地毯草 | Axonopus compressus | 0.15 | 50.00 | 4.05 | 29.24 | 16.64 |
| 南美蟛蜞菊 | Sphagneticola trilobata | 0.15 | 40.00 | 4.05 | 23.39 | 13.72 |
| 微甘菊 | Mikania micrantha | 0.60 | 6.00 | 16.22 | 3.51 | 9.86 |
| 萼距花 | Cuphea hookeriana | 0.50 | 1.00 | 13.51 | 0.58 | 7.04 |

>> 图3-87
宫粉羊蹄甲+秋枫-
宫粉羊蹄甲-六棱菊
群丛外貌

>> 图3-88
宫粉羊蹄甲+秋枫-
宫粉羊蹄甲-六棱菊
群丛林冠层

>> 图3-89
宫粉羊蹄甲+秋枫-
宫粉羊蹄甲-六棱菊
群丛灌木层及草本层

### 3.2.2 公园行道林

公园行道林是湿地陆生景观植被的一个植被亚型，由栽植在道路两侧，整齐排列，以遮阴、美化为目的的乔木树种组成的小片树林（庄雪影，2006）。行道林一般位于硬地化公园主干道或步径两侧，树木在较窄的范围进行列植，起到遮阴和美化道路的作用。群落结构差异较大，部分群落仅疏植一种乔木且仅有简单的草本，营造良好的观景视野；而另外一些群落中乔木之间距离较近，同时带有密集的灌木，还能起到防风、过滤流入水域的地表径流等阻隔功能。

---

# 榕

# 树

## 公园行道林

*Ficus microcarpa*
Park Street Woodland

榕树（*Ficus microcarpa*），属于桑科（Moraceae）榕属（*Ficus*），常绿大乔木，高15~25 m。榕树不仅有雄伟挺拔的树形，而且有速生的特质，四季常青，姿态优美，具有较高的观赏价值和良好的生态效果；广泛栽种于我国南方各地，常作行道树；在工厂周边列植，具有绿化及界定范围的双重功能。

（中国科学院中国植物志编辑委员会，1998；周厚高，2019b）

## 榕树+洋蒲桃-白茅群丛

*Ficus microcarpa+ Syzygium samarangense - Imperata cylindrica* Association

---

榕树+洋蒲桃-白茅群丛分布在湿地三期中部,代表群丛外貌呈绿色,林冠较整齐,总郁闭度50%~60%。本群落植物种类组成较丰富,群落结构较复杂(图3-90)。

乔木可分为两层,中乔木层平均高度11.0 m、最低8.3 m、最高13.6 m,平均胸径40.8 cm、最小31.9 cm、最大53.2 cm,主要优势种为榕树,此外还有火焰树;小乔木层平均高度5.2 m,最低2.0 m,最高6.7 m,平均胸径17.9 cm、最小3.9 cm、最大34.1 cm,由洋蒲桃、小叶榄仁、女贞、羊蹄甲、龙眼、火焰树、花叶垂榕和大琴叶榕组成(图3-91、表3-21)。草本层丰富,主要优势种为白茅(图3-92、表3-22)。

表3-21 榕树+洋蒲桃-白茅群丛样地乔木层表

| 物种 | 学名 | 株数 | 相对频度/% | 相对多度/% | 相对显著度/% | 重要值 | 生活型 |
|------|------|------|-----------|-----------|-------------|--------|--------|
| 榕树 | *Ficus microcarpa* | 8 | 18.18 | 25.00 | 53.91 | 32.36 | 乔木 |
| 洋蒲桃 | *Syzygium samarangense* | 14 | 18.18 | 43.75 | 34.46 | 32.13 | 乔木 |
| 火焰树 | *Spathodea campanulata* | 3 | 9.09 | 9.38 | 9.04 | 9.17 | 落叶乔木 |
| 花叶垂榕 | *Ficus benjamina* 'Variegata' | 2 | 9.09 | 6.25 | 0.12 | 5.15 | 常绿乔木 |
| 龙眼 | *Dimocarpus longan* | 1 | 9.09 | 3.12 | 1.75 | 4.65 | 常绿乔木 |
| 小叶榄仁 | *Terminalia neotaliala* | 1 | 9.09 | 3.12 | 0.23 | 4.15 | 常绿乔木 |
| 大琴叶榕 | *Ficus lyrata* | 1 | 9.09 | 3.12 | 0.19 | 4.13 | 常绿大灌木或小乔木 |
| 羊蹄甲 | *Bauhinia purpurea* | 1 | 9.09 | 3.12 | 0.19 | 4.13 | 乔木或灌木 |
| 女贞 | *Ligustrum lucidum* | 1 | 9.09 | 3.12 | 0.10 | 4.10 | 常绿乔木或灌木 |

表3-22 榕树+洋蒲桃-白茅群丛样地草本层表

| 物种 | 学名 | 平均高度/m | 平均盖度/% | 相对高度/% | 相对盖度/% | 重要值 |
|------|------|-----------|-----------|-----------|-----------|--------|
| 白茅 | *Imperata cylindrica* | 0.70 | 60.00 | 26.52 | 40.54 | 33.53 |
| 金英 | *Galphimia gracilis* | 1.20 | 8.00 | 45.45 | 5.41 | 25.43 |
| 鬼针草 | *Bidens pilosa* | 0.30 | 30.00 | 12.69 | 20.27 | 16.48 |
| 地毯草 | *Axonopus compressus* | 0.07 | 35.00 | 2.84 | 23.65 | 13.24 |
| 藿香蓟 | *Ageratum conyzoides* | 0.30 | 5.00 | 11.36 | 3.38 | 7.37 |
| 酢浆草 | *Oxalis corniculata* | 0.03 | 10.00 | 1.14 | 6.76 | 3.95 |

>> 图3-90
榕树+
洋蒲桃-白茅
群丛外貌

>> 图3-91
榕树 +
洋蒲桃 - 白茅
群丛林冠层

# 榕树-
## 鹅掌藤-海芋群丛

*Ficus microcarpa - Heptapleurum arboricola - Alocasia odora* Association

———

榕树-鹅掌藤-海芋群丛分布在湿地一期湿地北门西侧车道两侧，代表群丛外貌呈深绿色，林冠较整齐，总郁闭度80%～90%。本群落植物种类组成较丰富，群落结构较复杂（图3-93）。

乔木可分为两层，中乔木层平均高度12.3 m、最低9.0 m、最高17.0 m，平均胸径50.2 cm、最小18.0 cm、最大95.0 cm，主要优势种为榕树和桉，此外还有楝、樟和构；小乔木层平均高度5.2 m、最小2.2 m、最高8.0 m，平均胸径33.5 cm、最小7.0 cm、最大100.0 cm，由榕树、构、阴香、乌墨、蒲桃和溪畔白千层组成（图3-94、表3-23）。灌木层稀疏，只有中灌木层，平均高度1.1 m、最低0.7 m、最高1.7 m，由鹅掌藤、红花檵木、灰莉和朱蕉组成（表3-24）。草本层较单一，主要优势种为海芋（表3-25）。

表3-23 榕树-鹅掌藤-海芋群丛样地乔木层表

| 物种 | 学名 | 株数 | 相对频度/% | 相对多度/% | 相对显著度/% | 重要值 | 生活型 |
|---|---|---|---|---|---|---|---|
| 榕树 | *Ficus microcarpa* | 8 | 16.67 | 23.53 | 65.98 | 35.39 | 乔木 |
| 桉 | *Eucalyptus robusta* | 7 | 8.33 | 20.59 | 22.14 | 17.02 | 密荫大乔木 |
| 构 | *Broussonetia papyrifera* | 7 | 16.67 | 20.59 | 3.50 | 13.59 | 高大乔木或灌木状 |
| 溪畔白千层 | *Melaleuca bracteata* | 5 | 8.33 | 14.71 | 0.47 | 7.84 | 常绿灌木或小乔木 |
| 蒲桃 | *Syzygium jambos* | 2 | 8.33 | 5.88 | 0.44 | 4.88 | 乔木 |
| 楝 | *Melia azedarach* | 1 | 8.33 | 2.94 | 2.82 | 4.70 | 落叶乔木 |
| 樟 | *Cinnamomum camphora* | 1 | 8.33 | 2.94 | 2.45 | 4.57 | 乔木 |
| 阴香 | *Cinnamomum burmanni* | 1 | 8.33 | 2.94 | 1.01 | 4.09 | 乔木 |
| 秋枫 | *Bischofia javanica* | 1 | 8.33 | 2.94 | 0.74 | 4.00 | 常绿或半常绿大乔木 |
| 乌墨 | *Syzygium cumini* | 1 | 8.33 | 2.94 | 0.45 | 3.91 | 乔木 |

表3-24 榕树-鹅掌藤-海芋群丛样地灌木层表

| 物种 | 学名 | 株数 | 相对频度/% | 相对多度/% | 重要值 | 生活型 |
|---|---|---|---|---|---|---|
| 鹅掌藤 | *Heptapleurum arboricola* | 58 | 40.00 | 62.37 | 51.19 | 灌木，稀藤本 |
| 红花檵木 | *Loropetalum chinense* var. *rubrum* | 30 | 20.00 | 32.26 | 26.13 | 灌木或小乔木 |
| 朱蕉 | *Cordyline fruticosa* | 4 | 20.00 | 4.30 | 12.15 | 灌木状，直立 |
| 灰莉 | *Fagraea ceilanica* | 1 | 20.00 | 1.08 | 10.54 | 乔木或攀缘灌木状 |

表3-25 榕树-鹅掌藤-海芋群丛样地草本层表

| 物种 | 学名 | 平均高度/m | 平均盖度/% | 相对高度/% | 相对盖度/% | 重要值 |
|---|---|---|---|---|---|---|
| 海芋 | *Alocasia odora* | 0.50 | 20.00 | 60.98 | 41.67 | 51.33 |
| 合果芋 | *Syngonium podophyllum* | 0.30 | 25.00 | 36.59 | 52.08 | 44.34 |
| 酢浆草 | *Oxalis corniculata* | 0.02 | 3.00 | 2.44 | 6.25 | 4.34 |

▲ 图3-93
榕树 -
鹅掌藤 - 海芋
群丛外貌

▼ 图3-94
榕树 -
鹅掌藤 - 海芋
群丛林冠层

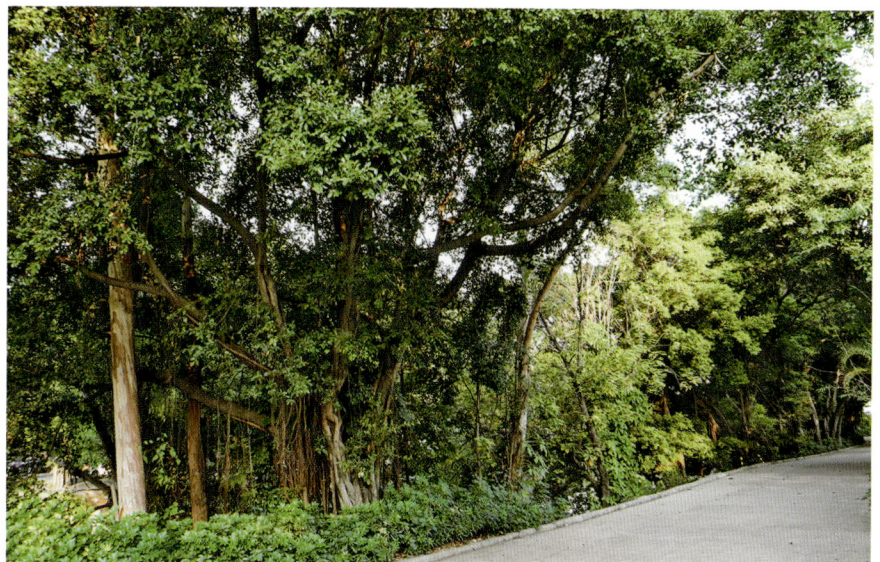

## 榕树-软枝黄蝉-狗尾草群丛

*Ficus microcarpa - Allamanda cathartica - Setaria viridis* Association

———

榕树-软枝黄蝉-狗尾草群丛分布在湿地三期北门东侧，代表群丛外貌呈绿色，林冠整齐，总郁闭度60%~70%。本群落植物种类组成丰富，群落结构简单（图3-95、图3-96）。

乔木主要为小乔木层，其平均高度6.1 m、最低3.0 m、最高8.0 m，平均胸径25.0 cm、最小3.5 cm、最大86.5 cm，由澳洲鹅掌柴、紫花风铃木、人面子、菩提与榕树组成（表3-26）。灌木层稀疏，由软枝黄蝉等组成，其平均高度1.3 m（表3-27）。林下草本层丰富，主要优势种为狗尾草，此外还有狼尾草、地毯草、一点红等（图3-97、表3-28）。

表3-26　榕树-软枝黄蝉-狗尾草群丛样地乔木层表

| 物种 | 学名 | 株数 | 相对频度/% | 相对多度/% | 相对显著度/% | 重要值 | 生活型 |
|---|---|---|---|---|---|---|---|
| 榕树 | *Ficus microcarpa* | 8 | 21.42 | 30.77 | 48.53 | 33.58 | 乔木 |
| 樟 | *Cinnamomum camphora* | 3 | 14.29 | 11.54 | 17.12 | 14.32 | 乔木 |
| 人面子 | *Dracontomelon duperreanum* | 5 | 14.29 | 19.23 | 8.78 | 14.10 | 常绿大乔木 |
| 菩提树 | *Ficus religiosa* | 2 | 7.14 | 7.69 | 16.07 | 10.30 | 乔木 |
| 澳洲鹅掌柴 | *Schefflera macrostachya* | 4 | 14.29 | 15.38 | 0.27 | 9.98 | 常绿乔木 |
| 紫花风铃木 | *Tabebuia impetiginosa* | 2 | 14.29 | 7.69 | 2.04 | 8.01 | 落叶乔木 |
| 秋枫 | *Bischofia javanica* | 1 | 7.14 | 3.85 | 3.93 | 4.97 | 常绿或半常绿大乔木 |
| 洋蒲桃 | *Syzygium samarangense* | 1 | 7.14 | 3.85 | 3.26 | 4.75 | 乔木 |

表3-27　榕树-软枝黄蝉-狗尾草群丛样地灌木层表

| 物种 | 学名 | 株数 | 相对频度/% | 相对多度/% | 重要值 | 生活型 |
|---|---|---|---|---|---|---|
| 软枝黄蝉 | *Allamanda cathartica* | 7 | 10.00 | 35.00 | 22.50 | 藤状灌木 |
| 幌伞枫 | *Heteropanax fragrans* | 3 | 20.00 | 15.00 | 17.50 | 乔木 |
| 海桐 | *Pittosporum tobira* | 2 | 20.00 | 10.00 | 15.00 | 常绿灌木或小乔木 |
| 构 | *Broussonetia papyrifera* | 2 | 10.00 | 10.00 | 10.00 | 高大乔木或灌木 |
| 灰莉 | *Fagraea ceilanica* | 2 | 10.00 | 10.00 | 10.00 | 乔木或攀缘灌木 |
| 变叶珊瑚花 | *Jatropha integerrima* | 2 | 10.00 | 10.00 | 10.00 | 常绿灌木或小乔木 |
| 土蜜树 | *Bridelia tomentosa* | 1 | 10.00 | 5.00 | 7.50 | 灌木或小乔木 |
| 叶子花 | *Bougainvillea spectabilis* | 1 | 10.00 | 5.00 | 7.50 | 藤状灌木 |

表3-28　榕树-软枝黄蝉-狗尾草群丛样地草本层表

| 物种 | 学名 | 平均高度/m | 平均盖度/% | 相对高度 | 相对盖度 | 重要值 |
|---|---|---|---|---|---|---|
| 狗尾草 | *Setaria viridis* | 0.40 | 75.00 | 28.17 | 36.02 | 72.03 |
| 狼尾草 | *Pennisetum alopecuroides* | 0.29 | 40.00 | 20.42 | 21.91 | 43.81 |
| 地毯草 | *Axonopus compressus* | 0.10 | 35.00 | 7.04 | 13.75 | 27.51 |
| 一点红 | *Emilia sonchifolia* | 0.25 | 1.00 | 17.61 | 9.09 | 18.19 |
| 鬼针草 | *Bidens pilosa* | 0.20 | 2.00 | 14.08 | 7.62 | 15.25 |
| 黄花酢浆草 | *Oxalis pes-caprae* | 0.04 | 12.00 | 2.82 | 4.92 | 9.84 |
| 莲子草 | *Alternanthera sessilis* | 0.08 | 3.00 | 5.63 | 3.69 | 7.38 |
| 狗牙根 | *Cynodon dactylon* | 0.06 | 3.00 | 4.23 | 2.99 | 5.98 |

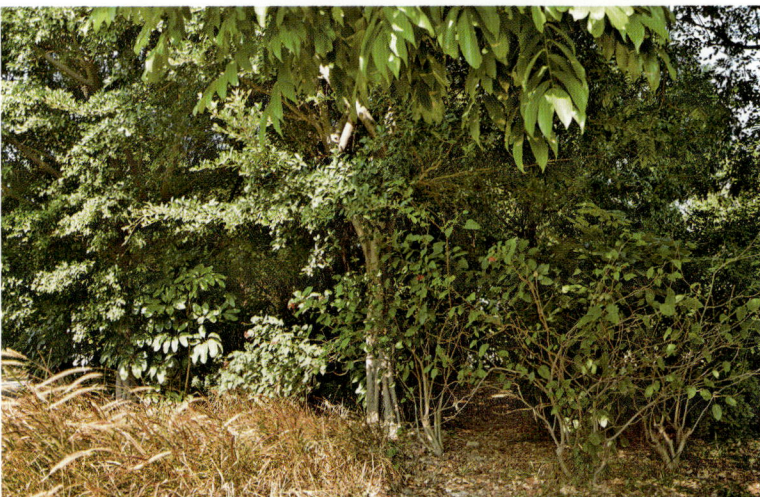

## 榕树-棕竹-五爪金龙群丛

*Ficus microcarpa - Rhapis excelsa - Ipomoea cairica* Association

---

榕树-棕竹-五爪金龙群丛分布在湿地三期北门东侧，代表群丛外貌呈深绿色，林冠错落有致，总郁闭度50%～60%。本群落植物种类组成丰富，群落结构复杂（图3-98）。

乔木主要为小乔木层，其平均高度4.9 m、最低2.7 m、最高7.5 m，平均胸径9.2 cm、最小3.3 cm、最大21.2 cm，由木樨、幌伞枫、菜豆树、红鳞蒲桃和人面子组成（图3-99、表3-29）。灌木层由两层组成，中灌木层平均高度1.5 m、最低0.9 m、最高1.7 m，由郎德木、海桐、木樨、棕竹和朱槿组成；大灌木平均高度2.5 m、最低2.1 m、最高3.2 m（表3-30）。林下草本层丰富，主要优势种为五爪金龙，此外还有地毯草、羽芒菊、构和马唐等（图3-100、表3-31）。

表3-29 榕树-棕竹-五爪金龙群丛样地乔木层表

| 物种 | 学名 | 株数 | 相对频度/% | 相对多度/% | 相对显著度/% | 重要值 | 生活型 |
|---|---|---|---|---|---|---|---|
| 榕树 | *Ficus microcarpa* | 10 | 27.28 | 50.00 | 79.69 | 52.32 | 乔木 |
| 木樨 | *Osmanthus fragrans* | 3 | 18.18 | 15.00 | 1.43 | 11.54 | 常绿乔木或灌木 |
| 幌伞枫 | *Heteropanax fragrans* | 3 | 18.18 | 15.00 | 1.08 | 11.42 | 乔木 |
| 麻楝 | *Chukrasia tabularis* | 1 | 9.09 | 5.00 | 13.36 | 9.15 | 大乔木 |
| 人面子 | *Dracontomelon duperreanum* | 1 | 9.09 | 5.00 | 3.10 | 5.73 | 常绿大乔木 |
| 红鳞蒲桃 | *Syzygium hancei* | 1 | 9.09 | 5.00 | 0.84 | 4.98 | 灌木或乔木 |
| 菜豆树 | *Radermachera sinica* | 1 | 9.09 | 5.00 | 0.50 | 4.86 | 小乔木 |

表3-30 榕树-棕竹-五爪金龙群丛样地灌木层表

| 物种 | 学名 | 株数 | 相对频度/% | 相对多度/% | 重要值 | 生活型 |
|---|---|---|---|---|---|---|
| 棕竹 | *Rhapis excelsa* | 7 | 27.27 | 36.84 | 32.06 | 丛生灌木 |
| 朱槿 | *Hibiscus rosa-sinensis* | 6 | 27.27 | 31.58 | 29.42 | 常绿灌木 |
| 郎德木 | *Rondeletia odorata* | 3 | 27.27 | 15.79 | 21.53 | 灌木 |
| 海桐 | *Pittosporum tobira* | 2 | 9.09 | 10.53 | 9.81 | 常绿灌木或小乔木 |
| 木樨 | *Osmanthus fragrans* | 1 | 9.09 | 5.26 | 7.18 | 常绿乔木或灌木 |

表3-31 榕树-棕竹-五爪金龙群丛样地草本层表

| 物种 | 学名 | 平均高度/m | 平均盖度/% | 相对高度 | 相对盖度 | 重要值 |
|---|---|---|---|---|---|---|
| 五爪金龙 | *Ipomoea cairica* | 1.30 | 5.00 | 45.45 | 7.75 | 26.60 |
| 地毯草 | *Axonopus compressus* | 0.05 | 19.67 | 1.86 | 30.49 | 16.18 |
| 羽芒菊 | *Tridax procumbens* | 0.17 | 10.50 | 5.94 | 16.28 | 11.11 |
| 构 | *Broussonetia papyrifera* | 0.45 | 2.00 | 15.73 | 3.10 | 9.42 |
| 马唐 | *Digitaria sanguinalis* | 0.28 | 3.00 | 9.79 | 4.65 | 7.22 |
| 假臭草 | *Praxelis clematidea* | 0.10 | 7.00 | 3.50 | 10.85 | 7.18 |
| 狗牙根 | *Cynodon dactylon* | 0.02 | 8.00 | 0.70 | 12.40 | 6.55 |
| 海芋 | *Alocasia odora* | 0.21 | 3.00 | 7.34 | 4.65 | 6.00 |
| 莲子草 | *Alternanthera sessilis* | 0.12 | 5.00 | 4.20 | 7.75 | 5.97 |
| 鬼针草 | *Bidens pilosa* | 0.16 | 1.33 | 5.48 | 2.07 | 3.78 |

➤ 图3-98
榕树 - 棕竹 -
五爪金龙
群丛外貌

➤ 图3-99
榕树 - 棕竹 -
五爪金龙
群丛林冠层

➤ 图3-100
榕树 - 棕竹 -
五爪金龙
群丛灌木层及
草本层

## 榕树-叶子花-海芋群丛

*Ficus microcarpa – Bougainvillea spectabilis – Alocasia odora* Association

榕树-叶子花-海芋群丛分布在湿地一期北门湿地广场东侧，代表群丛外貌呈深绿色，林冠整齐，总郁闭度80%~90%。本群落植物种类组成多样，群落结构复杂（图3-101、图3-102）。

乔木可分为两层，中乔木层平均高度9.7 m、最低8.3 m、最高12.0 m，平均胸径42.3 cm、最小19.0 cm、最大120.0 cm，主要优势种为榕树，此外还有斯里兰卡天料木、桉和蒲桃等；小乔木层平均高度4.9 m、最低2.3 m、最高7.4 m，平均胸径12.9 cm、最小8.0 cm、最大17.8 cm，由菜豆树和苹婆组成（表3-32）。灌木层稀疏，可分为两层，大灌木层平均高度1.3 m，由对叶榕、菜豆树和叶子花组成；小灌木层仅有假苹婆幼苗，平均高度0.2 m（表3-33）。草本层主要为海芋（图3-103、表3-34）。

表3-32 榕树-叶子花-海芋群丛样地乔木层表

| 物种 | 学名 | 株数 | 相对频度/% | 相对多度/% | 相对显著度/% | 重要值 | 生活型 |
|---|---|---|---|---|---|---|---|
| 榕树 | *Ficus microcarpa* | 13 | 16.67 | 54.17 | 84.12 | 51.65 | 乔木 |
| 桉 | *Eucalyptus robusta* | 7 | 16.67 | 29.17 | 13.32 | 19.72 | 密荫大乔木 |
| 斯里兰卡天料木 | *Homalium ceylanicum* | 1 | 16.67 | 4.17 | 0.88 | 7.24 | 大乔木 |
| 蒲桃 | *Syzygium jambos* | 1 | 16.67 | 4.17 | 0.82 | 7.22 | 乔木 |
| 苹婆 | *Sterculia monosperma* | 1 | 16.67 | 4.17 | 0.72 | 7.19 | 乔木 |
| 菜豆树 | *Radermachera sinica* | 1 | 16.67 | 4.17 | 0.14 | 6.99 | 小乔木 |

表3-33 榕树-叶子花-海芋群丛样地灌木层表

| 物种 | 学名 | 株数 | 相对频度/% | 相对多度/% | 重要值 | 生活型 |
|---|---|---|---|---|---|---|
| 叶子花 | *Bougainvillea spectabilis* | 9 | 25.00 | 69.23 | 47.12 | 藤状灌木 |
| 菜豆树 | *Radermachera sinica* | 2 | 25.00 | 15.38 | 20.19 | 小乔木 |
| 对叶榕 | *Ficus hispida* | 1 | 25.00 | 7.69 | 16.34 | 小乔木或灌木 |
| 假苹婆 | *Sterculia lanceolata* | 1 | 25.00 | 7.69 | 16.34 | 乔木 |

表3-34 榕树-叶子花-海芋群丛样地草本层表

| 物种 | 学名 | 平均高度/m | 平均盖度/% | 相对高度/% | 相对盖度/% | 重要值 | 生活型 |
|---|---|---|---|---|---|---|---|
| 海芋 | *Alocasia odora* | 0.60 | 60.00 | 100.00 | 100.00 | 100.00 | 大型常绿草本 |

<< 图3-101
榕树-叶子花-海芋群丛外貌

102

⌃ 图3-102
榕树 -
叶子花 - 海芋
群丛群落结构

⌄ 图3-103
榕树 -
叶子花 - 海芋
群丛草本层

# 高山榕

## 公园行道林

**Ficus altissima**
Park Street Woodland

　　高山榕（*Ficus altissima*），属于桑科（Moraceae）榕属（*Ficus*），大乔木，高25～30 m。高山榕终年青翠苍劲，树姿雄伟，生命力强，生长迅速，板根发达，抗风力强，果熟时浓绿中呈现点点金黄；宜作为庇荫树供游人憩息，作行道树、庭院树、景观树皆可。

（中国科学院中国植物志编辑委员会，1998；周厚高，2019b）

**高山榕-
小琴丝竹-水蜈蚣群丛**

*Ficus altissima-
Bambusa multiplex 'Alphonse - Karr'-
Kyllinga polyphylla*
Association

　　高山榕-小琴丝竹-水蜈蚣群丛在海珠湖东南部的南驿站附近，代表群丛外貌呈灰绿色至黄绿色，林冠较整齐，总郁闭度50%～80%。本群落植物种类组成较丰富，群落结构复杂（图3-104、图3-105）。

　　乔木可分为两层，中乔木层平均高度8.4 m、最低8.1 m、最高8.6 m，平均胸径36.6 cm、最小24.7 m、最大47.8 cm，仅高山榕一种；小乔木层平均高度5.8 m、最小1.9 m、最高8.0 m，平均胸径12.0 cm、最小1.0 cm、最大45.0 cm，由高山榕、大花紫薇、黄金香柳、凤凰木、黄槐决明、木樨、红花羊蹄甲组成（表3-35）。灌木层茂密，可分为三层，大灌木层平均高度2.2 m，由小琴丝竹组成；中灌木层平均高度1.3 m、最低为1.0 m、最高为1.8 m，以茉莉花为主，此外还有少量红背桂、灰莉、鹅掌藤、小蜡、叶子花、橡树等；小灌木层由茉莉花和棕竹组成，平均高度为0.2 m（表3-36）。林下草本层组成较丰富，主要优势种为水蜈蚣（图3-106、表3-37）。

>> 图3-104　高山榕-小琴丝竹-
水蜈蚣群丛剖面图

1. 大花紫薇（*Lagerstroemia speciosa*）
2. 高山榕（*Ficus altissima*）
3. 红花羊蹄甲（*Bauhinia* × *blakeana*）

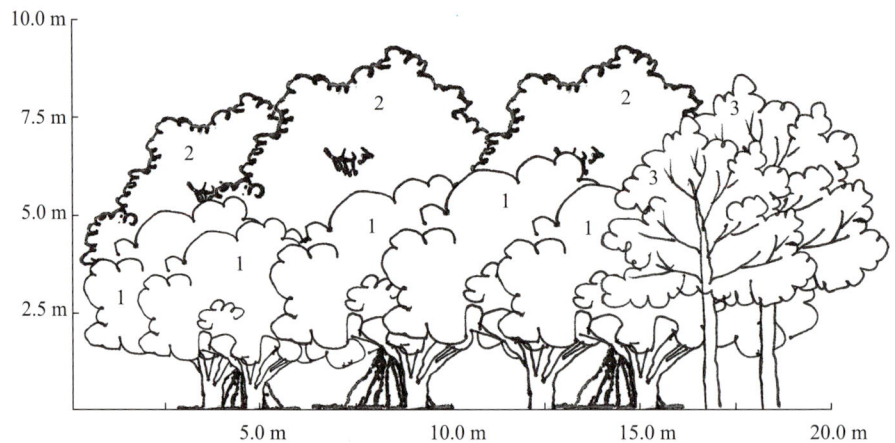

表3-35 高山榕-小琴丝竹-水蜈蚣群丛样地乔木层表

| 物种 | 学名 | 株数 | 相对频度/% | 相对多度/% | 相对显著度/% | 重要值 | 生活型 |
|------|------|------|-----------|-----------|-------------|--------|--------|
| 高山榕 | Ficus altissima | 11 | 20.00 | 20.37 | 73.15 | 37.84 | 乔木 |
| 大花紫薇 | Lagerstroemia speciosa | 18 | 20.00 | 33.33 | 5.11 | 19.48 | 大乔木 |
| 溪畔白千层 | Melaleuca bracteata | 9 | 20.00 | 16.67 | 8.19 | 14.95 | 常绿灌木或小乔木 |
| 红花羊蹄甲 | Bauhinia × blakeana | 6 | 13.33 | 11.11 | 5.18 | 9.87 | 乔木或灌木 |
| 凤凰木 | Delonix regia | 5 | 13.33 | 9.26 | 6.00 | 9.53 | 高大落叶乔木 |
| 黄槐决明 | Senna surattensis | 4 | 6.67 | 7.41 | 2.29 | 5.46 | 灌木或小乔木 |
| 木樨 | Osmanthus fragrans | 1 | 6.67 | 1.85 | 0.07 | 2.86 | 常绿乔木或灌木 |

表3-36 高山榕-小琴丝竹-水蜈蚣群丛样地灌木层表

| 物种 | 学名 | 株数 | 相对频度/% | 相对多度/% | 重要值 | 生活型 |
|------|------|------|-----------|-----------|--------|--------|
| 小琴丝竹 | Bambusa multiplex 'Alphonse-Karr' | 270 | 11.11 | 58.32 | 34.72 | 常绿灌木 |
| 茉莉花 | Jasminum sambac | 140 | 22.22 | 30.24 | 26.23 | 直立或攀缘灌木 |
| 棕竹 | Rhapis excelsa | 30 | 11.11 | 6.48 | 8.80 | 丛生灌木 |
| 红背桂 | Excoecaria cochinchinensis | 10 | 11.11 | 2.16 | 6.64 | 常绿灌木 |
| 灰莉 | Fagraea ceilanica | 4 | 11.11 | 0.86 | 5.98 | 乔木或攀缘灌木状 |
| 鹅掌藤 | Heptapleurum arboricola | 3 | 11.11 | 0.65 | 5.88 | 灌木，稀藤本 |
| 小蜡 | Ligustrum sinense | 3 | 11.11 | 0.65 | 5.88 | 落叶灌木或小乔木 |
| 叶子花 | Bougainvillea spectabilis | 3 | 11.11 | 0.65 | 5.88 | 藤状灌木 |

表3-37 高山榕-小琴丝竹-水蜈蚣群丛样地草本层表

| 物种 | 学名 | 平均高度/m | 平均盖度/% | 相对高度/% | 相对盖度/% | 重要值 |
|------|------|-----------|-----------|-----------|-----------|--------|
| 水蜈蚣 | Kyllinga polyphylla | 0.13 | 65.00 | 8.63 | 29.37 | 19.00 |
| 两耳草 | Paspalum conjugatum | 0.26 | 38.33 | 17.04 | 17.32 | 17.18 |
| 狗牙根 | Cynodon dactylon | 0.25 | 30.00 | 16.59 | 13.55 | 15.07 |
| 野芋 | Colocasia antiquorum | 0.20 | 21.50 | 13.27 | 9.71 | 11.49 |
| 荷莲豆草 | Drymaria cordata | 0.14 | 25.00 | 9.29 | 11.30 | 10.30 |
| 微甘菊 | Mikania micrantha | 0.10 | 20.00 | 6.64 | 9.04 | 7.84 |
| 鬼针草 | Bidens pilosa | 0.20 | 4.00 | 13.27 | 1.81 | 7.54 |
| 乌蔹莓 | Causonis japonica | 0.15 | 6.00 | 9.96 | 2.71 | 6.34 |
| 酢浆草 | Oxalis corniculata | 0.08 | 11.50 | 5.31 | 5.20 | 5.26 |

︽ 图3-105
高山榕 -
小琴丝竹 -
水蜈蚣
群丛外貌

≪ 图3-106
高山榕 -
小琴丝竹 -
水蜈蚣
群丛灌木层与
草本层

# 樟

## 公园行道林

### *Cinnamomum camphora*
### Park Street Woodland

樟（*Cinnamomum camphora*），属于樟科（Lauraceae）樟属（*Cinnamomum*），常绿大乔木，高可达30 m。樟枝叶茂密，冠大阴浓，树姿雄伟，是城市绿化的优良树种，广泛作为庭荫树、行道树、防护林及风景林。

（中国科学院中国植物志编辑委员会，1982；闫双喜等，2013）

## 樟+非洲楝-地毯草群丛

### *Cinnamomum camphora+ Khaya senegalensis- Axonopus compressus* Association

樟+非洲楝-地毯草群丛分布在湿地三期南部水域附近，代表群丛外貌呈深绿色，林冠错落有致，总郁闭度50%～60%。本群落植物种类组成协调，群落结构单一（图3-107）。

乔木主要为小乔木层，其平均高度7.4 m、最低6.5 m、最高8.0 m，平均胸径37.6 cm、最小28.2 cm、最大51.0 cm，主要优势种为樟，此外还有非洲楝、假苹婆和洋蒲桃（图3-108、表3-38）。没有灌木层植株。林下草本层物种组成简单，主要有地毯草和水茄（图3-109、表3-39）。

表3-38　樟+非洲楝-地毯草群丛样地乔木层表

| 物种 | 学名 | 株数 | 相对频度/% | 相对多度/% | 相对显著度/% | 重要值 | 生活型 |
|---|---|---|---|---|---|---|---|
| 樟 | *Cinnamomum camphora* | 6 | 25.00 | 50.00 | 42.05 | 39.02 | 乔木 |
| 非洲楝 | *Khaya senegalensis* | 4 | 25.00 | 33.33 | 38.02 | 32.12 | 乔木 |
| 假苹婆 | *Sterculia lanceolata* | 1 | 25.00 | 8.33 | 13.48 | 15.60 | 乔木 |
| 洋蒲桃 | *Syzygium samarangense* | 1 | 25.00 | 8.33 | 6.45 | 13.26 | 乔木 |

表3-39　樟+非洲楝-地毯草群丛样地草本层表

| 物种 | 学名 | 平均高度/m | 平均盖度/% | 相对高度/% | 相对盖度/% | 重要值 |
|---|---|---|---|---|---|---|
| 地毯草 | *Axonopus compressus* | 0.05 | 96.00 | 14.29 | 93.20 | 53.75 |
| 水茄 | *Solanum torvum* | 0.30 | 7.00 | 85.71 | 6.80 | 46.25 |

<< 图3-107
樟+
非洲楝-
地毯草
群丛外貌

⌄ 图 3-108
樟 +
非洲楝 -
地毯草
群丛林冠层

⌄ 图 3-109
樟 +
非洲楝 -
地毯草
群丛草本层

# 猴

# 樟

## 公园行道林
### *Cinnamomum bodinieri*
### Park Street Woodland

猴樟（*Cinnamomum bodinieri*），属于樟科（Lauraceae）樟属（*Cinnamomum*），高大乔木，高可达16 m。猴樟枝叶浓密，树冠卵球形，叶大色浓，终年常绿，叶至红脱落，可见绿丛中点点红之景，花小而白色；其具有速生、观赏性好、栽培容易、抗病虫害、抗污染、适应性强等优点，适用于作为观赏树和行道树。

（中国科学院中国植物志编辑委员会，1982；杨成华任远，2001）

**猴樟+腊肠树+**
**印度榕-鹅掌藤+**
**假连翘-蓝花草**
**群丛**

*Cinnamomum bodinieri+*
*Cassia fistula+ Ficus elastica-*
*Heptapleurum arboricola+*
*Duranta erecta-*
*Ruellia simplex*
Association

猴樟+腊肠树+印度榕-鹅掌藤+假连翘-蓝花草群丛在海珠湖的西北部的观鱼亭附近，代表群丛外貌呈翠绿色，林冠较整齐，总郁闭度50%～80%。本群落植物种类组成较丰富，群落结构复杂（图3-110）。

乔木可分为两层，中乔木层平均高度10.9 m、最低9.0 m、最高13.0 m，平均胸径22.5 cm、最小11.1 cm、最大31.8 cm，主要优势种为猴樟，此外还有印度榕、腊肠树等；小乔木层平均高度5.4 m、最小3.0 m、最高8.0 m，平均胸径9.2 cm、最小6.4 cm、最大11.1 cm，由腊肠树、龙血树组成（表3-40）。灌木层可分为两层，大灌木层平均高度2.5 m，由紫薇组成；中灌木层平均高度1.3 m、最低1.0 m、最高2.0 m，主要由假连翘和鹅掌藤组成，此外还有少量红花檵木、黄金榕等（表3-41）。林下草本层较丰富，主要优势种为蓝花草（表3-42）。

表3-40　猴樟+腊肠树+印度榕-鹅掌藤+假连翘-蓝花草群丛样地乔木层表

| 物种 | 学名 | 株数 | 相对频度/% | 相对多度/% | 相对显著度/% | 重要值 | 生活型 |
|---|---|---|---|---|---|---|---|
| 猴樟 | *Cinnamomum bodinieri* | 5 | 42.86 | 10.20 | 38.89 | 30.65 | 乔木 |
| 腊肠树 | *Cassia fistula* | 18 | 28.57 | 36.73 | 26.02 | 30.44 | 落叶乔木 |
| 印度榕 | *Ficus elastica* | 11 | 14.29 | 22.45 | 29.11 | 21.95 | 乔木 |
| 龙血树 | *Dracaena draco* | 15 | 14.29 | 30.61 | 5.98 | 16.96 | 乔木 |

表3-41　猴樟+腊肠树+印度榕-鹅掌藤+假连翘-蓝花草群丛样地灌木层表

| 物种 | 学名 | 株数 | 相对频度/% | 相对多度/% | 重要值 | 生活型 |
|---|---|---|---|---|---|---|
| 鹅掌藤 | *Heptapleurum arboricola* | 10 | 12.50 | 43.48 | 27.99 | 灌木 |
| 假连翘 | *Duranta erecta* | 7 | 25.00 | 30.43 | 27.72 | 灌木，稀藤本 |
| 红花檵木 | *Loropetalum chinense* var. *rubrum* | 2 | 25.00 | 8.70 | 16.85 | 灌木或小乔木 |
| 黄金榕 | *Ficus microcarpa* 'Golden Leaves' | 2 | 12.50 | 8.70 | 10.60 | 灌木 |
| 木樨 | *Osmanthus fragrans* | 1 | 12.50 | 4.35 | 8.43 | 落叶灌木或小乔木 |
| 紫薇 | *Lagerstroemia indica* | 1 | 12.50 | 4.35 | 8.43 | 常绿乔木或灌木 |

表3-42 猴樟＋腊肠树＋印度榕-鹅掌藤＋
假连翘-蓝花草群丛样地草本层表

| 物种 | 学名 | 平均高度/m | 平均盖度/% | 相对高度/% | 相对盖度/% | 重要值 |
|---|---|---|---|---|---|---|
| 蓝花草 | *Ruellia simplex* | 0.88 | 60.00 | 41.31 | 37.38 | 39.34 |
| 射干 | *Belamcanda chinensis* | 0.45 | 45.00 | 21.13 | 28.04 | 24.59 |
| 海芋 | *Alocasia odora* | 0.50 | 12.50 | 23.47 | 7.79 | 15.63 |
| 弓果黍 | *Cyrtococcum patens* | 0.15 | 20.00 | 7.04 | 12.46 | 9.75 |
| 荷莲豆草 | *Drymaria cordata* | 0.05 | 20.00 | 2.35 | 12.46 | 7.40 |
| 喜旱莲子草 | *Alternanthera philoxeroides* | 0.10 | 3.00 | 4.69 | 1.87 | 3.28 |

➤➤ 图3-110
猴樟＋腊肠树＋
印度榕-鹅掌藤＋
假连翘-蓝花草
群丛外貌

# 美丽异木棉

## 公园行道林
### *Ceiba speciosa*
### Park Street Woodland

　　美丽异木棉（*Ceiba speciosa*），属于锦葵科（Malvaceae）吉贝属（*Ceiba*），落叶乔木，高10~15 m。美丽异木棉树冠伞形，树干挺拔，树皮绿色光滑，花色绚丽，花朵大而繁密，盛花期花多叶少，繁花似锦；广泛栽种于庭院、公园、小区等，亦可作为高级行道树，在华南地区的园林绿化中扮演着重要的角色。

（周厚高，2019b）

## 美丽异木棉-头花蓼群丛
### *Ceiba speciosa - Persicaria capitata* Association

　　美丽异木棉-头花蓼群丛分布在湿地二期芒滘围桥附近，代表群丛外貌呈绿色，林冠较整齐，总郁闭度40%~50%。本群落植物种类组成较稀少，群落结构简单（图3-111）。

　　乔木只有中乔木层，平均高度10.9 m、最低10.5 m、最高11.5 m，平均胸径43.8 cm、最小35.6 cm、最大51.2 cm，由美丽异木棉组成（图3-112、表3-43）。林下草本层较简单，主要优势种为头花蓼（图3-113、表3-44）。

表3-43　美丽异木棉-头花蓼群丛样地乔木层表

| 物种 | 学名 | 株数 | 相对频度/% | 相对多度/% | 相对显著度/% | 重要值 | 生活型 |
|---|---|---|---|---|---|---|---|
| 美丽异木棉 | *Ceiba speciosa* | 4 | 100.00 | 100.00 | 100.00 | 100.00 | 落叶乔木 |

表3-44　美丽异木棉-头花蓼群丛样地草本层表

| 物种 | 学名 | 平均高度/m | 平均盖度/% | 相对高度/% | 相对盖度/% | 重要值 |
|---|---|---|---|---|---|---|
| 头花蓼 | *Persicaria capitata* | 0.05 | 50.00 | 45.45 | 76.92 | 61.19 |
| 红花酢浆草 | *Oxalis corymbosa* | 0.04 | 10.00 | 36.36 | 15.38 | 25.87 |
| 天胡荽 | *Hydrocotyle sibthorpioides* | 0.02 | 5.00 | 18.18 | 7.69 | 12.94 |

›› 图3-111
美丽异木棉-头花蓼群丛外貌

⌃ 图3-112
美丽异木棉 - 头花蓼
群丛林冠层

« 图3-113
美丽异木棉 - 头花蓼
群丛草本层

# 红花羊蹄甲

## 公园行道林
### *Bauhinia × blakeana*
### Park Street Woodland

红花羊蹄甲（*Bauhinia × blakeana*），属于豆科（Fabaceae）羊蹄甲属（*Bauhinia*），常绿乔木，高达15 m。红花羊蹄甲枝条扩展而弯曲，丛枝众多，枝叶低垂婆娑，叶大而奇异，树荫浓密；花略香，姹紫嫣红，且常年开花；较适宜列植于道旁为行道树。

（魏彦，1990；周厚高，2019b）

**红花羊蹄甲-
类芦+朱槿-中华结缕草群丛**

*Bauhinia × blakeana -
Neyraudia reynaudiana +
Hibiscus rosa - sinensis -
Zoysia sinica
Association*

红花羊蹄甲-类芦+朱槿-中华结缕草群丛分布在湿地一期南部最外围沥青路两侧，代表群丛外貌呈深绿色，林冠整齐，总郁闭度40%～50%。本群落植物种类组成较简单，群落结构清晰（图3-114）。

乔木为小乔木层单层，物种单一，小乔木层平均高度5.6 m、最低3.7 m、最高6.7 m，平均胸径11.1 cm、最小8.5 cm、最大12.6 cm，仅由红花羊蹄甲组成（图3-115）。灌木层稀疏，仅中灌木层单层，中灌木层平均高度1.4 m、最低1.3 m、最高1.8 m，由2棵类芦、朱槿组成。林下草本层较单一，主要优势种为中华结缕草（图3-116）。

⌃ 图3-114
红花羊蹄甲-
类芦+朱槿-
中华结缕草
群丛外貌

▲ 图3-115
红花羊蹄甲 -
类芦 + 朱槿 -
中华结缕草
群丛林冠层

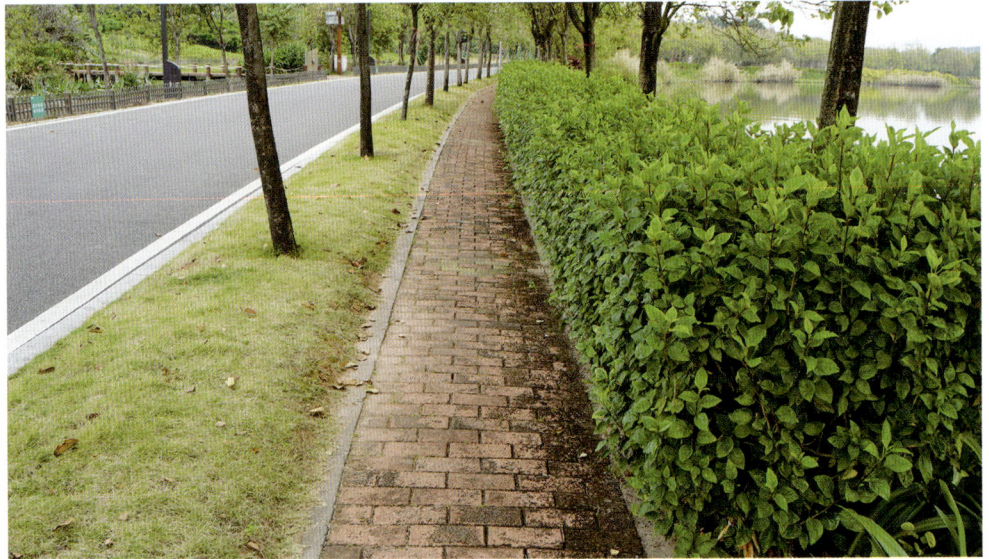

▼ 图3-116
红花羊蹄甲 -
类芦 + 朱槿 -
中华结缕草
群丛灌木层与
草本层

# 溪畔白千层

## 公园行道林
### *Melaleuca bracteata*
### Park Street Woodland

溪畔白千层（*Melaleuca bracteata*），属于桃金娘科（Myrtaceae）白千层属（*Melaleuca*），常绿灌木或小乔木。溪畔白千层主干直立，叶片芳香，枝条密集而细长柔软，叶片金黄聚集成锥形，在阳光下闪闪发亮。溪畔白千层具有较好的抗逆性以及较快的生长速度，将其作为湿地、海滨、绿化树种时将具有巨大的优势，对营造亮丽的湿地景观有着重要意义。

（吴豪与徐晓帆，2005；林志伟，2016）

溪畔白千层+
榕树+澳洲鹅掌柴-龙血树-
地毯草群丛

*Melaleuca bracteate+*
*Ficus microcarpa+*
*Schefflera macrostachya-*
*Dracaena draco-*
*Axonopus compressus*
Association

溪畔白千层+榕树+澳洲鹅掌柴-龙血树-地毯草群丛分布在湿地一期花溪北侧，代表群丛外貌呈深绿色，林冠较整齐，总郁闭度70%~80%。本群落植物种类组成丰富，群落结构复杂（图3-117）。

乔木可分为两层，中乔木层物种单一，中乔木层平均高度8.5 m，平均胸径100.0 cm，由榕树组成；小乔木层平均高度5.1 m、最低3.0 m、最高8.0 m，平均胸径26.7 cm、最小15.0 cm、最大48.0 cm，由溪畔白千层、假苹婆、红千层、红花羊蹄甲、菜豆树、澳洲鹅掌柴以及少量水翁蒲桃、蒲桃组成，其中主要优势种为溪畔白千层（图3-118、表3-45）。灌木层稀疏，可分为两层，大灌木层平均高度3.0 m，由龙血树组成；中灌木层平均高度2.0 m，由龙血树和红鳞蒲桃组成，优势种为龙血树（表3-46）。林下草本层较单一，主要优势种为地毯草（表3-47）。

表3-45 溪畔白千层+榕树+澳洲鹅掌柴-龙血树-地毯草群丛样地乔木层表

| 物种 | 学名 | 株数 | 相对频度/% | 相对多度/% | 相对显著度/% | 重要值 | 生活型 |
|---|---|---|---|---|---|---|---|
| 溪畔白千层 | *Melaleuca bracteata* | 8 | 11.11 | 25.00 | 16.73 | 17.61 | 常绿灌木或小乔木 |
| 榕树 | *Ficus microcarpa* | 1 | 11.11 | 3.12 | 29.22 | 14.48 | 乔木 |
| 澳洲鹅掌柴 | *Schefflera macrostachya* | 6 | 11.11 | 18.75 | 8.51 | 12.79 | 常绿乔木 |
| 红花羊蹄甲 | *Bauhinia × blakeana* | 4 | 11.11 | 12.50 | 12.99 | 12.20 | 乔木 |
| 菜豆树 | *Radermachera sinica* | 4 | 11.11 | 12.50 | 8.63 | 10.75 | 小乔木 |
| 红千层 | *Callistemon rigidus* | 4 | 11.11 | 12.50 | 6.09 | 9.90 | 小乔木 |
| 假苹婆 | *Sterculia lanceolata* | 3 | 11.11 | 9.38 | 7.31 | 9.27 | 乔木 |
| 水翁蒲桃 | *Syzygium nervosum* | 1 | 11.11 | 3.12 | 6.73 | 6.99 | 乔木 |
| 蒲桃 | *Syzygium jambos* | 1 | 11.11 | 3.12 | 3.79 | 6.01 | 乔木 |

表3-46 溪畔白千层+榕树+澳洲鹅掌柴-龙血树-地毯草群丛样地灌木层表

| 物种 | 学名 | 株数 | 相对频度/% | 相对多度/% | 重要值 | 生活型 |
|------|------|------|-----------|-----------|--------|--------|
| 龙血树 | Dracaena draco | 9 | 50.00 | 90.00 | 70.00 | 乔木 |
| 红鳞蒲桃 | Syzygium hancei | 1 | 50.00 | 10.00 | 30.00 | 灌木或乔木 |

表3-47 溪畔白千层+榕树+澳洲鹅掌柴-龙血树-地毯草群丛样地草本层表

| 物种 | 学名 | 平均高度/m | 平均盖度/% | 相对高度/% | 相对盖度/% | 重要值 |
|------|------|-----------|-----------|-----------|-----------|--------|
| 地毯草 | Axonopus compressus | 0.25 | 60.00 | 14.71 | 75.95 | 45.33 |
| 海金沙 | Lygodium japonicum | 0.80 | 6.00 | 47.06 | 7.59 | 27.33 |
| 黄鹌菜 | Youngia japonica | 0.45 | 8.00 | 26.47 | 10.13 | 18.30 |
| 两耳草 | Paspalum conjugatum | 0.20 | 5.00 | 11.76 | 6.33 | 9.04 |

❯ 图3-117
溪畔白千层+
榕树+
澳洲鹅掌柴-
龙血树-地毯草
群丛外貌

<< 图3-118
溪畔白千层+
榕树+
澳洲鹅掌柴-
龙血树-地毯草
群丛林冠层

116

# 宫粉羊蹄甲

## 公园行道林
### *Bauhinia variegata*
### Park Street Woodland

宫粉羊蹄甲（*Bauhinia variegata*），属于豆科（Fabaceae）羊蹄甲属（*Bauhinia*），落叶乔木，高可达7 m。宫粉羊蹄甲树冠辽阔，树形优美，在林业和园林生态建设中有调节小气候、保持水土的功能，是行道树的优良选择。

（中国科学院中国植物志编辑委员会，1988；刘连海等，2016）

**宫粉羊蹄甲-
宫粉羊蹄甲-地毯草群丛**

*Bauhinia variegata -
Bauhinia variegata -
Axonopus compressus*
Association

宫粉羊蹄甲-宫粉羊蹄甲-地毯草群丛分布在湿地一期西部靠近华南快速一侧和湿地三期南部，代表群丛外貌呈绿色，林冠错落有致，总郁闭度60%左右。本群落植物种类组成丰富，群落结构复杂（图3-119、图3-120）。

乔木主要为小乔木层，其平均高度6.2 m、最低3.0 m、最高7.8 m，平均胸径14.0 cm、最小4.0 cm、最大28.9 cm，由溪畔白千层、火焰树、美丽异木棉等组成（表3-48）。灌木层主要为小灌木层，其平均高度0.2 m，物种组成有构和宫粉羊蹄甲（表3-49）。林下草本层丰富，主要优势种为地毯草，此外还有象草、南美蟛蜞菊和大白茅等（图3-121、表3-50）。

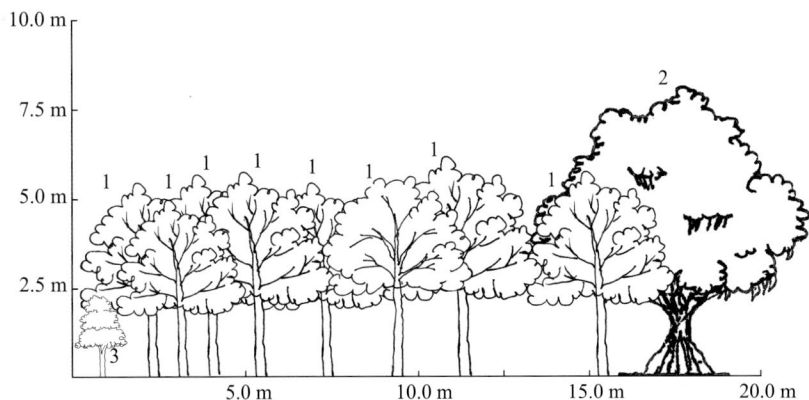

➤➤ 图3-119　宫粉羊蹄甲-宫粉羊蹄甲-
地毯草群丛剖面图

1. 宫粉羊蹄甲（*Bauhinia variegata*）
2. 高山榕（*Ficus altissima*）
3. 溪畔白千层（*Melaleuca bracteata*）

表3-48　宫粉羊蹄甲-宫粉羊蹄甲-
地毯草群丛样地乔木层表

| 物种 | 学名 | 株数 | 相对频度/% | 相对多度/% | 相对显著度/% | 重要值 | 生活型 |
|---|---|---|---|---|---|---|---|
| 宫粉羊蹄甲 | *Bauhinia variegata* | 30 | 20.00 | 50.42 | 40.91 | 37.11 | 落叶乔木 |
| 火焰树 | *Spathodea campanulata* | 9 | 20.00 | 15.13 | 17.20 | 17.44 | 落叶乔木 |
| 溪畔白千层 | *Melaleuca bracteata* | 13 | 10.00 | 22.69 | 6.70 | 13.13 | 常绿灌木或小乔木 |
| 美丽异木棉 | *Ceiba speciosa* | 3 | 20.00 | 5.04 | 11.84 | 12.29 | 落叶乔木 |
| 铁刀木 | *Senna siamea* | 2 | 10.00 | 3.36 | 13.45 | 8.94 | 乔木 |
| 高山榕 | *Ficus altissima* | 1 | 10.00 | 1.68 | 8.66 | 6.78 | 乔木 |
| 茉莉花 | *Jasminum sambac* | 1 | 10.00 | 1.68 | 1.24 | 4.31 | 直立或攀缘灌木 |

表3-49  宫粉羊蹄甲-宫粉羊蹄甲-
地毯草群丛样地灌木层表

| 物种 | 学名 | 株数 | 相对频度/% | 相对多度/% | 重要值 | 生活型 |
|---|---|---|---|---|---|---|
| 宫粉羊蹄甲 | Bauhinia variegata | 7 | 66.67 | 58.33 | 62.50 | 落叶乔木 |
| 构 | Broussonetia papyrifera | 5 | 33.33 | 41.67 | 37.50 | 高大乔木或灌木 |

表3-50  宫粉羊蹄甲-宫粉羊蹄甲-
地毯草群丛样地草本层表

| 物种 | 学名 | 平均高度/m | 平均盖度/% | 相对高度/% | 相对盖度/% | 重要值 |
|---|---|---|---|---|---|---|
| 地毯草 | Axonopus compressus | 0.45 | 31.50 | 13.52 | 40.13 | 26.83 |
| 象草 | Pennisetum purpureum | 1.45 | 7.50 | 44.05 | 9.55 | 26.80 |
| 南美蟛蜞菊 | Sphagneticola trilobata | 0.31 | 30.00 | 9.42 | 38.22 | 23.82 |
| 大白茅 | Imperata cylindrica var. major | 0.40 | 3.00 | 12.15 | 3.82 | 7.98 |
| 鬼针草 | Bidens pilosa | 0.34 | 3.00 | 10.23 | 3.82 | 7.03 |
| 银合欢 | Leucaena leucocephala | 0.19 | 1.00 | 5.77 | 1.27 | 3.52 |
| 红花酢浆草 | Oxalis corymbosa | 0.10 | 1.50 | 3.04 | 1.91 | 2.48 |
| 海芋 | Alocasia odora | 0.06 | 1.00 | 1.82 | 1.27 | 1.54 |

➤➤ 图3-120
宫粉羊蹄甲-
宫粉羊蹄甲-地毯草
群丛外貌

➤➤ 图3-121
宫粉羊蹄甲-
宫粉羊蹄甲-地毯草
群丛灌木层与草木层

# 黄槿

## 公园行道林
### *Talipariti tiliaceum*
### Park Street Woodland

　　黄槿（*Talipariti tiliaceum*），属于锦葵科（Malvaceae）黄槿属（*Talipariti*），常绿灌木或乔木，高4～10 m。黄槿树性强健，生长迅速，叶大似心形，四季开花，花以春夏居多，黄色花朵形似羽毛球；常常被用来作为行道树、防风树、园景树，或用于营造海岸防护林等。

（中国科学院中国植物志编辑委员会，1984；周厚高，2019b）

**黄槿+**
**杧果-构-春羽群丛**

*Talipariti tiliaceum+*
*Mangifera indica-*
*Broussonetia papyrifera-*
*Philodendron selloum*
Association

　　黄槿+杧果-构-春羽群丛分布在湿地二期芒滘围桥西侧，代表群丛外貌呈深绿色，林冠层次参差，总郁闭度70%～80%。本群落植物种类组成丰富，群落结构复杂（图3-122）。

　　乔木可为单层，小乔木层物种较丰富，平均高度8.2 m、最低5.0 m、最高10.0 m，平均胸径14.5 cm、最小26.9 cm、最大39.0 cm，由黄槿、洋蒲桃、杧果、火焰树以及少量龙眼、构组成，其中主要优势种为黄槿（图3-123、表3-51）。灌木层较茂密，可分为两层，大灌木层平均高度2.1 m，由黄槿组成；中灌木层平均高度1.1 m、最低0.9 m、最高1.3 m，由构、火焰树、金脉爵床以及马缨丹组成，主要优势种为构（表3-52）。林下草本层较丰富，主要优势种为春羽（图3-124、表3-53）。

表3-51　黄槿+杧果-构-春羽群丛样地乔木层表

| 物种 | 学名 | 株数 | 相对频度/% | 相对多度/% | 相对显著度/% | 重要值 | 生活型 |
|---|---|---|---|---|---|---|---|
| 黄槿 | *Talipariti tiliaceum* | 4 | 16.67 | 30.77 | 44.13 | 30.52 | 常绿灌木或小乔木 |
| 杧果 | *Mangifera indica* | 3 | 16.67 | 23.08 | 29.50 | 23.08 | 大乔木 |
| 洋蒲桃 | *Syzygium samarangense* | 2 | 16.67 | 15.38 | 6.18 | 12.74 | 乔木 |
| 火焰树 | *Spathodea campanulata* | 2 | 16.67 | 15.38 | 5.09 | 12.38 | 落叶乔木 |
| 构 | *Broussonetia papyrifera* | 1 | 16.67 | 7.69 | 11.80 | 12.05 | 高大乔木或灌木 |
| 龙眼 | *Dimocarpus longan* | 1 | 16.67 | 7.69 | 3.30 | 9.22 | 常绿乔木 |

表3-52 黄槿+杜果-构-春羽群丛样地灌木层表

| 物种 | 学名 | 株数 | 相对频度/% | 相对多度/% | 重要值 | 生活型 |
|------|------|------|-----------|-----------|--------|--------|
| 构 | Broussonetia papyrifera | 15 | 20.00 | 46.88 | 33.44 | 高大乔木或灌木 |
| 黄槿 | Talipariti tiliaceum | 10 | 20.00 | 31.25 | 25.62 | 常绿灌木或小乔木 |
| 金脉爵床 | Sanchezia speciosa | 5 | 20.00 | 15.62 | 17.81 | 常绿灌木 |
| 火焰树 | Spathodea campanulata | 1 | 20.00 | 3.12 | 11.56 | 落叶乔木 |
| 马缨丹 | Lantana camara | 1 | 20.00 | 3.12 | 11.56 | 灌木或蔓性灌木 |

表3-53 黄槿+杜果-构-春羽群丛样地草本层表

| 物种 | 学名 | 平均高度/m | 平均盖度/% | 相对高度/% | 相对盖度/% | 重要值 |
|------|------|-----------|-----------|-----------|-----------|--------|
| 春羽 | Philodendron selloum | 1.60 | 25.00 | 77.86 | 69.44 | 73.65 |
| 红花酢浆草 | Oxalis corymbosa | 0.09 | 5.00 | 4.38 | 13.89 | 9.13 |
| 海芋 | Alocasia odora | 0.12 | 3.00 | 6.08 | 8.33 | 7.20 |
| 弓果黍 | Cyrtococcum patens | 0.15 | 2.00 | 7.30 | 5.56 | 6.43 |
| 华南毛蕨 | Cyclosorus parasiticus | 0.09 | 1.00 | 4.38 | 2.78 | 3.58 |

▲ 图3-122
黄槿+杜果-
构-春羽
群丛外貌

⌃ 图 3-123
黄槿 + 杧果 -
构 - 春羽
群丛林冠层

≪ 图 3-124
黄槿 + 杧果 -
构 - 春羽
群丛草本层

### 3.2.3 公园综合休闲林
公园综合休闲林是湿地陆生景观植被的一个植被亚型，是湿地公园在保证湿地保护要求的情况下，用于满足游客的游憩需求的树林（成玉宁等，2012）。其主要特征是地形较平缓，乔木种植间隔较大且有较高的枝下高，同时草本稀疏低矮，提供了充足的互动空间，可供游客散步、健身、野餐等；同时，乔木具有一定的观赏性，能让游客在活动过程中感受到自然气息和湿地风光。

---

# 榕

# 树

## 公园综合休闲林
### *Ficus microcarpa*
Park Comprehensive Leisure Woodland

榕树（*Ficus microcarpa*），属于桑科（Moraceae）榕属（*Ficus*），常绿大乔木，高15～25 m。榕树不仅有雄伟挺拔的树形，而且有速生的特质，四季常青，姿态优美，具有较高的观赏价值和良好的生态效果，可用于公园遮阴造景。

（中国科学院中国植物志编辑委员会，1998；周厚高，2019b）

**榕树-灰莉-地毯草群丛**

*Ficus microcarpa - Fagraea ceilanica - Axonopus compressus* Association

榕树-灰莉-地毯草群丛分布在湿地一期绿心湖西侧湖，代表群丛外貌呈绿色，林冠较整齐，总郁闭度60%～70%。本群落植物种类组成较丰富，群落结构较复杂（图3-125）。

乔木可分为两层，中乔木层平均高度9.3 m、最低8.5 m、最高11.0 m，平均胸径37.3 cm、最小22.4 cm、最大46.5 cm，主要优势种为榕树，此外还有斯里兰卡天料木和人面子；小乔木层平均高度4.4 m、最低1.6 m、最高6.8 m，平均胸径17.6 cm、最小3.5 cm、最大53.0 cm，由黄花夹竹桃、羊蹄甲、叶子花、斯里兰卡天料木、秋枫和红花羊蹄甲组成（图3-126、表3-54）。灌木层稀疏，可分为两层，大灌木层平均高度3.5 m，由木槿和紫薇组成；中灌木层平均高度1.5 m，最低1.0 m，最高1.8 m，主要优势种为灰莉，此外还有海桐、九里香、龙血树和木槿（表3-55）。林下草本层较丰富，主要优势种为地毯草（图3-127、表3-56）。

表3-54 榕树-灰莉-地毯草群丛样地乔木层表

| 物种 | 学名 | 株数 | 相对频度/% | 相对多度/% | 相对显著度/% | 重要值 | 生活型 |
|---|---|---|---|---|---|---|---|
| 榕树 | Ficus microcarpa | 12 | 10.00 | 30.77 | 57.02 | 32.60 | 乔木 |
| 羊蹄甲 | Bauhinia purpurea | 6 | 10.00 | 15.38 | 6.06 | 10.48 | 乔木或灌木 |
| 洋蒲桃 | Syzygium samarangense | 4 | 10.00 | 10.26 | 9.92 | 10.06 | 乔木 |
| 秋枫 | Bischofia javanica | 4 | 10.00 | 10.26 | 9.05 | 9.77 | 常绿或半常绿大乔木 |
| 斯里兰卡天料木 | Homalium ceylanicum | 4 | 10.00 | 10.26 | 7.88 | 9.38 | 大乔木 |
| 红花羊蹄甲 | Bauhinia × blakeana | 2 | 20.00 | 5.13 | 2.55 | 9.23 | 乔木 |
| 黄花夹竹桃 | Nerium oleander | 5 | 10.00 | 12.82 | 1.86 | 8.23 | 小乔木或灌木状 |
| 人面子 | Dracontomelon duperreanum | 1 | 10.00 | 2.56 | 5.41 | 5.99 | 常绿大乔木 |
| 叶子花 | Bougainvillea spectabilis | 1 | 10.00 | 2.56 | 0.25 | 4.27 | 藤状灌木 |

表3-55 榕树-灰莉-地毯草群丛样地灌木层表

| 物种 | 学名 | 株数 | 相对频度/% | 相对多度/% | 重要值 | 生活型 |
|---|---|---|---|---|---|---|
| 灰莉 | Fagraea ceilanica | 17 | 14.29 | 58.62 | 36.45 | 乔木或攀缘灌木状 |
| 木樨 | Osmanthus fragrans | 4 | 28.57 | 13.79 | 21.18 | 常绿乔木或灌木 |
| 海桐 | Pittosporum tobira | 3 | 14.29 | 10.34 | 12.31 | 常绿灌木或小乔木 |
| 九里香 | Murraya exotica | 2 | 14.29 | 6.90 | 10.59 | 小乔木 |
| 龙血树 | Dracaena draco | 2 | 14.29 | 6.90 | 10.59 | 灌木状 |
| 紫薇 | Lagerstroemia indica | 1 | 14.29 | 3.45 | 8.87 | 落叶灌木或小乔木 |

表3-56 榕树-灰莉-地毯草群丛样地草本层表

| 物种 | 学名 | 平均高度/m | 平均盖度/% | 相对高度/% | 相对盖度/% | 重要值 |
|---|---|---|---|---|---|---|
| 地毯草 | Axonopus compressus | 0.11 | 80.00 | 32.35 | 51.28 | 41.81 |
| 弓果黍 | Cyrtococcum patens | 0.10 | 40.00 | 29.41 | 25.64 | 27.52 |
| 假臭草 | Praxelis clematidea | 0.10 | 6.00 | 29.41 | 3.85 | 16.63 |
| 酢浆草 | Oxalis corniculata | 0.03 | 30.00 | 8.82 | 19.23 | 14.03 |

≪ 图3-125
榕树-灰莉-
地毯草
群丛外貌

↑ 图3-126
榕树 - 灰莉 -
地毯草
群丛林冠层

≪ 图3-127
榕树 - 灰莉 -
地毯草
群丛草本层

**榕树 - 九里香 - 蓝花草群丛**

*Ficus microcarpa -*
*Murraya exotica -*
*Ruellia simplex*
Association

———

榕树 - 九里香 - 蓝花草群丛分布在湿地一期玉龙桥以北，代表群丛外貌呈绿色，林冠较整齐，总郁闭度60%～70%。本群落植物种类组成较丰富，群落结构较复杂（图3-128）。

乔木可分为两层，中乔木层平均高度10.3 m、最低8.5 m、最高13.0 m，平均胸径31.5 cm、最小13.2 cm、最大64.2 cm，主要由榕树、人面子和无瓣海桑组成；小乔木层平均高度5.2 m、最低2.2 m、最高7.5 m，平均胸径16.7 cm、最小3.1 cm、最大80.0 cm，由无瓣海桑、红鳞蒲桃、榕树、垂柳、红花玉蕊、红千层和凤凰木组成（表3-57）。灌木层稀疏，可分为3层，大灌木层平均高度3.4 m、最低2.5 m、最高5.0 m，由潺槁木姜子、黄槐决明和马缨丹组成；中灌木层平均高度1.7 m，由对叶榕和叶子花组成；小灌木层平均高度0.3 m，由九里香和朴树组成（表3-58）。林下草本层丰富，主要优势种为蓝花草（图3-129、表3-59）。

表3-57 榕树 - 九里香 - 蓝花草群丛样地乔木层表

| 物种 | 学名 | 株数 | 相对频度/% | 相对多度/% | 相对显著度/% | 重要值 | 生活型 |
|---|---|---|---|---|---|---|---|
| 榕树 | *Ficus microcarpa* | 2 | 10.00 | 7.41 | 67.59 | 28.33 | 乔木 |
| 红花玉蕊 | *Barringtonia acutangula* | 3 | 20.00 | 11.11 | 11.52 | 14.21 | 常绿灌木或小乔木 |
| 红千层 | *Callistemon rigidus* | 7 | 10.00 | 25.93 | 4.72 | 13.55 | 小乔木 |
| 无瓣海桑 | *Sonneratia apetala* | 6 | 10.00 | 22.22 | 5.51 | 12.58 | 常绿乔木 |
| 人面子 | *Dracontomelon duperreanum* | 2 | 10.00 | 7.41 | 7.62 | 8.34 | 常绿大乔木 |
| 凤凰木 | *Delonix regia* | 3 | 10.00 | 11.11 | 0.19 | 7.10 | 高大落叶乔木 |
| 红鳞蒲桃 | *Syzygium hancei* | 2 | 10.00 | 7.41 | 0.73 | 6.05 | 乔木 |
| 垂柳 | *Salix babylonica* | 1 | 10.00 | 3.70 | 1.35 | 5.02 | 乔木 |
| 水翁蒲桃 | *Syzygium nervosum* | 1 | 10.00 | 3.70 | 0.78 | 4.83 | 乔木 |

表3-58 榕树 - 九里香 - 蓝花草群丛样地灌木层表

| 物种 | 学名 | 株数 | 相对频度/% | 相对多度/% | 重要值 | 生活型 |
|---|---|---|---|---|---|---|
| 九里香 | *Murraya exotica* | 2 | 14.29 | 25.00 | 19.64 | 小乔木 |
| 潺槁木姜子 | *Litsea glutinosa* | 1 | 14.29 | 12.50 | 13.39 | 常绿乔木 |
| 对叶榕 | *Ficus hispida* | 1 | 14.29 | 12.50 | 13.39 | 小乔木或灌木 |
| 黄槐决明 | *Senna surattensis* | 1 | 14.29 | 12.50 | 13.39 | 灌木或小乔木 |
| 马缨丹 | *Lantana camara* | 1 | 14.29 | 12.50 | 13.39 | 灌木或蔓性灌木 |
| 朴树 | *Celtis sinensis* | 1 | 14.29 | 12.50 | 13.39 | 高大落叶乔木 |
| 叶子花 | *Bougainvillea spectabilis* | 1 | 14.29 | 12.50 | 13.39 | 藤状灌木 |

表3-59 榕树-九里香-蓝花草群丛样地草本层表

| 物种 | 学名 | 平均高度/m | 平均盖度/% | 相对高度/% | 相对盖度/% | 重要值 |
|---|---|---|---|---|---|---|
| 蓝花草 | Ruellia simplex | 0.25 | 60.00 | 4.50 | 30.86 | 17.68 |
| 美人蕉 | Canna indica | 1.20 | 20.00 | 21.61 | 10.29 | 15.95 |
| 苣荬菜 | Sonchus wightianus | 0.60 | 35.00 | 10.80 | 18.00 | 14.40 |
| 华南毛蕨 | Cyclosorus parasiticus | 0.50 | 10.00 | 9.00 | 5.14 | 7.07 |
| 地毯草 | Axonopus compressus | 0.08 | 22.50 | 1.35 | 11.57 | 6.46 |
| 曲轴海金沙 | Lygodium flexuosum | 0.50 | 2.00 | 9.00 | 1.03 | 5.02 |
| 微甘菊 | Mikania micrantha | 0.50 | 2.00 | 9.00 | 1.03 | 5.02 |
| 野芋 | Colocasia antiquorum | 0.35 | 5.00 | 6.30 | 2.57 | 4.43 |
| 野天胡荽 | Hydrocotyle vulgaris | 0.01 | 15.00 | 0.18 | 7.71 | 3.94 |
| 鬼针草 | Bidens pilosa | 0.40 | 1.00 | 7.20 | 0.51 | 3.86 |
| 鸡屎藤 | Paederia foetida | 0.34 | 2.00 | 6.12 | 1.03 | 3.58 |
| 弓果黍 | Cyrtococcum patens | 0.19 | 5.60 | 3.33 | 2.88 | 3.10 |
| 山麦冬 | Liriope spicata | 0.12 | 5.00 | 2.16 | 2.57 | 2.37 |
| 黄鹌菜 | Youngia japonica | 0.15 | 3.00 | 2.70 | 1.54 | 2.12 |
| 竹叶草 | Oplismenus compositus | 0.12 | 1.33 | 2.22 | 0.69 | 1.46 |
| 红花酢浆草 | Oxalis corymbosa | 0.07 | 3.00 | 1.26 | 1.54 | 1.40 |
| 海芋 | Alocasia odora | 0.09 | 1.00 | 1.62 | 0.51 | 1.06 |
| 黄花酢浆草 | Oxalis pes-caprae | 0.09 | 1.00 | 1.62 | 0.51 | 1.06 |

➤➤ 图3-128
榕树-九里香-
蓝花草
群丛外貌

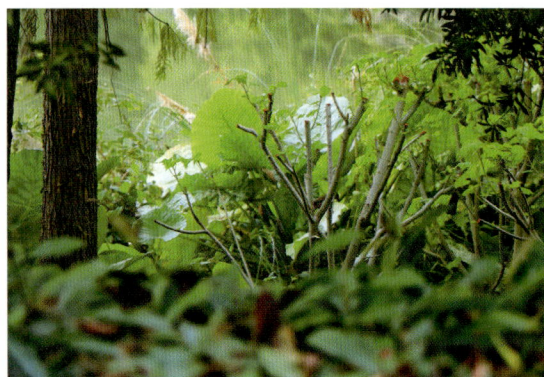

◀◀ 图3-129
榕树-九里香-
蓝花草
群丛灌木层及草本层

**榕树+
火焰树-美丽异木棉-
地毯草群丛**

*Ficus microcarpa+
Spathodea campanulata-
Ceiba speciosa-
Axonopus compressus
Association*

———

榕树+火焰树-美丽异木棉-地毯草群丛分布在湿地三期中部，代表群丛外貌呈深绿色，林冠整齐茂密，总郁闭度70%～80%。本群落植物种类组成丰富，群落结构复杂（图3-130、图3-131）。

乔木可分为两层，中乔木层平均高度9.8 m、最低8.1 m、最高12.0 m，平均胸径33.6 cm、最小17.0 cm、最大64.0 cm，主要优势种为榕树，此外还有火焰树、洋蒲桃、美丽异木棉、非洲楝、杧果和羊蹄甲等；小乔木层平均高度6.7 m、最低5.7 m、最高7.9 m，平均胸径25.3 cm、最小8.2 cm，最大39.5 cm，由火焰树、洋蒲桃、美丽异木棉、非洲楝、杧果和羊蹄甲组成（图3-132、表3-60）。灌木层稀疏，仅有1株美丽异木棉，其树高为1.8 m。林下草本层丰富，主要优势种为地毯草，此外还有狗牙根、藿香蓟、鬼针草等（图3-133、表3-61）。

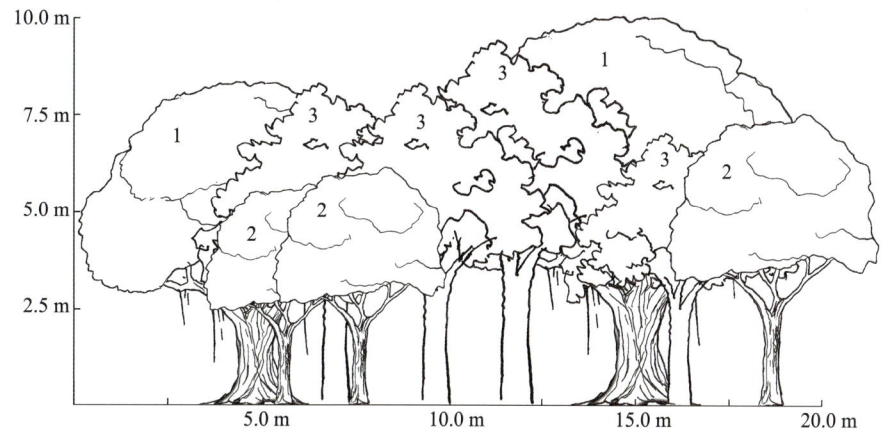

➤➤ 图3-130　榕树+火焰树-美丽异木棉-地毯草群丛剖面图

1. 榕树（*Ficus microcarpa*）
2. 洋蒲桃（*Syzygium samarangense*）
3. 火焰树（*Spathodea campanulata*）

表3-60　榕树+火焰树-美丽异木棉-地毯草群丛样地乔木层表

| 物种 | 学名 | 株数 | 相对频度/% | 相对多度/% | 相对显著度/% | 重要值 | 生活型 |
|---|---|---|---|---|---|---|---|
| 榕树 | *Ficus microcarpa* | 13 | 22.22 | 26.00 | 45.52 | 31.25 | 乔木 |
| 火焰树 | *Spathodea campanulata* | 17 | 11.11 | 34.00 | 19.79 | 21.63 | 落叶乔木 |
| 洋蒲桃 | *Syzygium samarangense* | 10 | 22.22 | 20.00 | 12.39 | 18.20 | 乔木 |
| 美丽异木棉 | *Ceiba speciosa* | 3 | 11.11 | 6.00 | 9.88 | 9.00 | 落叶乔木 |
| 非洲楝 | *Khaya senegalensis* | 3 | 11.11 | 6.00 | 9.15 | 8.75 | 乔木 |
| 杧果 | *Mangifera indica* | 2 | 11.11 | 4.00 | 2.19 | 5.77 | 大乔木 |
| 羊蹄甲 | *Bauhinia purpurea* | 2 | 11.11 | 4.00 | 1.08 | 5.40 | 乔木或灌木 |

◀◀ 图3-131
榕树+火焰树-
美丽异木棉-
地毯草
群丛外貌

表3-61　榕树+火焰树-美丽异木棉-地毯草群丛样地草本层表

| 物种 | 学名 | 平均高度/m | 平均盖度/% | 相对高度/% | 相对盖度/% | 重要值 |
|------|------|-----------|-----------|-----------|-----------|--------|
| 地毯草 | *Axonopus compressus* | 0.21 | 62.67 | 14.79 | 44.55 | 29.67 |
| 狗牙根 | *Cynodon dactylon* | 0.30 | 30.00 | 21.13 | 21.33 | 21.23 |
| 藿香蓟 | *Ageratum conyzoides* | 0.30 | 10.00 | 21.13 | 7.11 | 14.12 |
| 鬼针草 | *Bidens pilosa* | 0.25 | 10.00 | 17.61 | 7.11 | 12.36 |
| 野甘草 | *Scoparia dulcis* | 0.20 | 3.00 | 14.08 | 2.13 | 8.11 |
| 金腰箭 | *Synedrella nodiflora* | 0.12 | 10.00 | 8.45 | 7.11 | 7.78 |
| 酢浆草 | *Oxalis corniculata* | 0.04 | 15.00 | 2.82 | 10.66 | 6.74 |

>> 图3-132
榕树+火焰树-
美丽异木棉-
地毯草
群丛林冠层

ʌ 图3-133
榕树+火焰树-
美丽异木棉-
地毯草
群丛草本层

**榕树+秋枫+小叶榄仁-羊蹄甲-白茅群丛**

*Ficus microcarpa+ Bischofia javanica+ Terminalia neotaliala - Bauhinia purpurea - Imperata cylindrica Association*

榕树+秋枫+小叶榄仁-羊蹄甲-白茅群丛分布在湿地三期中部华南快速辅道旁,代表群丛外貌呈绿色,林冠稀疏,总郁闭度30%~40%。本群落植物种类组成丰富,群落结构简单(图3-134、图3-135)。

乔木主要为小乔木层,其平均高度5.8 m、最低2.0 m、最高8.0 m,平均胸径10.6 cm、最小0.4 cm、最大29.4 cm,由美丽异木棉、秋枫、榕树、羊蹄甲等组成(表3-62)。灌木层稀疏,由羊蹄甲组成,平均高度2.5 m(表3-63)。林下草本层丰富,主要优势种为白茅,此外还有鬼针草、地毯草、密穗莎草和酢浆草等(图3-136、表3-64)。

表3-62 榕树+秋枫+小叶榄仁-羊蹄甲-白茅群丛样地乔木层表

| 物种 | 学名 | 株数 | 相对频度/% | 相对多度/% | 相对显著度/% | 重要值 | 生活型 |
|---|---|---|---|---|---|---|---|
| 榕树 | *Ficus microcarpa* | 11 | 13.33 | 16.42 | 35.99 | 21.91 | 乔木 |
| 秋枫 | *Bischofia javanica* | 10 | 20.00 | 14.93 | 10.83 | 15.25 | 常绿或半常绿大乔木 |
| 小叶榄仁 | *Terminalia neotaliala* | 7 | 13.33 | 10.45 | 15.11 | 12.96 | 常绿乔木 |
| 红花羊蹄甲 | *Bauhinia × blakeana* | 16 | 6.67 | 23.88 | 5.52 | 12.02 | 乔木 |
| 羊蹄甲 | *Bauhinia purpurea* | 11 | 13.33 | 16.42 | 6.02 | 11.92 | 乔木或灌木 |
| 杧果 | *Mangifera indica* | 2 | 6.67 | 2.99 | 16.89 | 8.85 | 大乔木 |
| 朴树 | *Celtis sinensis* | 2 | 6.67 | 2.99 | 8.96 | 6.21 | 高大落叶乔木 |
| 美丽异木棉 | *Ceiba speciosa* | 6 | 6.67 | 8.96 | 0.04 | 5.22 | 落叶乔木 |
| 白花羊蹄甲 | *Bauhinia acuminata* | 1 | 6.67 | 1.49 | 0.34 | 2.83 | 小乔木或灌木 |
| 宫粉羊蹄甲 | *Bauhinia variegata* | 1 | 6.67 | 1.49 | 0.30 | 2.82 | 落叶乔木 |

表3-63 榕树+秋枫+小叶榄仁-羊蹄甲-白茅群丛样地灌木层表

| 物种 | 学名 | 株数 | 相对频度/% | 相对多度/% | 重要值 | 生活型 |
|---|---|---|---|---|---|---|
| 羊蹄甲 | *Bauhinia purpurea* | 20 | 100.00 | 100.00 | 100.00 | 乔木或灌木 |

表3-64 榕树+秋枫+小叶榄仁-羊蹄甲-白茅群丛样地草本层表

| 物种 | 学名 | 平均高度/m | 平均盖度/% | 相对高度/% | 相对盖度/% | 重要值 |
|---|---|---|---|---|---|---|
| 白茅 | *Imperata cylindrica* | 0.55 | 35.00 | 21.23 | 21.11 | 21.17 |
| 鬼针草 | *Bidens pilosa* | 0.45 | 23.33 | 17.50 | 14.07 | 15.79 |
| 地毯草 | *Axonopus compressus* | 0.18 | 39.00 | 6.85 | 23.52 | 15.18 |
| 密穗莎草 | *Cyperus eragrostis* | 0.30 | 20.00 | 11.58 | 12.06 | 11.82 |
| 酢浆草 | *Oxalis corniculata* | 0.05 | 30.00 | 1.93 | 18.09 | 10.01 |
| 微甘菊 | *Mikania micrantha* | 0.30 | 3.00 | 11.58 | 1.81 | 6.70 |
| 羽芒菊 | *Tridax procumbens* | 0.21 | 8.00 | 8.11 | 4.82 | 6.46 |
| 一点红 | *Emilia sonchifolia* | 0.26 | 2.00 | 10.04 | 1.21 | 5.62 |
| 假臭草 | *Praxelis clematidea* | 0.21 | 3.50 | 8.11 | 2.11 | 5.11 |
| 狗牙根 | *Cynodon dactylon* | 0.08 | 2.00 | 3.09 | 1.21 | 2.15 |

﹀ 图 3-135
榕树 + 秋枫 +
小叶榄仁 -
羊蹄甲 - 白茅
群丛群落结构

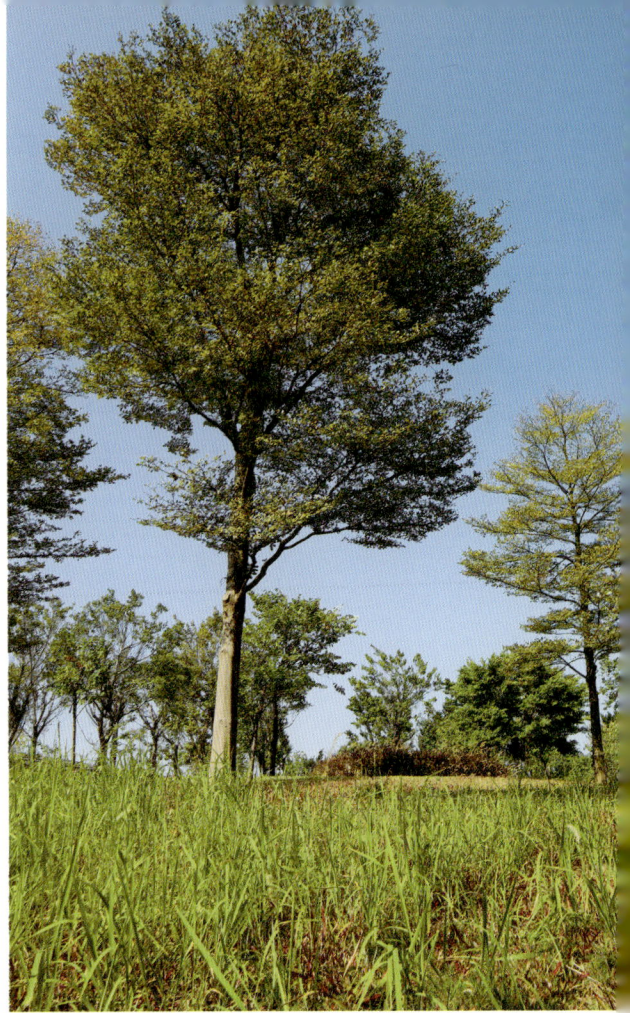

﹀ 图 3-134
榕树 + 秋枫 +
小叶榄仁 -
羊蹄甲 - 白茅
群丛外貌

﹥﹥ 图 3-136
榕树 + 秋枫 +
小叶榄仁 -
羊蹄甲 - 白茅
群丛草本层

# 高山榕

## 公园综合休闲林
### *Ficus altissima*
### Park Comprehensive Leisure Woodland

　　高山榕属于桑科（Moraceae）榕属（*Ficus*），大乔木，高25~30 m，高山榕终年青翠苍劲，树姿雄伟，生命力强，生长迅速，板根发达，抗风力强，果熟时浓绿中呈现点点金黄；宜作为庇荫树供游人憩息，作行道树、庭院树、景观树皆可。

（中国科学院中国植物志编辑委员会，1998；周厚高，2019b）

## 高山榕-山菅兰群丛

*Ficus altissima -*
*Dianella ensifolia*
Association

　　高山榕-山菅兰群丛在海珠湖的北部瑶溪怀古附近，代表群丛外貌呈深绿色，林冠较整齐，总郁闭度30%~50%。本群落植物种类组成较丰富，群落结构简单（图3-137）。

　　乔木可分为两层，中乔木层平均高度11.5 m、最低9.0 m、最高13.5 m，平均胸径48.3 cm、最小23.9 m、最大88.2 cm，主要优势种为高山榕，此外还有雅榕、秋枫等；小乔木层平均高度6.3 m，最小1.0 m，最高8.0 m，平均胸径18.1 cm，最小12.7 cm，最大30.6 cm，由红花羊蹄甲、雅榕、垂枝红千层、麻楝、朴树组成（表3-65）。林下草本层组成较丰富，主要优势种为山菅兰（表3-66）。

表3-65　高山榕-山菅兰群丛样地乔木层表

| 物种 | 学名 | 株数 | 相对频度/% | 相对多度/% | 相对显著度/% | 重要值 | 生活型 |
|---|---|---|---|---|---|---|---|
| 高山榕 | *Ficus altissima* | 4 | 12.50 | 21.05 | 74.84 | 36.13 | 乔木 |
| 雅榕 | *Ficus concinna* | 6 | 25.00 | 31.58 | 15.98 | 24.19 | 乔木 |
| 红花羊蹄甲 | *Bauhinia × blakeana* | 4 | 12.50 | 21.05 | 2.71 | 12.09 | 乔木 |
| 麻楝 | *Chukrasia tabularis* | 2 | 12.50 | 10.53 | 1.87 | 8.30 | 大乔木 |
| 秋枫 | *Bischofia javanica* | 1 | 12.50 | 5.26 | 2.10 | 6.62 | 常绿或半常绿大乔木 |
| 垂枝红千层 | *Callistemon viminalis* | 1 | 12.50 | 5.26 | 1.58 | 6.45 | 常绿灌木或小乔木 |
| 朴树 | *Celtis sinensis* | 1 | 12.50 | 5.26 | 0.93 | 6.23 | 高大落叶乔木 |

表3-66　高山榕-山菅兰群丛样地草本层表

| 物种 | 学名 | 平均高度/m | 平均盖度/% | 相对高度/% | 相对盖度/% | 重要值 |
|---|---|---|---|---|---|---|
| 山菅兰 | *Dianella ensifolia* | 0.50 | 100.00 | 21.28 | 32.89 | 27.09 |
| 广东沿阶草 | *Ophiopogon reversus* | 0.40 | 90.00 | 17.02 | 29.61 | 23.31 |
| 地毯草 | *Axonopus compressus* | 0.20 | 90.00 | 8.51 | 29.61 | 19.06 |
| 结缕草 | *Zoysia japonica* | 0.50 | 5.00 | 21.28 | 1.64 | 11.46 |
| 肾蕨 | *Nephrolepis cordifolia* | 0.30 | 10.00 | 12.77 | 3.29 | 8.03 |
| 两耳草 | *Paspalum conjugatum* | 0.15 | 5.00 | 6.38 | 1.64 | 4.01 |
| 海芋 | *Alocasia odora* | 0.15 | 2.00 | 6.38 | 0.66 | 3.52 |
| 喜旱莲子草 | *Alternanthera philoxeroides* | 0.15 | 2.00 | 6.38 | 0.66 | 3.52 |

↑ 图3-137
高山榕-山菅兰
群丛外貌

# 秋

# 枫

## 公园综合休闲林
### *Bischofia javanica*
### Park Comprehensive Leisure Woodland

　　秋枫（*Bischofia javanica*），属于叶下珠科（Phyllanthaceae）秋枫属（*Bischofia*），常绿乔木，高可达40 m，冠幅可达2.3 m。秋枫于热带地区广为栽培，树形整齐美丽，树冠壮观阴浓呈圆盖形，遮阴良好，叶色亮丽，是常见的行道树及百年老树树种之一。

（中国科学院中国植物志编辑委员会，1994；周厚高，2019b）

132

秋枫+
菩提树+羊蹄甲-
狼尾草群丛

Bischofia javanica+
Ficus religiosa+
Bauhinia purpurea-
Pennisetum alopecuroides
Association

秋枫+菩提树+羊蹄甲-狼尾草群丛分布在湿地三期西北部靠近华南快速辅道一侧。代表群丛外貌呈绿色，林冠较整齐，总郁闭度30%～40%。本群落植物种类组成较丰富，群落结构较复杂（图3-138）。

乔木可分为两层，中乔木层平均高度9.2 m、最低8.2 m、最高11.4 m，平均胸径22.8 cm、最小17.9 cm、最大28.6 cm，主要优势种为秋枫，此外还有菩提树和榕树；小乔木层平均高度7.0 m、最低6.2 m、最高7.8 m，平均胸径12.9 cm、最小9.5 cm、最大19.7 cm，由羊蹄甲、秋枫和菩提树构成（图3-139、表3-67）。林下草本层丰富，主要优势种为狼尾草（图3-140、表3-68）。

表3-67　秋枫+菩提树+羊蹄甲-狼尾草群丛样地乔木层表

| 物种 | 学名 | 株数 | 相对频度/% | 相对多度/% | 相对显著度/% | 重要值 | 生活型 |
| --- | --- | --- | --- | --- | --- | --- | --- |
| 秋枫 | Bischofia javanica | 7 | 25.00 | 26.92 | 33.66 | 28.53 | 常绿乔木 |
| 菩提树 | Ficus religiosa | 6 | 25.00 | 23.08 | 26.91 | 25.00 | 乔木 |
| 羊蹄甲 | Bauhinia purpurea | 9 | 25.00 | 34.62 | 10.90 | 23.51 | 乔木 |
| 榕树 | Ficus microcarpa | 4 | 25.00 | 15.38 | 28.54 | 22.97 | 乔木 |

表3-68　秋枫+菩提树+羊蹄甲-狼尾草群丛样地草本层表

| 物种 | 学名 | 平均高度/m | 平均盖度/% | 相对高度/% | 相对盖度/% | 重要值 |
| --- | --- | --- | --- | --- | --- | --- |
| 狼尾草 | Pennisetum alopecuroides | 0.65 | 60.00 | 20.03 | 36.81 | 28.42 |
| 类芦 | Neyraudia reynaudiana | 1.60 | 3.00 | 49.31 | 1.84 | 25.58 |
| 地毯草 | Axonopus compressus | 0.10 | 60.00 | 3.08 | 36.81 | 19.94 |
| 羊蹄甲 | Bauhinia purpurea | 0.40 | 20.00 | 12.33 | 12.27 | 12.30 |
| 鬼针草 | Bidens pilosa | 0.33 | 10.00 | 10.02 | 6.13 | 8.07 |
| 假臭草 | Praxelis clematidea | 0.17 | 10.00 | 5.24 | 6.13 | 5.69 |

>> 图3-138
秋枫+菩提树+
羊蹄甲-狼尾草
群丛外貌

↗ 图3-139
秋枫＋菩提树＋
羊蹄甲 - 狼尾草
群丛林冠层

↗ 图3-140
秋枫＋菩提树＋
羊蹄甲 - 狼尾草
群丛草本层

# 人面子

## 公园综合休闲林
### *Dracontomelon duperreanum*
### Park Comprehensive Leisure Woodland

人面子（*Dracontomelon duperreanum*），属于漆树科（Anacardiaceae）人面子属（*Dracontomelon*），乔木，高度可超20 m。人面子树干通直，枝叶茂密，树冠圆伞形，叶色四季翠绿光鲜，绿荫与美化效果甚佳，为优良的庭院风景树和行道树，其果肉还可加工成蜜饯和果酱。

（中国科学院中国植物志编辑委员会，1980；周厚高，2019b）

**人面子-狗牙根群丛**

*Dracontomelon duperreanum - Cynodon dactylon* Association

人面子-狗牙根群丛分布在湿地三期中南部，代表群丛外貌呈绿色，林冠较整齐，总郁闭度50%-60%。本群落植物种类组成较单一，群落结构较简单（图3-141）。

乔木只有小乔木层，平均高度6.1 m、最低3.5 m、最高7.2 m，平均胸径12.3 cm、最小6.5 cm、最大16.8 cm，主要优势种为人面子，此外还有宫粉羊蹄甲、蒲桃和白花羊蹄甲（图3-142、表3-69）。林下草本层较简单，主要优势种为狗牙根（图3-143、表3-70）。

表3-69　人面子-狗牙根群丛样地乔木层表

| 物种 | 学名 | 株数 | 相对频度/% | 相对多度/% | 相对显著度/% | 重要值 | 生活型 |
|---|---|---|---|---|---|---|---|
| 人面子 | *Dracontomelon duperreanum* | 5 | 25.00 | 45.45 | 70.12 | 46.86 | 常绿大乔木 |
| 蒲桃 | *Syzygium jambos* | 3 | 25.00 | 27.27 | 10.98 | 21.08 | 乔木 |
| 宫粉羊蹄甲 | *Bauhinia variegata* | 2 | 25.00 | 18.18 | 14.30 | 19.16 | 落叶乔木 |
| 白花羊蹄甲 | *Bauhinia acuminata* | 1 | 25.00 | 9.09 | 4.61 | 12.90 | 小乔木 |

表3-70　人面子-狗牙根群丛样地草本层表

| 物种 | 学名 | 平均高度/m | 平均盖度/% | 相对高度/% | 相对盖度/% | 重要值 |
|---|---|---|---|---|---|---|
| 狗牙根 | *Cynodon dactylon* | 0.09 | 60.00 | 21.43 | 51.28 | 36.36 |
| 地毯草 | *Axonopus compressus* | 0.08 | 50.00 | 19.05 | 42.74 | 30.90 |
| 一点红 | *Emilia sonchifolia* | 0.20 | 1.00 | 47.62 | 0.85 | 24.24 |
| 莲子草 | *Alternanthera sessilis* | 0.05 | 6.00 | 11.90 | 5.13 | 8.52 |

◂◂ 图3-141
人面子-狗牙根
群丛外貌

◂◂ 图3-142
人面子-狗牙根
群丛林冠层

◂◂ 图3-143
人面子-狗牙根
群丛草本层

# 美丽异木棉

## 公园综合休闲林

*Ceiba speciosa*
Park Comprehensive Leisure Woodland

美丽异木棉（*Ceiba speciosa*），属于锦葵科（Malvaceae）吉贝属（*Ceiba*），落叶乔木，高10～15 m。美丽异木棉树冠伞形，树干挺拔，树皮绿色光滑，花色绚丽，花朵大而繁密，盛花期花多叶少，繁花似锦；广泛栽种于庭院、公园、小区等，在华南地区的园林绿化中扮演着重要的角色。

（周厚高，2019b）

### 美丽异木棉+高山榕+南洋杉-龙船花-芦竹群丛

*Ceiba speciosa+*
*Ficus altissima+*
*Araucaria cunninghamii -*
*Ixora chinensis -*
*Arundo donax*
Association

美丽异木棉+高山榕+南洋杉-龙船花-芦竹群丛在海珠湖西部内侧沿岸，代表群丛外貌呈深绿色，林冠较整齐，总郁闭度40%～60%。本群落植物种类组成较丰富，群落结构复杂（图3-144）。

乔木可分为两层，中乔木层平均高度10.3 m、最低8.3 m、最高13.0 m，平均胸径29.9 cm、最小8.0 cm、最大46.7 cm，主要优势种为美丽异木棉、高山榕，此外还有大花紫薇、南洋杉、秋枫、雅榕等；小乔木层平均高度5.7 m、最低3.0 m、最高7.9 m，平均胸径16.5 cm、最小9.1 cm、最大33.0 cm，由大花紫薇、高山榕、黄槐决明、鸡蛋花、鸡冠刺桐、南洋杉、紫薇组成（图3-145、表3-71）。灌木层极稀疏，可分为两层，大灌木层平均高度3.6 m、最低2.5 m、最高5.0 m，由二乔玉兰、木樨和幌伞枫组成；中灌木层平均高度1.1 m、最低0.7 m、最高1.5 m，以龙船花为主，其次为棕竹，此外还有少量小蜡、二列黑面神、叶子花、红花檵木、朱缨花、海桐等（表3-72）。林下草本层组成较丰富，主要优势种为芦竹（图3-146、表3-73）。

表3-71　美丽异木棉+高山榕+南洋杉-龙船花-芦竹群丛样地乔木层表

| 物种 | 学名 | 株数 | 相对频度/% | 相对多度/% | 相对显著度/% | 重要值 | 生活型 |
|---|---|---|---|---|---|---|---|
| 美丽异木棉 | *Ceiba speciosa* | 6 | 9.09 | 17.14 | 38.97 | 21.73 | 落叶乔木 |
| 高山榕 | *Ficus altissima* | 5 | 18.18 | 14.29 | 26.45 | 19.64 | 乔木 |
| 南洋杉 | *Araucaria cunninghamii* | 8 | 9.09 | 22.86 | 11.39 | 14.45 | 乔木 |
| 鸡冠刺桐 | *Erythrina crista-galli* | 2 | 9.09 | 5.71 | 8.43 | 7.74 | 落叶灌木或小乔木 |
| 紫薇 | *Lagerstroemia indica* | 4 | 9.09 | 11.43 | 2.08 | 7.53 | 落叶灌木或小乔木 |
| 雅榕 | *Ficus concinna* | 2 | 9.09 | 5.71 | 5.22 | 6.67 | 乔木 |
| 大花紫薇 | *Lagerstroemia speciosa* | 2 | 9.09 | 5.71 | 4.28 | 6.36 | 大乔木 |
| 秋枫 | *Bischofia javanica* | 3 | 9.09 | 8.57 | 0.91 | 6.19 | 常绿或半常绿大乔木 |
| 鸡蛋花 | *Plumeria rubra* 'Acutifolia' | 2 | 9.09 | 5.71 | 1.41 | 5.40 | 落叶小乔木 |
| 黄槐决明 | *Senna surattensis* | 1 | 9.09 | 2.86 | 0.86 | 4.27 | 灌木或小乔木 |

| 物种 | 学名 | 株数 | 相对频度/% | 相对多度/% | 重要值 | 生活型 |
|---|---|---|---|---|---|---|
| 龙船花 | Ixora chinensis | 85 | 16.67 | 41.26 | 28.96 | 灌木 |
| 棕竹 | Rhapis excelsa | 50 | 8.33 | 24.27 | 16.30 | 丛生灌木 |
| 小蜡 | Ligustrum sinense | 28 | 8.33 | 13.59 | 10.96 | 落叶灌木或小乔木 |
| 二列黑面神 | Breynia disticha | 24 | 8.33 | 11.65 | 9.99 | 常绿灌木 |
| 二乔玉兰 | Yulania × soulangeana | 6 | 8.33 | 2.91 | 5.62 | 落叶小乔木 |
| 红花檵木 | Loropetalum chinense var. rubrum | 3 | 8.33 | 1.46 | 4.89 | 灌木或小乔木 |
| 木樨 | Osmanthus fragrans | 3 | 8.33 | 1.46 | 4.89 | 常绿乔木或灌木 |
| 叶子花 | Bougainvillea spectabilis | 3 | 8.33 | 1.46 | 4.89 | 藤状灌木 |
| 朱缨花 | Calliandra haematocephala | 2 | 8.33 | 0.97 | 4.65 | 落叶灌木或小乔木 |
| 海桐 | Pittosporum tobira | 1 | 8.33 | 0.49 | 4.41 | 常绿灌木或小乔木 |
| 幌伞枫 | Heteropanax fragrans | 1 | 8.33 | 0.49 | 4.41 | 乔木 |

表3-73　美丽异木棉+高山榕+南洋杉-龙船花-芦竹群丛样地草本层表

| 物种 | 学名 | 平均高度/m | 平均盖度/% | 相对高度/% | 相对盖度/% | 重要值 |
|---|---|---|---|---|---|---|
| 芦竹 | Arundo donax | 4.30 | 60.00 | 70.61 | 17.34 | 43.98 |
| 狗牙根 | Cynodon dactylon | 0.80 | 100.00 | 13.14 | 28.90 | 21.02 |
| 蓝花草 | Ruellia simplex | 0.40 | 80.00 | 6.57 | 23.12 | 14.85 |
| 两耳草 | Paspalum conjugatum | 0.05 | 40.00 | 0.82 | 11.56 | 6.19 |
| 结缕草 | Zoysia japonica | 0.06 | 30.00 | 0.99 | 8.67 | 4.83 |
| 花叶冷水花 | Pilea cadierei | 0.10 | 20.00 | 1.64 | 5.78 | 3.71 |
| 弓果黍 | Cyrtococcum patens | 0.20 | 6.00 | 3.28 | 1.73 | 2.50 |
| 夜香牛 | Cyanthillium cinereum | 0.10 | 5.00 | 1.64 | 1.45 | 1.54 |
| 黄鹌菜 | Youngia japonica | 0.08 | 5.00 | 1.31 | 1.45 | 1.38 |

>> 图3-144
美丽异木棉+
高山榕+
南洋杉-
龙船花-芦竹
群丛外貌

➤➤ 图3-145
美丽异木棉 +
高山榕 +
南洋杉 -
龙船花 - 芦竹
群丛林冠层

⌃ 图3-146
美丽异木棉 +
高山榕 +
南洋杉 -
龙船花 - 芦竹
群丛草本层

美丽异木棉 +
榕树 + 高山榕 - 地毯草群丛

Ceiba speciosa+
Ficus microcarpa+
Ficus altissima -
Axonopus compressus
Association

美丽异木棉+榕树+高山榕-地毯草群丛分布在湿地三期西南角和湿地三期中部。代表群丛外貌呈绿色,林冠较整齐,总郁闭度70%~80%。本群落植物种类组成丰富,群落结构复杂(图3-147、图3-148)。

乔木可分为两层,中乔木层平均高度9.9 m、最低8.2 m、最高13.6 m,平均胸径37.6 cm、最小9.5 cm、最大92.0 cm,主要优势种为美丽异木棉,此外还有榕树、高山榕、洋蒲桃、非洲楝;小乔木层平均高度7.1 m、最低6.2 m、最高8.0 m,平均胸径20.2 cm、最小6.3 cm、最大31.6 cm,由美丽异木棉、洋蒲桃、榕树组成(图3-149、表3-74)。林下草本层丰富,主要优势种为地毯草(图3-150、表3-75)。

>> 图3-147 美丽异木棉+榕树+高山榕-地毯草群丛剖面图

1. 美丽异木棉(Ceiba speciosa)
2. 榕树(Ficus microcarpa)

表3-74 美丽异木棉+榕树+高山榕-地毯草群丛样地乔木层表

| 物种 | 学名 | 株数 | 相对频度/% | 相对多度/% | 相对显著度/% | 重要值 | 生活型 |
|---|---|---|---|---|---|---|---|
| 美丽异木棉 | Ceiba speciosa | 11 | 22.22 | 36.67 | 24.07 | 27.65 | 落叶乔木 |
| 榕树 | Ficus microcarpa | 5 | 22.22 | 16.67 | 42.66 | 27.18 | 乔木 |
| 高山榕 | Ficus altissima | 7 | 22.22 | 23.33 | 22.84 | 22.80 | 乔木 |
| 洋蒲桃 | Syzygium samarangense | 4 | 22.22 | 13.33 | 5.95 | 13.83 | 乔木 |
| 非洲楝 | Khaya senegalensis | 3 | 11.11 | 10.00 | 4.48 | 8.53 | 乔木 |

表3-75 美丽异木棉+榕树+高山榕-地毯草群丛样地草本层表

| 物种 | 学名 | 平均高度/m | 平均盖度/% | 相对高度/% | 相对盖度/% | 重要值 |
|---|---|---|---|---|---|---|
| 地毯草 | Axonopus compressus | 0.06 | 49.25 | 4.88 | 54.57 | 29.73 |
| 草龙 | Ludwigia hyssopifolia | 0.30 | 10.00 | 24.39 | 11.08 | 17.74 |
| 狗牙根 | Cynodon dactylon | 0.10 | 15.00 | 8.13 | 16.62 | 12.38 |
| 龙葵 | Solanum nigrum | 0.20 | 3.00 | 16.26 | 3.32 | 9.79 |
| 鬼针草 | Bidens pilosa | 0.16 | 3.00 | 13.01 | 3.32 | 8.16 |
| 两耳草 | Paspalum conjugatum | 0.13 | 1.00 | 10.57 | 1.11 | 5.84 |
| 附地菜 | Trigonotis peduncularis | 0.10 | 3.00 | 8.13 | 3.32 | 5.73 |
| 络石 | Trachelospermum jasminoides | 0.10 | 2.00 | 8.13 | 2.22 | 5.18 |
| 藿香蓟 | Ageratum conyzoides | 0.05 | 2.00 | 4.07 | 2.22 | 3.15 |
| 黄鹌菜 | Youngia japonica | 0.03 | 2.00 | 2.44 | 2.22 | 2.33 |

>> 图 3-148
美丽异木棉 +
榕树 +
高山榕 - 地毯草
群丛外貌

>> 图 3-149
美丽异木棉 +
榕树 +
高山榕 - 地毯草
群丛林冠层

>> 图 3-150
美丽异木棉 +
榕树 +
高山榕 - 地毯草
群丛草本层

## 美丽异木棉-构-弓果黍群丛

Ceiba speciosa-
Broussonetia papyrifera-
Cyrtococcum patens
Association

---

美丽异木棉-构-弓果黍群丛分布在湿地一期红树林科普基地东侧，代表群丛外貌呈绿色，林冠较整齐，总郁闭度70%~80%。本群落植物种类组成较丰富，群落结构较复杂（图3-151）。

乔木可分为两层，中乔木层平均高度10.4 m、最低8.6 m、最高11.5 m，平均胸径16.3 cm、最小8.2 cm、最大26.5 cm，主要优势种为美丽异木棉，此外还有糖胶树和秋枫；小乔木层平均高度5.9 m、最小1.7 m、最高7.6 m，平均胸径16.3 cm、最小8.2 cm、最大26.5 cm，由美丽异木棉、阳桃、构、黄槐决明和桉构成（图3-152、表3-76）。灌木层稀疏，可分为两层，中灌木层平均高度1.5 m，由马缨丹和朴树幼苗组成；小灌木层平均高度0.30 m、最小0.25 m、最大0.42 m，由构、黄槐决明和木樨组成（表3-77）。林下草本层丰富，主要优势种为弓果黍（表3-78）。

表3-76　美丽异木棉-构-弓果黍群丛样地乔木层表

| 物种 | 学名 | 株数 | 相对频度/% | 相对多度/% | 相对显著度/% | 重要值 | 生活型 |
|---|---|---|---|---|---|---|---|
| 美丽异木棉 | Ceiba speciosa | 7 | 22.22 | 35.00 | 42.99 | 33.40 | 落叶乔木 |
| 秋枫 | Bischofia javanica | 3 | 22.22 | 15.00 | 22.15 | 19.79 | 常绿大乔木 |
| 糖胶树 | Alstonia scholaris | 3 | 11.11 | 15.00 | 24.24 | 16.78 | 乔木 |
| 黄槐决明 | Senna surattensis | 3 | 11.11 | 15.00 | 4.54 | 10.22 | 小乔木 |
| 桉 | Eucalyptus robusta | 2 | 11.11 | 10.00 | 2.79 | 7.97 | 密荫大乔木 |
| 阳桃 | Averrhoa carambola | 1 | 11.11 | 5.00 | 2.64 | 6.25 | 乔木 |
| 构 | Broussonetia papyrifera | 1 | 11.11 | 5.00 | 0.65 | 5.59 | 高大乔木 |

表3-77　美丽异木棉-构-弓果黍群丛样地灌木层表

| 物种 | 学名 | 株数 | 相对频度/% | 相对多度/% | 重要值 | 生活型 |
|---|---|---|---|---|---|---|
| 构 | Broussonetia papyrifera | 5 | 33.33 | 41.67 | 37.50 | 灌木 |
| 黄槐决明 | Senna surattensis | 2 | 16.67 | 16.67 | 16.67 | 灌木 |
| 马缨丹 | Lantana camara | 2 | 16.67 | 16.67 | 16.67 | 灌木 |
| 木樨 | Osmanthus fragrans | 2 | 16.67 | 16.67 | 16.67 | 灌木 |
| 朴树 | Celtis sinensis | 1 | 16.67 | 8.33 | 12.50 | 高大落叶乔木 |

表3-78　美丽异木棉-构-弓果黍群丛样地草本层表

| 物种 | 学名 | 平均高度/m | 平均盖度/% | 相对高度/% | 相对盖度/% | 重要值 |
|---|---|---|---|---|---|---|
| 弓果黍 | Cyrtococcum patens | 0.12 | 75.00 | 6.48 | 86.21 | 46.34 |
| 海芋 | Alocasia odora | 1.10 | 6.00 | 61.97 | 6.90 | 34.44 |
| 假臭草 | Praxelis clematidea | 0.23 | 1.00 | 12.96 | 1.15 | 7.06 |
| 鸡屎藤 | Paederia foetida | 0.22 | 1.50 | 12.11 | 1.72 | 6.92 |
| 红花酢浆草 | Oxalis corymbosa | 0.12 | 3.50 | 6.48 | 4.02 | 5.25 |

## 美丽异木棉+榕树+非洲楝-假连翘-地毯草群丛

Ceiba speciosa+
Ficus microcarpa+
Khaya senegalensis-
Duranta erecta-
Axonopus compressus
Association

美丽异木棉+榕树+非洲楝-假连翘-地毯草群丛分布在湿地三期中部，代表群丛外貌呈绿色和黄色，总郁闭度40%～50%。本群落植物种类组成较丰富，群落结构较复杂（图3-153）。

乔木可分为两层，中乔木层平均高度9.6 m、最低8.2 m、最高17.0 m，平均胸径28.1 cm，最小6.8 cm，最大94.0 cm，主要优势种为美丽异木棉，此外还有非洲楝、榕树、龙眼、凤凰木、杧果、火焰树等；小乔木层平均高度3.7 m、最低1.5 m、最高7.9 m，平均胸径6.0 cm、最小0.5 cm、最大31.2 cm，由美丽异木棉、非洲楝、龙眼、构、凤凰木和阴香构成（表3-79）。灌木层稀疏，只有大灌木层，平均高度1.5 m，由假连翘组成（表3-80）。林下草本层丰富，主要优势种为地毯草（图3-154、表3-81）。

表3-79　美丽异木棉+榕树+非洲楝-假连翘-地毯草群丛样地乔木层表

| 物种 | 学名 | 株数 | 相对频度/% | 相对多度/% | 相对显著度/% | 重要值 | 生活型 |
|---|---|---|---|---|---|---|---|
| 美丽异木棉 | Ceiba speciosa | 58 | 16.67 | 50.00 | 12.50 | 26.39 | 落叶乔木 |
| 榕树 | Ficus microcarpa | 5 | 11.11 | 4.31 | 44.39 | 19.94 | 乔木 |
| 非洲楝 | Khaya senegalensis | 13 | 16.67 | 11.21 | 22.04 | 16.64 | 乔木 |
| 凤凰木 | Delonix regia | 24 | 11.11 | 20.69 | 8.48 | 13.43 | 高大落叶乔木 |
| 天料木 | Homalium cochinchinense | 8 | 5.56 | 6.90 | 4.50 | 5.65 | 小乔木 |
| 龙眼 | Dimocarpus longan | 3 | 11.11 | 2.59 | 3.00 | 5.57 | 常绿乔木 |
| 杧果 | Mangifera indica | 1 | 5.56 | 0.86 | 2.40 | 2.94 | 大乔木 |
| 秋枫 | Bischofia javanica | 1 | 5.56 | 0.86 | 1.40 | 2.61 | 常绿大乔木 |
| 阴香 | Cinnamomum burmanni | 1 | 5.56 | 0.86 | 0.80 | 2.41 | 乔木 |
| 火焰树 | Spathodea campanulata | 1 | 5.56 | 0.86 | 0.46 | 2.29 | 落叶乔木 |
| 构 | Broussonetia papyrifera | 1 | 5.56 | 0.86 | 0.03 | 2.15 | 高大乔木 |

表3-80　美丽异木棉+榕树+非洲楝-假连翘-地毯草群丛样地灌木层表

| 物种 | 学名 | 株数 | 相对频度/% | 相对多度/% | 重要值 | 生活型 |
|---|---|---|---|---|---|---|
| 假连翘 | Duranta erecta | 2 | 100.00 | 100.00 | 100.00 | 灌木 |

表3-81　美丽异木棉+榕树+非洲楝-假连翘-地毯草群丛样地草本层表

| 物种 | 学名 | 平均高度/m | 平均盖度/% | 相对高度/% | 相对盖度/% | 重要值 |
|---|---|---|---|---|---|---|
| 地毯草 | Axonopus compressus | 0.18 | 47.00 | 4.68 | 45.28 | 24.98 |
| 海桐 | Pittosporum tobira | 1.60 | 0.30 | 42.78 | 0.29 | 21.54 |
| 蒲苇 | Cortaderia selloana | 1.50 | 1.00 | 40.11 | 0.96 | 20.54 |
| 狗牙根 | Cynodon dactylon | 0.05 | 40.00 | 1.34 | 38.54 | 19.94 |
| 海金沙 | Lygodium japonicum | 0.17 | 7.50 | 4.41 | 7.23 | 5.82 |
| 一点红 | Emilia sonchifolia | 0.24 | 5.00 | 6.42 | 4.82 | 5.62 |
| 微甘菊 | Mikania micrantha | 0.01 | 3.00 | 0.27 | 2.89 | 1.58 |

∧ 图3-153
美丽异木棉+
榕树+非洲楝-
假连翘-地毯草
群丛外貌

≫ 图3-154
美丽异木棉+
榕树+非洲楝-
假连翘-地毯草
群丛灌草层

第3章 海珠湿地植被结构与类型　　　3.2 湿地陆生景观植被　　　145

# 美丽异木棉+大花紫薇+黄花风铃木-叶子花-麦冬群丛

*Ceiba speciosa+ Lagerstroemia speciosa+ Handroanthus chrysanthus- Bougainvillea spectabilis- Ophiopogon japonicus Association*

美丽异木棉+大花紫薇+黄花风铃木-叶子花-麦冬群丛分布在湿地一期友谊林北部，代表群丛外貌呈绿色，林冠较整齐，总郁闭度40%～50%。本群落植物种类组成较丰富，群落结构较复杂（图3-155）。

乔木可分为两层，中乔木层平均高度10.0 m、平均胸径41.0 cm，由樟组成；小乔木层平均高度6.8 m、最低4.0 m、最高8.0 m，平均胸径18.7 cm、最小11.6 cm、最大29.0 cm，由美丽异木棉、黄花风铃木和大花紫薇构成（图3-156、表3-82）。灌木层稀疏，只有小灌木层，平均高度0.1 m，由叶子花组成（表3-83）。林下草本层也较为简单，主要优势种为麦冬（表3-84）。

表3-82　美丽异木棉+大花紫薇+黄花风铃木-叶子花-麦冬群丛样地乔木层表

| 物种 | 学名 | 株数 | 相对频度/% | 相对多度/% | 相对显著度/% | 重要值 | 生活型 |
|---|---|---|---|---|---|---|---|
| 美丽异木棉 | *Ceiba speciosa* | 7 | 25.00 | 31.82 | 37.98 | 31.60 | 落叶乔木 |
| 大花紫薇 | *Lagerstroemia speciosa* | 7 | 25.00 | 31.82 | 16.23 | 24.35 | 大乔木 |
| 黄花风铃木 | *Handroanthus chrysanthus* | 6 | 25.00 | 27.27 | 14.96 | 22.41 | 落叶或半常绿乔木 |
| 樟 | *Cinnamomum camphora* | 2 | 25.00 | 9.09 | 30.83 | 21.64 | 乔木 |

表3-83　美丽异木棉+大花紫薇+黄花风铃木-叶子花-麦冬群丛样地灌木层表

| 物种 | 学名 | 株数 | 相对频度/% | 相对多度/% | 重要值 | 生活型 |
|---|---|---|---|---|---|---|
| 叶子花 | *Bougainvillea spectabilis* | 1 | 100.00 | 100.00 | 100.00 | 藤状灌木 |

表3-84　美丽异木棉+大花紫薇+黄花风铃木-叶子花-麦冬群丛样地草本层表

| 物种 | 学名 | 平均高度/m | 平均盖度/% | 相对高度/% | 相对盖度/% | 重要值 |
|---|---|---|---|---|---|---|
| 麦冬 | *Ophiopogon japonicus* | 0.10 | 30.00 | 76.92 | 78.95 | 77.94 |
| 酢浆草 | *Oxalis corniculata* | 0.03 | 8.00 | 23.08 | 21.05 | 22.06 |

❯ 图3-155
美丽异木棉+
大花紫薇+
黄花风铃木-
叶子花-麦冬
群丛外貌

↑ 图3-156
美丽异木棉 +
大花紫薇 +
黄花风铃木 -
叶子花 - 麦冬
群丛林冠层

# 大花紫薇

## 公园综合休闲林

*Lagerstroemia speciosa*
Park Comprehensive Leisure Woodland

大花紫薇（*Lagerstroemia speciosa*），属于千屈菜科（Lythraceae）紫薇属（*Lagerstroemia*），大乔木，高可达 25 m。大花紫薇是常见的城市园林树木，其叶大而密，花期长，花大艳丽夺目，因此常作为观赏性乔木栽种在路边、庭园及草坪上。

（中国科学院中国植物志编辑委员会，1983；邓小飞，2008）

## 大花紫薇+白千层+红花羊蹄甲-龙船花-肾蕨群丛

*Lagerstroemia speciosa+*
*Melaleuca cajuputi+*
*Bauhinia × blakeana-*
*Ixora chinensis-*
*Nephrolepis cordifolia*
Association

———

大花紫薇+白千层+红花羊蹄甲-龙船花-肾蕨群丛分布在海珠湖西北部沿湖侧，代表群丛外貌呈深绿色，林冠较整齐，总郁闭度70%～80%。本群落植物种类组成丰富，群落结构复杂（图3-157）。

乔木可分为两层，中乔木层平均高度9.4 m、最低8.2 m、最高11.3 m，平均胸径24.1 cm、最小9.2 cm、最大44.6 cm，主要优势种为大花紫薇，此外还有白千层、池杉、高山榕、黄兰、糖胶树、羊蹄甲等；小乔木层平均高度6.7 m、最低3.0 m、最高7.8 m，平均胸径15.0 cm、最小4.4 cm、最大24.7 cm，由大花紫薇、秋枫、糖胶树、羊蹄甲组成（表3-85）。灌木层稀疏，可分为两层，大灌木层平均高度2.5 m，由羊蹄甲幼苗组成；中灌木层平均高度1.2 m、最低0.7 m、最高1.8 m，主要优势种为龙船花，此外还有少量大花紫薇幼苗、构幼苗、朴树幼苗、鸳鸯茉莉花和栀子（表3-86）。林下草本层丰富，主要优势种为肾蕨（表3-87）。

表3-85 大花紫薇+白千层+红花羊蹄甲-龙船花-肾蕨群丛样地乔木层表

| 物种 | 学名 | 株数 | 相对频度/% | 相对多度/% | 相对显著度/% | 重要值 | 生活型 |
|---|---|---|---|---|---|---|---|
| 大花紫薇 | *Lagerstroemia speciosa* | 14 | 16.67 | 29.17 | 32.88 | 26.24 | 大乔木 |
| 白千层 | *Melaleuca cajuputi* subsp. *cumingiana* | 8 | 25.00 | 16.67 | 20.92 | 20.86 | 乔木 |
| 红花羊蹄甲 | *Bauhinia × blakeana* | 11 | 16.67 | 22.92 | 14.00 | 17.86 | 乔木或灌木 |
| 糖胶树 | *Alstonia scholaris* | 5 | 8.33 | 10.42 | 19.40 | 12.72 | 乔木 |
| 高山榕 | *Ficus altissima* | 6 | 8.33 | 12.50 | 7.95 | 9.59 | 乔木 |
| 黄檀 | *Dalbergia hupeana* | 1 | 8.33 | 2.08 | 3.63 | 4.68 | 乔木 |
| 池杉 | *Taxodium distichum* var. *imbricatum* | 2 | 8.33 | 4.17 | 1.05 | 4.52 | 乔木 |
| 秋枫 | *Bischofia javanica* | 1 | 8.33 | 2.08 | 0.16 | 3.52 | 常绿或半常绿大乔木 |

表3-86 大花紫薇+白千层+红花羊蹄甲-龙船花-肾蕨群丛样地灌木层表

| 物种 | 学名 | 株数 | 相对频度/% | 相对多度/% | 重要值 | 生活型 |
|---|---|---|---|---|---|---|
| 龙船花 | *Ixora chinensis* | 10 | 14.29 | 80.00 | 47.14 | 灌木 |
| 鸳鸯茉莉花 | *Brunfelsia brasiliensis* | 10 | 14.29 | 8.00 | 11.14 | 常绿灌木 |
| 栀子 | *Gardenia jasminoides* | 8 | 14.29 | 6.40 | 10.34 | 灌木 |
| 大花紫薇 | *Lagerstroemia speciosa* | 4 | 14.29 | 3.20 | 8.74 | 大乔木 |
| 构 | *Broussonetia papyrifera* | 1 | 14.29 | 0.80 | 7.54 | 高大乔木或灌木 |
| 朴树 | *Celtis sinensis* | 1 | 14.29 | 0.80 | 7.54 | 高大落叶乔木 |
| 羊蹄甲 | *Bauhinia purpurea* | 1 | 14.29 | 0.80 | 7.54 | 乔木 |

表3-87 大花紫薇+白千层+红花羊蹄甲-龙船花-肾蕨群丛样地草本层表

| 物种 | 学名 | 平均高度/m | 平均盖度/% | 相对高度/% | 相对盖度/% | 重要值 |
|---|---|---|---|---|---|---|
| 肾蕨 | *Nephrolepis cordifolia* | 0.60 | 70.00 | 14.56 | 21.28 | 17.92 |
| 地毯草 | *Axonopus compressus* | 0.10 | 99.00 | 2.43 | 30.09 | 16.26 |
| 蓝花草 | *Ruellia simplex* | 0.95 | 13.00 | 23.06 | 3.95 | 13.50 |
| 狗牙根 | *Cynodon dactylon* | 0.46 | 40.00 | 11.17 | 12.16 | 11.66 |
| 乌蔹莓 | *Causonis japonica* | 0.60 | 15.00 | 14.56 | 4.56 | 9.56 |
| 海芋 | *Alocasia odora* | 0.48 | 8.00 | 11.53 | 2.43 | 6.98 |
| 两耳草 | *Paspalum conjugatum* | 0.31 | 20.00 | 7.40 | 6.08 | 6.74 |
| 弓果黍 | *Cyrtococcum patens* | 0.20 | 20.00 | 4.85 | 6.08 | 5.46 |
| 荷莲豆草 | *Drymaria cordata* | 0.09 | 20.00 | 2.18 | 6.08 | 4.13 |
| 野芋 | *Colocasia antiquorum* | 0.16 | 10.00 | 3.88 | 3.04 | 3.46 |
| 酢浆草 | *Oxalis corniculata* | 0.08 | 10.00 | 1.94 | 3.04 | 2.49 |
| 华南毛蕨 | *Cyclosorus parasiticus* | 0.10 | 4.00 | 2.43 | 1.22 | 1.83 |

‹‹ 图3-157
大花紫薇+
白千层+
红花羊蹄甲-
龙船花-肾蕨
群丛外貌

# 双荚决明

## 公园综合休闲林

### *Senna bicapsularis*
### Park Comprehensive Leisure Woodland

双荚决明（*Senna bicapsularis*），属于豆科（Fabaceae）决明属（*Senna*），灌木，无毛。双荚决明植株分支多，枝叶茂盛，花期较长，开花时金黄色的花布满树冠，花团锦簇，鲜艳夺目；宜作路旁、分化带的绿化，或作园林、公园、小区的绿篱使用，也可列植于栏杆、围墙等处作修饰。

（中国科学院中国植物志编辑委员会，1988；周厚高，2019c）

**双荚决明 +**
**榕树 - 山黄麻 - 铺地黍群丛**

*Senna bicapsularis +*
*Ficus microcarpa -*
*Trema tomentosa -*
*Panicum repens*
*Association*

———

双荚决明 + 榕树 - 山黄麻 - 铺地黍群丛分布在湿地三期东南部，代表群丛外貌呈绿色，林冠整齐，总郁闭度30%～40%。本群落植物种类组成丰富，群落结构简单（图3-158）。

乔木层主要为小乔木，其平均高度5.4 m、最低1.8 m、最高8.0 m，平均胸径12.5 cm、最小1.0 cm、最大23.0 cm，主要优势种为双荚决明，此外还有榕树、菩提树、人面子、红花羊蹄甲和美丽异木棉（图3-159、表3-88）。灌木层稀疏，仅有山麻黄分布，平均高度0.6 m。林下草本层有铺地黍、少花龙葵和地毯草（图3-160、表3-89）。

表3-88 双荚决明 + 榕树 - 山黄麻 - 铺地黍群丛样地乔木层表

| 物种 | 学名 | 株数 | 相对频度/% | 相对多度/% | 相对显著度/% | 重要值 | 生活型 |
|---|---|---|---|---|---|---|---|
| 双荚决明 | *Senna bicapsularis* | 21 | 16.67 | 65.62 | 8.52 | 30.27 | 直立灌木 |
| 榕树 | *Ficus microcarpa* | 3 | 16.67 | 9.38 | 46.30 | 24.12 | 乔木 |
| 菩提树 | *Ficus religiosa* | 3 | 16.67 | 9.38 | 31.08 | 19.04 | 乔木 |
| 人面子 | *Dracontomelon duperreanum* | 1 | 16.67 | 3.12 | 12.56 | 10.78 | 常绿大乔木 |
| 红花羊蹄甲 | *Bauhinia × blakeana* | 3 | 16.67 | 9.38 | 1.12 | 9.06 | 乔木 |
| 美丽异木棉 | *Ceiba speciosa* | 1 | 16.67 | 3.12 | 0.43 | 6.74 | 落叶乔木 |

表3-89 双荚决明 + 榕树 - 山黄麻 - 铺地黍群丛样地草本层表

| 物种 | 学名 | 平均高度/m | 平均盖度/% | 相对高度/% | 相对盖度/% | 重要值 |
|---|---|---|---|---|---|---|
| 铺地黍 | *Panicum repens* | 0.30 | 90.00 | 33.33 | 90.91 | 62.12 |
| 少花龙葵 | *Solanum americanum* | 0.50 | 1.00 | 55.56 | 1.01 | 28.28 |
| 地毯草 | *Axonopus compressus* | 0.10 | 8.00 | 11.11 | 8.08 | 9.59 |

# 木芙蓉

## 公园综合休闲林
## *Hibiscus mutabilis*
## Park Comprehensive Leisure Woodland

木芙蓉（*Hibiscus mutabilis*），属于锦葵科（Malvaceae）木槿属（*Hibiscus*），直立落叶灌木或者小乔木，高2~5 m。木芙蓉树形优美，新叶为嫩绿色，随生长逐渐变为浓绿，花叶等大，簇生，远看花团锦簇，红花如火如荼，白花恬静淡雅；其枝叶繁茂，可遮阴避暑、净化空气，根部错综复杂，可保持水土、稳固地基，广泛栽种于草坪路旁、边缘、坡地、庭院以及建筑物周边。

（中国科学院中国植物志编辑委员会，1984；陈楚戢，2015；黄碧琳，2021）

## 木芙蓉+假苹婆-头花蓼群丛

### *Hibiscus mutabilis+ Sterculia lanceolata - Persicaria capitata* Association

木芙蓉+假苹婆-头花蓼群丛分布在湿地二期芒滘围桥，代表群丛外貌呈绿色，林冠较整齐，总郁闭度50%~60%。本群落植物种类组成较单一，群落结构较简单（图3-161）。

乔木只有小乔木层，平均高度6.6 m、最低6.0 m、最高7.8 m，平均胸径14.1 cm、最小6.6 cm、最大22.1 cm，主要优势种为木芙蓉，此外还有假苹婆和火焰树（图3-162、表3-90）。灌木层稀疏，可分为两层，中灌木层平均高度1.5 m，由马缨丹和朴树幼苗组成；小灌木层平均高度0.32 m。最低0.25 m、最高0.42 m，由构、黄槐决明和木樨组成。林下草本层较单一，由头花蓼和酢浆草组成（表3-91）。

表3-90　木芙蓉+假苹婆-头花蓼群丛样地乔木层表

| 物种 | 学名 | 株数 | 相对频度/% | 相对多度/% | 相对显著度/% | 重要值 | 生活型 |
|---|---|---|---|---|---|---|---|
| 木芙蓉 | *Hibiscus mutabilis* | 15 | 33.33 | 75.00 | 27.39 | 45.24 | 小乔木 |
| 假苹婆 | *Sterculia lanceolata* | 4 | 33.33 | 20.00 | 55.87 | 36.40 | 乔木 |
| 火焰树 | *Spathodea campanulata* | 1 | 33.33 | 5.00 | 16.74 | 18.36 | 落叶乔木 |

表3-91　木芙蓉+假苹婆-头花蓼群丛样地草本层表

| 物种 | 学名 | 平均高度/m | 平均盖度/% | 相对高度/% | 相对盖度/% | 重要值 |
|---|---|---|---|---|---|---|
| 头花蓼 | *Persicaria capitata* | 0.01 | 80.00 | 9.09 | 97.56 | 53.33 |
| 酢浆草 | *Oxalis corniculata* | 0.10 | 2.00 | 90.91 | 2.44 | 46.67 |

>> 图3-161
木芙蓉+
假苹婆-头花蓼
群丛外貌

>> 图3-162
木芙蓉+
假苹婆-头花蓼
群丛林冠层

# 林刺葵

## 公园综合休闲林
### *Phoenix sylvestris*
### Park Comprehensive Leisure Woodland

林刺葵（*Phoenix sylvestris*）属于棕榈科（Areceae）刺葵属（*Phoenix*）。乔木状，高达16 m，冠幅大而高，树形优美，抗逆性强，四季常绿，叶具光泽在太阳的照射下银光闪闪，非常壮观。叶脉坚挺，而有弹性，树体伟岸、挺拔，极富热带气质，是一种极受欢迎的城市园林景观树种。

（中国科学院中国植物志编辑委员会，1991；张少华与高泽正，2005）

### 林刺葵-龙船花-海芋群丛

*Phoenix sylvestris-*
*Ixora chinensis-*
*Alocasia odora*
Association

林刺葵-龙船花-海芋群丛在海珠湖北部的亲水平台附近，代表群丛外貌呈深绿色，林冠较整齐，总郁闭度10%～30%。本群落植物种类组成较丰富，群落结构复杂（图3-163）。

乔木可分为两层，中乔木层平均高度9.9 m、最低8.5 m、最高12.0 m，平均胸径13.5 cm、最小5.7 m、最大34.1 cm，主要优势种为林刺葵，此外还有凤凰木、秋枫、榕树、台湾鱼木、小叶榄仁等；小乔木层平均高度7.0 m、最低5.0 m、最高8.0 m，平均胸径13.3 cm、最小4.8 cm、最大20.7 cm，由大花紫薇、幌伞枫、林刺葵、南洋杉、台湾鱼木组成（表3-92）。灌木层可分为三层，大灌木层平均高度2.4 m，最低2.2 m，最高2.5 m，由黄瑾和少量木樨组成；中灌木层平均高度1.2 m、最低0.7 m、最高1.9 m，主要由鹅掌藤、夹竹桃和少量含笑花组成；小灌木层平均高度0.3 m，最低0.2 m，最高0.5 m，主要由龙船花组成，此外还有少量鹅掌藤（表3-93）。林下草本层较丰富，主要优势种为海芋（表3-94）。

表3-92　林刺葵-龙船花-海芋群丛样地乔木层表

| 物种 | 学名 | 株数 | 相对频度/% | 相对多度/% | 相对显著度/% | 重要值 | 生活型 |
|---|---|---|---|---|---|---|---|
| 林刺葵 | *Phoenix sylvestris* | 6 | 23.08 | 28.57 | 20.90 | 24.18 | 乔木状 |
| 台湾鱼木 | *Crateva formosensis* | 4 | 15.38 | 19.05 | 7.41 | 13.95 | 灌木或乔木 |
| 凤凰木 | *Delonix regia* | 1 | 7.69 | 4.76 | 29.08 | 13.84 | 高大落叶乔木 |
| 秋枫 | *Bischofia javanica* | 2 | 15.38 | 9.52 | 8.23 | 11.04 | 常绿或半常绿大乔木 |
| 幌伞枫 | *Heteropanax fragrans* | 2 | 7.69 | 9.52 | 11.22 | 9.48 | 乔木 |
| 小叶榄仁 | *Terminalia neotaliala* | 2 | 7.69 | 9.52 | 8.13 | 8.45 | 常绿乔木 |
| 榕树 | *Ficus microcarpa* | 2 | 7.69 | 9.52 | 5.20 | 7.47 | 乔木 |
| 大花紫薇 | *Lagerstroemia speciosa* | 1 | 7.69 | 4.76 | 8.25 | 6.90 | 大乔木 |
| 南洋杉 | *Araucaria cunninghamii* | 1 | 7.69 | 4.76 | 1.59 | 4.68 | 乔木 |

表3-93　林刺葵-龙船花-海芋群丛样地灌木层表

| 物种 | 学名 | 株数 | 相对频度/% | 相对多度/% | 重要值 | 生活型 |
|------|------|------|-----------|-----------|--------|--------|
| 龙船花 | *Ixora chinensis* | 135 | 25.00 | 70.31 | 47.66 | 灌木 |
| 鹅掌藤 | *Heptapleurum arboricola* | 34 | 25.00 | 17.71 | 21.36 | 灌木，稀藤本 |
| 夹竹桃 | *Nerium oleander* | 10 | 12.50 | 5.21 | 8.86 | 常绿直立大灌木 |
| 黄槿 | *Talipariti tiliaceum* | 8 | 12.50 | 4.17 | 8.34 | 常绿灌木或小乔木 |
| 含笑花 | *Michelia figo* | 4 | 12.50 | 2.08 | 7.29 | 常绿灌木 |
| 木樨 | *Osmanthus fragrans* | 1 | 12.50 | 0.52 | 6.51 | 常绿乔木或灌木 |

表3-94　林刺葵-龙船花-海芋群丛样地草本层表

| 物种 | 学名 | 平均高度/m | 平均盖度/% | 相对高度/% | 相对盖度/% | 重要值 |
|------|------|-----------|-----------|-----------|-----------|--------|
| 海芋 | *Alocasia odora* | 1.00 | 5.00 | 67.64 | 2.45 | 35.05 |
| 结缕草 | *Zoysia japonica* | 0.10 | 71.67 | 6.99 | 35.19 | 21.09 |
| 狗牙根 | *Cynodon dactylon* | 0.17 | 60.00 | 11.84 | 29.46 | 20.65 |
| 地毯草 | *Axonopus compressus* | 0.15 | 62.00 | 10.15 | 30.44 | 20.30 |
| 弓果黍 | *Cyrtococcum patens* | 0.05 | 5.00 | 3.38 | 2.45 | 2.92 |

ˇ 图3-163
林刺葵-
龙船花-海芋
群丛外貌

# 大王椰

## 公园综合休闲林
### *Roystonea regia*
### Park Comprehensive Leisure Woodland

大王椰（*Roystonea regia*），属于棕榈科（Arecaceae）大王椰属（*Roystonea*），常绿乔木，高达15~20 m。大王椰高大雄壮，上半部稍肥，树冠无分支，树姿美丽壮观，成株不怕台风吹袭；适宜作行道树、风景树，在庭院、校园、公园、游乐区、楼宇等均可单植、群植、列植美化。

（中国科学院中国植物志编辑委员会，1991；周厚高，2019b）

### 大王椰+
### 樟+雅榕-蒲葵-篱栏网群丛

*Roystonea regia+*
*Cinnamomum camphora+*
*Ficus concinna-*
*Livistona chinensis-*
*Merremia hederacea*
Association

大王椰+樟+雅榕-蒲葵-篱栏网群丛在海珠湖西部的东驿站附近，代表群丛外貌呈深绿色，林冠较不齐，总郁闭度50%~70%。本群落植物种类组成较丰富，群落结构复杂（图3-164）。

乔木可分为两层，中乔木层平均高度10.5 m、最低9.0 m、最高14.0 m，平均胸径72.2 cm、最小35.0 cm、最大90.0 cm，主要优势种为大王椰，此外还有台湾栾、雅榕、樟等；小乔木层平均高度7.4 m、最低6.5 m、最高8.0 m，平均胸径33.7 cm、最小20.0 cm、最大64.0 cm，由楝、榕树、雅榕、樟组成（表3-95）。灌木层可分为三层，大灌木层平均高度3.5 m，由红千层组成；中灌木层平均高度0.70 m、最低0.60 m、最高0.80 m，由变叶木和鹅掌柴组成，此外还有少量栀子；小灌木层平均高度0.45 m、最低0.40 m、最高0.5 m，主要为蒲葵（表3-96）。林下草本层较丰富，主要优势种为篱栏网（表3-97）。

表3-95  大王椰+樟+雅榕-蒲葵-篱栏网群丛样地乔木层表

| 物种 | 学名 | 株数 | 相对频度/% | 相对多度/% | 相对显著度/% | 重要值 | 生活型 |
|---|---|---|---|---|---|---|---|
| 大王椰 | *Roystonea regia* | 4 | 14.29 | 16.67 | 44.56 | 25.17 | 乔木状 |
| 樟 | *Cinnamomum camphora* | 7 | 28.57 | 29.17 | 9.95 | 22.56 | 乔木 |
| 雅榕 | *Ficus concinna* | 4 | 14.29 | 16.67 | 33.90 | 21.62 | 乔木 |
| 榕树 | *Ficus microcarpa* | 7 | 14.29 | 29.17 | 4.48 | 15.98 | 乔木 |
| 台湾栾 | *Koelreuteria elegans* subsp. *formosana* | 1 | 14.29 | 4.17 | 5.94 | 8.13 | 乔木 |
| 楝 | *Melia azedarach* | 1 | 14.29 | 4.17 | 1.18 | 6.55 | 落叶乔木 |

表3-96  大王椰+樟+雅榕-蒲葵-篱栏网群丛样地灌木层表

| 物种 | 学名 | 株数 | 相对频度/% | 相对多度/% | 重要值 | 生活型 |
|---|---|---|---|---|---|---|
| 蒲葵 | *Livistona chinensis* | 145 | 20.00 | 71.78 | 45.89 | 乔木 |
| 红千层 | *Callistemon rigidus* | 26 | 20.00 | 12.87 | 16.43 | 小乔木 |
| 变叶木 | *Codiaeum variegatum* | 15 | 20.00 | 7.43 | 13.71 | 小乔木或灌木状 |
| 鹅掌柴 | *Heptapleurum heptaphyllum* | 15 | 20.00 | 7.43 | 13.71 | 乔木 |
| 栀子 | *Gardenia jasminoides* | 1 | 20.00 | 0.50 | 10.25 | 灌木 |

表3-97　大王椰+樟+雅榕-蒲葵-
篱栏网群丛样地草本层表

| 物种 | 学名 | 平均高度/m | 平均盖度/% | 相对高度/% | 相对盖度/% | 重要值 |
|---|---|---|---|---|---|---|
| 篱栏网 | *Merremia hederacea* | 1.30 | 24.00 | 34.67 | 8.99 | 21.83 |
| 荷莲豆草 | *Drymaria cordata* | 0.20 | 85.00 | 5.33 | 31.84 | 18.59 |
| 夜香牛 | *Cyanthillium cinereum* | 0.35 | 65.00 | 9.33 | 24.34 | 16.84 |
| 海芋 | *Alocasia odora* | 0.60 | 10.00 | 16.00 | 3.75 | 9.88 |
| 喜旱莲子草 | *Alternanthera philoxeroides* | 0.20 | 30.00 | 5.33 | 11.24 | 8.29 |
| 狗牙根 | *Cynodon dactylon* | 0.45 | 10.00 | 12.00 | 3.75 | 7.88 |
| 藿香蓟 | *Ageratum conyzoides* | 0.15 | 30.00 | 4.00 | 11.24 | 7.62 |
| 鬼针草 | *Bidens pilosa* | 0.40 | 3.00 | 10.67 | 1.12 | 5.89 |
| 结缕草 | *Zoysia japonica* | 0.10 | 10.00 | 2.67 | 3.75 | 3.21 |

>> 图3-164
大王椰+樟+
雅榕-蒲葵-
篱栏网
群丛外貌

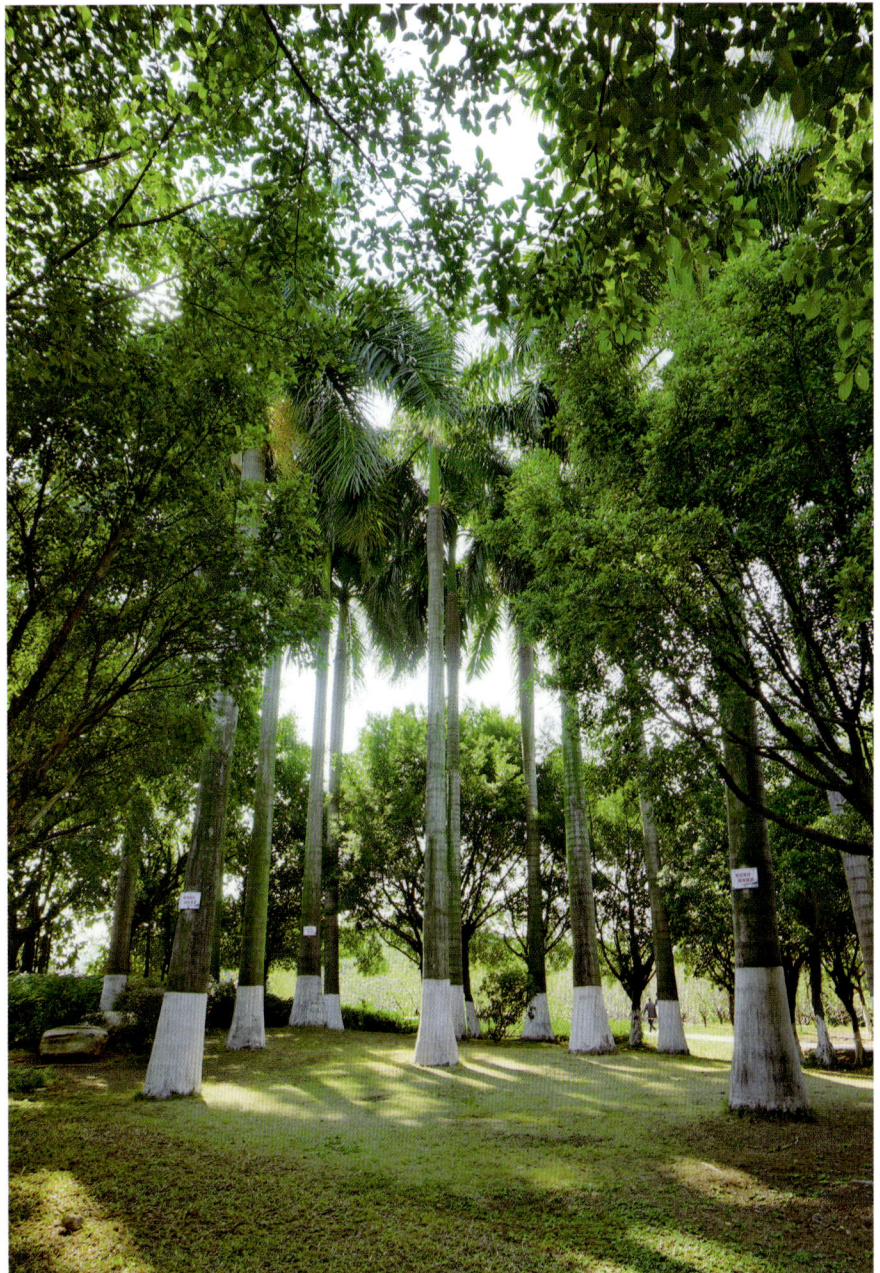

### 3.2.4 公园风景文化林

湿地公园多坐落在人文资源积淀沉厚的城市或古镇内，充分利用人文资源并营造地域文化，能增加湿地的旅游吸引力并提升知名度（成玉宁等，2012）。公园风景文化林是湿地陆生景观植被的一个植被亚型，主要特征是有大量观花、观叶、观果等观赏性树种，辅以各类灌木，搭配假山、孤石、雕塑、小径、篱笆、凉亭等人工建筑，形成错落有致、富有诗意的亚热带园林风景，展现湿地自然风光和广府四季花城的浓厚文化。

红花羊蹄甲

公园风景文化林

*Bauhinia × blakeana*
**Park Landscape Cultural Woodland**

红花羊蹄甲（*Bauhinia × blakeana*），属于豆科（Fabaceae）羊蹄甲属（*Bauhinia*），常绿乔木，高可达 15 m。红花羊蹄甲枝条扩展而弯曲，丛枝众多，枝叶低垂婆娑，叶大而奇异，树荫浓密；花略香，姹紫嫣红，且常年开花；适宜作为观赏、造景树，搭配建筑形成优美的建筑景观。

（魏彦，1990；周厚高，2019b）

## 红花羊蹄甲+秋枫+宫粉羊蹄甲-小蜡-蓝花草群丛

Bauhinia × blakeana +
Bischofia javanica +
Bauhinia variegata -
Ligustrum sinense -
Ruellia simplex
Association

红花羊蹄甲+秋枫+宫粉羊蹄甲-小蜡-蓝花草群丛在海珠湖的东南部，代表群丛外貌呈黄绿色，林冠较整齐，总郁闭度20%～40%。本群落植物种类组成丰富，群落结构复杂（图3-165）。

乔木可分为两层，中乔木层仅为秋枫，平均高度11.0 m，平均胸径49.0 cm；小乔木层平均高度6.8 m、最低3.2 m、最高8.0 m，平均胸径15.1 cm、最小7.6 cm、最大27.7 cm，由红花羊蹄甲、秋枫、阴香、宫粉羊蹄甲、黄金香柳、幌伞枫、鸡蛋花、糖胶树组成（表3-98）。灌木层可分为三层，大灌木层平均高度5.0 m，由木芙蓉组成；中灌木层平均高度1.2 m、最低0.6 m、最高1.9 m，主要由假连翘、槐叶林和鹅掌藤组成，此外还有少量变叶榕、红花檵木、红背桂、红花羊蹄甲、扫帚菜、木樨、洋金凤等；小灌木层平均高度0.48 m、最低0.45 m、最高0.50 m，主要为小蜡，此外还有二列黑面神（表3-99）。林下草本层较丰富，主要优势种为假连翘（图3-166、表3-100）。

表3-98 红花羊蹄甲+秋枫+宫粉羊蹄甲-小蜡-蓝花草群丛样地乔木层表

| 物种 | 学名 | 株数 | 相对频度/% | 相对多度/% | 相对显著度/% | 重要值 | 生活型 |
|---|---|---|---|---|---|---|---|
| 红花羊蹄甲 | Bauhinia × blakeana | 8 | 12.50 | 25.00 | 30.33 | 22.61 | 乔木 |
| 秋枫 | Bischofia javanica | 3 | 12.50 | 9.38 | 37.91 | 19.93 | 常绿或半常绿大乔木 |
| 宫粉羊蹄甲 | Bauhinia variegata | 10 | 12.50 | 31.25 | 8.81 | 17.52 | 落叶乔木 |
| 溪畔白千层 | Melaleuca bracteata | 5 | 12.50 | 15.62 | 3.96 | 10.69 | 常绿灌木或小乔木 |
| 糖胶树 | Alstonia scholaris | 2 | 12.50 | 6.25 | 10.17 | 9.64 | 乔木 |
| 幌伞枫 | Heteropanax fragrans | 2 | 12.50 | 6.25 | 1.85 | 6.87 | 乔木 |
| 鸡蛋花 | Plumeria rubra 'Acutifolia' | 1 | 12.50 | 3.12 | 4.08 | 6.57 | 落叶小乔木 |
| 阴香 | Cinnamomum burmanni | 1 | 12.50 | 3.12 | 2.89 | 6.17 | 乔木 |

表3-99 红花羊蹄甲+秋枫+宫粉羊蹄甲-小蜡-蓝花草群丛样地灌木层表

| 物种 | 学名 | 株数 | 相对频度/% | 相对多度/% | 重要值 | 生活型 |
|---|---|---|---|---|---|---|
| 小蜡 | Ligustrum sinense | 36 | 8.33 | 32.73 | 20.53 | 落叶灌木或小乔木 |
| 假连翘 | Duranta erecta | 25 | 8.33 | 22.73 | 15.53 | 灌木 |
| 鹅掌藤 | Heptapleurum arboricola | 15 | 8.33 | 13.64 | 10.98 | 灌木，稀藤本 |
| 二列黑面神 | Breynia disticha | 12 | 8.33 | 10.91 | 9.62 | 常绿灌木 |
| 变叶榕 | Ficus variolosa | 6 | 8.33 | 5.45 | 6.89 | 小乔木或灌木 |
| 红花檵木 | Loropetalum chinense var. rubrum | 5 | 8.33 | 4.55 | 6.44 | 灌木或小乔木 |
| 红背桂 | Excoecaria cochinchinensis | 4 | 8.33 | 3.64 | 5.98 | 常绿灌木 |
| 红花羊蹄甲 | Bauhinia × blakeana | 2 | 8.33 | 1.82 | 5.08 | 乔木 |
| 扫帚菜 | Kochia scoparia f. trichophylla | 2 | 8.33 | 1.82 | 5.08 | 一年生草本 |
| 木芙蓉 | Hibiscus mutabilis | 1 | 8.33 | 0.91 | 4.62 | 落叶灌木或小乔木 |
| 木樨 | Osmanthus fragrans | 1 | 8.33 | 0.91 | 4.62 | 常绿乔木或灌木 |
| 洋金凤 | Caesalpinia pulcherrima | 1 | 8.33 | 0.91 | 4.62 | 灌木状或小乔木 |

表3-100 红花羊蹄甲+秋枫+宫粉羊蹄甲-小蜡-蓝花草群丛样地草本层表

| 物种 | 学名 | 平均高度/m | 平均盖度/% | 相对高度/% | 相对盖度/% | 重要值 |
|---|---|---|---|---|---|---|
| 蓝花草 | Ruellia simplex | 0.80 | 90.00 | 16.00 | 26.63 | 21.31 |
| 秋英 | Cosmos bipinnatus | 0.45 | 85.00 | 9.00 | 25.15 | 17.08 |
| 两耳草 | Paspalum conjugatum | 0.15 | 70.00 | 3.00 | 20.71 | 11.86 |
| 华南毛蕨 | Cyclosorus parasiticus | 0.80 | 8.00 | 16.00 | 2.37 | 9.19 |
| 鸡屎藤 | Paederia foetida | 0.80 | 6.00 | 16.00 | 1.78 | 8.89 |
| 水鬼蕉 | Hymenocallis littoralis | 0.50 | 25.00 | 10.00 | 7.40 | 8.70 |
| 弓果黍 | Cyrtococcum patens | 0.10 | 45.00 | 2.00 | 13.31 | 7.66 |
| 火炭母 | Persicaria chinensis | 0.60 | 6.00 | 12.00 | 1.78 | 6.89 |
| 鬼针草 | Bidens pilosa | 0.50 | 2.00 | 10.00 | 0.59 | 5.30 |
| 黄鹌菜 | Youngia japonica | 0.30 | 1.00 | 6.00 | 0.30 | 3.15 |

◄◄ 图3-165
红花羊蹄甲+
秋枫+宫粉羊蹄甲-
小蜡-蓝花草
群丛外貌

▶▶ 图3-166
红花羊蹄甲+
秋枫+宫粉羊蹄甲-
小蜡-蓝花草
群丛灌木层及草本层

红花羊蹄甲 - 地毯草群丛分布在湿地一期花溪西部，代表群丛外貌呈深绿色，林冠较整齐，总郁闭度60%～70%。本群落植物种类组成丰富，群落结构复杂（图3-167、图3-168）。

乔木可分为两层，中乔木层物种单一，中乔木层平均高度8.4 m、最低8.1 m、最高8.7 m，平均胸径23.0 cm、最小17.8 cm、最大34.5 cm，由红花羊蹄甲、波罗蜜、水翁蒲桃及宫粉羊蹄甲组成，其中优势种为红花羊蹄甲；小乔木层平均高度7.0 m、最低5.0 m、最高8.0 m，平均胸径16.6 cm、最小10.6 cm、最大27.8 cm、由红花羊蹄甲、阳桃以及少量的宫粉羊蹄甲、高山榕、菜豆树、蒲桃组成，其中主要优势种为红花羊蹄甲（图3-169、表3-101）。无明显灌木层分层。林下草本层简单，主要优势种为地毯草（图3-170、表3-102）。

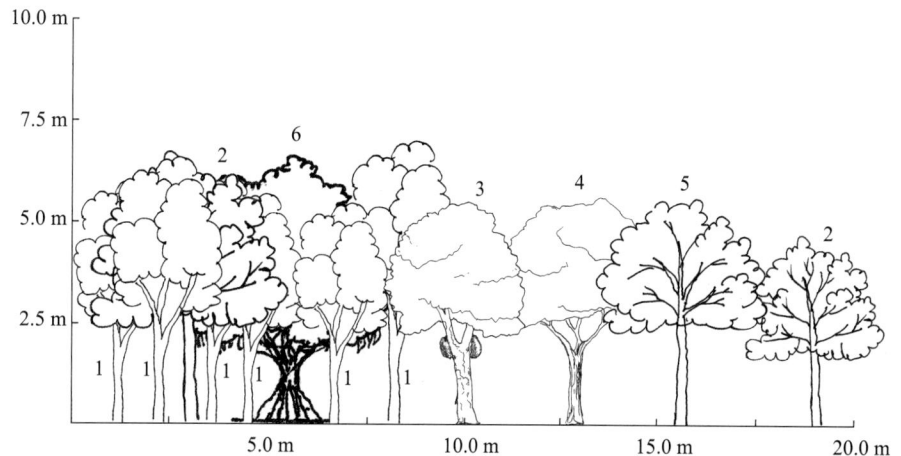

>> 图3-167　红花羊蹄甲 - 地毯草群丛剖面图

1. 菜豆树（*Radermachera sinica*）
2. 宫粉羊蹄甲（*Bauhinia variegata*）
3. 高山榕（*Ficus altissima*）
4. 波萝蜜（*Artocarpus heterophyllus*）
5. 蒲桃（*Syzygium jambos*）
6. 红花羊蹄甲（*Bauhinia × blakeana*）

表3-101　红花羊蹄甲 - 地毯草群丛样地乔木层表

| 物种 | 学名 | 株数 | 相对频度/% | 相对多度/% | 相对显著度/% | 重要值 | 生活型 |
|---|---|---|---|---|---|---|---|
| 红花羊蹄甲 | *Bauhinia × blakeana* | 13 | 12.50 | 40.62 | 41.84 | 31.65 | 乔木 |
| 阳桃 | *Averrhoa carambola* | 7 | 12.50 | 21.88 | 14.45 | 16.28 | 乔木 |
| 菜豆树 | *Radermachera sinica* | 6 | 12.50 | 18.75 | 14.35 | 15.20 | 小乔木 |
| 波罗蜜 | *Artocarpus heterophyllus* | 1 | 12.50 | 3.12 | 11.12 | 8.91 | 乔木 |
| 宫粉羊蹄甲 | *Bauhinia variegata* | 2 | 12.50 | 6.25 | 5.23 | 7.99 | 落叶乔木 |
| 蒲桃 | *Syzygium jambos* | 1 | 12.50 | 3.12 | 7.22 | 7.61 | 乔木 |
| 水翁蒲桃 | *Syzygium nervosum* | 1 | 12.50 | 3.12 | 4.52 | 6.71 | 乔木 |
| 高山榕 | *Ficus altissima* | 1 | 12.50 | 3.12 | 1.26 | 5.63 | 乔木 |

表3-102　红花羊蹄甲 - 地毯草群丛样地草本层表

| 物种 | 学名 | 平均高度/m | 平均盖度/% | 相对高度/% | 相对盖度/% | 重要值 |
|---|---|---|---|---|---|---|
| 地毯草 | *Axonopus compressus* | 0.05 | 95.00 | 38.46 | 95.00 | 66.73 |
| 南美蟛蜞菊 | *Sphagneticola trilobata* | 0.08 | 5.00 | 61.54 | 5.00 | 33.27 |

◄◄ 图 3-168
红花羊蹄甲 -
地毯草
群丛外貌

◄◄ 图 3-169
红花羊蹄甲 -
地毯草
群丛林冠层

◄◄ 图 3-170
红花羊蹄甲 -
地毯草
群丛草本层

# 杜

# 英

## 公园风景文化林
### *Elaeocarpus decipiens*
### Park Landscape Cultural Woodland

杜英（*Elaeocarpus decipiens*），属于杜英科（Elaeocarpaceae）杜英属（*Elaeocarpus*），常绿乔木，高5~15 m。杜英叶革质，披针形，枝叶繁茂；作为行道树，可以塑造成绿色篱墙，起到遮阴、绿化、美化等作用；亦可作为生态屏障，消噪去尘。

（中国科学院中国植物志编辑委员会，1989；田毅与李家兴，2008；鲍锋，2010）

**杜英+**
**大花紫薇-变叶珊瑚花+**
**叶子花-艳山姜群丛**

*Elaeocarpus decipiens+*
*Lagerstroemia speciosa-*
*Jatropha integerrima+*
*Bougainvillea spectabilis-*
*Alpinia zerumbet*
Association

杜英+大花紫薇-变叶珊瑚花+叶子花-艳山姜群丛分布在湿地一期龙腾桥以西，代表群丛外貌呈深绿色，林冠较整齐，总郁闭度70%~80%。本群落植物种类组成丰富，群落结构复杂（图3-171）。

乔木可分为两层，中乔木层物种单一，中乔木层平均高度9.0 m、平均胸径44.0 cm，由凤凰木组成；小乔木层平均高度3.8 m、最低1.5 m、最高6.0 m，平均胸径14.5 cm、最小1.0 cm、最大31.0 cm，由杜英、大叶紫薇、龙眼以及少量的凤凰木、黄皮、杧果、蒲桃、樟组成，其中主要优势种为杜英（图3-172、表3-103）。灌木层稀疏，可分为两层，大灌木层平均高度2.3 m，由叶子花组成；中灌木层平均高度1.6 m、最低1.3 m、最高1.8 m，以变叶珊瑚花、叶子花、含笑花为主，此外还有少量红花檵木、黄蝉、鹅掌藤等（表3-104）。林下草本层丰富，主要优势种为艳山姜（图3-173、表3-105）。

表3-103　杜英+大花紫薇-变叶珊瑚花+叶子花-艳山姜群丛样地乔木层表

| 物种 | 学名 | 株数 | 相对频度/% | 相对多度/% | 相对显著度/% | 重要值 | 生活型 |
|---|---|---|---|---|---|---|---|
| 杜英 | *Elaeocarpus decipiens* | 30 | 12.50 | 48.39 | 12.44 | 24.44 | 常绿乔木 |
| 大花紫薇 | *Lagerstroemia speciosa* | 12 | 12.50 | 19.35 | 22.45 | 18.10 | 大乔木 |
| 樟 | *Cinnamomum camphora* | 5 | 12.50 | 8.06 | 14.26 | 11.61 | 乔木 |
| 凤凰木 | *Delonix regia* | 2 | 12.50 | 3.23 | 18.73 | 11.49 | 高大落叶乔木 |
| 蒲桃 | *Syzygium jambos* | 4 | 12.50 | 6.45 | 14.50 | 11.15 | 乔木 |
| 龙眼 | *Dimocarpus longan* | 6 | 12.50 | 9.68 | 10.84 | 11.01 | 常绿乔木 |
| 杧果 | *Mangifera indica* | 2 | 12.50 | 3.23 | 5.70 | 7.14 | 大乔木 |
| 黄皮 | *Clausena lansium* | 1 | 12.50 | 1.61 | 1.09 | 5.07 | 小乔木 |

表3-104 杜英+大花紫薇-变叶珊瑚花+叶子花-艳山姜群丛灌木层表

| 物种 | 学名 | 株数 | 相对频度/% | 相对多度/% | 重要值 | 生活型 |
|---|---|---|---|---|---|---|
| 变叶珊瑚花 | *Jatropha integerrima* | 6 | 16.67 | 26.09 | 21.38 | 灌木 |
| 叶子花 | *Bougainvillea spectabilis* | 6 | 16.67 | 26.09 | 21.38 | 藤状灌木 |
| 含笑花 | *Michelia figo* | 4 | 16.67 | 17.39 | 17.03 | 常绿灌木 |
| 红花檵木 | *Loropetalum chinense var. rubrum* | 3 | 16.67 | 13.04 | 14.86 | 灌木或小乔木 |
| 黄蝉 | *Allamanda schottii* | 3 | 16.67 | 13.04 | 14.86 | 灌木 |
| 鹅掌藤 | *Heptapleurum arboricola* | 1 | 16.67 | 4.35 | 10.51 | 灌木，稀藤本 |

表3-105 杜英+大花紫薇-变叶珊瑚花+叶子花-艳山姜群丛草本层表

| 物种 | 学名 | 平均高度/m | 平均盖度/% | 相对高度/% | 相对盖度/% | 重要值 |
|---|---|---|---|---|---|---|
| 艳山姜 | *Alpinia zerumbet* | 0.78 | 3.00 | 32.28 | 11.32 | 21.80 |
| 酢浆草 | *Oxalis corniculata* | 0.03 | 10.00 | 1.08 | 37.74 | 19.41 |
| 鬼针草 | *Bidens pilosa* | 0.70 | 2.00 | 28.97 | 7.55 | 18.26 |
| 山菅兰 | *Dianella ensifolia* | 0.60 | 3.00 | 24.83 | 11.32 | 18.08 |
| 地毯草 | *Axonopus compressus* | 0.08 | 7.00 | 3.31 | 26.42 | 14.87 |
| 野芋 | *Colocasia antiquorum* | 0.10 | 1.00 | 4.14 | 3.77 | 3.96 |
| 肾蕨 | *Nephrolepis cordifolia* | 0.13 | 0.50 | 5.38 | 1.89 | 3.63 |

❯ 图3-171
杜英+
大花紫薇-
变叶珊瑚花+
叶子花-艳山姜
群丛外貌

▲ 图3-172
杜英+
大花紫薇-
变叶珊瑚花+
叶子花-艳山姜
群丛林冠层

❯ 图3-173
杜英+
大花紫薇-
变叶珊瑚花+
叶子花-艳山姜
群丛灌草层

# 小叶榄仁

## 公园风景文化林
### *Terminalia neotaliala*
### Park Landscape Cultural Woodland

小叶榄仁（*Terminalia neotaliala*），属于使君子科（Combretaceae）榄仁树属（*Terminalia*），常绿乔木，高可达15 m。小叶榄仁主干浑圆挺直，分支水平伸展，轮生于主干四周；春季新芽翠绿，秋冬变为黄色或紫红色，冬天落叶枝条招展，美丽可观；其枝条经过人工修整后优雅美观，常作为景观树和行道树。

（周厚高，2019b）

### 小叶榄仁-地毯草群丛

*Terminalia neotaliala - Axonopus compressus* Association

小叶榄仁-地毯草群丛分布在湿地一期友谊林南部，代表群丛外貌呈浅绿色，林冠整齐，总郁闭度50%左右。本群落植物种类组成较单调，群丛结构简单（图3-174）。

乔木可分为两层，中乔木层平均高度9.8 m、最低9.0 m、最高10.5 m，平均胸径28.7 cm、最小21.6 cm、最大46.5 cm，主要优势种为小叶榄仁，此外还有美丽异木棉；小乔木层由1株小叶榄仁组成，其高度为9.7 m，胸径20.1 cm（图3-175、表3-106）。林下草本层优势种为地毯草，此外还有假臭草和狗牙根（表3-107）。

表3-106 小叶榄仁-地毯草群丛样地乔木层表

| 物种 | 学名 | 株数 | 相对频度/% | 相对多度/% | 相对显著度/% | 重要值 | 生活型 |
|------|------|------|------------|------------|--------------|--------|--------|
| 小叶榄仁 | *Terminalia neotaliala* | 11 | 50.00 | 73.33 | 55.55 | 59.63 | 常绿乔木 |
| 美丽异木棉 | *Ceiba speciosa* | 4 | 50.00 | 26.67 | 44.45 | 40.37 | 落叶乔木 |

表3-107 小叶榄仁-地毯草群丛样地草本层表

| 物种 | 学名 | 平均高度/m | 平均盖度/% | 相对高度/% | 相对盖度/% | 重要值 |
|------|------|------------|------------|------------|------------|--------|
| 地毯草 | *Axonopus compressus* | 0.40 | 98.00 | 40.00 | 94.23 | 67.12 |
| 假臭草 | *Praxelis clematidea* | 0.50 | 5.00 | 50.00 | 4.81 | 27.41 |
| 狗牙根 | *Cynodon dactylon* | 0.10 | 1.00 | 10.00 | 0.96 | 5.48 |

图3-174
小叶榄仁-
地毯草
群丛外貌

图3-175
小叶榄仁-
地毯草
群丛林冠层

# 樟

## 公园风景文化林
### *Cinnamomum camphora*
### Park Landscape Cultural Woodland

樟（*Cinnamomum camphora*），属于樟科（Lauraceae）樟属（*Cinnamomum*），常绿大乔木，高可达30 m。樟枝叶茂密，冠大阴浓，树姿雄伟，是城市绿化的优良树种，可作为庭阴树、行道树、配植池畔、水边、山坡等，形成优美景观。

（中国科学院中国植物志编辑委员会，1982；闫双喜等，2013）

## 樟-假连翘-朱蕉群丛

*Cinnamomum camphora -*
*Duranta erecta -*
*Cordyline fruticosa*
Association

樟-假连翘-朱蕉群丛在海珠湖的西部东驿站东南侧。代表群丛外貌呈深绿色，林冠较整齐，总郁闭度30%～50%。本群落植物种类组成较丰富，群落结构复杂（图3-176）。

乔木仅分为一层，小乔木层平均高度6.9 m、最低2.6 m、最高8.0 m，平均胸径19.0 cm、最小5.0 cm、最大46.1 cm，优势种为樟，此外还由榕树、高山榕、大花紫薇、木樨、山牡荆、红花羊蹄甲等组成（图3-177、表3-108）。灌木层全部为中灌木层，仅由假连翘组成，平均高度1.2 m（表3-109）。林下草本层较丰富，主要优势种为朱蕉（表3-110）。

表3-108 樟-假连翘-朱蕉群丛样地乔木层表

| 物种 | 学名 | 株数 | 相对频度/% | 相对多度/% | 相对显著度/% | 重要值 | 生活型 |
|---|---|---|---|---|---|---|---|
| 樟 | *Cinnamomum camphora* | 7 | 25.00 | 29.17 | 43.78 | 31.72 | 乔木 |
| 榕树 | *Ficus microcarpa* | 4 | 16.67 | 20.83 | 16.43 | 17.48 | 乔木 |
| 高山榕 | *Ficus altissima* | 5 | 16.67 | 16.67 | 10.37 | 17.26 | 乔木 |
| 红花羊蹄甲 | *Bauhinia × blakeana* | 5 | 16.67 | 20.83 | 6.15 | 14.37 | 乔木或灌木 |
| 山牡荆 | *Vitex quinata* | 1 | 8.33 | 4.17 | 23.15 | 10.50 | 常绿乔木 |
| 大花紫薇 | *Lagerstroemia speciosa* | 1 | 8.33 | 4.17 | 0.08 | 4.38 | 大乔木 |
| 木樨 | *Osmanthus fragrans* | 1 | 8.33 | 4.17 | 0.04 | 4.29 | 常绿乔木或灌木 |

表3-109 樟-假连翘-朱蕉群丛样地灌木层表

| 物种 | 学名 | 株数 | 相对频度/% | 相对多度/% | 重要值 |
|---|---|---|---|---|---|
| 假连翘 | *Duranta erecta* | 1 | 100.00 | 100.00 | 100.00 |

≪ 图3-176
樟-假连翘-
朱蕉
群丛外貌

| 物种 | 学名 | 平均高度/m | 平均盖度/% | 相对高度/% | 相对盖度/% | 重要值 |
|------|------|-----------|-----------|-----------|-----------|--------|
| 朱蕉 | *Cordyline fruticosa* | 0.95 | 35.00 | 35.45 | 12.24 | 23.85 |
| 花叶芒 | *Miscanthus sinensis* 'Variegatus' | 0.35 | 80.00 | 13.06 | 27.97 | 20.52 |
| 银边山麦冬 | *Liriope spicata* 'Silver Dragon' | 0.10 | 90.00 | 3.73 | 31.47 | 17.60 |
| 假臭草 | *Praxelis clematidea* | 0.60 | 6.00 | 22.39 | 2.10 | 12.25 |
| 两耳草 | *Paspalum conjugatum* | 0.26 | 40.00 | 9.70 | 13.99 | 11.84 |
| 地毯草 | *Axonopus compressus* | 0.12 | 30.00 | 4.48 | 10.49 | 7.48 |
| 镜面草 | *Pilea peperomioides* | 0.10 | 2.00 | 3.73 | 0.70 | 2.21 |
| 酢浆草 | *Oxalis corniculata* | 0.10 | 2.00 | 3.73 | 0.70 | 2.21 |
| 微甘菊 | *Mikania micrantha* | 0.10 | 1.00 | 3.73 | 0.35 | 2.04 |

➤ 图 3-177
樟-假连翘-
朱蕉
群丛林冠层

# 凤凰木

## 公园风景文化林
### *Delonix regia*
### Park Landscape Cultural Woodland

凤凰木（*Delonix regia*），属于豆科（Leguminosae）凤凰木属（*Delonix*），高大落叶乔木，高达6~12 m。凤凰木树冠宽阔，叶形如鸟羽，有轻柔之感，花大而鲜艳，初夏开放，满树如火，一片花海，有"南国美人"之称，在华南各市多栽植做庭阴树及行道树。

（中国科学院中国植物志编辑委员会，1988；李国莲，2019；周厚高，2019b）

**凤凰木＋**
**黄花风铃木＋高山榕-木樨-**
**花叶芒群丛**

*Delonix regia+*
*Handroanthus chrysanthus+*
*Ficus altissima - Osmanthus fragrans -*
*Miscanthus sinensis*
Association

——

凤凰木＋黄花风铃木＋高山榕-木樨-花叶芒群丛分布在海珠湖西南部的办公区附近，代表群丛外貌呈深绿色，林冠较不齐，总郁闭度30%~50%。本群落植物种类组成较丰富，群落结构复杂（图3-178）。

乔木可分为两层，中乔木层平均高度12.2 m、最低9.0 m、最高14.5 m，平均胸径48.7 cm、最小26.7 m、最大81.8 cm，主要优势种为凤凰木，此外还有高山榕、榕树、雅榕等；小乔木层平均高度4.7 m，最低2.2 m，最高6.0 m，平均胸径17.7 cm、最小7.0 cm、最大30.0 cm，由短叶罗汉松、黄花风铃木、樟组成（表3-111）。灌木层可分为两层，大灌木层平均高度2.50 m，优势种为木樨；中灌木层平均高度1.65 m、最低1.60 m、最高1.70 m，主要为木樨，此外还有樟（表3-112）。林下草本层较丰富，主要优势种为花叶芒（表3-113）。

表3-111 凤凰木＋黄花风铃木＋高山榕-木樨-花叶芒群丛样地乔木层表

| 物种 | 学名 | 株数 | 相对频度/% | 相对多度/% | 相对显著度/% | 重要值 | 生活型 |
|---|---|---|---|---|---|---|---|
| 凤凰木 | *Delonix regia* | 7 | 25.00 | 21.88 | 31.36 | 26.08 | 高大落叶乔木 |
| 黄花风铃木 | *Handroanthus chrysanthus* | 7 | 25.00 | 21.88 | 10.17 | 19.02 | 落叶或半常绿乔木 |
| 高山榕 | *Ficus altissima* | 3 | 8.33 | 9.38 | 30.62 | 16.11 | 乔木 |
| 雅榕 | *Ficus concinna* | 3 | 16.67 | 9.38 | 19.10 | 15.05 | 乔木 |
| 樟 | *Cinnamomum camphora* | 8 | 8.33 | 25.00 | 0.92 | 11.42 | 乔木 |
| 榕树 | *Ficus microcarpa* | 3 | 8.33 | 9.38 | 7.68 | 8.46 | 乔木 |
| 短叶罗汉松 | *Podocarpus chinensis* | 1 | 8.33 | 3.12 | 0.15 | 3.87 | 小乔木或成灌木状 |

表3-112 凤凰木＋黄花风铃木＋高山榕-木樨-花叶芒群丛样地灌木层表

| 物种 | 学名 | 相对频度/% | 相对多度/% | 重要值 | 生活型 |
|---|---|---|---|---|---|
| 木樨 | *Osmanthus fragrans* | 66.67 | 86.67 | 76.67 | 常绿乔木或灌木 |
| 樟 | *Cinnamomum camphora* | 33.33 | 13.33 | 23.33 | 乔木 |

表3-113　凤凰木+黄花风铃木+高山榕-木槿-花叶芒群丛样地草本层表

| 物种 | 学名 | 平均高度/m | 平均盖度/% | 相对高度/% | 相对盖度/% | 重要值 |
|------|------|-----------|-----------|-----------|-----------|--------|
| 花叶芒 | *Miscanthus sinensis* 'Variegatus' | 1.85 | 75.00 | 50.68 | 30.61 | 40.64 |
| 白茅 | *Imperata cylindrica* | 1.25 | 57.50 | 34.25 | 23.47 | 28.86 |
| 狗牙根 | *Cynodon dactylon* | 0.20 | 100.00 | 5.48 | 40.82 | 23.15 |
| 结缕草 | *Zoysia japonica* | 0.25 | 7.50 | 6.85 | 3.06 | 4.96 |
| 地毯草 | *Axonopus compressus* | 0.10 | 5.00 | 2.74 | 2.04 | 2.39 |

‹‹ 图3-178
凤凰木+
黄花风铃木+
高山榕-木槿-花叶芒
群丛外貌

# 糖胶树

## 公园风景文化林
### *Alstonia scholaris*
### Park Landscape Cultural Woodland

糖胶树（*Alstonia scholaris*），属于夹竹桃科（Apocynaceae）鸡骨常山属（*Alstonia*），常绿大乔木，高5~30 m。糖胶树树干挺直俊秀，枝条水平状展开，生长有层次，形如塔状，树形雄伟、遮阴良好，对空气污染抵抗力强；适合栽植为行道树、风景树、背景树及其他绿化、美化材料。

（中国科学院中国植物志编辑委员会，1977；周厚高，2019b）

## 糖胶树-龙船花-水鬼蕉群丛

*Alstonia scholaris -*
*Ixora chinensis -*
*Hymenocallis littoralis*
Association

糖胶树-龙船花-水鬼蕉群丛在海珠湖的东部，代表群丛外貌呈深绿色，林冠不齐，总郁闭度40%~70%。本群落植物种类组成较丰富，群落结构复杂（图3-179）。

乔木可分为两层，中乔木层平均高度9.3 m、最低8.5 m、最高10.5 m，平均胸径38.1 cm、最小20.0 m、最大76.0 cm，主要优势种为糖胶树、宫粉羊蹄甲，此外还有糖胶树、黄槿、美丽异木棉等；小乔木层平均高度7.3 m，最小6.5 m，最高8.0 m，平均胸径22.3 cm，最小13.0 cm，最大36.0 cm，由宫粉羊蹄甲、黄槿、糖胶树、红花羊蹄甲组成（表3-114）。灌木层可分为两层，大灌木层平均高度2.4 m、最低2.2 m、最高2.5 m，主要为木芙蓉，此外还有少量叶子花；中灌木层平均高度1.3 m、最低0.9 m、最高1.7 m，主要为龙船花，此外还有夹竹桃（表3-115）。林下草本层组成较简单，主要优势种为水鬼蕉（表3-116）。

表3-114 糖胶树-龙船花-水鬼蕉群丛样地乔木层表

| 物种 | 学名 | 株数 | 相对频度/% | 相对多度/% | 相对显著度/% | 重要值 | 生活型 |
|---|---|---|---|---|---|---|---|
| 糖胶树 | *Alstonia scholaris* | 6 | 30.00 | 24.00 | 46.47 | 33.49 | 乔木 |
| 宫粉羊蹄甲 | *Bauhinia variegata* | 9 | 20.00 | 36.00 | 8.97 | 21.66 | 落叶乔木 |
| 高山榕 | *Ficus altissima* | 3 | 20.00 | 12.00 | 9.20 | 13.73 | 乔木 |
| 美丽异木棉 | *Ceiba speciosa* | 3 | 10.00 | 12.00 | 18.82 | 13.61 | 落叶乔木 |
| 红花羊蹄甲 | *Bauhinia × blakeana* | 2 | 10.00 | 8.00 | 10.16 | 9.39 | 乔木或灌木 |
| 黄槿 | *Talipariti tiliaceum* | 2 | 10.00 | 8.00 | 6.37 | 8.12 | 常绿灌木或小乔木 |

表3-115 糖胶树-龙船花-水鬼蕉群丛样地灌木层表

| 物种 | 学名 | 株数 | 相对频度/% | 相对多度/% | 重要值 | 生活型 |
|---|---|---|---|---|---|---|
| 龙船花 | *Ixora chinensis* | 120 | 25.00 | 69.77 | 47.38 | 灌木 |
| 夹竹桃 | *Nerium oleander* | 45 | 25.00 | 26.16 | 25.58 | 常绿直立大灌木 |
| 木芙蓉 | *Hibiscus mutabilis* | 6 | 25.00 | 3.49 | 14.25 | 落叶灌木或小乔木 |
| 叶子花 | *Bougainvillea spectabilis* | 1 | 25.00 | 0.58 | 12.79 | 藤状灌木 |

表3-116 糖胶树-龙船花-水鬼蕉群丛样地草本层表

| 物种 | 学名 | 平均高度/m | 平均盖度/% | 相对高度/% | 相对盖度/% | 重要值 |
|---|---|---|---|---|---|---|
| 水鬼蕉 | *Hymenocallis littoralis* | 0.50 | 80.00 | 40.32 | 26.67 | 33.50 |
| 肾蕨 | *Nephrolepis cordifolia* | 0.34 | 90.00 | 27.42 | 30.00 | 28.71 |
| 山菅兰 | *Dianella ensifolia* | 0.20 | 90.00 | 16.13 | 30.00 | 23.06 |
| 地毯草 | *Axonopus compressus* | 0.20 | 40.00 | 16.13 | 13.33 | 14.73 |

➤➤ 图3-179
糖胶树-
龙船花-
水鬼蕉
群丛外貌

## 糖胶树+
## 降香+榕树-粉纸扇-
## 鹅掌藤群丛

*Alstonia scholaris+*
*Dalbergia odorifera+*
*Ficus microcarpa –*
*Mussaenda 'Alicia' –*
*Heptapleurum arboricola*
Association

———

糖胶树+降香+榕树-粉纸扇-鹅掌藤群丛在海珠湖的西部人行道西侧，代表群丛外貌呈翠绿色，林冠较整齐，总郁闭度70%～80%。本群落植物种类组成丰富，群落结构复杂（图3-180）。

乔木可分为两层，中乔木层平均高度11.1 m、最低8.2 m、最高15.3 m，平均胸径24.1 cm、最小1.8 cm、最大45.1 cm，主要优势种为糖胶树，此外还有榕树、大王椰、大花紫薇、秋枫、雅榕等；小乔木层平均高度7.4 m，最低6.3 m、最高8.0 m，平均胸径17.7 cm、最小8.6 cm、最大36.2 cm，由秋枫、大花紫薇、鸡冠刺桐、降香、水翁蒲桃组成（图3-181、表3-117）。灌木层全部为大灌木层，平均高度3.6 m、最低2.3 m、最高4.8 m，主要为粉纸扇，此外还有少量月季花（表3-118）。林下草本层丰富，主要优势种为鹅掌藤（图3-182、表3-119）。

表3-117 糖胶树+降香+榕树-粉纸扇-鹅掌藤群丛样地乔木层表

| 物种 | 学名 | 株数 | 相对频度/% | 相对多度/% | 相对显著度/% | 重要值 | 生活型 |
|---|---|---|---|---|---|---|---|
| 糖胶树 | *Alstonia scholaris* | 7 | 17.65 | 14.58 | 20.40 | 17.54 | 乔木 |
| 降香 | *Dalbergia odorifera* | 11 | 17.65 | 22.92 | 9.85 | 16.81 | 乔木 |
| 榕树 | *Ficus microcarpa* | 6 | 5.88 | 12.50 | 29.67 | 16.02 | 乔木 |
| 大王椰 | *Roystonea regia* | 7 | 11.76 | 14.58 | 9.29 | 11.88 | 乔木状 |
| 小叶榄仁 | *Terminalia neotaliala* | 6 | 11.76 | 12.50 | 7.29 | 10.52 | 常绿乔木 |
| 木棉 | *Bombax ceiba* | 2 | 5.88 | 4.17 | 10.18 | 6.74 | 落叶大乔木 |
| 秋枫 | *Bischofia javanica* | 2 | 11.76 | 4.17 | 3.37 | 6.43 | 常绿或半常绿大乔木 |
| 鸡冠刺桐 | *Erythrina crista-galli* | 2 | 5.88 | 4.17 | 7.84 | 5.96 | 常绿或半常绿大乔木 |
| 大花紫薇 | *Lagerstroemia speciosa* | 4 | 5.88 | 8.33 | 1.52 | 5.24 | 大乔木 |
| 水翁蒲桃 | *Syzygium nervosum* | 1 | 5.88 | 2.08 | 0.59 | 2.85 | 乔木 |

表3-118 糖胶树+降香+榕树-粉纸扇-鹅掌藤群丛样地灌木层表

| 物种 | 学名 | 株数 | 相对频度/% | 相对多度/% | 重要值 | 生活型 |
|---|---|---|---|---|---|---|
| 粉纸扇 | *Mussaenda 'Alicia'* | 4 | 50.00 | 80.00 | 65.00 | 半常绿灌木 |
| 月季花 | *Rosa chinensis* | 1 | 50.00 | 20.00 | 35.00 | 直立灌木 |

表3-119 糖胶树+降香+榕树-粉纸扇-鹅掌藤群丛草本层表

| 物种 | 学名 | 平均高度/m | 平均盖度/% | 相对高度/% | 相对盖度/% | 重要值 |
|---|---|---|---|---|---|---|
| 鹅掌藤 | Heptapleurum arboricola | 0.12 | 100.00 | 2.90 | 29.30 | 16.10 |
| 地毯草 | Axonopus compressus | 0.15 | 93.33 | 3.62 | 27.34 | 15.48 |
| 红背桂 | Excoecaria cochinchinensis | 0.15 | 50.00 | 3.62 | 14.65 | 9.13 |
| 水鬼蕉 | Hymenocallis littoralis | 0.35 | 30.00 | 8.45 | 8.79 | 8.62 |
| 扁茎薹草 | Carex planiscapa | 0.60 | 8.00 | 14.49 | 2.34 | 8.41 |
| 春羽 | Philodendron selloum | 0.40 | 5.00 | 9.66 | 1.46 | 5.56 |
| 藿香蓟 | Ageratum conyzoides | 0.15 | 25.00 | 3.62 | 7.32 | 5.47 |
| 蜈蚣凤尾蕨 | Pteris vittata | 0.40 | 3.00 | 9.66 | 0.88 | 5.27 |
| 假臭草 | Praxelis clematidea | 0.30 | 1.00 | 7.25 | 0.29 | 3.77 |
| 喜旱莲子草 | Alternanthera philoxeroides | 0.25 | 5.00 | 6.04 | 1.46 | 3.75 |
| 荷莲豆草 | Drymaria cordata | 0.20 | 6.00 | 4.83 | 1.76 | 3.30 |
| 海芋 | Alocasia odora | 0.20 | 3.00 | 4.83 | 0.88 | 2.86 |
| 酢浆草 | Oxalis corniculata | 0.15 | 6.00 | 3.62 | 1.76 | 2.69 |
| 白花蛇舌草 | Scleromitrion diffusum | 0.20 | 1.00 | 4.83 | 0.29 | 2.56 |
| 海金沙 | Lygodium japonicum | 0.15 | 2.00 | 3.62 | 0.59 | 2.10 |
| 红花酢浆草 | Oxalis corymbosa | 0.15 | 1.00 | 3.62 | 0.29 | 1.96 |
| 水蕨 | Ceratopteris thalictroides | 0.12 | 1.00 | 2.90 | 0.29 | 1.59 |
| 野芋 | Colocasia antiquorum | 0.10 | 1.00 | 2.42 | 0.29 | 1.35 |

≪ 图3-180
糖胶树+
降香+榕树-
粉纸扇-鹅掌藤
群丛外貌

⌃ 图3-181
糖胶树+
降香+榕树-
粉纸扇-鹅掌藤
群丛林冠层

≪ 图3-182
糖胶树+
降香+榕树-
粉纸扇-鹅掌藤
群丛草本层

# 海南蒲桃

## 公园风景文化林
### *Syzygium hainanense*
### Park Landscape Culture Woodland

海南蒲桃（*Syzygium hainanense*），属于桃金娘科（Myrtaceae）蒲桃属（*Syzygium*），常绿乔木，高8~10 m。海南薄蒲桃干矮，分枝多，树冠圆锥形，树皮光滑；适应性强，对土壤要求不严格；树干直立，生长迅速，花期与果期均较长，花素雅具浓香，果美色鲜，为优良的庭院绿荫树和行道树种，也可用于营造混交林树种。

（中国科学院中国植物志编辑委员会，1984；周厚高，2019b）

### 海南蒲桃 -
### 火焰花 - 锦绣苋群丛

*Syzygium hainanense -*
*Phlogacanthus curviflorus -*
*Alternanthera bettzickiana*
Association

海南蒲桃-火焰花-锦绣苋群丛分布在湿地二期老树园以北，代表群丛外貌呈黄绿色，林冠较参差，总郁闭度50%~60%。本群落植物种类组成较丰富，群落结构复杂（图3-183）。

乔木为小乔木层，小乔木层平均高度5.4 m、最低2.2 m、最高7.5 m，平均胸径14.5 cm、最小8.0 cm、最大19.5 cm，由海南蒲桃、中国无忧花、铁冬青以及少量金蒲桃、木樨组成，其中主要优势种为海南蒲桃（图3-184、表3-120）。灌木层稀疏，为中灌木层单层，中灌木层平均高度0.85 m、最低0.80 m、最高0.90 m，由火焰花和土蜜树组成（表3-121）。林下草本层种类丰富，主要优势种为锦绣苋（图3-185、表3-122）。

表3-120 海南蒲桃 - 火焰花 - 锦绣苋群丛样地乔木层表

| 物种 | 学名 | 株数 | 相对频度/% | 相对多度/% | 相对显著度/% | 重要值 | 生活型 |
|---|---|---|---|---|---|---|---|
| 海南蒲桃 | *Syzygium hainanense* | 4 | 33.33 | 28.57 | 50.50 | 37.47 | 常绿乔木 |
| 中国无忧花 | *Saraca dives* | 3 | 16.67 | 21.43 | 29.77 | 22.62 | 乔木 |
| 木樨 | *Osmanthus fragrans* | 4 | 16.67 | 28.57 | 9.45 | 18.23 | 常绿乔木或灌木 |
| 铁冬青 | *Ilex rotunda* | 2 | 16.67 | 14.29 | 7.16 | 12.71 | 常绿灌木或乔木 |
| 金蒲桃 | *Xanthostemon chrysanthus* | 1 | 16.67 | 7.14 | 3.12 | 8.98 | 常绿灌木或乔木 |

表3-121 海南蒲桃 - 火焰花 - 锦绣苋群丛样地灌木层表

| 物种 | 学名 | 株数 | 相对频度/% | 相对多度/% | 重要值 | 生活型 |
|---|---|---|---|---|---|---|
| 火焰花 | *Phlogacanthus curviflorus* | 12 | 50.00 | 92.31 | 71.16 | 灌木 |
| 土蜜树 | *Bridelia tomentosa* | 1 | 50.00 | 7.69 | 28.84 | 灌木或小乔木 |

表3-122　海南蒲桃-火焰花-锦绣苋
群丛样地草本层表

| 物种 | 学名 | 平均高度/m | 平均盖度/% | 相对高度/% | 相对盖度/% | 重要值 |
|---|---|---|---|---|---|---|
| 锦绣苋 | *Alternanthera bettzickiana* | 0.25 | 50.00 | 36.23 | 76.34 | 56.28 |
| 鬼针草 | *Bidens pilosa* | 0.19 | 7.50 | 27.54 | 11.45 | 19.49 |
| 鸭跖草 | *Commelina communis* | 0.12 | 2.00 | 17.39 | 3.05 | 10.22 |
| 狗牙根 | *Cynodon dactylon* | 0.08 | 5.00 | 11.59 | 7.63 | 9.61 |
| 红花酢浆草 | *Oxalis corymbosa* | 0.05 | 1.00 | 7.25 | 1.53 | 4.39 |

>> 图3-183
海南蒲桃-
火焰花-锦绣苋
群丛外貌

>> 图3-184
海南蒲桃-
火焰花-锦绣苋
群丛林冠层

>> 图3-185
海南蒲桃-
火焰花-锦绣苋
群丛灌木层及草本层

# 水翁蒲桃

## 公园风景文化林
### *Syzygium nervosum*
### Park Landscape Culture Woodland

　　水翁蒲桃（*Syzygium nervosum*），属于桃金娘科（Myrtaceae）蒲桃属（*Syzygium*），常绿乔木，高10~16 m。水翁蒲桃常生于溪水湿处，喜光耐阴，根系发达，须多耐水，故名"水翁"；其枝叶繁茂苍翠，生长快，花多而洁白芳香，适于湿地和水旁栽培，为固堤、庭院和水旁绿化的优良乡土树种。

（中国科学院中国植物志编辑委员会，1984；陈定如，2007）

**水翁蒲桃 +
高山榕 - 金脉爵床 - 绣球群丛**

*Syzygium nervosum+
Ficus altissima -
Sanchezia speciosa -
Hydrangea macrophylla
Association*

　　水翁蒲桃 + 高山榕 - 金脉爵床 - 绣球群丛分布在海珠湖西北部，代表群丛外貌呈深绿色，林冠较整齐，总郁闭度50%~60%。本群落植物种类组成丰富，群落结构复杂（图3-186、图3-187）。

　　乔木可分为两层，中乔木层平均高度10.7 m、最低8.2 m、最高14.5 m，平均胸径29.6 cm、最小11.8 cm、最大89.8 cm，主要优势种为水翁蒲桃、高山榕，此外还有凤凰木、南洋杉、秋枫、红花羊蹄甲等；小乔木层平均高度7.7 m、最低7.0 m、最高8.0 m，平均胸径23.6 cm、最小15.6 cm、最大45.8 cm，由高山榕、秋枫、水翁蒲桃组成（表3-123）。灌木层稀疏，可分为两层，大灌木层平均高度2.2 m，由木樨组成；中灌木层平均高度1.3 m、最低0.6 m、最高1.7 m，以金脉爵床为主，此外还有少量假连翘、红果仔、台湾鱼木（幼苗）等（表3-124）。林下草本层丰富，主要优势种为绣球（图3-188、表3-125）。

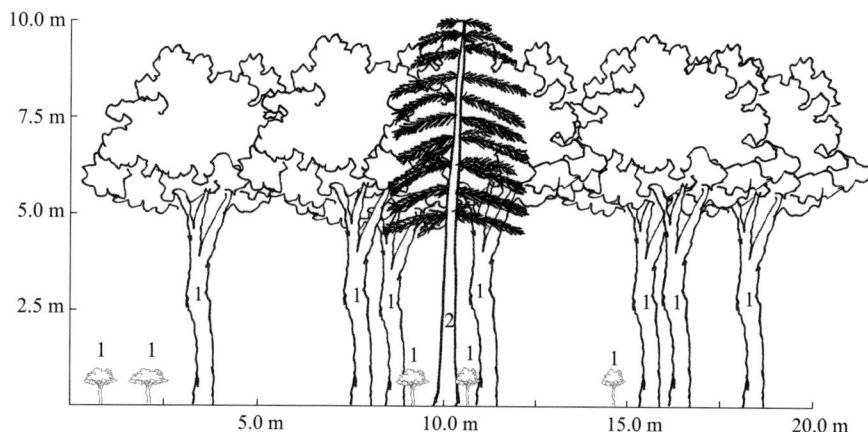

➤➤ 图3-186　水翁蒲桃 + 高山榕 - 金脉爵床 - 绣球群丛剖面图

1. 水翁蒲桃（*Syzygium nervosum*）
2. 南洋杉（*Araucaria cunninghamii*）

表3-123 水翁蒲桃+高山榕-金脉爵床-绣球群丛样地乔木层表

| 物种 | 学名 | 株数 | 相对频度/% | 相对多度/% | 相对显著度/% | 重要值 | 生活型 |
|---|---|---|---|---|---|---|---|
| 水翁蒲桃 | Syzygium nervosum | 24 | 22.22 | 54.55 | 27.28 | 34.68 | 乔木 |
| 高山榕 | Ficus altissima | 8 | 22.22 | 18.18 | 59.44 | 33.28 | 乔木 |
| 秋枫 | Bischofia javanica | 4 | 22.22 | 9.09 | 2.88 | 11.40 | 常绿或半常绿大乔木 |
| 南洋杉 | Araucaria cunninghamii | 5 | 11.12 | 11.36 | 4.36 | 8.95 | 乔木 |
| 红花羊蹄甲 | Bauhinia × blakeana | 2 | 11.11 | 4.55 | 5.44 | 7.03 | 乔木 |
| 凤凰木 | Delonix regia | 1 | 11.11 | 2.27 | 0.60 | 4.66 | 高大落叶乔木 |

表3-124 水翁蒲桃+高山榕-金脉爵床-绣球群丛样地灌木层表

| 物种 | 学名 | 株数 | 相对频度/% | 相对多度/% | 重要值 | 生活型 |
|---|---|---|---|---|---|---|
| 金脉爵床 | Sanchezia speciosa | 40 | 16.67 | 72.73 | 44.70 | 常绿灌木 |
| 假连翘 | Duranta erecta | 8 | 16.67 | 14.55 | 15.61 | 灌木 |
| 红果仔 | Eugenia uniflora | 3 | 16.67 | 5.45 | 11.06 | 灌木或小乔木 |
| 木樨 | Osmanthus fragrans | 2 | 16.67 | 3.63 | 10.13 | 常绿乔木或灌木 |
| 台湾鱼木 | Crateva formosensis | 1 | 16.66 | 1.82 | 9.25 | 灌木或乔木 |
| 印度野牡丹 | Melastoma malabathricum | 1 | 16.66 | 1.82 | 9.25 | 灌木 |

表3-125 水翁蒲桃+高山榕-金脉爵床-绣球群丛样地草本层表

| 物种 | 学名 | 平均高度/m | 平均盖度/% | 相对高度/% | 相对盖度/% | 重要值 |
|---|---|---|---|---|---|---|
| 绣球 | Hydrangea macrophylla | 0.40 | 100.00 | 24.24 | 36.90 | 30.57 |
| 春羽 | Philodendron selloum | 0.30 | 90.00 | 18.18 | 33.21 | 25.70 |
| 肾蕨 | Nephrolepis cordifolia | 0.40 | 60.00 | 24.24 | 22.14 | 23.19 |
| 山菅兰 | Dianella ensifolia | 0.25 | 20.00 | 15.15 | 7.38 | 11.27 |
| 毛果杜英 | Elaeocarpus rugosus | 0.30 | 1.00 | 18.19 | 0.37 | 9.27 |

>> 图3-187
水翁蒲桃+
高山榕-
金脉爵床-绣球
群丛外貌

↑ 图 3-188
水翁蒲桃 +
高山榕 -
金脉爵床 - 绣球
群丛林冠层

### 3.2.5 人工草地

人工草地的物种组成皆为草本植物，需要频繁的人工维护和管理，主要用于增加绿意和提供游客休息点。本植被亚型下仅有一个群系。

狗
牙
根

人工草地
*Cynodon dactylon*
Artificial Grassland

狗牙根（*Cynodon dactylon*），属于禾本科（Poaceae）狗牙根属（*Cynodon*），多年生低矮草本，高 10~30 cm。狗牙根能抗较长时期的干旱，适应的土壤类型广，在适宜条件下能迅速生长；适用于公园、庭院、休息活动场地等区域的景观绿化，也可以用于池塘边坡、道路边坡的绿化与水土保持。

（赵艳岭等，2008）

狗牙根群丛分布在湿地二期环境监测站附近，代表群丛外貌呈黄色带绿，林层稀疏，总郁闭度5%～10%。本群落植物种类组成单一，群落结构简单，只有草本层，物种组成丰富，主要优势种为狗牙根（图3-189、表3-126）。

表3-126　狗牙根群丛样地草本层表

| 物种 | 学名 | 平均高度/m | 平均盖度/% | 相对高度/% | 相对盖度/% | 重要值 |
|------|------|-----------|-----------|-----------|-----------|--------|
| 狗牙根 | *Cynodon dactylon* | 0.09 | 100.00 | 3.80 | 33.92 | 18.86 |
| 短叶黍 | *Panicum brevifolium* | 0.40 | 45.00 | 16.88 | 15.26 | 16.07 |
| 地毯草 | *Axonopus compressus* | 0.11 | 73.33 | 4.64 | 24.87 | 14.76 |
| 华南毛蕨 | *Cyclosorus parasiticus* | 0.50 | 5.00 | 21.10 | 1.70 | 11.40 |
| 鬼针草 | *Bidens pilosa* | 0.19 | 42.50 | 8.02 | 14.41 | 11.21 |
| 弯曲碎米荠 | *Cardamine flexuosa* | 0.30 | 9.00 | 12.66 | 3.05 | 7.86 |
| 马唐 | *Digitaria sanguinalis* | 0.30 | 3.00 | 12.66 | 1.02 | 6.84 |
| 一点红 | *Emilia sonchifolia* | 0.20 | 3.00 | 8.44 | 1.02 | 4.73 |
| 假臭草 | *Praxelis clematidea* | 0.18 | 2.00 | 7.59 | 0.68 | 4.14 |
| 酢浆草 | *Oxalis corniculata* | 0.10 | 12.00 | 4.22 | 4.07 | 4.14 |

⌄ 图3-189
狗牙根
群丛结构

# 3.3 湿地生态农业植被

海珠湿地是在广州万亩果园基础上建立和恢复的湿地公园，因此湿地范围内还残存有大量农业植被，是园区内面积最大的植被组成。湿地生态农业植被是通过改造原来大片退化的果园和农田所得到的，由垛基果林与湿地农田组成的半自然生态系统，是海珠湿地自然恢复和人工恢复的共同结果，不仅发挥了生物多样性保育、气候调节、调洪防旱、净化水质等生态系统服务功能，还能体现出城市湿地人与自然和谐相处的魅力。

## 3.3.1 湿地垛基果林

湿地垛基果林是湿地生态农业植被的一个植被亚型。湿地垛基果林是大部分的传统果园经过联合调度、引潮入涌、形成活水体系后形成的无人管理的岭南林-果-农-渔复合经营湿地垛基果林半自然生态系统，在保留原来的果树种质资源的同时，有效发挥了生物多样性保育、气候调节、调洪防旱、净化水质等生态系统服务功能。

湿地垛基果林植被物种组成相对单一，主要由龙眼、荔枝、阳桃和黄皮组成。但果园改造后高低错落的地形和相互连通的水系增加了生境多样性，除了提供果树种质资源外，还在物种保育上起到重要的作用。本植被亚型包含6个群系。

---

# 龙

# 眼

### 湿地垛基果林
*Clausena lansium*
**Wetland Raised Field Agroforest**

龙眼（*Dimocarpus longan*），属于无患子科（Sapindaceae）龙眼属（*Dimocarpus*），常绿乔木，通常大约10 m高，有时可达40 m高，胸径约1 m。龙眼作为我国华南地区特产珍贵果树，树冠阴浓，终年青翠，花气芳香；秋季黄褐色圆形果实挂满枝头时，令人有丰盛之感，可作为庭院绿荫树或观果树。

（中国科学院中国植物志编辑委员会，1985；吴诗华，1999）

## 龙眼-番石榴-假臭草群丛

*Dimocarpus longan - Psidium guajava - Praxelis clematidea* Association

龙眼-番石榴-假臭草群丛分布在湿地三期北门附近，代表群丛外貌呈黄绿交替，林冠较整齐，总郁闭度40%~50%。本群落植物种类组成丰富，群落结构复杂（图3-190）。

乔木层为小乔木层单层，小乔木层平均高度5.0 m、最低3.0 m、最高6.5 m，平均胸径15.7 cm、最小9.1 cm、最大28.4 cm，由龙眼以及少量阳桃、黄花风铃木组成，其中主要优势种为龙眼（图3-191、表3-127）。灌木层稀疏，仅有小灌木单层，大灌木层平均高度0.4 m，由番石榴组成（表3-128）。林下草本层丰富，主要优势种为假臭草（图3-192、表3-129）。

表3-127 龙眼-番石榴-假臭草群丛样地乔木层表

| 物种 | 学名 | 株数 | 相对频度/% | 相对多度/% | 相对显著度/% | 重要值 | 生活型 |
|---|---|---|---|---|---|---|---|
| 龙眼 | *Dimocarpus longan* | 11 | 50.00 | 64.71 | 79.96 | 64.89 | 常绿乔木 |
| 阳桃 | *Averrhoa carambola* | 4 | 25.00 | 23.53 | 13.25 | 20.59 | 乔木 |
| 黄花风铃木 | *Handroanthus chrysanthus* | 2 | 25.00 | 11.76 | 6.79 | 14.52 | 落叶或半常绿乔木 |

表3-128 龙眼-番石榴-假臭草群丛样地灌木层表

| 物种 | 学名 | 株数 | 相对频度/% | 相对多度/% | 重要值 | 生活型 |
|---|---|---|---|---|---|---|
| 番石榴 | *Psidium guajava* | 1 | 100.00 | 100.00 | 100.00 | 灌木或小乔木 |

表3-129 龙眼-番石榴-假臭草群丛样地草本层表

| 物种 | 学名 | 平均高度/m | 平均盖度/% | 相对高度/% | 相对盖度/% | 重要值 |
|---|---|---|---|---|---|---|
| 假臭草 | *Praxelis clematidea* | 0.33 | 50.00 | 9.38 | 35.09 | 22.24 |
| 香蕉 | *Musa nana* | 1.20 | 10.00 | 34.09 | 7.02 | 20.56 |
| 两耳草 | *Paspalum conjugatum* | 0.18 | 40.00 | 5.11 | 28.07 | 16.59 |
| 鬼针草 | *Bidens pilosa* | 0.45 | 10.50 | 12.78 | 7.37 | 10.07 |
| 大白茅 | *Imperata cylindrica* var. *major* | 0.43 | 5.00 | 12.22 | 3.51 | 7.86 |
| 雾水葛 | *Pouzolzia zeylanica* | 0.11 | 8.00 | 3.12 | 5.61 | 4.36 |
| 一点红 | *Emilia sonchifolia* | 0.22 | 3.00 | 6.25 | 2.11 | 4.18 |
| 草龙 | *Ludwigia hyssopifolia* | 0.12 | 5.00 | 3.41 | 3.51 | 3.46 |
| 荷莲豆草 | *Drymaria cordata* | 0.12 | 5.00 | 3.41 | 3.51 | 3.46 |
| 少花龙葵 | *Solanum americanum* | 0.15 | 2.00 | 4.26 | 1.40 | 2.83 |
| 如意草 | *Viola arcuata* | 0.10 | 1.00 | 2.84 | 0.70 | 1.77 |
| 小花荠苎 | *Mosla cavaleriei* | 0.06 | 2.00 | 1.70 | 1.40 | 1.55 |
| 草胡椒 | *Peperomia pellucida* | 0.05 | 1.00 | 1.42 | 0.70 | 1.06 |

◂◂ 图3-190<br>龙眼-番石榴-<br>假臭草<br>群丛外貌

⌄ 图3-191<br>龙眼-番石榴-<br>假臭草<br>群丛林冠层

▸▸ 图3-192<br>龙眼-番石榴-<br>假臭草<br>群丛草本层

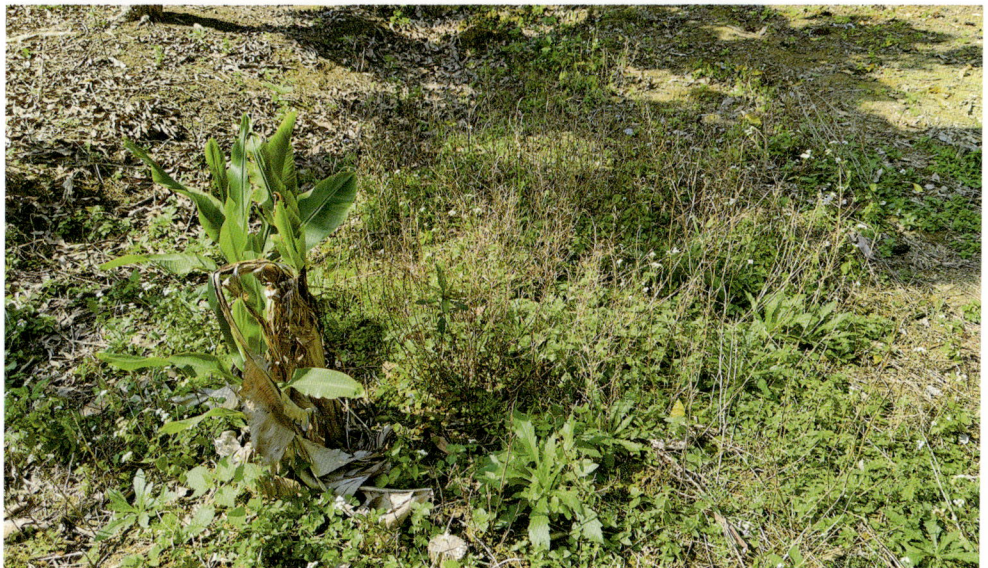

## 龙眼 - 幌伞枫群丛

Dimocarpus longan -
Heteropanax fragrans
Association

———

龙眼-幌伞枫群丛分布在湿地一期朱雀桥附近，代表群丛外貌呈深绿色，林冠较整齐，总郁闭度70%~80%。本群落植物种类组成丰富，群落结构较复杂（图3-193）。

乔木可分为两层，中乔木层物种单一，中乔木层平均高度8.5 m，平均胸径21.0 cm，由人面子组成；小乔木层平均高度5.6 m、最低4.5 m、最高7.0 m，平均胸径8.8 cm、最小3.5 cm、最大16.0 cm，由龙眼和黄皮组成，其中主要优势种为龙眼（图3-194、表3-130）。无明显灌木层分层。林下草本层丰富，主要优势种为幌伞枫（表3-131）。

表3-130 龙眼-幌伞枫群丛样地乔木层表

| 物种 | 学名 | 株数 | 相对频度/% | 相对多度/% | 相对显著度/% | 重要值 | 生活型 |
|---|---|---|---|---|---|---|---|
| 龙眼 | Dimocarpus longan | 9 | 33.33 | 52.94 | 46.15 | 44.14 | 常绿乔木 |
| 人面子 | Dracontomelon duperreanum | 3 | 33.33 | 17.65 | 48.74 | 33.24 | 常绿大乔木 |
| 黄皮 | Clausena lansium | 5 | 33.33 | 29.41 | 5.11 | 22.62 | 小乔木 |

表3-131 龙眼-幌伞枫群丛样地草本层表

| 物种 | 学名 | 平均高度/m | 平均盖度/% | 相对高度/% | 相对盖度/% | 重要值 |
|---|---|---|---|---|---|---|
| 幌伞枫 | Heteropanax fragrans | 0.47 | 5.00 | 35.07 | 17.24 | 26.16 |
| 野芋 | Colocasia antiquorum | 0.41 | 5.00 | 30.60 | 17.24 | 23.92 |
| 地毯草 | Axonopus compressus | 0.12 | 10.00 | 8.96 | 34.48 | 21.72 |
| 竹叶草 | Oplismenus compositus | 0.21 | 7.00 | 15.67 | 24.14 | 19.91 |
| 棕竹 | Rhapis excelsa | 0.13 | 2.00 | 9.70 | 6.90 | 8.30 |

>> 图3-193
龙眼-幌伞枫
群丛外貌

↗ 图3-194
龙眼-幌伞枫
群丛林冠层

龙眼+
美丽异木棉-龙眼+
土蜜树-美人蕉群丛

*Dimocarpus longan+*
*Ceiba speciosa -*
*Dimocarpus longan+*
*Bridelia tomentosa -*
*Canna indica*
Association

龙眼+美丽异木棉-龙眼+土蜜树-美人蕉群丛分布在湿地三期东北部，代表群丛外貌呈深绿色，林冠较整齐，总郁闭度40%～50%。本群落植物种类组成丰富，群落结构复杂（图3-195）。

乔木可分为两层，中乔木层物种单一，中乔木层平均高度9.0 m，平均胸径35.7 cm、最小23.3 cm、最大48.0 cm，由美丽异木棉、海南蒲桃组成；小乔木层平均高4.5 m、最低3.5 m、最高5.5 m，平均胸径17.6 cm、最小10.0 cm、最大26.2 cm，主要优势种为龙眼和土蜜树（图3-196、表3-132）。灌木层稀疏，为中灌木层单层，中灌木层平均高度0.68 m、最低0.65 m、最高0.70 m，由龙眼和土蜜树组成，其中主要优势种为龙眼（表3-133）。林下草本层丰富，主要优势种为美人蕉（图3-197、表3-134）。

表3-132 龙眼+美丽异木棉-龙眼+土蜜树-美人蕉群丛样地乔木层表

| 物种 | 学名 | 株数 | 相对频度/% | 相对多度/% | 相对显著度/% | 重要值 | 生活型 |
|---|---|---|---|---|---|---|---|
| 龙眼 | *Dimocarpus longan* | 8 | 33.33 | 72.73 | 34.21 | 46.76 | 常绿乔木 |
| 美丽异木棉 | *Ceiba speciosa* | 2 | 33.33 | 18.18 | 58.86 | 36.79 | 落叶乔木 |
| 海南蒲桃 | *Syzygium hainanense* | 1 | 33.33 | 9.09 | 6.93 | 16.45 | 小乔木 |

表3-133 龙眼+美丽异木棉-龙眼+土蜜树-美人蕉群丛样地灌木层表

| 物种 | 学名 | 株数 | 相对频度/% | 相对多度/% | 重要值 | 生活型 |
|---|---|---|---|---|---|---|
| 龙眼 | *Dimocarpus longan* | 1 | 50.00 | 50.00 | 50.00 | 常绿乔木 |
| 土蜜树 | *Bridelia tomentosa* | 1 | 50.00 | 50.00 | 50.00 | 灌木或小乔木 |

表3-134 龙眼+美丽异木棉-龙眼+土蜜树-美人蕉群丛样地草本层表

| 物种 | 学名 | 平均高度/m | 平均盖度/% | 相对高度/% | 相对盖度/% | 重要值 |
|---|---|---|---|---|---|---|
| 美人蕉 | *Canna indica* | 1.30 | 30.00 | 48.87 | 24.00 | 36.44 |
| 地毯草 | *Axonopus compressus* | 0.09 | 80.00 | 3.38 | 64.00 | 33.69 |
| 鸭跖草 | *Commelina communis* | 0.41 | 5.00 | 15.41 | 4.00 | 9.70 |
| 马唐 | *Digitaria sanguinalis* | 0.21 | 2.00 | 7.89 | 1.60 | 4.74 |
| 一点红 | *Emilia sonchifolia* | 0.20 | 1.00 | 7.52 | 0.80 | 4.16 |
| 荷莲豆草 | *Drymaria cordata* | 0.17 | 2.00 | 6.39 | 1.60 | 4.00 |
| 两耳草 | *Paspalum conjugatum* | 0.13 | 3.00 | 4.89 | 2.40 | 3.64 |
| 海芋 | *Alocasia odora* | 0.15 | 2.00 | 5.64 | 1.60 | 3.62 |

>> 图3-195
龙眼+
美丽异木棉-
龙眼+土蜜树-
美人蕉
群丛结构

≲ 图3-196
龙眼 +
美丽异木棉 -
龙眼 + 土蜜树 -
美人蕉
群丛林冠层

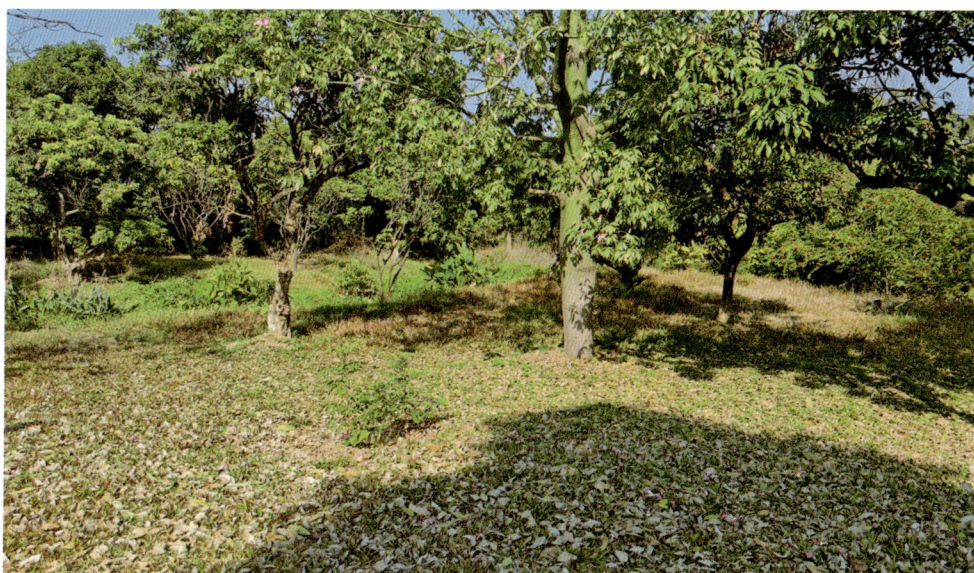

≲ 图3-197
龙眼 +
美丽异木棉 -
龙眼 + 土蜜树 -
美人蕉
群丛灌木层及
草本层

## 龙眼+
## 美丽异木棉-宫粉羊蹄甲-
## 地毯草群丛

*Dimocarpus longan+*
*Ceiba speciosa-*
*Bauhinia variegata-*
*Axonopus compressus*
Association

———

龙眼+美丽异木棉-宫粉羊蹄甲-地毯草群丛分布在湿地三期东北部，代表群丛外貌呈深绿色，林冠较整齐，总郁闭度60%～70%。本群落植物种类组成丰富，群落结构复杂（图3-198、图3-199）。

乔木可分为两层，中乔木层物种单一，中乔木层平均高度8.2 m，平均胸径35.4 cm，由榕树组成；小乔木层平均高度5.6 m、最低7.8 m、最高2.5 m，平均胸径18.7 cm、最小5.0 cm、最大45.0 cm，由龙眼、美丽异木棉、黄皮以及少量紫玉兰、宫粉羊蹄甲、羊蹄甲和毛叶榄组成，其中主要优势种为龙眼（图3-200、表3-135）。灌木层稀疏，仅有小灌木层单层，小灌木层平均高度0.3 m，由黄花风铃木、土蜜树、宫粉羊蹄甲组成，其中主要优势种为宫粉羊蹄甲（表3-136）。林下草本层丰富，主要优势种为地毯草（图3-201、表3-137）。

表3-135 龙眼+美丽异木棉-宫粉羊蹄甲-地毯草群丛样地乔木层表

| 物种 | 学名 | 株数 | 相对频度/% | 相对多度/% | 相对显著度/% | 重要值 | 生活型 |
|---|---|---|---|---|---|---|---|
| 龙眼 | *Dimocarpus longan* | 6 | 20.00 | 17.14 | 61.79 | 32.98 | 常绿乔木 |
| 美丽异木棉 | *Ceiba speciosa* | 19 | 10.00 | 54.29 | 15.31 | 26.53 | 落叶乔木 |
| 黄皮 | *Clausena lansium* | 3 | 20.00 | 8.57 | 2.13 | 10.23 | 小乔木 |
| 毛叶榄 | *Canarium album* | 2 | 10.00 | 5.71 | 5.78 | 7.16 | 大乔木 |
| 榕树 | *Ficus microcarpa* | 1 | 10.00 | 2.86 | 8.52 | 7.13 | 乔木 |
| 宫粉羊蹄甲 | *Bauhinia variegata* | 2 | 10.00 | 5.71 | 3.06 | 6.26 | 落叶乔木 |
| 羊蹄甲 | *Bauhinia purpurea* | 1 | 10.00 | 2.86 | 2.89 | 5.25 | 乔木或灌木 |
| 紫玉兰 | *Yulania liliiflora* | 1 | 10.00 | 2.86 | 0.51 | 4.46 | 落叶灌木 |

表3-136 龙眼+美丽异木棉-宫粉羊蹄甲-地毯草群丛样地灌木层表

| 物种 | 学名 | 株数 | 相对频度/% | 相对多度/% | 重要值 | 生活型 |
|---|---|---|---|---|---|---|
| 宫粉羊蹄甲 | *Bauhinia variegata* | 3 | 33.33 | 60.00 | 46.66 | 落叶乔木 |
| 黄花风铃木 | *Handroanthus chrysanthus* | 1 | 33.33 | 20.00 | 26.66 | 落叶或半常绿乔木 |
| 土蜜树 | *Bridelia tomentosa* | 1 | 33.33 | 20.00 | 26.66 | 灌木或小乔木 |

表3-137 龙眼+美丽异木棉-宫粉羊蹄甲-地毯草群丛样地草本层表

| 物种 | 学名 | 平均高度/m | 平均盖度/% | 相对高度/% | 相对盖度/% | 重要值 |
|---|---|---|---|---|---|---|
| 地毯草 | *Axonopus compressus* | 0.15 | 72.50 | 6.48 | 61.44 | 33.96 |
| 海芋 | *Alocasia odora* | 0.41 | 14.50 | 17.49 | 12.29 | 14.89 |
| 两耳草 | *Paspalum conjugatum* | 0.40 | 3.00 | 17.28 | 2.54 | 9.91 |
| 假臭草 | *Praxelis clematidea* | 0.38 | 4.00 | 16.41 | 3.39 | 9.90 |
| 鬼针草 | *Bidens pilosa* | 0.26 | 5.00 | 11.23 | 4.24 | 7.74 |
| 弓果黍 | *Cyrtococcum patens* | 0.21 | 2.00 | 9.07 | 1.69 | 5.38 |
| 喜旱莲子草 | *Alternanthera philoxeroides* | 0.12 | 5.00 | 5.18 | 4.24 | 4.71 |
| 酢浆草 | *Oxalis corniculata* | 0.10 | 6.00 | 4.32 | 5.08 | 4.70 |
| 荷莲豆草 | *Drymaria cordata* | 0.11 | 5.00 | 4.75 | 4.24 | 4.50 |
| 少花龙葵 | *Solanum americanum* | 0.18 | 1.00 | 7.78 | 0.85 | 4.32 |

≪ 图3-199
龙眼+
美丽异木棉-
宫粉羊蹄甲-
地毯草
群丛外貌（2）

⌃ 图3-198
龙眼+
美丽异木棉-
宫粉羊蹄甲-地毯草
群丛外貌（1）

≫ 图3-200
龙眼+
美丽异木棉-
宫粉羊蹄甲-地毯草
群丛乔木层

≫ 图3-201
龙眼+
美丽异木棉-
宫粉羊蹄甲-地毯草
群丛草本层

## 龙眼-狗牙花-狗牙根群丛

*Dimocarpus longan –*
*Tabernaemontana divaricate –*
*Cynodon dactylon*
Association

龙眼-狗牙花-狗牙根群丛分布在湿地三期东北部，代表群丛外貌呈绿色，总郁闭度30%~40%。本群落植物种类组成较单一，群落结构较简单（图3-202）。

乔木可分为两层，中乔木层平均高度8.5 m，平均胸径41.0 cm，由樟组成；小乔木层平均高度3.6 m、最低3.0 m、最高4.6 m，平均胸径19.8 cm、最小10.7 cm、最大24.7 cm，由龙眼和紫玉兰组成（表3-138）。灌木层稀疏，可分为两层，大灌木层平均高度2.6 m，由柑橘和狗牙花组成；中灌木层平均高度1.6 m，由露兜树组成（表3-139）。林下草本层丰富，主要优势种为狗牙根（图3-203、表3-140）。

表3-138 龙眼-狗牙花-狗牙根群丛样地乔木层表

| 物种 | 学名 | 株数 | 相对频度/% | 相对多度/% | 相对显著度/% | 重要值 | 生活型 |
|------|------|------|-----------|-----------|-------------|--------|--------|
| 龙眼 | *Dimocarpus longan* | 4 | 33.33 | 66.67 | 54.86 | 51.62 | 常绿乔木 |
| 樟 | *Cinnamomum camphora* | 1 | 33.33 | 16.67 | 42.26 | 30.75 | 乔木 |
| 紫玉兰 | *Yulania liliiflora* | 1 | 33.33 | 16.67 | 2.88 | 17.63 | 落叶灌木 |

表3-139 龙眼-狗牙花-狗牙根群丛样地灌木层表

| 物种 | 学名 | 株数 | 相对频度/% | 相对多度/% | 重要值 | 生活型 |
|------|------|------|-----------|-----------|--------|--------|
| 狗牙花 | *Tabernaemontana divaricata* | 6 | 33.33 | 75.00 | 54.16 | 灌木 |
| 柑橘 | *Citrus reticulata* | 1 | 33.33 | 12.50 | 22.91 | 小乔木 |
| 露兜树 | *Pandanus tectorius* | 1 | 33.33 | 12.50 | 22.91 | 常绿分枝灌木 |

表3-140 龙眼-狗牙花-狗牙根群丛样地草本层表

| 物种 | 学名 | 平均高度/m | 平均盖度/% | 相对高度/% | 相对盖度/% | 重要值 |
|------|------|-----------|-----------|-----------|-----------|--------|
| 狗牙根 | *Cynodon dactylon* | 0.14 | 95.00 | 14.29 | 77.87 | 46.08 |
| 马唐 | *Digitaria sanguinalis* | 0.31 | 2.00 | 31.63 | 1.64 | 16.63 |
| 火炭母 | *Persicaria chinensis* | 0.20 | 6.00 | 20.41 | 4.92 | 12.66 |
| 假臭草 | *Praxelis clematidea* | 0.18 | 5.00 | 18.37 | 4.10 | 11.23 |
| 地毯草 | *Axonopus compressus* | 0.10 | 8.00 | 10.20 | 6.56 | 8.38 |
| 酢浆草 | *Oxalis corniculata* | 0.05 | 6.00 | 5.10 | 4.92 | 5.01 |

⌄ 图3-202
龙眼-狗牙花-
狗牙根
群丛外貌

⌄ 图3-203
龙眼-狗牙花-
狗牙根
群丛灌木层及草本层

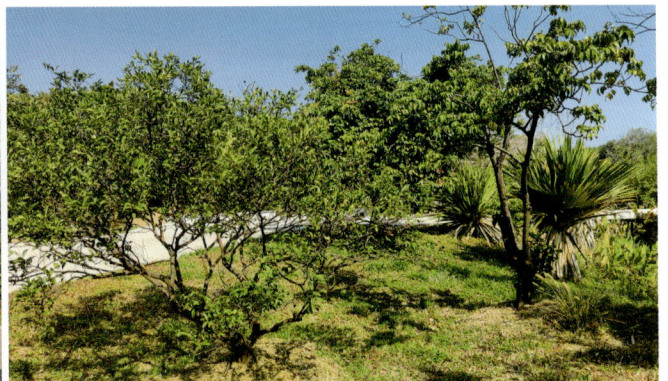

## 龙眼+
## 乌墨-构+小叶女贞+
## 长隔木-地毯草群丛

*Dimocarpus longan+*
*Syzygium cumini-*
*Broussonetia papyrifera+*
*Ligustrum quihoui+*
*Ligustrum quihoui-*
*Axonopus compressus*
Association

———

龙眼+乌墨-构+小叶女贞+长隔木-地毯草群丛分布在湿地三期东北部,代表群丛外貌呈浅绿色,林冠较整齐,总郁闭度60%～70%。本群落植物种类组成较丰富,群落结构较复杂(图3-204)。

乔木可分为两层,中乔木层平均高度10.0 m、最低8.1 m、最高12.0 m,平均胸径32.8 cm、最小18.2 cm、最大49.0 cm,主要优势种为龙眼,此外还有樟、乌墨和海南蒲桃;小乔木层平均高度6.3 m、最低4.5 m、最高7.8 m,平均胸径18.3 cm、最小6.8 cm、最大25.5 cm,由龙眼、黄皮、荔枝和阳桃组成(图3-205、表3-141)。灌木层稀疏,只有中灌木层,平均高度1.4 m、最低0.7 m、最高1.9 m,主要优势种为构幼苗和小叶女贞,此外还有光叶海桐和长隔木(表3-142)。林下草本层丰富,主要优势种为地毯草(图3-206、表3-143)。

表3-141 龙眼+乌墨-构+小叶女贞+长隔木-地毯草群丛样地乔木层表

| 物种 | 学名 | 株数 | 相对频度/% | 相对多度/% | 相对显著度/% | 重要值 | 生活型 |
|---|---|---|---|---|---|---|---|
| 龙眼 | *Dimocarpus longan* | 11 | 27.27 | 36.67 | 18.65 | 27.53 | 常绿乔木 |
| 乌墨 | *Syzygium cumini* | 5 | 9.09 | 16.67 | 33.85 | 19.87 | 乔木 |
| 海南蒲桃 | *Syzygium hainanense* | 3 | 9.09 | 10.00 | 26.88 | 15.32 | 小乔木 |
| 黄皮 | *Clausena lansium* | 5 | 18.18 | 16.67 | 2.14 | 12.33 | 小乔木 |
| 樟 | *Cinnamomum camphora* | 2 | 18.18 | 6.67 | 9.93 | 11.59 | 乔木 |
| 荔枝 | *Litchi chinensis* | 3 | 9.09 | 10.00 | 6.15 | 8.41 | 常绿乔木 |
| 阳桃 | *Averrhoa carambola* | 1 | 9.09 | 3.33 | 2.40 | 4.94 | 乔木 |

表3-142 龙眼+乌墨-构+小叶女贞+长隔木-地毯草群丛样地灌木层表

| 物种 | 学名 | 株数 | 相对频度/% | 相对多度/% | 重要值 | 生活型 |
|---|---|---|---|---|---|---|
| 构 | *Broussonetia papyrifera* | 2 | 25.00 | 28.57 | 26.78 | 灌木状 |
| 小叶女贞 | *Ligustrum quihoui* | 2 | 25.00 | 28.57 | 26.78 | 半常绿灌木 |
| 长隔木 | *Hamelia patens* | 2 | 25.00 | 28.57 | 26.78 | 红色灌木 |
| 光叶海桐 | *Pittosporum glabratum* | 1 | 25.00 | 14.29 | 19.64 | 常绿灌木 |

表3-143 龙眼+乌墨-构+小叶女贞+长隔木-地毯草群丛样地草本层表

| 物种 | 学名 | 平均高度/m | 平均盖度/% | 相对高度/% | 相对盖度/% | 重要值 |
|---|---|---|---|---|---|---|
| 地毯草 | *Axonopus compressus* | 0.06 | 60.00 | 1.84 | 39.22 | 20.53 |
| 微甘菊 | *Mikania micrantha* | 0.80 | 20.00 | 24.58 | 13.07 | 18.82 |
| 鬼针草 | *Bidens pilosa* | 0.37 | 25.50 | 11.21 | 16.67 | 13.94 |
| 海芋 | *Alocasia odora* | 0.31 | 9.50 | 9.52 | 6.21 | 7.86 |
| 单穗水蜈蚣 | *Kyllinga nemoralis* | 0.28 | 8.00 | 8.60 | 5.23 | 6.92 |
| 狗牙根 | *Cynodon dactylon* | 0.16 | 12.50 | 4.92 | 8.17 | 6.54 |
| 两耳草 | *Paspalum conjugatum* | 0.32 | 2.00 | 9.83 | 1.31 | 5.57 |
| 水茄 | *Solanum torvum* | 0.30 | 1.00 | 9.22 | 0.65 | 4.94 |
| 莲子草 | *Alternanthera sessilis* | 0.15 | 7.00 | 4.61 | 4.58 | 4.60 |
| 一点红 | *Emilia sonchifolia* | 0.20 | 2.50 | 6.14 | 1.63 | 3.88 |
| 假臭草 | *Praxelis clematidea* | 0.17 | 1.00 | 5.22 | 0.65 | 2.94 |
| 酢浆草 | *Oxalis corniculata* | 0.09 | 2.00 | 2.76 | 1.31 | 2.04 |
| 黄花酢浆草 | *Oxalis pes-caprae* | 0.05 | 2.00 | 1.54 | 1.31 | 1.43 |

◄◄ 图3-204
龙眼+
乌墨-构+
小叶女贞+
长隔木-
地毯草
群丛外貌

◄◄ 图3-205
龙眼+
乌墨-构+
小叶女贞+
长隔木-
地毯草
群丛林冠层

◄◄ 图3-206
龙眼+
乌墨-构+
小叶女贞+
长隔木-
地毯草
群丛灌木层及
草本层

## 龙眼+
## 黄皮-阳桃-鸭跖草群丛 [1]

*Dimocarpus longan +*
*Clausena lansium –*
*Averrhoa carambola –*
*Commelina communis*
Association

——

龙眼+黄皮-阳桃-鸭跖草群丛分布在湿地二期最北部、最南部和贯穿南沙港快速路的湿地保育区。代表群丛外貌呈深绿色，林冠错落有致，总郁闭度60%~70%左右。本群落植物种类组成丰富，群落结构简单（图3-207）。

乔木层结构分为中乔木层与小乔木层，小乔木层的平均高度4.6 m、最小2.2 m、最高8.0 m，平均胸径6.9 cm、最小2.8 cm、最大23.0 cm，由黄皮和龙眼组成；中乔木层的平均高度15.2 m、最低10.7 m、最高19.5 m，平均胸径为7.1 cm、最大8.5 cm、最小5.2 cm，由龙眼、黄皮和阳桃组成（表3-144）。灌木层结构分为中灌木层和大灌木层，中灌木层是两棵高度均为2.0 m的土蜜树和双荚决明；大灌木层的平均高度12.0 m、最低11.0 m、最高13.0 m，由阳桃组成（表3-145）。林下草本层丰富，主要是鸭跖草、竹节菜、海芋、马唐和鬼针草等（图3-208、表3-146）。

表3-144 龙眼+黄皮-阳桃-鸭跖草群丛样地乔木层表

| 物种 | 学名 | 株数 | 相对频度/% | 相对多度/% | 相对显著度/% | 重要值 | 生活型 |
|---|---|---|---|---|---|---|---|
| 龙眼 | *Dimocarpus longan* | 18 | 40.00 | 34.62 | 72.66 | 49.09 | 常绿乔木 |
| 黄皮 | *Clausena lansium* | 32 | 40.00 | 61.54 | 23.24 | 41.59 | 小乔木 |
| 阳桃 | *Averrhoa carambola* | 2 | 20.00 | 3.85 | 4.11 | 9.32 | 乔木 |

表3-145 龙眼+黄皮-阳桃-鸭跖草群丛样地灌木层表

| 物种 | 学名 | 株数 | 相对频度/% | 相对多度/% | 重要值 | 生活型 |
|---|---|---|---|---|---|---|
| 阳桃 | *Averrhoa carambola* | 22 | 33.33 | 91.67 | 62.50 | 乔木 |
| 双荚决明 | *Senna bicapsularis* | 1 | 33.33 | 4.17 | 18.75 | 直立灌木 |
| 土蜜树 | *Bridelia tomentosa* | 1 | 33.33 | 4.17 | 18.75 | 灌木或小乔木 |

表3-146 龙眼+黄皮-阳桃-鸭跖草群丛样地草本层表

| 物种 | 学名 | 平均高度/m | 平均盖度/% | 相对高度/% | 相对盖度/% | 重要值 |
|---|---|---|---|---|---|---|
| 鸭跖草 | *Commelina communis* | 0.50 | 90.00 | 10.79 | 26.94 | 18.87 |
| 竹节菜 | *Commelina diffusa* | 0.33 | 65.00 | 7.01 | 19.46 | 13.23 |
| 海芋 | *Alocasia odora* | 0.50 | 40.00 | 10.79 | 11.97 | 11.38 |
| 马唐 | *Digitaria sanguinalis* | 0.30 | 38.50 | 6.47 | 11.52 | 8.99 |
| 鬼针草 | *Bidens pilosa* | 0.55 | 19.25 | 11.76 | 5.76 | 8.76 |
| 野芋 | *Colocasia antiquorum* | 0.43 | 17.67 | 9.35 | 5.29 | 7.32 |
| 滇魔芋 | *Amorphophallus yunnanensis* | 0.60 | 3.00 | 12.94 | 0.90 | 6.92 |
| 草龙 | *Ludwigia hyssopifolia* | 0.50 | 3.50 | 10.79 | 1.05 | 5.92 |
| 藿香蓟 | *Ageratum conyzoides* | 0.30 | 14.00 | 6.47 | 4.19 | 5.33 |
| 稗 | *Echinochloa crus-galli* | 0.22 | 16.67 | 4.67 | 4.99 | 4.83 |
| 篱栏网 | *Merremia hederacea* | 0.14 | 15.50 | 3.02 | 4.64 | 3.83 |
| 莲子草 | *Alternanthera sessilis* | 0.13 | 4.00 | 2.70 | 1.20 | 1.95 |
| 微甘菊 | *Mikania micrantha* | 0.10 | 2.00 | 2.16 | 0.60 | 1.38 |
| 海金沙 | *Lygodium japonicum* | 0.05 | 5.00 | 1.08 | 1.50 | 1.29 |

1　本群丛样地数据和群落照片由植被大赛9号队伍（石珍执、罗绮泳、张颖昕、冯敏昭、林楚彬、陈东豪、余嘉怡）提供

▲ 图3-207
龙眼+黄皮-
阳桃-鸭跖草
群丛外貌

➤➤ 图3-208
龙眼+黄皮-
阳桃-鸭跖草
群丛灌木层与
草本层

龙眼 - 鬼针草群丛分布在湿地二期土华桥东西两侧和湿地三期小洲东路以北,代表群丛外貌呈深绿色,林冠错落有致,总郁闭度60%~70%左右。本群落植物种类组成丰富,群落结构简单(图3-209)。

乔木层为小乔木层,其平均高度4.2 m、最低2.6 m、最高6.6 m,平均胸径16.4 cm、最小10.5 cm、最大23.3 cm,主要由龙眼组成(表3-147)。无灌木层。林下草本层较丰富,主要是鬼针草、海芋、篱栏网、细柄黍和野芋等(图3-210、表3-148)。

表3-147 龙眼 - 鬼针草群丛样地乔木层表

| 物种 | 学名 | 株数 | 相对频度/% | 相对多度/% | 相对显著度/% | 重要值 | 生活型 |
|---|---|---|---|---|---|---|---|
| 龙眼 | *Dimocarpus longan* | 11 | 100.00 | 100.00 | 100.00 | 100.00 | 常绿乔木 |

表3-148 龙眼 - 鬼针草群丛样地草本层表

| 物种 | 学名 | 平均高度/m | 平均盖度/% | 相对高度/% | 相对盖度/% | 重要值 |
|---|---|---|---|---|---|---|
| 鬼针草 | *Bidens pilosa* | 1.10 | 92.50 | 34.65 | 68.52 | 51.58 |
| 海芋 | *Alocasia odora* | 0.40 | 15.00 | 12.60 | 11.11 | 11.86 |
| 篱栏网 | *Merremia hederacea* | 0.70 | 2.00 | 22.05 | 1.48 | 11.77 |
| 细柄黍 | *Panicum sumatrense* | 0.50 | 8.00 | 15.75 | 5.93 | 10.84 |
| 野芋 | *Colocasia antiquorum* | 0.40 | 5.00 | 12.60 | 3.70 | 8.15 |
| 乌蔹莓 | *Causonis japonica* | 0.08 | 12.50 | 2.36 | 9.26 | 5.81 |

≪ 图3-209
龙眼 - 鬼针草
群丛外貌

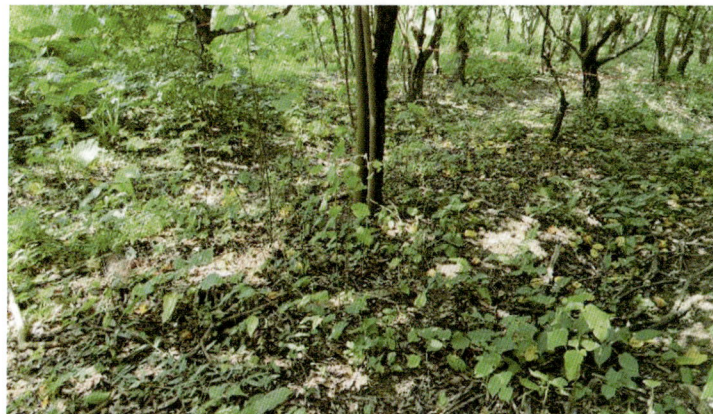

≪ 图3-210
龙眼 - 鬼针草
群丛林下
草本层

1   本群丛样地数据和群落照片由植被大赛16号队伍(吴海煜,王懿鸿,谢芸帆,谢诗韵,王汝,张泓,谢嘉杰,李玲)提供

龙眼-朱缨花-金腰箭群丛分布在湿地二期环城高速以北，代表群丛外貌呈深绿色，林冠错落有致，总郁闭度50%~60%左右。本群落植物种类组成丰富，群落结构复杂（图3-211）。

乔木层结构分为中乔木层与小乔木层，小乔木层的平均高度5.6 m、最低4.1 m、最高7.4 m，平均胸径19.9 cm、最小8.5 cm、最大34.0 cm，由黄皮、阳桃、菩提树和龙眼组成；中乔木层的平均高度8.6 m、最低8.2 m、最高为8.9 m，平均胸径32.3 cm、最小35.7 cm、最大28.8 cm，由菩提树组成（表3-149）。灌木层结构主要是中灌木层，其平均高度1.01 m、最低0.57 m、最高1.72 m，由土蜜树、海芋、辣椒和朱缨花组成（表3-150）。林下草本层丰富，主要是金腰箭、喜旱莲子草、鹅掌藤、鬼针草等（图3-212、表3-151）。

表3-149　龙眼-朱缨花-金腰箭群丛样地乔木层表

| 物种 | 学名 | 株数 | 相对频度/% | 相对多度 | 相对显著度 | 重要值 | 生活型 |
|---|---|---|---|---|---|---|---|
| 龙眼 | *Dimocarpus longan* | 5 | 40.00 | 31.25 | 39.33 | 36.86 | 常绿乔木 |
| 菩提树 | *Ficus religiosa* | 3 | 20.00 | 18.75 | 32.75 | 23.83 | 乔木 |
| 黄皮 | *Clausena lansium* | 6 | 20.00 | 37.50 | 10.98 | 22.83 | 小乔木 |
| 阳桃 | *Averrhoa carambola* | 2 | 20.00 | 12.50 | 16.95 | 16.48 | 乔木 |

表3-150　龙眼-朱缨花-金腰箭群丛样地灌木层表

| 物种 | 学名 | 株数 | 相对频度/% | 相对多度 | 重要值 | 生活型 |
|---|---|---|---|---|---|---|
| 朱缨花 | *Calliandra haematocephala* | 4 | 25.00 | 50.00 | 37.50 | 落叶灌木或小乔木 |
| 海芋 | *Alocasia odora* | 2 | 25.00 | 25.00 | 25.00 | 大型常绿草本 |
| 辣椒 | *Capsicum annuum* | 1 | 25.00 | 12.50 | 18.75 | 一年生草本或灌木状 |
| 土蜜树 | *Bridelia tomentosa* | 1 | 25.00 | 12.50 | 18.75 | 灌木或小乔木 |

表3-151　龙眼-朱缨花-金腰箭群丛样地草本层表

| 物种 | 学名 | 平均高度/m | 平均盖度/% | 相对高度/% | 相对盖度/% | 重要值 |
|---|---|---|---|---|---|---|
| 金腰箭 | *Synedrella nodiflora* | 0.41 | 47.00 | 14.35 | 25.54 | 19.94 |
| 喜旱莲子草 | *Alternanthera philoxeroides* | 0.05 | 62.00 | 1.80 | 33.70 | 17.75 |
| 鹅掌藤 | *Heptapleurum arboricola* | 0.23 | 47.00 | 7.93 | 25.54 | 16.74 |
| 鬼针草 | *Bidens pilosa* | 0.43 | 8.00 | 15.01 | 4.35 | 9.68 |
| 马松子 | *Melochia corchorifolia* | 0.49 | 1.00 | 17.13 | 0.54 | 8.83 |
| 两耳草 | *Paspalum conjugatum* | 0.42 | 3.00 | 14.82 | 1.63 | 8.22 |
| 下田菊 | *Adenostemma lavenia* | 0.27 | 6.00 | 9.50 | 3.26 | 6.38 |
| 细柄黍 | *Panicum sumatrense* | 0.28 | 2.00 | 9.74 | 1.09 | 5.42 |
| 竹叶草 | *Oplismenus compositus* | 0.22 | 4.00 | 7.54 | 2.17 | 4.86 |
| 海芋 | *Alocasia odora* | 0.06 | 4.00 | 2.18 | 2.17 | 2.17 |

1　本群丛样地数据和群落照片由植被大赛42号队伍［周婷（指导老师），李柯翰，李浩，单荣旭，梁城睿，蒋宗琏，廖秋嫦，陈晓滢］提供

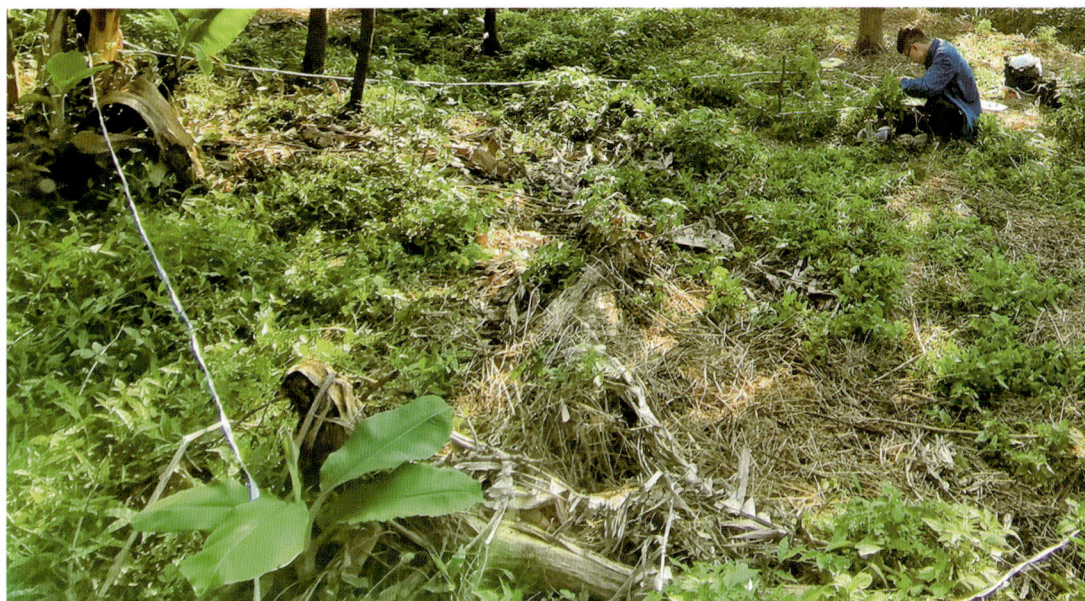

# 黄

# 皮

## 湿地垛基果林
### *Clausena lansium*
### Wetland Raised Field Agroforest

黄皮（*Clausena lansium*），属于芸香科（Rutaceae）黄皮属（*Clausena*），乔木，高达 12 m。黄皮果浅黄，球状，椭圆形或宽卵球形，主要为获取果实而被栽培。黄皮的果实具有良好的、环境美化价值，并因能为鸟类提供食物而维持环境的生物多样性。黄皮主要作为万亩果园改造的一部分被广为栽培。

（中国科学院中国植物志编辑委员会，1997；董春阳等，2021）

## 黄皮-番石榴-假臭草群丛

*Clausena lansium -
Psidium guajava -
Praxelis clematidea
Association*

黄皮-番石榴-假臭草群丛分布在湿地三期北部和湿地三期小洲东路以南区域的东北角，代表群丛外貌呈黄绿色，林冠层次参差，总郁闭度40%~50%。本群落植物种类组成丰富，群落结构复杂（图3-213）。

乔木为单层，小乔木层物种较单一，平均高度4.2 m、最低2.2 m、最高6.5 m，平均胸径14.4 cm、最小5.0 cm、最大31.0 cm，主要由黄皮以及少量龙眼、秋枫、宫粉羊蹄甲组成，其中主要优势种为黄皮（图3-214、表3-152）。灌木层稀疏，仅有中灌木层。中灌木层平均高度0.7 m，仅由番石榴组成（表3-153）。林下草本层丰富，主要优势种为假臭草（图3-215、表3-154）。

表3-152 黄皮-番石榴-假臭草群丛样地乔木层表

| 物种 | 学名 | 株数 | 相对频度/% | 相对多度/% | 相对显著度/% | 重要值 | 生活型 |
|---|---|---|---|---|---|---|---|
| 黄皮 | *Clausena lansium* | 12 | 40.00 | 75.00 | 43.78 | 52.93 | 小乔木 |
| 宫粉羊蹄甲 | *Bauhinia variegata* | 2 | 20.00 | 12.50 | 18.27 | 16.92 | 落叶乔木 |
| 龙眼 | *Dimocarpus longan* | 1 | 20.00 | 6.25 | 24.40 | 16.88 | 常绿乔木 |
| 秋枫 | *Bischofia javanica* | 1 | 20.00 | 6.25 | 13.55 | 13.27 | 常绿或半常绿大乔木 |

表3-153 黄皮-番石榴-假臭草群丛样地灌木层表

| 物种 | 学名 | 株数 | 相对频度/% | 相对多度/% | 重要值 | 生活型 |
|---|---|---|---|---|---|---|
| 番石榴 | *Psidium guajava* | 5 | 66.67 | 62.50 | 64.59 | 灌木或小乔木 |
| 朱槿 | *Hibiscus rosa-sinensis* | 3 | 33.33 | 37.50 | 35.42 | 常绿灌木 |

表3-154 黄皮-番石榴-假臭草群丛样地草本层表

| 物种 | 学名 | 平均高度/m | 平均盖度/% | 相对高度/% | 相对盖度/% | 重要值 |
|------|------|-----------|-----------|-----------|-----------|--------|
| 假臭草 | *Praxelis clematidea* | 0.19 | 85.00 | 6.33 | 52.47 | 29.40 |
| 马唐 | *Digitaria sanguinalis* | 0.52 | 3.00 | 17.33 | 1.85 | 9.59 |
| 荷莲豆草 | *Drymaria cordata* | 0.13 | 20.00 | 4.33 | 12.35 | 8.34 |
| 黄鹌菜 | *Youngia japonica* | 0.26 | 4.00 | 8.83 | 2.47 | 5.65 |
| 鬼针草 | *Bidens pilosa* | 0.23 | 5.00 | 7.67 | 3.09 | 5.38 |
| 一点红 | *Emilia sonchifolia* | 0.22 | 5.00 | 7.33 | 3.09 | 5.21 |
| 鸭跖草 | *Commelina communis* | 0.17 | 7.00 | 5.83 | 4.32 | 5.08 |
| 南美蟛蜞菊 | *Sphagneticola trilobata* | 0.18 | 5.00 | 6.00 | 3.09 | 4.54 |
| 酢浆草 | *Oxalis corniculata* | 0.08 | 10.00 | 2.67 | 6.17 | 4.42 |
| 少花龙葵 | *Solanum americanum* | 0.22 | 2.00 | 7.33 | 1.23 | 4.28 |
| 五月艾 | *Artemisia indica* | 0.12 | 3.00 | 4.00 | 1.85 | 2.92 |
| 广州蔊菜 | *Rorippa cantoniensis* | 0.13 | 2.00 | 4.33 | 1.23 | 2.78 |
| 碎米荠 | *Cardamine occulta* | 0.11 | 2.00 | 3.67 | 1.23 | 2.45 |
| 黄花酢浆草 | *Oxalis pes-caprae* | 0.07 | 3.00 | 2.33 | 1.85 | 2.09 |
| 车前 | *Plantago asiatica* | 0.10 | 1.00 | 3.33 | 0.62 | 1.98 |
| 牛筋草 | *Eleusine indica* | 0.08 | 2.00 | 2.67 | 1.23 | 1.95 |
| 通泉草 | *Mazus pumilus* | 0.07 | 1.00 | 2.33 | 0.62 | 1.48 |
| 草胡椒 | *Peperomia pellucida* | 0.06 | 1.00 | 2.00 | 0.62 | 1.31 |
| 叶下珠 | *Phyllanthus urinaria* | 0.05 | 1.00 | 1.67 | 0.62 | 1.15 |

❯ 图3-213
黄皮-番石榴-
假臭草
群丛外貌

≪ 图3-214
黄皮-番石榴-
假臭草
群丛林冠层

≪ 图3-215
黄皮-番石榴-
假臭草
群丛灌木层与
草本层

**黄皮+
荔枝-海芋-鬼针草群丛**

*Clausena lansium+
Litchi chinensis-
Alocasia odora-
Bidens pilosa
Association*

——

黄皮+荔枝-海芋-鬼针草群丛分布在湿地一期龙吟潭西侧，代表群丛外貌呈深绿色，林冠参差，总郁闭度70%~80%。本群落植物种类组成丰富，群落结构复杂（图3-216）。

乔木可分为两层，中乔木层平均高度8.6 m、最低8.2 m、最高9.5 m，平均胸径25.4 cm、最小18.0 cm、最大38.0 cm，由假苹婆、乌桕、溪畔白千层、波罗蜜组成；小乔木层平均高度5.0 m、最低0.5 m、最高8.0 m、平均胸径13.6 cm、最小1.0 cm、最大40.0 cm，主要由黄皮、荔枝、垂柳以及较少阳桃、假苹婆、波罗蜜、溪畔白千层等组成，其中主要优势种为黄皮（表3-155）。灌木层较茂密，为中灌木层单层。中灌木层平均高度1.2 m、最低0.9 m、最高1.5 m，优势种为海芋，此外还有马缨丹、苎麻、对叶榕等（表3-156）。林下草本层丰富，主要优势种为鬼针草（图3-217、表3-157）。

表3-155　黄皮+荔枝-海芋-鬼针草群丛样地乔木层表

| 物种 | 学名 | 株数 | 相对频度/% | 相对多度/% | 相对显著度/% | 重要值 | 生活型 |
|---|---|---|---|---|---|---|---|
| 黄皮 | *Clausena lansium* | 38 | 12.50 | 46.34 | 8.51 | 22.45 | 小乔木 |
| 荔枝 | *Litchi chinensis* | 8 | 18.75 | 9.76 | 33.93 | 20.81 | 常绿乔木 |
| 垂柳 | *Salix babylonica* | 9 | 6.25 | 10.98 | 11.17 | 9.47 | 乔木 |
| 假苹婆 | *Sterculia lanceolata* | 7 | 6.25 | 8.54 | 10.28 | 8.36 | 乔木 |
| 溪畔白千层 | *Melaleuca bracteata* | 4 | 12.50 | 4.88 | 6.70 | 8.03 | 常绿灌木或小乔木 |
| 波罗蜜 | *Artocarpus heterophyllus* | 5 | 6.25 | 6.10 | 10.63 | 7.66 | 乔木 |
| 阳桃 | *Averrhoa carambola* | 5 | 6.25 | 6.10 | 5.00 | 5.78 | 乔木 |
| 乌桕 | *Triadica sebifera* | 1 | 6.25 | 1.22 | 6.99 | 4.82 | 乔木 |
| 洋蒲桃 | *Syzygium samarangense* | 1 | 6.25 | 1.22 | 3.27 | 3.58 | 乔木 |
| 龙眼 | *Dimocarpus longan* | 1 | 6.25 | 1.22 | 3.03 | 3.50 | 常绿乔木 |
| 番石榴 | *Psidium guajava* | 2 | 6.25 | 2.44 | 0.24 | 2.98 | 灌木或小乔木 |
| 对叶榕 | *Ficus hispida* | 1 | 6.25 | 1.22 | 0.24 | 2.57 | 小乔木或灌木 |

表3-156　黄皮+荔枝-海芋-鬼针草群丛样地灌木层表

| 物种 | 学名 | 株数 | 相对频度/% | 相对多度/% | 重要值 | 生活型 |
|---|---|---|---|---|---|---|
| 海芋 | *Alocasia odora* | 7 | 22.22 | 43.75 | 32.98 | 大型常绿草本 |
| 马缨丹 | *Lantana camara* | 3 | 11.11 | 18.75 | 14.93 | 灌木或蔓性灌木 |
| 对叶榕 | *Ficus hispida* | 1 | 11.11 | 6.25 | 8.68 | 小乔木或灌木 |
| 荔枝 | *Litchi chinensis* | 1 | 11.11 | 6.25 | 8.68 | 常绿乔木 |
| 朴树 | *Celtis sinensis* | 1 | 11.11 | 6.25 | 8.68 | 高大落叶乔木 |
| 秋枫 | *Bischofia javanica* | 1 | 11.11 | 6.25 | 8.68 | 常绿或半常绿大乔木 |
| 水翁蒲桃 | *Syzygium nervosum* | 1 | 11.11 | 6.25 | 8.68 | 乔木 |
| 苎麻 | *Boehmeria nivea* | 1 | 11.11 | 6.25 | 8.68 | 亚灌木或灌木 |

表3-157　黄皮＋荔枝-海芋-鬼针草群丛样地草本层表

| 物种 | 学名 | 平均高度/m | 平均盖度/% | 相对高度/% | 相对盖度/% | 重要值 |
|---|---|---|---|---|---|---|
| 鬼针草 | Bidens pilosa | 0.55 | 52.50 | 11.76 | 25.86 | 18.81 |
| 花叶山姜 | Alpinia pumila | 0.80 | 40.00 | 17.11 | 19.70 | 18.41 |
| 阔叶十大功劳 | Mahonia bealei | 0.80 | 30.00 | 17.11 | 14.78 | 15.95 |
| 花叶冷水花 | Pilea cadierei | 0.25 | 50.00 | 5.35 | 24.63 | 14.99 |
| 蕨 | Pteridium aquilinum var. latiusculum | 0.90 | 10.00 | 19.25 | 4.93 | 12.09 |
| 地毯草 | Axonopus compressus | 0.60 | 6.00 | 12.83 | 2.96 | 7.89 |
| 蔊菜 | Rorippa indica | 0.10 | 5.00 | 2.14 | 2.46 | 2.30 |
| 荔枝 | Litchi chinensis | 0.15 | 2.00 | 3.21 | 0.99 | 2.10 |
| 假臭草 | Praxelis clematidea | 0.15 | 1.00 | 3.21 | 0.49 | 1.85 |
| 火炭母 | Persicaria chinensis | 0.10 | 3.00 | 2.14 | 1.48 | 1.81 |
| 海芋 | Alocasia odora | 0.12 | 1.50 | 2.67 | 0.74 | 1.71 |
| 附地菜 | Trigonotis peduncularis | 0.10 | 1.00 | 2.14 | 0.49 | 1.31 |
| 酢浆草 | Oxalis corniculata | 0.05 | 1.00 | 1.07 | 0.49 | 0.78 |

›› 图3-216
黄皮＋荔枝-
海芋-鬼针草
群丛外貌

›› 图3-217
黄皮＋荔枝-
海芋-鬼针草
群丛草本层

**黄皮-**
**海芋-华南毛蕨群丛**

*Clausena lansium -*
*Alocasia odora -*
*Cyclosorus parasiticus*
Association

———

黄皮-海芋-华南毛蕨群丛分布在SD1-13号样地，代表群丛外貌呈深绿色，林冠较整齐，总郁闭度70%~80%。本群落植物种类组成丰富，群落结构复杂（图3-218）。

乔木为小乔木层单层，平均高度5.1 m、最低2.9 m、最高7.8 m，平均胸径11.3 cm、最小1.3 cm、最大42.0 cm，由黄皮、阳桃、龙眼以及少量番石榴组成，其中主要优势种为黄皮（图3-219、表3-158）。灌木层稀疏，为中灌木层单层，平均高度1.4 m、最低1.1 m、最高2.0 m，由对叶榕、海芋、土蜜树、苎麻组成，其中主要优势种为海芋（表3-159）。林下草本层丰富，主要优势种为华南毛蕨（图3-220、表3-160）。

表3-158 黄皮-海芋-华南毛蕨群丛样地乔木层表

| 物种 | 学名 | 株数 | 相对频度/% | 相对多度/% | 相对显著度/% | 重要值 | 生活型 |
|---|---|---|---|---|---|---|---|
| 黄皮 | *Clausena lansium* | 36 | 33.33 | 56.25 | 32.21 | 40.60 | 小乔木 |
| 龙眼 | *Dimocarpus longan* | 10 | 16.67 | 15.62 | 48.53 | 26.94 | 常绿乔木 |
| 阳桃 | *Averrhoa carambola* | 16 | 33.33 | 25.00 | 18.33 | 25.55 | 乔木 |
| 番石榴 | *Psidium guajava* | 2 | 16.67 | 3.12 | 0.94 | 6.91 | 灌木或小乔木 |

表3-159 黄皮-海芋-华南毛蕨群丛样地灌木层表

| 物种 | 学名 | 株数 | 相对频度/% | 相对多度/% | 重要值 | 生活型 |
|---|---|---|---|---|---|---|
| 海芋 | *Alocasia odora* | 4 | 40.00 | 25.00 | 32.50 | 大型常绿草本 |
| 苎麻 | *Boehmeria nivea* | 7 | 20.00 | 43.75 | 31.88 | 亚灌木或灌木 |
| 对叶榕 | *Ficus hispida* | 4 | 20.00 | 25.00 | 22.50 | 小乔木或灌木 |
| 土蜜树 | *Bridelia tomentosa* | 1 | 20.00 | 6.25 | 13.12 | 灌木或小乔木 |

表3-160 黄皮-海芋-华南毛蕨群丛样地草本层表

| 物种 | 学名 | 平均高度/m | 平均盖度/% | 相对高度/% | 相对盖度/% | 重要值 |
|---|---|---|---|---|---|---|
| 华南毛蕨 | *Cyclosorus parasiticus* | 0.35 | 50.00 | 16.99 | 24.15 | 20.57 |
| 两耳草 | *Paspalum conjugatum* | 0.10 | 40.00 | 4.85 | 19.32 | 12.09 |
| 假臭草 | *Praxelis clematidea* | 0.30 | 15.00 | 14.56 | 7.25 | 10.91 |
| 龙葵 | *Solanum nigrum* | 0.35 | 10.00 | 16.99 | 4.83 | 10.91 |
| 弓果黍 | *Cyrtococcum patens* | 0.09 | 30.00 | 4.37 | 14.49 | 9.43 |
| 竹叶草 | *Oplismenus compositus* | 0.20 | 10.00 | 9.71 | 4.83 | 7.27 |
| 红花酢浆草 | *Oxalis corymbosa* | 0.10 | 20.00 | 4.85 | 9.66 | 7.26 |
| 莲子草 | *Alternanthera sessilis* | 0.10 | 15.00 | 4.85 | 7.25 | 6.05 |
| 半边旗 | *Pteris semipinnata* | 0.20 | 3.00 | 9.71 | 1.45 | 5.58 |
| 海芋 | *Alocasia odora* | 0.15 | 6.00 | 7.28 | 2.90 | 5.09 |
| 乌蔹莓 | *Causonis japonica* | 0.12 | 8.00 | 5.83 | 3.86 | 4.84 |

➤➤ 图3-218
黄皮 - 海芋 -
华南毛蕨
群丛外貌

◄◄ 图3-219
黄皮 - 海芋 -
华南毛蕨
群丛林冠层

◄◄ 图3-220
黄皮 - 海芋 -
华南毛蕨
群丛草本层

黄皮＋龙眼＋黄花风铃木-
美人蕉群丛

*Clausena lansium+*
*Dimocarpus longan +*
*Handroanthus chrysanthus -*
*Canna indica*
Association

———

黄皮＋龙眼＋黄花风铃木-美人蕉群丛分布在湿地三期北门附近，代表群丛外貌呈深绿色，林冠较整齐，总郁闭度50%~60%。本群落植物种类组成丰富，群落结构复杂（图3-221）。

乔木层可分为两层，物种较丰富。中乔木层平均高度11.5 m、最低8.3 m、最高13.7 m，平均胸径27.0 cm、最小13.7 cm、最大43.0 cm，由火焰树、黄葛树、黄花风铃木组成；小乔木层平均高度5.5 m、最低2.2 m、最高8.0 m，平均胸径13.1 cm、最小4.6 cm、最大25.1 cm，由黄皮、阳桃、黄花风铃木以及少量龙眼组成，其中主要优势种为黄皮（图3-222、表3-161）。无明显灌木层分层。林下草本层丰富，主要优势种为美人蕉（图3-223、表3-162）。

表3-161　黄皮＋龙眼＋黄花风铃木-
美人蕉群丛样地乔木层表

| 物种 | 学名 | 株数 | 相对频度/% | 相对多度/% | 相对显著度/% | 重要值 | 生活型 |
|---|---|---|---|---|---|---|---|
| 黄皮 | *Clausena lansium* | 9 | 16.67 | 37.50 | 7.30 | 20.49 | 小乔木 |
| 龙眼 | *Dimocarpus longan* | 3 | 16.67 | 12.50 | 24.57 | 17.91 | 常绿乔木 |
| 黄花风铃木 | *Handroanthus chrysanthus* | 5 | 16.67 | 20.83 | 11.46 | 16.32 | 落叶或半常绿乔木 |
| 阳桃 | *Averrhoa carambola* | 4 | 16.67 | 16.67 | 15.30 | 16.21 | 乔木 |
| 黄葛树 | *Ficus virens* | 1 | 16.67 | 4.17 | 24.03 | 14.96 | 落叶或半落叶乔木 |
| 火焰树 | *Spathodea campanulata* | 2 | 16.67 | 8.33 | 17.35 | 14.12 | 落叶乔木 |

表3-162　黄皮＋龙眼＋黄花风铃木-
美人蕉群丛样地草本层表

| 物种 | 学名 | 平均高度/m | 平均盖度/% | 相对高度/% | 相对盖度/% | 重要值 |
|---|---|---|---|---|---|---|
| 美人蕉 | *Canna indica* | 1.72 | 25.00 | 31.36 | 17.30 | 24.33 |
| 鸭跖草 | *Commelina communis* | 0.54 | 50.00 | 9.75 | 34.60 | 22.18 |
| 小心叶薯 | *Ipomoea obscura* | 1.50 | 3.00 | 27.35 | 2.08 | 14.71 |
| 地毯草 | *Axonopus compressus* | 0.07 | 20.00 | 1.28 | 13.84 | 7.56 |
| 鬼针草 | *Bidens pilosa* | 0.50 | 8.00 | 9.12 | 5.54 | 7.33 |
| 阔叶丰花草 | *Spermacoce alata* | 0.39 | 10.00 | 7.11 | 6.92 | 7.02 |
| 一点红 | *Emilia sonchifolia* | 0.11 | 11.00 | 2.01 | 7.61 | 4.81 |
| 假臭草 | *Praxelis clematidea* | 0.23 | 5.50 | 4.19 | 3.81 | 4.00 |
| 海芋 | *Alocasia odora* | 0.16 | 5.00 | 2.92 | 3.46 | 3.19 |
| 荷莲豆草 | *Drymaria cordata* | 0.11 | 4.00 | 2.01 | 2.77 | 2.39 |
| 酢浆草 | *Oxalis corniculata* | 0.10 | 2.00 | 1.82 | 1.38 | 1.60 |
| 黄鹌菜 | *Youngia japonica* | 0.06 | 1.00 | 1.09 | 0.69 | 0.89 |

◂◂ 图3-221
黄皮＋龙眼＋
黄花风铃木-
美人蕉
群丛结构

◂◂ 图3-222
黄皮＋龙眼＋
黄花风铃木-
美人蕉
群丛林冠层

◂◂ 图3-223
黄皮＋龙眼＋
黄花风铃木-
美人蕉
群丛灌木层及
草本层

## 黄皮-微甘菊群丛 [1]

*Clausena lansium – Mikania micrantha* Association

黄皮-微甘菊群丛分布在广州环城高速公路的湿地保育区内，代表群丛外貌呈深绿色，林冠整齐茂密，总郁闭度90%左右。本群落植物种类组成丰富，群落结构复杂（图3-224）。

乔木主要为小乔木层和中乔木层，小乔木层的平均高度4.0 m、最低1.7 m、最高7.1 m，平均胸径6.2 cm、最小1.6 cm、最大17.5 cm，由阳桃、黄皮、番石榴和芭蕉等组成；中乔木层的平均高度12.3 m、最小9.4 m，最高15.0 m，平均胸径25.3 cm、最小10.6 cm、最大34.0 cm，由幌伞枫、菜豆树、高山榕、荔枝组成（图3-225、表3-163）。无灌木层。林下草本层丰富，主要优势种为微甘菊、凤眼莲、香蒲、鬼针草（图3-226、表3-164）。

表3-163 黄皮-微甘菊群丛样地乔木层表

| 物种 | 学名 | 株数 | 相对频度/% | 相对多度/% | 相对显著度/% | 重要值 | 生活型 |
|---|---|---|---|---|---|---|---|
| 黄皮 | *Clausena lansium* | 43 | 26.67 | 62.32 | 20.97 | 36.65 | 小乔木 |
| 龙眼 | *Dimocarpus longan* | 6 | 13.33 | 8.70 | 14.86 | 12.30 | 常绿乔木 |
| 阳桃 | *Averrhoa carambola* | 7 | 13.33 | 10.14 | 8.56 | 10.68 | 乔木 |
| 高山榕 | *Ficus altissima* | 1 | 6.67 | 1.45 | 19.08 | 9.07 | 乔木 |
| 荔枝 | *Litchi chinensis* | 1 | 6.67 | 1.45 | 19.08 | 9.07 | 常绿乔木 |
| 菜豆树 | *Radermachera sinica* | 4 | 6.67 | 5.80 | 10.00 | 7.49 | 小乔木 |
| 幌伞枫 | *Heteropanax fragrans* | 2 | 6.67 | 2.90 | 4.73 | 4.77 | 乔木 |
| 番石榴 | *Psidium guajava* | 2 | 6.67 | 2.90 | 1.43 | 3.67 | 灌木或小乔木 |
| 芭蕉 | *Musa basjoo* | 2 | 6.67 | 2.90 | 1.14 | 3.57 | 多年生丛生草本 |
| 潺槁木姜子 | *Litsea glutinosa* | 1 | 6.67 | 1.45 | 0.15 | 2.76 | 常绿乔木 |

表3-164 黄皮-微甘菊群丛样地草本层表

| 物种 | 学名 | 平均高度/m | 平均盖度/% | 相对高度/% | 相对盖度/% | 重要值 |
|---|---|---|---|---|---|---|
| 微甘菊 | *Mikania micrantha* | 0.36 | 50.33 | 4.29 | 21.96 | 13.12 |
| 凤眼莲 | *Eichhornia crassipes* | 0.84 | 30.00 | 9.92 | 13.09 | 11.50 |
| 香蒲 | *Typha orientalis* | 1.33 | 8.00 | 15.71 | 3.49 | 9.60 |
| 鬼针草 | *Bidens pilosa* | 0.61 | 23.00 | 7.20 | 10.04 | 8.62 |
| 双穗雀稗 | *Paspalum distichum* | 0.45 | 24.00 | 5.31 | 10.47 | 7.89 |
| 求米草 | *Oplismenus undulatifolius* | 0.47 | 15.00 | 5.55 | 6.55 | 6.05 |
| 两耳草 | *Paspalum conjugatum* | 0.41 | 10.33 | 4.88 | 4.51 | 4.70 |
| 芋 | *Colocasia esculenta* | 0.61 | 5.00 | 7.20 | 2.18 | 4.69 |
| 绵毛酸模叶蓼 | *Polygonum lapathifolium* var. *salicifolium* | 0.53 | 7.00 | 6.26 | 3.05 | 4.65 |
| 喜旱莲子草 | *Alternanthera philoxeroides* | 0.37 | 11.00 | 4.37 | 4.80 | 4.58 |
| 篱栏网 | *Merremia hederacea* | 0.41 | 8.00 | 4.78 | 3.49 | 4.14 |
| 稷 | *Panicum miliaceum* | 0.28 | 10.00 | 3.25 | 4.36 | 3.81 |
| 藿香蓟 | *Ageratum conyzoides* | 0.41 | 4.00 | 4.84 | 1.75 | 3.30 |

1　本群丛样方数据和群落照片由植被大赛8号队伍（虞文龙、陈星亮、冯浩源、巩秋月、韩浩媛、李漪铧）提供

続表

| 物种 | 学名 | 平均高度/m | 平均盖度/% | 相对高度/% | 相对盖度/% | 重要值 |
|---|---|---|---|---|---|---|
| 金星蕨 | Parathelypteris glanduligera | 0.32 | 6.00 | 3.78 | 2.62 | 3.20 |
| 华南毛蕨 | Cyclosorus parasiticus | 0.37 | 4.50 | 4.37 | 1.96 | 3.16 |
| 火炭母 | Persicaria chinensis | 0.27 | 4.00 | 3.19 | 1.75 | 2.47 |
| 假臭草 | Praxelis clematidea | 0.11 | 4.00 | 1.30 | 1.75 | 1.52 |
| 小叶海金沙 | Lygodium microphyllum | 0.11 | 4.00 | 1.30 | 1.75 | 1.52 |
| 雾水葛 | Pouzolzia zeylanica | 0.21 | 1.00 | 2.48 | 0.44 | 1.46 |

图3-224
黄皮-微甘菊
群丛外貌

图3-225
黄皮-微甘菊
群丛林冠层

图3-226
黄皮-微甘菊
群丛草本层

黄皮 +
龙眼 - 番石榴 - 芭蕉群丛[1]

*Clausena lansium +*
*Dimocarpus longan -*
*Psidium guajava -*
*Musa basjoo*
Association

—

黄皮 + 龙眼 - 番石榴 - 芭蕉群丛分布在南沙港快速路以南、小洲路以北的湿地保育区和广州环城高速公路以南的湿地保育区内。代表群丛外貌呈深绿色，林冠整齐，总郁闭度60%～70%。本群落植物种类组成丰富，群落结构复杂（图3-227、图3-228）。

乔木层分为大乔木层、小乔木层和中乔木层，大乔木层平均高度40.0 m，平均胸径24.7 cm、最小18.0 cm、最大28.0 cm，由黄皮组成；中乔木层平均高度10.5 m、最低9.2 m、最高13.0 m，平均胸径为79.7 cm、最低71.0 cm、最高90.0 cm，由杧果和柿组成；小乔木层数量居多，其平均高度4.3 m、最低0.4 m、最高7.8 m，平均胸径28.2 cm、最小4.0 cm、最大90.0 cm，由黄皮、阳桃、龙眼等组成（图3-229、表3-165）。灌木层层次复杂，分为大、中、小灌木层，大灌木层的平均高度2.3 m、最低2.2 m、最高2.4 m；中灌木层的平均高度1.3 m、最低0.8 m、最高1.9 m（表3-166）。林下草本层丰富，主要优势种为芭蕉、狗牙根、海芋和假臭草等（图3-230、表3-167）。

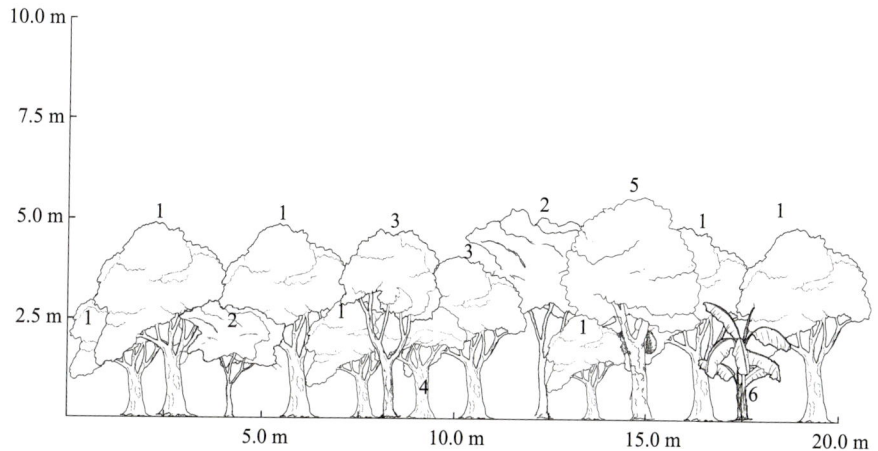

>> 图3-227 黄皮 + 龙眼 - 番石榴 - 芭蕉群丛剖面图

1. 阳桃（*Averrhoa carambola*）
2. 番石榴（*Psidium guajava*）
3. 黄皮（*Clausena lansium*）
4. 龙眼（*Dimocarpus longan*）
5. 波萝蜜（*Artocarpus heterophyllus*）
6. 芭蕉（*Musa basjoo*）

表3-165 黄皮 + 龙眼 - 番石榴 - 芭蕉群丛样地乔木层表

| 物种 | 学名 | 株数 | 相对频度/% | 相对多度/% | 相对显著度/% | 重要值 | 生活型 |
|---|---|---|---|---|---|---|---|
| 黄皮 | *Clausena lansium* | 219 | 33.33 | 64.60 | 22.13 | 40.02 | 小乔木 |
| 龙眼 | *Dimocarpus longan* | 65 | 33.33 | 19.17 | 44.05 | 32.18 | 常绿乔木 |
| 阳桃 | *Averrhoa carambola* | 43 | 6.67 | 12.68 | 27.62 | 15.66 | 乔木 |
| 番石榴 | *Psidium guajava* | 6 | 6.67 | 1.77 | 1.21 | 3.22 | 灌木或小乔木 |
| 杧果 | *Mangifera indica* | 2 | 6.67 | 0.59 | 2.41 | 3.22 | 大乔木 |
| 柿 | *Diospyros kaki* | 1 | 6.67 | 0.29 | 1.76 | 2.91 | 落叶乔木 |
| 海杧果 | *Cerbera manghas* | 3 | 6.67 | 0.88 | 0.82 | 2.79 | 乔木 |

表3-166 黄皮 + 龙眼 - 番石榴 - 芭蕉群丛样地灌木层表

| 物种 | 学名 | 株数 | 相对频度/% | 相对多度/% | 重要值 | 生活型 |
|---|---|---|---|---|---|---|
| 番石榴 | *Psidium guajava* | 11 | 33.33 | 52.38 | 42.86 | 灌木或小乔木 |
| 波罗蜜 | *Artocarpus heterophyllus* | 9 | 33.33 | 42.86 | 38.09 | 乔木 |
| 构 | *Broussonetia papyrifera* | 1 | 33.33 | 4.76 | 19.04 | 高大乔木或灌木状 |

1 本群丛样地数据和群落照片由植被大赛22号队伍（陈志洁、李思怡、何玉琳、卢燕丹、周梦雅、廖依、林珊玉、杨智中、李晓荣、赖丽萍）提供

| 物种 | 学名 | 平均高度/m | 平均盖度/% | 相对高度/% | 相对盖度/% | 重要值 |
|---|---|---|---|---|---|---|
| 芭蕉 | *Musa basjoo* | 1.90 | 80.00 | 53.21 | 47.18 | 50.20 |
| 狗牙根 | *Cynodon dactylon* | 0.10 | 35.00 | 2.80 | 20.64 | 11.72 |
| 海芋 | *Alocasia odora* | 0.35 | 12.83 | 9.80 | 7.57 | 8.69 |
| 假臭草 | *Praxelis clematidea* | 0.16 | 20.71 | 4.40 | 12.22 | 8.31 |
| 小蓬草 | *Erigeron canadensis* | 0.28 | 5.00 | 7.84 | 2.95 | 5.39 |
| 牛筋草 | *Eleusine indica* | 0.25 | 4.00 | 7.00 | 2.36 | 4.68 |
| 半边旗 | *Pteris semipinnata* | 0.20 | 5.00 | 5.60 | 2.95 | 4.28 |
| 鬼针草 | *Bidens pilosa* | 0.20 | 4.33 | 5.60 | 2.56 | 4.08 |
| 犁头尖 | *Typhonium blumei* | 0.13 | 2.67 | 3.73 | 1.57 | 2.65 |

表3-167　黄皮＋龙眼 - 番石榴 - 芭蕉群丛样地草本层表

▼ 图3-228
黄皮＋龙眼 -
番石榴 - 芭蕉
群丛外貌

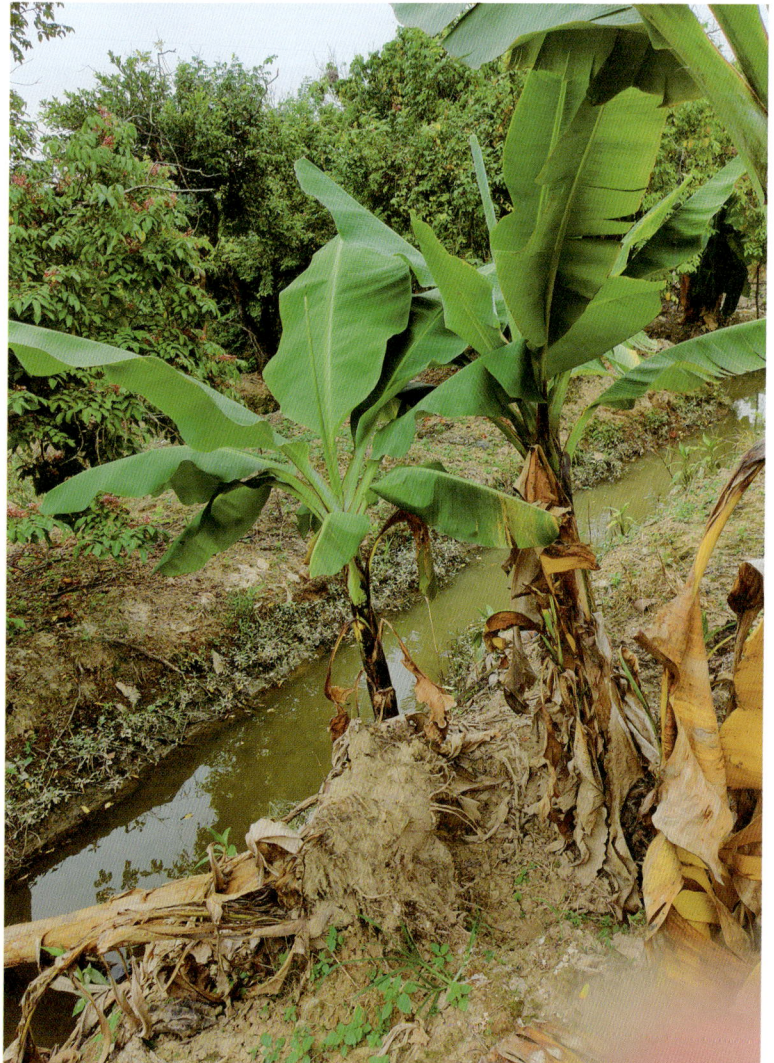

# 黄皮＋阳桃-竹叶草群丛[1]

*Clausena lansium+*
*Averrhoa carambola –*
*Oplismenus compositus*
Association

黄皮＋阳桃-竹叶草群丛分布在上涌生态科学园，代表群丛外貌呈深绿色，林冠整齐，总郁闭度50%左右。本群落植物种类组成丰富，群落结构简单（图3-231）。

乔木主要为小乔木层，其平均高度3.1 m、最低1.9 m、最高4.7 m，平均胸径7.2 cm、最小1.8 cm、最大16.9 cm，由黄皮、阳桃和龙眼组成（表3-168）。无灌木层。林下草本层较丰富，主要是竹叶草、莲子草、鬼针草和大野芋等（表3-169）。

表3-168　黄皮＋阳桃-竹叶草群丛样地乔木层表

| 物种 | 学名 | 株数 | 相对频度/% | 相对多度/% | 相对显著度/% | 重要值 | 生活型 |
| --- | --- | --- | --- | --- | --- | --- | --- |
| 黄皮 | *Clausena lansium* | 17 | 33.33 | 58.62 | 38.19 | 43.38 | 小乔木 |
| 阳桃 | *Averrhoa carambola* | 10 | 33.33 | 34.48 | 57.20 | 41.67 | 乔木 |
| 龙眼 | *Dimocarpus longan* | 2 | 33.33 | 6.90 | 4.62 | 14.95 | 常绿乔木 |

表3-169　黄皮＋阳桃-竹叶草群丛样地草本层表

| 物种 | 学名 | 平均高度/m | 平均盖度/% | 相对高度/% | 相对盖度/% | 重要值 |
| --- | --- | --- | --- | --- | --- | --- |
| 竹叶草 | *Oplismenus compositus* | 0.46 | 22.06 | 21.70 | 37.75 | 29.73 |
| 莲子草 | *Alternanthera sessilis* | 0.21 | 23.25 | 9.91 | 39.79 | 24.85 |
| 鬼针草 | *Bidens pilosa* | 0.75 | 3.50 | 35.38 | 5.99 | 20.69 |
| 大野芋 | *Leucocasia gigantea* | 0.42 | 4.00 | 19.81 | 6.84 | 13.32 |
| 香丝草 | *Erigeron bonariensis* | 0.14 | 2.38 | 6.37 | 4.06 | 5.22 |
| 一点红 | *Emilia sonchifolia* | 0.06 | 2.00 | 2.83 | 3.42 | 3.12 |
| 微甘菊 | *Mikania micrantha* | 0.09 | 1.25 | 4.01 | 2.14 | 3.08 |

➤➤ 图3-231
黄皮＋
阳桃-竹叶草
群丛外貌

1　本群丛样地数据和群落照片由植被大赛15号队伍［魏蜜（指导教师）、王奥成、戴智安、王宁、黄丽雯、李金洪、王健］提供

## 黄皮-鬼针草群丛

**Clausena lansium-Bidens pilosa Association**

黄皮-鬼针草群丛分布在湿地二期土华桥东西两侧和湿地三期小洲东路以北，代表群丛外貌呈深绿色，林冠错落有致，总郁闭度40%~50%左右。本群落植物种类组成丰富，群落结构简单（图3-232）。

乔木层为小乔木层，其平均高度3.5 m、最低2.1 m、最高5.0 m，平均胸径4.6 cm、最小0.5 cm、最大16.1 cm，由黄皮和龙眼组成（图3-233、表3-170）。无灌木层。林下草本层丰富，主要是鬼针草、海芋、细柄黍、马唐和白茅等（图3-234、表3-171）。

表3-170 黄皮-鬼针草群丛样地乔木层表

| 物种 | 学名 | 株数 | 相对频度/% | 相对多度/% | 相对显著度/% | 重要值 | 生活型 |
|---|---|---|---|---|---|---|---|
| 黄皮 | *Clausena lansium* | 64 | 50.00 | 90.14 | 56.48 | 65.54 | 小乔木 |
| 龙眼 | *Dimocarpus longan* | 7 | 50.00 | 9.86 | 43.52 | 34.46 | 常绿乔木 |

表3-171 黄皮-鬼针草群丛样地草本层表

| 物种 | 学名 | 平均高度/m | 平均盖度/% | 相对高度/% | 相对盖度/% | 重要值 |
|---|---|---|---|---|---|---|
| 鬼针草 | *Bidens pilosa* | 0.67 | 60.00 | 12.07 | 23.87 | 17.97 |
| 海芋 | *Alocasia odora* | 0.85 | 40.00 | 15.37 | 15.92 | 15.64 |
| 细柄黍 | *Panicum sumatrense* | 0.43 | 56.67 | 7.83 | 22.55 | 15.19 |
| 马唐 | *Digitaria sanguinalis* | 0.50 | 40.00 | 9.04 | 15.92 | 12.48 |
| 白茅 | *Imperata cylindrica* | 1.20 | 3.00 | 21.70 | 1.19 | 11.45 |
| 竹叶草 | *Oplismenus compositus* | 0.48 | 20.00 | 8.68 | 7.96 | 8.32 |
| 三裂叶薯 | *Ipomoea triloba* | 0.50 | 16.67 | 9.04 | 6.63 | 7.83 |
| 芋 | *Colocasia esculenta* | 0.40 | 5.00 | 7.23 | 1.99 | 4.61 |
| 竹节菜 | *Commelina diffusa* | 0.30 | 5.00 | 5.42 | 1.99 | 3.70 |
| 微甘菊 | *Mikania micrantha* | 0.20 | 5.00 | 3.62 | 1.99 | 2.81 |

➤➤ 图3-232
黄皮-鬼针草
群丛外貌

▲ 图3-233
黄皮-鬼针草
群丛林冠层

◄◄ 图3-234
黄皮-鬼针草
群丛林下草本层

# 荔

# 枝

## 湿地垛基果林
### *Litchi chinensis*
### Wetland Raised Field Agroforest

荔枝（*Litchi chinensis*），属于无患子科（Sapindaceae）荔枝属（*Litchi*），常绿乔木，通常不到10 m高。荔枝树形奇特，树干弯曲盘旋，枝叶丰茂，枝干斑驳突兀，别具一格。荔枝三月开花，白花压满枝头；六月结果，红果挂满枝梢，在岭南园林中具有极强的观赏价值和文化价值。

（中国科学院中国植物志编辑委员会，1985；郑志强，2019）

**荔枝群丛**

*Litchi chinensis*
Association

荔枝群丛分布在湿地二期东部华南快速收费站附近和官洲水道以北、南沙港快速路以西区域，代表群丛外貌呈深绿色，林冠较整齐，总郁闭度40%～50%。本群落植物种类组成较单一，群落结构简单（图3-235）。

乔木可分为两层。中乔木层平均高度8.6 m、最低8.1 m、最高9.0 m，平均胸径32.5 cm、最小25.0 cm、最大40.0 cm，由荔枝、楝组成；小乔木层平均高度7.0 m、最低6.5 m、最高7.9 m，平均胸径19.7 cm、最小10.0 cm、最大34.0 cm，由荔枝、蒲桃和阳桃组成，其中主要优势种为荔枝（表3-172）。无明显灌木层、草本层分层。

表3-172　荔枝群丛样地乔木层表

| 物种 | 学名 | 株数 | 相对频度/% | 相对多度/% | 相对显著度/% | 重要值 | 生活型 |
|------|------|------|------|------|------|------|------|
| 荔枝 | *Litchi chinensis* | 14 | 20.00 | 35.90 | 66.12 | 40.67 | 常绿乔木 |
| 蒲桃 | *Syzygium jambos* | 18 | 20.00 | 46.15 | 19.62 | 28.59 | 乔木 |
| 阳桃 | *Averrhoa carambola* | 4 | 20.00 | 10.26 | 6.57 | 12.28 | 乔木 |
| 黄皮 | *Clausena lansium* | 2 | 20.00 | 5.13 | 3.72 | 9.62 | 小乔木 |
| 楝 | *Melia azedarach* | 1 | 20.00 | 2.56 | 3.97 | 8.84 | 落叶乔木 |

➤➤ 图3-235
荔枝群丛外貌

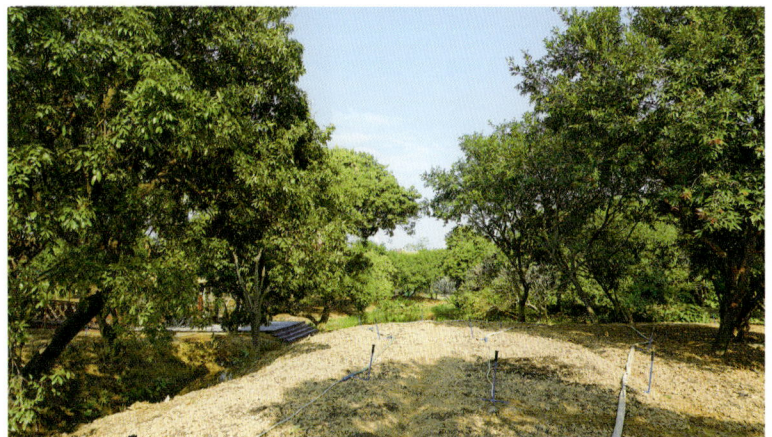

荔枝+榕树+
美丽异木棉-
地毯草群丛

Litchi chinensis+
Ficus microcarpa+
Ceiba speciosa-
Axonopus compressus
Association

荔枝+榕树+美丽异木棉-地毯草群丛分布在湿地三期小洲东路以南区域的西北部,代表群丛外貌呈深绿色,林冠较整齐,总郁闭度40%~50%。本群落植物种类组成丰富,群落结构较简单(图3-236)。

乔木为小乔木层单层,物种丰富。小乔木层平均高度6.1 m、最低0.8 m、最高8.0 m,平均胸径11.8 cm、最小0.5 cm、最大34.2 cm,由荔枝、美丽异木棉、榕树、龙眼、凤凰木、木棉等组成,其中主要优势种为荔枝(图3-237、表3-173)。无明显灌木层分层。林下草本层单一,主要优势种为地毯草(表3-174)。

表3-173 荔枝+榕树+美丽异木棉-地毯草群丛样地乔木层表

| 物种 | 学名 | 株数 | 相对频度/% | 相对多度/% | 相对显著度/% | 重要值 | 生活型 |
|---|---|---|---|---|---|---|---|
| 荔枝 | Litchi chinensis | 18 | 6.67 | 20.45 | 31.76 | 19.63 | 常绿乔木 |
| 榕树 | Ficus microcarpa | 6 | 13.33 | 6.82 | 29.72 | 16.62 | 乔木 |
| 美丽异木棉 | Ceiba speciosa | 27 | 6.67 | 30.68 | 4.30 | 13.88 | 落叶乔木 |
| 龙眼 | Dimocarpus longan | 6 | 13.33 | 6.82 | 7.68 | 9.28 | 常绿乔木 |
| 凤凰木 | Delonix regia | 7 | 13.33 | 7.95 | 5.76 | 9.01 | 高大落叶乔木 |
| 木棉 | Bombax ceiba | 5 | 6.67 | 5.68 | 10.59 | 7.65 | 落叶大乔木 |
| 阳桃 | Averrhoa carambola | 4 | 6.67 | 4.55 | 4.66 | 5.29 | 乔木 |
| 腊肠树 | Cassia fistula | 4 | 6.67 | 4.55 | 2.87 | 4.70 | 落叶乔木 |
| 南洋楹 | Falcataria falcata | 6 | 6.67 | 6.82 | 0.39 | 4.63 | 常绿大乔木 |
| 大花紫薇 | Lagerstroemia speciosa | 2 | 6.67 | 2.27 | 0.93 | 3.29 | 大乔木 |
| 银叶树 | Heritiera littoralis | 2 | 6.67 | 2.27 | 0.93 | 3.29 | 常绿乔木 |
| 琴叶榕 | Ficus pandurata | 1 | 6.67 | 1.14 | 0.40 | 2.74 | 灌木 |

表3-174 荔枝+榕树+美丽异木棉-地毯草群丛样地草本层表

| 物种 | 学名 | 平均高度/m | 平均盖度/% | 相对高度/% | 相对盖度/% | 重要值 |
|---|---|---|---|---|---|---|
| 地毯草 | Axonopus compressus | 0.45 | 50.00 | 100.00 | 100.00 | 100.00 |

➤➤ 图3-236
荔枝+榕树+
美丽异木棉-
地毯草
群丛外貌

⌃ 图 3-237
荔枝＋榕树＋
美丽异木棉 -
地毯草
群丛林冠层

荔枝+楝+
秋枫-朱蕉-
海芋群丛

*Litchi chinensis +*
*Melia azedarach +*
*Bischofia javanica –*
*Cordyline fruticose –*
*Alocasia odora*
Association

荔枝+楝+秋枫-朱蕉-海芋群丛分布在湿地三期小洲东路以南区域中东部，代表群丛外貌呈深绿色，林冠较整齐，总郁闭度70%～80%。本群落植物种类组成丰富，群落结构复杂（图3-238）。

乔木为小乔木单层，植物种类丰富。小乔木层平均高度5.0 m、最低2.0 m、最高8.0 m，平均胸径12.1 cm、最小1.0 cm、最大42.0 cm，由荔枝、楝、秋枫、假槟榔、榕树等组成，其中主要优势种为荔枝（表3-175）。灌木层稀疏，仅有中灌木层单层。中灌木层平均高度1.5 m，由朱蕉、鹅掌藤、细枝龙血树、栀子、朱缨花组成，其中主要优势种为朱蕉（表3-176）。林下草本层丰富，主要优势种为海芋（图3-239、表3-177）。

表3-175 荔枝+楝+秋枫-朱蕉-海芋群丛样地乔木层表

| 物种 | 学名 | 株数 | 相对频度/% | 相对多度/% | 相对显著度/% | 重要值 | 生活型 |
|---|---|---|---|---|---|---|---|
| 荔枝 | *Litchi chinensis* | 11 | 5.26 | 10.68 | 24.86 | 13.60 | 常绿乔木 |
| 楝 | *Melia azedarach* | 5 | 5.26 | 4.85 | 22.48 | 10.86 | 落叶乔木 |
| 秋枫 | *Bischofia javanica* | 17 | 10.53 | 16.50 | 4.92 | 10.65 | 常绿或半常绿大乔木 |
| 假槟榔 | *Archontophoenix alexandrae* | 16 | 5.26 | 15.53 | 8.36 | 9.72 | 乔木 |
| 榕树 | *Ficus microcarpa* | 6 | 5.26 | 5.83 | 16.92 | 9.34 | 乔木 |
| 土蜜树 | *Bridelia tomentosa* | 11 | 5.26 | 10.68 | 1.08 | 5.67 | 灌木或小乔木 |
| 龙眼 | *Dimocarpus longan* | 4 | 5.26 | 3.88 | 6.58 | 5.24 | 常绿乔木 |
| 蒲桃 | *Syzygium jambos* | 5 | 10.53 | 4.85 | 0.30 | 5.23 | 乔木 |
| 美丽异木棉 | *Ceiba speciosa* | 6 | 5.26 | 5.83 | 1.96 | 4.35 | 落叶乔木 |
| 高山榕 | *Ficus altissima* | 1 | 5.26 | 0.97 | 6.27 | 4.17 | 乔木 |
| 锐棱玉蕊 | *Barringtonia reticulata* | 5 | 5.26 | 4.85 | 1.68 | 3.93 | 常绿灌木或小乔木 |
| 大琴叶榕 | *Ficus lyrata* | 6 | 5.26 | 5.83 | 0.55 | 3.88 | 常绿大灌木或小乔木 |
| 溪畔白千层 | *Melaleuca bracteata* | 3 | 5.26 | 2.91 | 0.94 | 3.04 | 常绿灌木或小乔木 |
| 山黄麻 | *Trema tomentosa* | 1 | 5.26 | 0.97 | 2.69 | 2.97 | 小乔木 |
| 龙血树 | *Dracaena draco* | 3 | 5.26 | 2.91 | 0.31 | 2.83 | 乔木 |
| 垂柳 | *Salix babylonica* | 2 | 5.26 | 1.94 | 0.10 | 2.43 | 乔木 |
| 檵木 | *Loropetalum chinense* | 1 | 5.26 | 0.97 | 0* | 2.08 | 灌木或小乔木 |

\*本群丛中檵木的相对显著度实际为0.003 5%，由于只保留两位小数，故表中数值为0。

表3-176 荔枝+楝+秋枫-朱蕉-海芋群丛样地灌木层表

| 物种 | 学名 | 株数 | 相对频度/% | 相对多度/% | 重要值 | 生活型 |
|---|---|---|---|---|---|---|
| 朱蕉 | *Cordyline fruticosa* | 2 | 33.33 | 33.33 | 33.33 | 灌木 |
| 鹅掌藤 | *Heptapleurum arboricola* | 1 | 16.67 | 16.67 | 16.67 | 灌木，稀藤本 |
| 细枝龙血树 | *Dracaena elliptica* | 1 | 16.67 | 16.67 | 16.67 | 大灌木 |
| 栀子 | *Gardenia jasminoides* | 1 | 16.67 | 16.67 | 16.67 | 灌木 |
| 朱缨花 | *Calliandra haematocephala* | 1 | 16.67 | 16.67 | 16.67 | 落叶灌木或小乔木 |

表3-177　荔枝+楝+秋枫-朱蕉-海芋群丛样地草本层表

| 物种 | 学名 | 平均高度/m | 平均盖度/% | 相对高度/% | 相对盖度/% | 重要值 |
|------|------|-----------|-----------|-----------|-----------|--------|
| 海芋 | *Alocasia odora* | 0.60 | 80.00 | 16.67 | 38.10 | 27.39 |
| 海金沙 | *Lygodium japonicum* | 1.00 | 20.00 | 27.78 | 9.52 | 18.65 |
| 蔓马缨丹 | *Lantana montevidensis* | 0.30 | 40.00 | 8.33 | 19.05 | 13.69 |
| 弓果黍 | *Cyrtococcum patens* | 0.10 | 50.00 | 2.78 | 23.81 | 13.30 |
| 华南毛蕨 | *Cyclosorus parasiticus* | 0.50 | 6.00 | 13.89 | 2.86 | 8.38 |
| 豌豆 | *Pisum sativum* | 0.50 | 4.00 | 13.89 | 1.90 | 7.90 |
| 鬼针草 | *Bidens pilosa* | 0.40 | 4.00 | 11.11 | 1.90 | 6.50 |
| 龙眼 | *Dimocarpus longan* | 0.20 | 6.00 | 5.56 | 2.86 | 4.21 |

>> 图3-238
荔枝+楝+
秋枫-朱蕉-
海芋
群丛外貌

˅ 图3-239
荔枝+楝+
秋枫-朱蕉-
海芋
群丛灌木层及
草本层

## 荔枝-山油麻-鬼针草群丛

*Litchi chinensis -*
*Trema cannabina var. dielsiana -*
*Bidens pilosa*
Association

———

荔枝-山油麻-鬼针草群丛分布在上涌生态科学园北部，代表群丛外貌呈深绿色，林冠整齐，总郁闭度50%～60%左右。本群落植物种类组成丰富，群落结构简单（图3-240）。

乔木主要为小乔木层，其平均高度3.9 m、最低2.7 m、最高4.5 m，平均胸径14.5 cm、最小7.5 cm、最大20.0 cm，由黄皮和荔枝组成（表3-178）。灌木层主要为中灌木层，其平均高度1.6 m，最低1.1 m，最高2.0 m，由山油麻、苎麻、对叶榕等组成（表3-179）。林下草本层较丰富，主要是鬼针草、土蜜树、半边旗和华南毛蕨等（图3-241、表3-180）。

表3-178　荔枝-山油麻-鬼针草群丛样地乔木层表

| 物种 | 学名 | 株数 | 相对频度/% | 相对多度/% | 相对显著度/% | 重要值 | 生活型 |
|---|---|---|---|---|---|---|---|
| 荔枝 | Litchi chinensis | 4 | 50.00 | 80.00 | 95.89 | 75.30 | 常绿乔木 |
| 黄皮 | Clausena lansium | 1 | 50.00 | 20.00 | 4.11 | 24.70 | 小乔木 |

表3-179　荔枝-山油麻-鬼针草群丛样地灌木层表

| 物种 | 学名 | 株数 | 相对频度/% | 相对多度/% | 重要值 | 生活型 |
|---|---|---|---|---|---|---|
| 山油麻 | Trema cannabina var. dielsiana | 4 | 14.29 | 33.33 | 23.81 | 灌木或小乔木 |
| 苎麻 | Boehmeria nivea | 3 | 14.29 | 25.00 | 19.64 | 亚灌木或灌木 |
| 对叶榕 | Ficus hispida | 1 | 14.29 | 8.33 | 11.31 | 小乔木或灌木状 |
| 构 | Broussonetia papyrifera | 1 | 14.29 | 8.33 | 11.31 | 高大乔木或灌木状 |
| 荔枝 | Litchi chinensis | 1 | 14.29 | 8.33 | 11.31 | 常绿乔木 |
| 蒲桃 | Syzygium jambos | 1 | 14.29 | 8.33 | 11.31 | 乔木 |
| 土蜜树 | Bridelia tomentosa | 1 | 14.29 | 8.33 | 11.31 | 灌木或小乔木 |

表3-180　荔枝-山油麻-鬼针草群丛样地草本层表

| 物种 | 学名 | 平均高度/m | 平均盖度/% | 相对高度/% | 相对盖度/% | 重要值 |
|---|---|---|---|---|---|---|
| 鬼针草 | Bidens pilosa | 0.40 | 60.00 | 28.57 | 46.15 | 37.36 |
| 土蜜树 | Bridelia tomentosa | 0.20 | 45.00 | 14.29 | 34.62 | 24.45 |
| 半边旗 | Pteris semipinnata | 0.22 | 10.00 | 15.71 | 7.69 | 11.70 |
| 华南毛蕨 | Cyclosorus parasiticus | 0.28 | 2.00 | 20.00 | 1.54 | 10.77 |
| 山油麻 | Trema cannabina var. dielsiana | 0.20 | 5.00 | 14.29 | 3.85 | 9.07 |
| 求米草 | Oplismenus undulatifolius | 0.10 | 8.00 | 7.14 | 6.15 | 6.64 |

1　本群丛样地数据和群落照片由植被大赛10号队伍（孙芝倩　庞兴宸　陈景锋　陈梓宜　赵俊）提供

∧ 图3-240
荔枝 -
山油麻 - 鬼针草
群丛外貌

∨ 图3-241
荔枝 -
山油麻 - 鬼针草
群丛草本层

# 阳

# 桃

## 湿地垛基果林
### *Averrhoa carambola*
### Wetland Raised Field Agroforest

阳桃（*Averrhoa carambola*）属于酢浆草科（Oxalidaceae）阳桃属（*Averrhoa*），乔木，高3～15 m。阳桃枝条多横向生长，柔软下垂。阳桃果实是华南著名的特产水果之一，其生长快、结果早、寿命长，百年老树更新仍可保持旺盛的结果能力，因此开发阳桃果树资源，具有较高的经济价值。

（阮少唐，1987；中国科学院中国植物志编辑委员会，1998）

### 阳桃+黄皮-杜鹃-春羽群丛

*Averrhoa carambola+*
*Clausena lansium -*
*Rhododendron simsii -*
*Philodendron selloum*
Association

阳桃+黄皮-杜鹃-春羽群丛分布在湿地一期朱雀桥东南部，代表群丛外貌呈深绿色，林冠错综分布，总郁闭度80%～90%。本群落植物种类组成丰富，群落结构复杂（图3-242）。

乔木主要为小乔木层，其平均高度5.2 m、最低1.7 m、最高7.5 m，平均胸径13.9 cm、最小4.2 cm、最大30.0 cm，由垂柳、番石榴、构、黄槐决明、黄皮、龙眼和阳桃等组成（表3-181）。灌木层主要为中灌木层，其平均高度1.8 m，物种组成有杜鹃、软枝黄蝉和九里香（表3-182）。林下草本层丰富，主要优势种为春羽，此外还有花叶艳山姜、野芋、华南毛蕨和大白茅等（图3-243、表3-183）。

表3-181　阳桃+黄皮-杜鹃-春羽群丛样地乔木层表

| 物种 | 学名 | 株数 | 相对频度/% | 相对多度/% | 相对显著度/% | 重要值 | 生活型 |
|---|---|---|---|---|---|---|---|
| 阳桃 | *Averrhoa carambola* | 12 | 23.08 | 28.57 | 36.14 | 29.26 | 乔木 |
| 黄皮 | *Clausena lansium* | 13 | 23.08 | 30.95 | 18.13 | 24.05 | 小乔木 |
| 龙眼 | *Dimocarpus longan* | 9 | 7.69 | 21.43 | 21.83 | 16.98 | 常绿乔木 |
| 番石榴 | *Psidium guajava* | 2 | 15.38 | 4.76 | 8.67 | 9.60 | 灌木或小乔木 |
| 垂柳 | *Salix babylonica* | 2 | 7.69 | 4.76 | 11.99 | 8.15 | 乔木 |
| 黄槐决明 | *Senna surattensis* | 2 | 7.69 | 4.76 | 0.63 | 4.36 | 灌木或小乔木 |
| 锈鳞木樨榄 | *Olea europaea* subsp. *cuspidata* | 1 | 7.69 | 2.38 | 2.41 | 4.16 | 灌木或小乔木 |
| 构 | *Broussonetia papyrifera* | 1 | 7.69 | 2.38 | 0.18 | 3.42 | 高大乔木或灌木 |

表3-182　阳桃+黄皮-杜鹃-春羽群丛样地灌木层表

| 物种 | 学名 | 株数 | 相对频度/% | 相对多度/% | 重要值 | 生活型 |
|---|---|---|---|---|---|---|
| 杜鹃 | *Rhododendron simsii* | 10 | 33.33 | 62.50 | 47.92 | 落叶灌木 |
| 软枝黄蝉 | *Allamanda cathartica* | 5 | 33.33 | 31.25 | 32.29 | 藤状灌木 |
| 九里香 | *Murraya exotica* | 1 | 33.33 | 6.25 | 19.79 | 小乔木 |

表3-183　阳桃+黄皮-杜鹃-春羽群丛样地草本层表

| 物种 | 学名 | 平均高度/m | 平均盖度/% | 相对高度/% | 相对盖度/% | 重要值 |
|---|---|---|---|---|---|---|
| 春羽 | *Philodendron selloum* | 1.60 | 50.00 | 23.72 | 22.91 | 45.83 |
| 花叶艳山姜 | *Alpinia zerumbet* 'Variegata' | 1.60 | 30.00 | 23.72 | 18.49 | 36.98 |
| 野芋 | *Colocasia antiquorum* | 1.00 | 32.50 | 14.82 | 14.59 | 29.19 |
| 华南毛蕨 | *Cyclosorus parasiticus* | 0.28 | 50.00 | 4.15 | 13.13 | 26.26 |
| 大白茅 | *Imperata cylindrica* var. *major* | 0.81 | 20.00 | 12.01 | 10.43 | 20.85 |
| 南美蟛蜞菊 | *Sphagneticola trilobata* | 0.33 | 10.00 | 4.89 | 4.65 | 9.31 |
| 竹叶草 | *Oplismenus compositus* | 0.19 | 12.67 | 2.77 | 4.18 | 8.37 |
| 弓果黍 | *Cyrtococcum patens* | 0.21 | 5.00 | 3.11 | 2.66 | 5.32 |
| 火炭母 | *Persicaria chinensis* | 0.18 | 3.00 | 2.67 | 2.00 | 4.00 |
| 鸭跖草 | *Commelina communis* | 0.18 | 3.00 | 2.67 | 2.00 | 4.00 |
| 红花酢浆草 | *Oxalis corymbosa* | 0.12 | 3.00 | 1.78 | 1.56 | 3.11 |
| 黄花酢浆草 | *Oxalis pes-caprae* | 0.05 | 5.00 | 0.74 | 1.48 | 2.95 |
| 地毯草 | *Axonopus compressus* | 0.13 | 1.00 | 1.93 | 1.19 | 2.37 |
| 鬼针草 | *Bidens pilosa* | 0.07 | 1.00 | 1.04 | 0.74 | 1.48 |

>> 图3-242
阳桃+黄皮-
杜鹃-春羽
群丛外貌

>> 图3-243
阳桃+黄皮-
杜鹃-春羽
群丛灌木层与
草本层

阳桃-夹竹桃-大野芋群丛

*Averrhoa carambola -*
*Nerium oleander -*
*Leucocasia gigantea*
Association

———

阳桃-夹竹桃-大野芋群丛分布在湿地一期凌波桥东南部，代表群丛外貌呈绿色，林冠整齐，总郁闭度60%～70%。本群落植物种类组成丰富，群落结构简单（图3-244、图3-245）。

乔木主要为小乔木层，其平均高度5.3 m、最低4.0 m、最高7.5 m，平均胸径12.7 cm、最小6.5 cm、最大23.5 cm，由阳桃、夹竹桃和黄皮等组成（表3-184）。灌木层由两层组成，中灌木层由夹竹桃组成，其平均高度为1.2 m；大灌木层由构组成，其平均高度1.9 m（表3-185）。林下草本层丰富，主要优势种为大野芋，此外还有凤眼莲、弓果黍和华南毛蕨等（表3-186）。

表3-184　阳桃-夹竹桃-大野芋群丛样地乔木层表

| 物种 | 学名 | 株数 | 相对频度/% | 相对多度/% | 相对显著度/% | 重要值 | 生活型 |
|---|---|---|---|---|---|---|---|
| 阳桃 | *Averrhoa carambola* | 20 | 40.00 | 66.67 | 75.06 | 60.58 | 乔木 |
| 黄皮 | *Clausena lansium* | 7 | 20.00 | 23.33 | 14.44 | 19.26 | 小乔木 |
| 龙眼 | *Dimocarpus longan* | 1 | 20.00 | 3.33 | 7.00 | 10.11 | 常绿乔木 |
| 夹竹桃 | *Nerium oleander* | 2 | 20.00 | 6.67 | 3.50 | 10.06 | 常绿直立大灌木 |

表3-185　阳桃-夹竹桃-大野芋群丛样地灌木层表

| 物种 | 学名 | 株数 | 相对频度/% | 相对多度/% | 重要值 | 生活型 |
|---|---|---|---|---|---|---|
| 夹竹桃 | *Nerium oleander* | 4 | 50.00 | 66.67 | 58.34 | 常绿直立大灌木 |
| 构 | *Broussonetia papyrifera* | 2 | 50.00 | 33.33 | 41.66 | 乔木 |

表3-186　阳桃-夹竹桃-大野芋群丛样地草本层表

| 物种 | 学名 | 平均高度/m | 平均盖度/% | 相对高度/% | 相对盖度/% | 重要值 |
|---|---|---|---|---|---|---|
| 大野芋 | *Leucocasia gigantea* | 0.56 | 15.00 | 18.01 | 17.48 | 34.96 |
| 凤眼莲 | *Eichhornia crassipes* | 0.35 | 20.00 | 11.25 | 16.92 | 33.85 |
| 弓果黍 | *Cyrtococcum patens* | 0.13 | 15.00 | 4.18 | 10.56 | 21.13 |
| 华南毛蕨 | *Cyclosorus parasiticus* | 0.44 | 6.00 | 14.15 | 10.46 | 20.93 |
| 火炭母 | *Persicaria chinensis* | 0.22 | 6.00 | 7.07 | 6.93 | 13.85 |
| 竹叶草 | *Oplismenus compositus* | 0.17 | 6.00 | 5.31 | 6.04 | 12.09 |
| 半边旗 | *Pteris semipinnata* | 0.21 | 2.00 | 6.75 | 4.50 | 9.01 |
| 狗肝菜 | *Dicliptera chinensis* | 0.09 | 5.00 | 2.89 | 4.27 | 8.54 |
| 碎米荠 | *Cardamine occulta* | 0.15 | 3.00 | 4.82 | 4.11 | 8.21 |
| 红花酢浆草 | *Oxalis corymbosa* | 0.12 | 3.00 | 3.86 | 3.62 | 7.25 |
| 鸭跖草 | *Commelina communis* | 0.16 | 1.00 | 5.14 | 3.13 | 6.27 |
| 黄鹌菜 | *Youngia japonica* | 0.12 | 2.00 | 3.86 | 3.06 | 6.12 |
| 藿香蓟 | *Ageratum conyzoides* | 0.15 | 1.00 | 4.82 | 2.98 | 5.95 |
| 鬼针草 | *Bidens pilosa* | 0.10 | 1.50 | 3.05 | 2.37 | 4.74 |
| 微甘菊 | *Mikania micrantha* | 0.08 | 1.00 | 2.57 | 1.85 | 3.70 |
| 曲轴海金沙 | *Lygodium flexuosum* | 0.07 | 1.00 | 2.25 | 1.69 | 3.38 |

∧ 图 3-244
阳桃 - 夹竹桃 -
大野芋
群丛外貌

∨ 图 3-245
阳桃 - 夹竹桃 -
大野芋
群丛群落结构

## 阳桃 + 荔枝 - 马唐群丛[1]

*Averrhoa carambola + Litchi chinensis - Digitaria sanguinalis* Association

阳桃 + 荔枝 - 马唐群丛分布在新港东路两侧万胜围和黄埔附近的湿地保育区，代表群丛外貌呈绿色，林冠整齐茂密，总郁闭度90%左右。本群落植物种类组成丰富，群落结构复杂（图3-246）。

乔木可分为两层，中乔木层平均高度8.4 m、最低8.0 m、最高8.9 m，平均胸径51.7 cm、最小43.6 cm、最大59.7 cm，主要优势种为荔枝；小乔木层平均高度5.2 m、最低2.1 m、最高7.8 m，平均胸径20.9 cm、最小12.8 cm、最大37.0 cm，由黄皮、荔枝、龙眼和阳桃组成（图3-247、表3-187）。林下草本层丰富，主要优势种为马唐，此外还有金星蕨、鬼针草、鸭跖草等（图3-248、表3-188）。

表3-187　阳桃 + 荔枝 - 马唐群丛样地乔木层表

| 物种 | 学名 | 株数 | 相对频度/% | 相对多度/% | 相对显著度/% | 重要值 | 生活型 |
|---|---|---|---|---|---|---|---|
| 阳桃 | *Averrhoa carambola* | 11 | 40.00 | 52.38 | 28.20 | 40.19 | 乔木 |
| 荔枝 | *Litchi chinensis* | 6 | 20.00 | 28.57 | 61.94 | 36.84 | 常绿乔木 |
| 黄皮 | *Clausena lansium* | 3 | 20.00 | 14.29 | 6.38 | 13.56 | 小乔木 |
| 龙眼 | *Dimocarpus longan* | 1 | 20.00 | 4.76 | 3.48 | 9.41 | 常绿乔木 |

表3-188　阳桃 + 荔枝 - 马唐群丛样地草本层表

| 物种 | 学名 | 平均高度/m | 平均盖度/% | 相对高度/% | 相对盖度/% | 重要值 |
|---|---|---|---|---|---|---|
| 马唐 | *Digitaria sanguinalis* | 0.79 | 96.00 | 12.34 | 68.09 | 40.22 |
| 金星蕨 | *Parathelypteris glanduligera* | 0.65 | 18.00 | 10.16 | 12.77 | 11.46 |
| 鬼针草 | *Bidens pilosa* | 1.16 | 1.00 | 18.12 | 0.71 | 9.42 |
| 鸭跖草 | *Commelina communis* | 0.92 | 4.00 | 14.37 | 2.84 | 8.61 |
| 海芋 | *Alocasia odora* | 0.31 | 11.00 | 4.84 | 7.80 | 6.32 |
| 荩草 | *Arthraxon hispidus* | 0.62 | 3.00 | 9.69 | 2.13 | 5.91 |
| 华南鳞盖蕨 | *Microlepia hancei* | 0.65 | 1.00 | 10.16 | 0.71 | 5.44 |
| 乌毛蕨 | *Blechnopsis orientalis* | 0.62 | 1.00 | 9.69 | 0.71 | 5.20 |
| 半边旗 | *Pteris semipinnata* | 0.43 | 4.00 | 6.72 | 2.84 | 4.78 |
| 臭草 | *Melica scabrosa* | 0.25 | 2.00 | 3.91 | 1.42 | 2.66 |

1　本样地数据和群落照片由植被大赛6号队伍（胡洪江、黄维荣、冯文静、陈秋燕、陆健、邱健梓、赖宇星）提供

↥ 图3-246
阳桃+
荔枝-马唐
群丛外貌

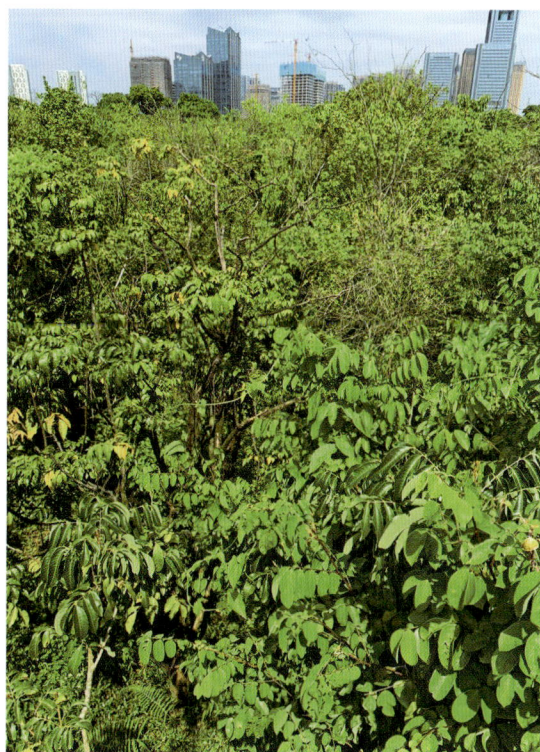

↥ 图3-247
阳桃+
荔枝-马唐
群丛林冠层

↧ 图3-248
阳桃+
荔枝-马唐
群丛草本层

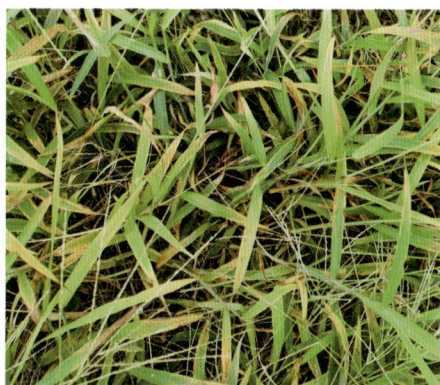

## 阳桃-苎麻-鬼针草群丛[1]

*Averrhoa carambola - Boehmeria nivea - Bidens Pilosa Association*

阳桃-苎麻-鬼针草群丛分布在新港东路以南、黄埔冲以北区域，代表群丛外貌呈深绿色，林冠整齐茂密，总郁闭度80%~90%。本群落植物种类组成丰富，群落结构复杂（图3-249、图3-250）。

乔木主要为小乔木层，其平均高度3.7 m、最低1.3 m、最高8.0 m，平均胸径26.3 cm、最小6.0 cm、最大102.0 cm，由阳桃、黄皮、芭蕉、洋蒲桃、龙眼等组成（表3-189）。灌木层稀疏，中灌木层的平均高度0.7 m（表3-190）。林下草本层丰富，主要优势种为鬼针草、海芋、微甘菊和求米草等（图3-251、表3-191）。

>> 图3-249　阳桃-苎麻-鬼针草群丛剖面图

1. 阳桃（*Averrhoa carambola*）
2. 黄皮（*Clausena lansium*）
3. 芭蕉（*Musa basjoo*）
4. 人心果（*Manilkara zapota*）
5. 番石榴（*Psidium guajava*）
6. 构（*Broussonetia papyrifera*）
7. 洋蒲桃（*Syzygium samarangense*）
8. 荔枝（*Litchi chinensis*）
9. 龙眼（*Dimocarpus longan*）

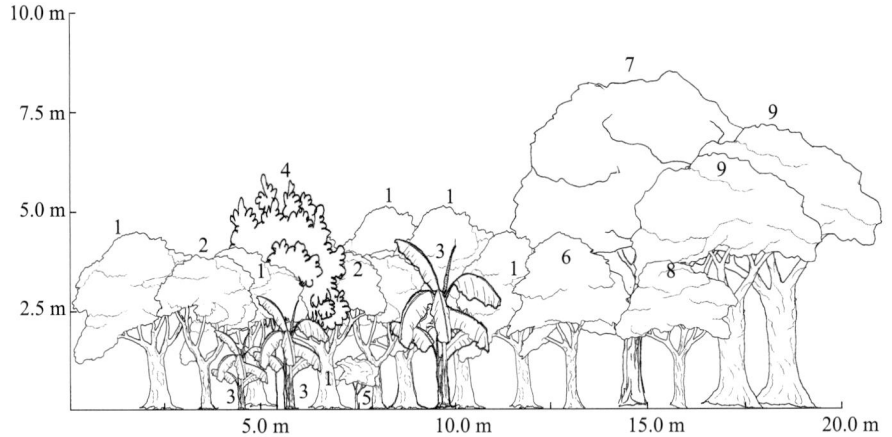

表3-189　阳桃-苎麻-鬼针草群丛样地乔木层表

| 物种 | 学名 | 株数 | 相对频度/% | 相对多度/% | 相对显著度/% | 重要值 | 生活型 |
|---|---|---|---|---|---|---|---|
| 阳桃 | *Averrhoa carambola* | 67 | 25.00 | 51.15 | 57.61 | 44.59 | 乔木 |
| 黄皮 | *Clausena lansium* | 39 | 18.75 | 29.77 | 6.70 | 18.41 | 小乔木 |
| 芭蕉 | *Musa basjoo* | 11 | 12.50 | 8.40 | 6.94 | 9.28 | 多年生丛生草本 |
| 洋蒲桃 | *Syzygium samarangense* | 2 | 6.25 | 1.53 | 16.77 | 8.18 | 乔木 |
| 龙眼 | *Dimocarpus longan* | 5 | 12.50 | 3.82 | 3.75 | 6.69 | 常绿乔木 |
| 人心果 | *Manilkara zapota* | 4 | 6.25 | 3.05 | 2.92 | 4.07 | 乔木 |
| 荔枝 | *Litchi chinensis* | 1 | 6.25 | 0.76 | 5.08 | 4.03 | 常绿乔木 |
| 番石榴 | *Psidium guajava* | 1 | 6.25 | 0.76 | 0.20 | 2.40 | 灌木或小乔木 |
| 构 | *Broussonetia papyrifera* | 1 | 6.25 | 0.76 | 0.03 | 2.35 | 高大乔木或灌木状 |

表3-190　阳桃-苎麻-鬼针草群丛样地灌木层表

| 物种 | 学名 | 株数 | 相对频度/% | 相对多度/% | 重要值 | 生活型 |
|---|---|---|---|---|---|---|
| 苎麻 | *Boehmeria nivea* | 8 | 33.33 | 72.73 | 53.03 | 亚灌木或灌木 |
| 构 | *Broussonetia papyrifera* | 2 | 33.33 | 18.18 | 25.75 | 高大乔木或灌木状 |
| 山黄麻 | *Trema tomentosa* | 1 | 33.33 | 9.09 | 21.21 | 小乔木 |

1　本样地数据和群落照片由植被大赛45号队伍（庄祺媛、邹小娟、刘亚、徐靖杭、朱佳颖、朱岚）提供

表3-191　阳桃-苎麻-鬼针草群丛样地草本层表

| 物种 | 学名 | 平均高度/m | 平均盖度/% | 相对高度/% | 相对盖度/% | 重要值 |
|---|---|---|---|---|---|---|
| 鬼针草 | Bidens pilosa | 0.30 | 20.00 | 12.50 | 21.43 | 16.96 |
| 海芋 | Alocasia odora | 0.30 | 18.33 | 12.50 | 19.64 | 16.07 |
| 微甘菊 | Mikania micrantha | 0.10 | 22.50 | 4.17 | 24.11 | 14.14 |
| 求米草 | Oplismenus undulatifolius | 0.35 | 5.50 | 14.58 | 5.89 | 10.23 |
| 牛膝 | Achyranthes bidentata | 0.30 | 3.00 | 12.50 | 3.21 | 7.86 |
| 金腰箭 | Synedrella nodiflora | 0.30 | 2.00 | 12.50 | 2.14 | 7.32 |
| 牛筋草 | Eleusine indica | 0.25 | 3.00 | 10.42 | 3.21 | 6.81 |
| 草胡椒 | Peperomia pellucida | 0.05 | 10.00 | 2.08 | 10.71 | 6.40 |
| 头花蓼 | Persicaria capitata | 0.20 | 1.00 | 8.33 | 1.07 | 4.70 |
| 犁头尖 | Typhonium blumei | 0.05 | 5.00 | 2.08 | 5.36 | 3.72 |
| 龙葵 | Solanum nigrum | 0.15 | 1.00 | 6.25 | 1.07 | 3.66 |
| 落葵 | Basella alba | 0.05 | 2.00 | 2.08 | 2.14 | 2.11 |

➤➤ 图3-250
阳桃-苎麻-
鬼针草
群丛外貌

◀◀ 图3-251
阳桃-苎麻-
鬼针草
群丛草本层

# 香蕉

## 湿地垛基果林
### *Musa nana*
### Wetland Raised Field Agroforest

香蕉（*Musa nana*），属于芭蕉科（Musaceae）芭蕉属（*Musa*），由覆瓦状叶鞘重叠而形成的假茎高度一般在2~4 m。香蕉生长速度快，叶片宽大，树体优美，丛植于湖边、溪边，形成了具有南方风情的独特景观。香蕉可作四季赏叶，亦可不间断观赏果实，香蕉是不可多得的优良观赏植物。

（中国科学院中国植物志编辑委员会，1981；曹朝银，2006）

### 香蕉+
### 加杨-青葙-凹头苋群丛

*Musa nana+*
*Populus × canadensis -*
*Celosia argentea -*
*Amaranthus blitum*
Association

———

香蕉+加杨-青葙-凹头苋群丛分布在湿地一期福寿果廊附近，代表群丛外貌呈深绿色，林冠错落有致，总郁闭度60%左右。本群落植物种类组成丰富，群落结构复杂（图3-252）。

乔木主要为小乔木层，其平均高度4.0 m、最低4.0 m、最高7.5 m，平均胸径10.8 cm、最小7.0 cm、最大29.0 cm，由香蕉、水翁蒲桃和阳桃组成（表3-192）。灌木层主要为中灌木层，其平均高度1.1 m，由龙血树、青葙和田菁组成（表3-193）。林下草本层丰富，主要优势种为凹头苋，此外还有两耳草、鬼针草、假臭草和马唐等（图3-253、表3-194）。

表3-192　香蕉+加杨-青葙-凹头苋群丛样地乔木层表

| 物种 | 学名 | 株数 | 相对频度/% | 相对多度/% | 相对显著度/% | 重要值 | 生活型 |
|---|---|---|---|---|---|---|---|
| 香蕉 | *Musa nana* | 17 | 12.50 | 41.46 | 28.96 | 27.64 | 植株丛生，具匍匐茎 |
| 加杨 | *Populus × canadensis* | 6 | 12.50 | 14.63 | 33.43 | 20.19 | 大乔木 |
| 水翁蒲桃 | *Syzygium nervosum* | 4 | 12.50 | 9.76 | 24.40 | 15.55 | 乔木 |
| 构 | *Broussonetia papyrifera* | 5 | 12.50 | 12.20 | 1.57 | 8.76 | 高大乔木或灌木 |
| 阳桃 | *Averrhoa carambola* | 4 | 12.50 | 9.76 | 1.83 | 8.03 | 乔木 |
| 黄皮 | *Clausena lansium* | 3 | 12.50 | 7.32 | 3.21 | 7.68 | 小乔木 |
| 波罗蜜 | *Artocarpus heterophyllus* | 1 | 12.50 | 2.44 | 6.11 | 7.02 | 乔木 |
| 榕树 | *Ficus microcarpa* | 1 | 12.50 | 2.44 | 0.48 | 5.14 | 乔木 |

表3-193　香蕉+加杨-青葙-凹头苋群丛样地灌木层表

| 物种 | 学名 | 株数 | 相对频度/% | 相对多度/% | 重要值 | 生活型 |
|---|---|---|---|---|---|---|
| 青葙 | *Celosia argentea* | 2 | 33.33 | 50.00 | 41.66 | 一年生草本 |
| 龙血树 | *Dracaena draco* | 1 | 33.33 | 25.00 | 29.16 | 乔木 |
| 田菁 | *Sesbania cannabina* | 1 | 33.33 | 25.00 | 29.16 | 一年生亚灌木状草本 |

表3-194　香蕉+加杨-青箱-凹头苋
群丛样地草本层表

| 物种 | 学名 | 平均高度/m | 平均盖度/% | 相对高度/% | 相对盖度/% | 重要值 |
|---|---|---|---|---|---|---|
| 凹头苋 | *Amaranthus blitum* | 0.20 | 70.00 | 13.38 | 45.31 | 29.35 |
| 两耳草 | *Paspalum conjugatum* | 0.10 | 40.00 | 6.69 | 25.89 | 16.29 |
| 鬼针草 | *Bidens pilosa* | 0.23 | 15.50 | 15.05 | 10.03 | 12.54 |
| 假臭草 | *Praxelis clematidea* | 0.25 | 5.00 | 16.72 | 3.24 | 9.98 |
| 马唐 | *Digitaria sanguinalis* | 0.20 | 10.00 | 13.38 | 6.47 | 9.93 |
| 马齿苋 | *Portulaca oleracea* | 0.15 | 6.00 | 10.03 | 3.88 | 6.96 |
| 红花酢浆草 | *Oxalis corymbosa* | 0.15 | 3.00 | 10.03 | 1.94 | 5.98 |
| 蔊菜 | *Rorippa indica* | 0.10 | 2.00 | 6.69 | 1.29 | 3.99 |
| 酢浆草 | *Oxalis corniculata* | 0.10 | 2.00 | 6.69 | 1.29 | 3.99 |
| 莲子草 | *Alternanthera sessilis* | 0.02 | 1.00 | 1.34 | 0.65 | 1.00 |

➤➤ 图3-252
香蕉+加杨-
青箱-凹头苋
群丛外貌

➤➤ 图3-253
香蕉+加杨-
青箱-凹头苋
群丛灌木层与
草本层

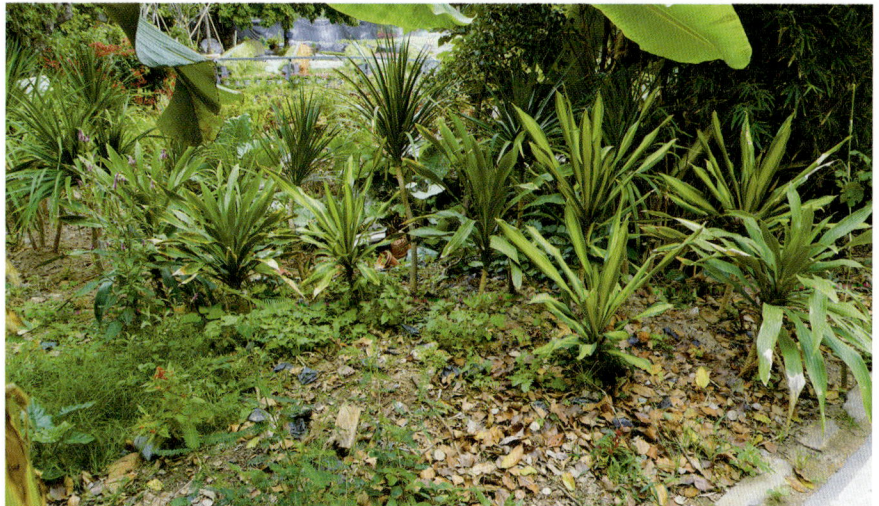

# 洋蒲桃

## 湿地垛基果林

**Syzygium samarangense**
Wetland Raised Field Agroforest

洋蒲桃（*Syzygium samarangense*），属于桃金娘科（Myrtaceae）蒲桃属（*Syzygium*），乔木，高可达12 m。洋蒲桃枝繁叶茂，浓荫，花白色清雅，果鲜红夺目，为美丽观果树种。宜作园景庭荫树和行道树。果可食用，原种不甚可口，但经选育的优良品种，如台湾红莲雾，清甜爽口。

（中国科学院中国植物志编辑委员会，1984；陈定如，2007）

### 洋蒲桃群丛

**Syzygium samarangense**
Association

洋蒲桃群丛分布在湿地一期福寿果廊西北部，代表群丛外貌呈深绿色深绿色，林冠整齐，总郁闭度40%～50%。本群落植物种类组成较单调，群落结构简单（图3-254、图3-255）。

乔木主要为小乔木层，其平均高度7.1 m、最低6.2 m、最高7.8 m，平均胸径22.2 cm、最小15.0 cm、最大34.0 cm，由波罗蜜、荔枝、洋蒲桃和柚等组成。无灌木草本层（表3-195）。

表3-195　洋蒲桃群丛样地乔木层表

| 物种 | 学名 | 株数 | 相对频度/% | 相对多度/% | 相对显著度/% | 重要值 | 生活型 |
|---|---|---|---|---|---|---|---|
| 洋蒲桃 | *Syzygium samarangense* | 10 | 20.00 | 45.45 | 48.29 | 37.91 | 乔木 |
| 柚 | *Citrus maxima* | 5 | 20.00 | 22.73 | 13.59 | 18.77 | 乔木 |
| 波罗蜜 | *Artocarpus heterophyllus* | 4 | 20.00 | 18.18 | 17.40 | 18.53 | 乔木 |
| 荔枝 | *Litchi chinensis* | 2 | 20.00 | 9.09 | 16.33 | 15.14 | 常绿乔木 |
| 苹婆 | *Sterculia monosperma* | 1 | 20.00 | 4.55 | 4.39 | 9.65 | 乔木 |

⌄ 图3-254
洋蒲桃
群丛外貌

⌄ 图3-255
洋蒲桃
群丛群落结构

### 3.3.2 湿地苗圃林

湿地苗圃林是湿地生态农业植被下的一个植被亚型。湿地苗圃林主要用于繁育树种，物种组成较为单一，同时有播种、除草和收成等频繁的人为干扰。本植被亚型下有2个群系。

## 钟花樱

### 湿地苗圃林
***Prunus campanulata***
Wetland Tree-nursery Woodland

钟花樱（*Prunus campanulata*），属于蔷薇科（Rosaceae）李属（*Prunus*），乔木或灌木，高3~8 m。钟花樱树形优美，早春开花，花色艳丽，适合庭园观赏，孤植和群植均可形成美丽景观；喜湿润、深厚和排水良好的壤土，较耐旱，适应性强，分布广泛，适合华南地区不同的种植地条件。

(叶超宏等，2015)

### 钟花樱-龙船花-狗牙根群丛

*Prunus campanulate-Ixora chinensis-Cynodon dactylon Association*
———

钟花樱-龙船花-狗牙根群丛分布在湿地二期的凫鹭泾西北侧，代表群丛外貌呈冬季落叶状，林冠整齐，总郁闭度60%左右。本群落植物种类组成单一，群落结构简单（图3-256、图3-257）。

乔木主要为钟花樱，其平均高度4.6 m，平均胸径13.5 cm（表3-196）。灌木主要为龙船花，其平均高度0.5 m（表3-197）。草本物种组成丰富，优势种为狗牙根，此外还有短叶黍、地毯草、华南毛蕨等（表3-198）。

表3-196　钟花樱-龙船花-狗牙根群丛样地乔木层表

| 物种 | 学名 | 株数 | 相对频度/% | 相对多度/% | 相对显著度/% | 重要值 | 生活型 |
|---|---|---|---|---|---|---|---|
| 钟花樱 | *Prunus campanulata* | 12 | 100.00 | 100.00 | 100.00 | 100.00 | 乔木或灌木 |

表3-197　钟花樱-龙船花-狗牙根群丛样地灌木层表

| 物种 | 学名 | 株数 | 相对频度/% | 相对多度/% | 重要值 | 生活型 |
|---|---|---|---|---|---|---|
| 龙船花 | *Ixora chinensis* | 3 | 100.00 | 100.00 | 100.00 | 灌木 |

表3-198　钟花樱-龙船花-狗牙根
群丛样地草本层表

| 物种 | 学名 | 平均高度/m | 平均盖度/% | 相对高度/% | 相对盖度/% | 重要值 |
|---|---|---|---|---|---|---|
| 狗牙根 | *Cynodon dactylon* | 0.09 | 100.00 | 3.80 | 33.92 | 32.92 |
| 短叶黍 | *Panicum brevifolium* | 0.40 | 45.00 | 16.88 | 15.26 | 19.06 |
| 地毯草 | *Axonopus compressus* | 0.11 | 73.33 | 4.64 | 24.87 | 11.63 |
| 华南毛蕨 | *Cyclosorus parasiticus* | 0.50 | 5.00 | 21.10 | 1.70 | 7.62 |
| 鬼针草 | *Bidens pilosa* | 0.19 | 42.50 | 8.02 | 14.41 | 6.08 |
| 弯曲碎米荠 | *Cardamine flexuosa* | 0.30 | 9.00 | 12.66 | 3.05 | 5.26 |
| 马唐 | *Digitaria sanguinalis* | 0.30 | 3.00 | 12.66 | 1.02 | 4.99 |
| 一点红 | *Emilia sonchifolia* | 0.20 | 3.00 | 8.44 | 1.02 | 4.37 |
| 酢浆草 | *Oxalis corniculata* | 0.10 | 12.00 | 4.22 | 4.07 | 4.30 |
| 假臭草 | *Praxelis clematidea* | 0.18 | 2.00 | 7.59 | 0.68 | 3.78 |

>> 图3-256
钟花樱-
龙船花-
狗牙根
群丛外貌

>> 图3-257
钟花樱-
龙船花-
狗牙根
群丛群落结构

# 尾叶桉

## 湿地苗圃林
### *Eucalyptus urophylla*
### Wetland Tree-nursery Woodland

尾叶桉（*Eucalyptus urophylla*），属于桃金娘科（Myrtaceae）桉属（*Eucalyptus*），常绿乔木，高20~30 m。尾叶桉树干通直，树冠长卵状圆锥形，枝叶浓密，略抗大气污染，抗风力较弱，生长特快，萌生力强，为华南地区道路绿化的优良外来树种，也可作为居住区周边防护林绿化和生态公益林营造。

（陈定如，2009）

**尾叶桉 - 白饭树 - 蟛蜞菊群丛[1]**

*Eucalyptus urophylla - Flueggea virosa - Sphagneticola calendulacea* Association

尾叶桉 - 白饭树 - 蟛蜞菊群丛分布在南沙港快速路以西、官洲水道以北的湿地保育区内，代表群丛外貌呈深绿色，林冠整齐茂密，总郁闭度80%左右。本群落植物种类组成丰富，群落结构简单，层次多样（图3-258、图3-259）。

乔木主要为大乔木层和中乔木层，大乔木层的平均高度28.3 m、最低26.0 m，最高30.0 m，平均胸径18.7 cm、最小15.6 cm、最大21.3 cm，由尾叶桉组成；中乔木层的平均高度18.7 m、最低6.0 m、最高25.0 m，平均胸径17.3 cm、最小8.9 cm、最大33.4 cm，由尾叶桉组成（表3-199）。灌木层分为中灌木层与大灌木层，中灌木层的平均高度1.3 m、最低0.8 m、最高1.7 m，由番石榴、九里香、马缨丹和白饭树组成；大灌木层的平均高度为3.2 m、最低2.5 m、最高4.2 m，由白饭树和九里香组成（表3-200）。林下草本层简单，主要是蟛蜞菊（表3-201）。

表3-199 尾叶桉 - 白饭树 - 蟛蜞菊群丛样地乔木层表

| 物种 | 学名 | 株数 | 相对频度/% | 相对多度/% | 相对显著度/% | 重要值 | 生活型 |
|---|---|---|---|---|---|---|---|
| 尾叶桉 | *Eucalyptus urophylla* | 24 | 50.00 | 96.00 | 99.66 | 81.89 | 常绿高大乔木 |
| 构 | *Broussonetia papyrifera* | 1 | 50.00 | 4.00 | 0.34 | 18.11 | 高大乔木或灌木状 |

表3-200 尾叶桉 - 白饭树 - 蟛蜞菊群丛样地灌木层表

| 物种 | 学名 | 株数 | 相对频度/% | 相对多度/% | 重要值 | 生活型 |
|---|---|---|---|---|---|---|
| 白饭树 | *Flueggea virosa* | 7 | 25.00 | 50.00 | 37.50 | 灌木 |
| 九里香 | *Murraya exotica* | 3 | 25.00 | 21.43 | 23.22 | 小乔木 |
| 番石榴 | *Psidium guajava* | 2 | 25.00 | 14.29 | 19.64 | 灌木或小乔木 |
| 马缨丹 | *Lantana camara* | 2 | 25.00 | 14.29 | 19.64 | 灌木或蔓性灌木 |

表3-201 尾叶桉 - 白饭树 - 蟛蜞菊群丛样地草本层表

| 物种 | 学名 | 平均高度/m | 平均盖度/% | 相对高度/% | 相对盖度/% | 重要值 |
|---|---|---|---|---|---|---|
| 蟛蜞菊 | *Sphagneticola calendulacea* | 0.28 | 55.00 | 100.00 | 100.00 | 100.00 |

1　本样地数据和群落照片由植被大赛44号队伍（林嘉颖、周先叶、周桂伶、庞敏媚、黄林涵、黄子璇、刘清华、蔡柳金、庄欣怡）提供

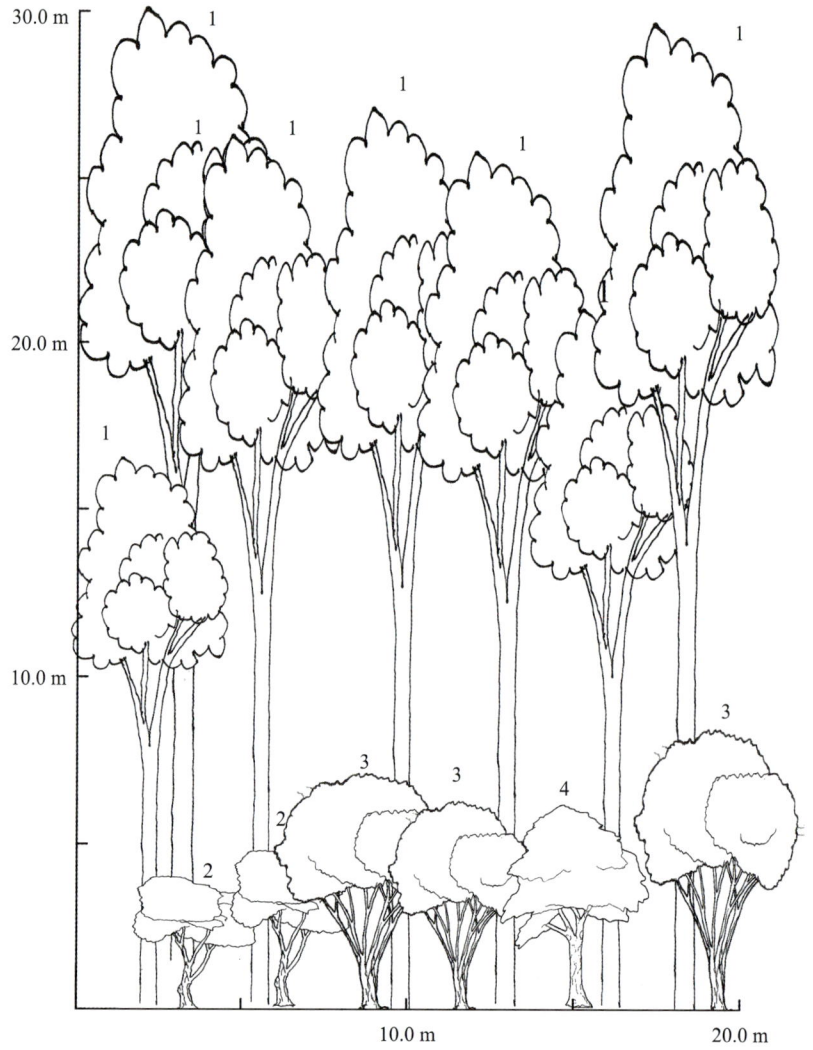

➤➤ 图3-258　尾叶桉-白饭树-
蟛蜞菊群丛剖面图

1. 尾叶桉（*Eucalyptus urophylla*）
2. 九里香（*Murraya exotica*）
3. 白饭树（*Flueggea virosa*）
4. 构（*Broussonetia papyrifera*）

◄◄ 图3-259
尾叶桉-白饭树-
蟛蜞菊
群丛外貌

### 3.3.3 湿地生态稻田

湿地生态稻田仅有湿地生态稻田一个群系。传统的稻田是以生产为主要目的，而海珠湿地改造的湿地生态稻田主要是为生物提供栖息地和食物，同时通过种植水稻净化水质。在种植的时候分为深浅水区，适当空出不种植水稻的浅水区，给鸟类停歇和觅食提供空间。湿地生态稻田带来了更多的生物多样性，除了喜欢吃谷类的林鸟回归之外，更多的水鸟也得以回归。

湿地生态稻田

*Oryza sativa*
**Wetland Ecological Field**

稻（*Oryza sativa*），属于禾本科（Poaceae）稻属（*Oryza*），一年生草本，高0.5~1.5 m。稻的生长周期短，能够起到快速绿化的作用，也具有防洪除涝、净化水源、防止水体富营养化、回灌地下水等多种生态效益；成熟后的稻谷还是很多野生鸟类喜爱的食物，可以吸引鸟类栖息繁殖，维护区域鸟类多样性。

（中国科学院中国植物志编辑委员会，2002）

**稻群丛**

*Oryza sativa*
Association

稻群丛位于湿地二期的卧虹桥附近和迎客桥以东，群落外貌为浅绿色或黄色，物种组成单调，仅有稻一种植物，高度为1.0~1.2 m（图3-260）。

⌄ 图3-260
稻群丛外貌

### 3.3.4 复合湿地农田

除了湿地垛基果林、湿地苗圃林、湿地生态稻田以外，海珠湿地内还零星分布有少量复合湿地农田，通过搭配种植不同高度层次的农作物，如荔枝-菱角立体复合湿地农田、荔枝-龙眼-果桑复合湿地农田、茭白-香蕉复合湿地农田、龙眼-莲藕-苦瓜复合湿地农田等，实现了立体空间和光热资源的充分利用，丰富了生物多样性，使得单位土地面积的生态服务功能极大地提高，同时还具有一定的科普教育价值（图3-261）。

❱ 图 3-261
复合湿地农田外貌

# 海珠湿地植被
# 聚类分析和分布格局

# 4.1 海珠湿地植被分布格局

>> 图 4-1
海珠湿地
各植被型
分布面积
比例图

### 4.1.1 海珠湿地植被 总体分布格局

基于全面调查，海珠湿地植被共计有70个群系、144个群丛，分别属于3个植被型、16个植被亚型。从面积上看，各植被型中湿地生态农业植被分布面积最广，其中尤其以湿地垛基果林为主，面积达5.18 km²，占90.50%，主要分布于湿地保育区(图4-1)。从物种组成上看，虽然湿地水生植被和湿地陆生景观植被的面积相对较小，但是其物种组成更为丰富，有大量相异的植物物种，湿地陆生景观植被包含多达32个群系，湿地水生植被则包含28个群系(图4-2)。从植被亚型来看，湿地垛基果林所占面积最大；湿地挺水草丛群系数量最多，达到17个，其次是有10个群系的公园综合休闲林(图4-3、图4-4)。

海珠湿地各植被型和植被亚型分布格局详见图4-15和图4-16。

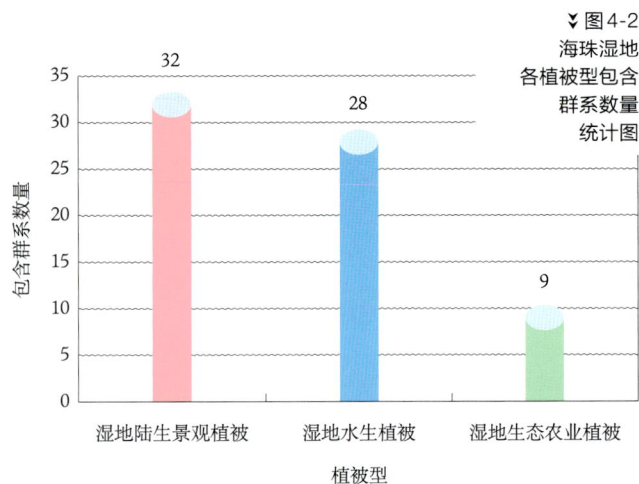

>> 图 4-1
海珠湿地
各植被型
分布面积
比例图

- 湿地生态农业植被……91.44%
- 湿地陆生景观植被……5.81%
- 湿地水生植被…………2.75%

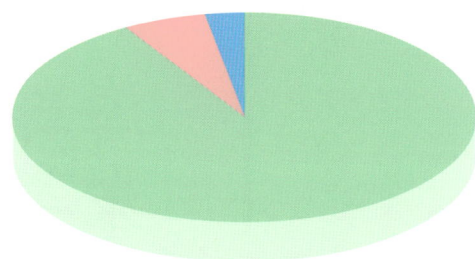

∨ 图 4-2
海珠湿地
各植被型包含
群系数量
统计图

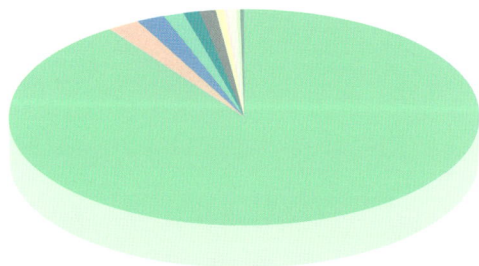

>> 图 4-3
海珠湿地
各植被亚型
分布面积
比例图

- 湿地垛基果林…………90.50%
- 公园综合休闲林………2.05%
- 湿地挺水草丛…………1.92%
- 公园行道林……………1.61%
- 公园生态保育林………1.12%
- 公园风景文化林………0.99%
- 湿地苗圃林……………0.58%
- 湿地针叶林……………0.40%
- 湿地生态稻田…………0.36%
- 湿地针阔混交林………0.22%
- 湿地阔叶林……………0.09%
- 湿地灌丛………………0.07%
- 湿地漂浮草丛…………0.05%
- 人工草地………………0.04%
- 湿地沉水草丛…………0.01%

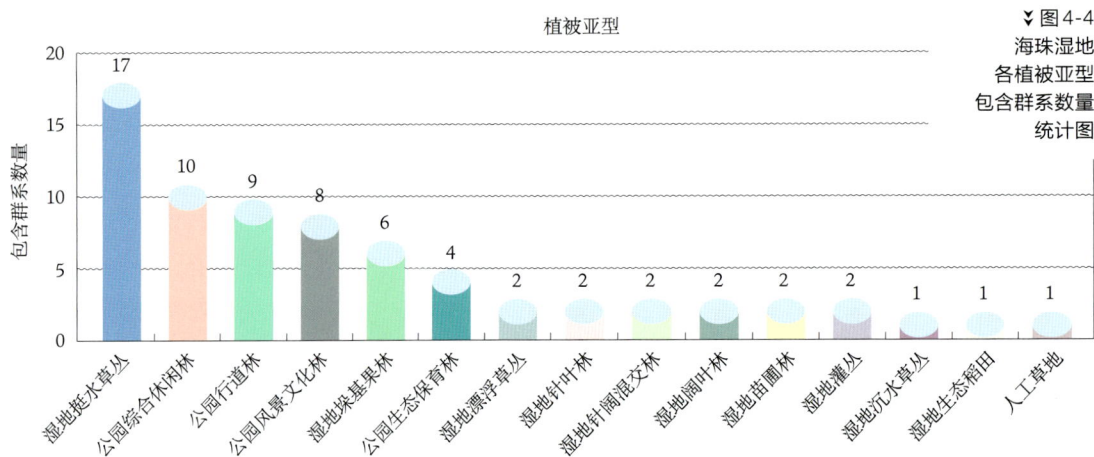

∨ 图 4-4
海珠湿地
各植被亚型
包含群系数量
统计图

## 4.1.2 海珠湿地各区域植被分布格局

由于海珠湿地不同区域有不同的服务定位与设计，植被组成差异较大，因此分区域从植被亚型、群系和群丛三方面进行植被分布格局的分析与描述。各植被型下的群系、群丛的位置和总面积详见表4-1。

### 1. 海珠湖

海珠湖区域植被覆盖面积约为0.12 km²，植被类型丰富，包含8个植被亚型的25个群系和36个群丛。在面积上，各植被亚型中公园风景文化林分布面积最大，面积约为42 743 m²，占34.29%（图4-5）。在物种组成上，湿地挺水草丛拥有最丰富的植被组成，包含6个群系（图4-6）。在所有群系中，糖胶树公园风景文化林分布面积最大，面积达14 557 m²，占11.68%；而美人蕉湿地草丛、落羽杉湿地针叶林和构湿地阔叶林拥有最多的群丛，数量均为3个。

海珠湖的植被亚型、群系和群丛分布格局详见图4-17、图4-21和图4-27。

### 2. 湿地一期

湿地一期区域植被覆盖面积约为0.23 km²，植被类型丰富，包含10个植被亚型的30个群系和42个群丛。在面积上，各植被亚型中湿地垛基果林分布面积最大，面积约为74 332 m²，占32.58%（图4-7）。在物种组成上，湿地挺水草丛拥有最丰富的植被组成，包含9个群系（图4-8）。在所有群系中，阳桃垛基湿地果林分布面积最大，面积达31 693 m²，占13.89%，榕树生态保育林、再力花湿地草丛、黄皮湿地垛基果林、风车草湿地草丛、蒲苇湿地草丛、类芦湿地草丛、榕树公园综合休闲林、落羽杉湿地针叶林、阳桃湿地垛基果林、美丽异木棉公园综合休闲林拥有最多的群丛，数量均为2个。

湿地一期的植被亚型、群系和群丛分布格局详见图4-18、图4-22和图4-28。

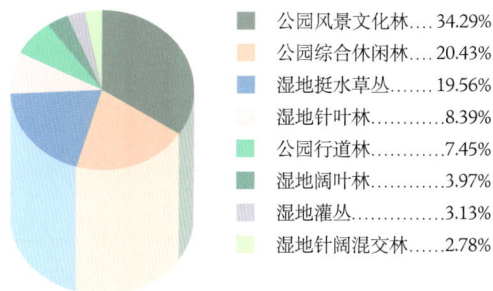

▶▶ 图4-5 海珠湖各植被亚型分布面积比例图

- 公园风景文化林....34.29%
- 公园综合休闲林....20.43%
- 湿地挺水草丛........19.56%
- 湿地针叶林..........8.39%
- 公园行道林..........7.45%
- 湿地阔叶林..........3.97%
- 湿地灌丛............3.13%
- 湿地针阔混交林......2.78%

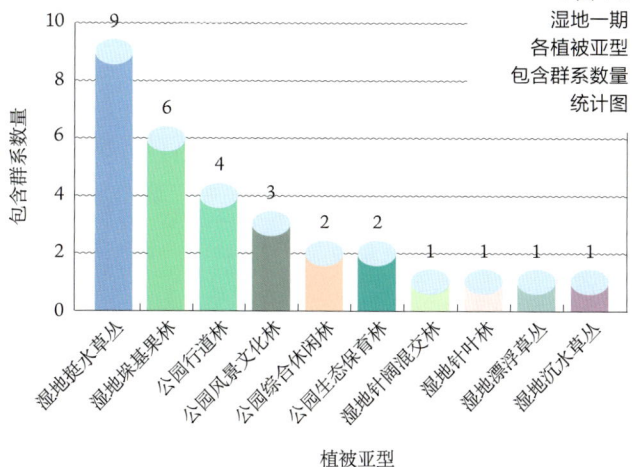

▼ 图4-6 海珠湖各植被亚型包含群系数量统计图

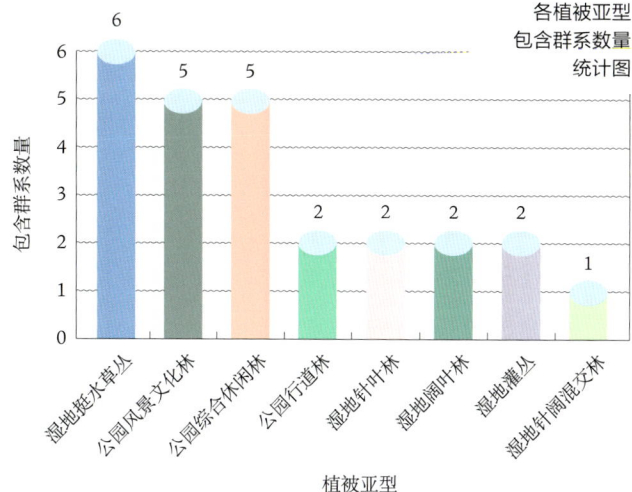

▶▶ 图4-7 湿地一期各植被亚型分布面积比例图

- 湿地垛基果林.......32.58%
- 公园行道林.........21.99%
- 公园生态保育林.....12.41%
- 湿地挺水草丛.......12.24%
- 公园综合休闲林......9.79%
- 湿地针阔混交林......3.93%
- 公园风景文化林......3.67%
- 湿地针叶林.........2.46%
- 湿地漂浮草丛........0.86%
- 湿地沉水草丛........0.08%

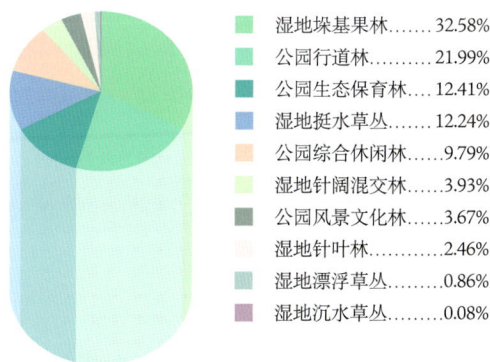

▼ 图4-8 湿地一期各植被亚型包含群系数量统计图

### 3. 湿地二期

湿地二期区域植被覆盖面积约为0.60 km²，植被类型丰富，包含11个植被亚型的17个群系和20个群丛。在面积上，各植被亚型中湿地垛基果林分布面积最大，面积约为0.51 km²，占84.94%（图4-9）。在物种组成上，湿地挺水草丛拥有最丰富的植被组成，包含4个群系（图4-10）。在所有群系中，龙眼湿地垛基果林分布面积最大，面积达0.44 km²，占73.37%；同时龙眼湿地垛基果林拥有最多的群丛，数量为3个。

湿地二期的植被亚型、群系和群丛分布格局详见图4-19、图4-23和图4-29。

### 4. 湿地三期

湿地三期区域植被覆盖面积约为0.90 km²，植被类型丰富，包含7个植被亚型的20个群系和47个群丛。在面积上，各植被亚型中湿地垛基果林分布面积最大，面积约为0.74 km²，占81.92%（图4-11）。在物种组成上，湿地挺水草丛、公园综合休闲林拥有最丰富的植被组成，包含5个群系（图4-12）。在所有群系中，黄皮湿地垛基果林分布面积最大，面积达0.69 km²，占76.32%；而美人蕉湿地草丛拥有最多的群丛，数量为9个。

湿地三期的植被亚型、群系和群丛分布格局详见图4-20、图4-24和图4-30。

### 5. 湿地保育区

湿地保育区区域植被覆盖面积约为3.57 km²，植被类型单一，包含2个植被亚型的5个群系和9个群丛。在面积上，各植被亚型中湿地垛基果林分布面积最大，面积约为3.56 km²，占99.36%（图4-13）。在物种组成上，湿地垛基果林拥有最丰富的植被组成，包含4个群系（图4-14）。在所有群系中，黄皮湿地垛基果林分布面积最大，面积达1.49 km²，占41.78%；同时黄皮湿地垛基果林拥有最多的群丛，数量为3个。

湿地保育区的群丛和群系分布格局详见图4-25和图4-31。

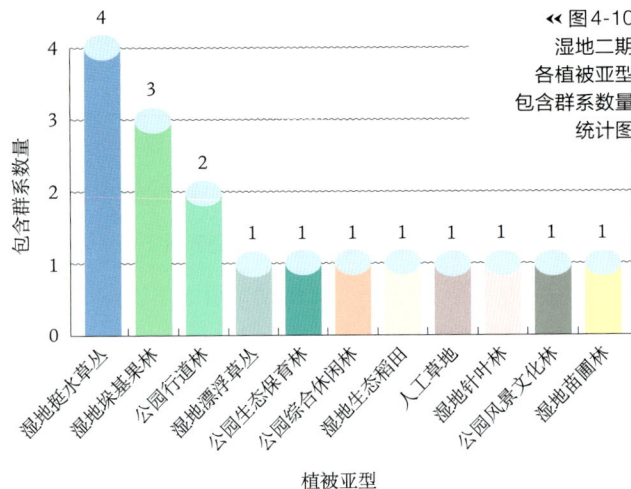

» 图4-9 湿地二期各植被亚型分布面积比例图

- 湿地垛基果林............84.94%
- 湿地挺水草丛............4.73%
- 湿地生态稻田............3.41%
- 湿地苗圃林............3.38%
- 公园行道林............0.99%
- 公园风景文化林............0.94%
- 公园生态保育林............0.69%
- 人工草地............0.37%
- 公园综合休闲林............0.21%
- 湿地针叶林............0.19%
- 湿地漂浮草丛............0.16%

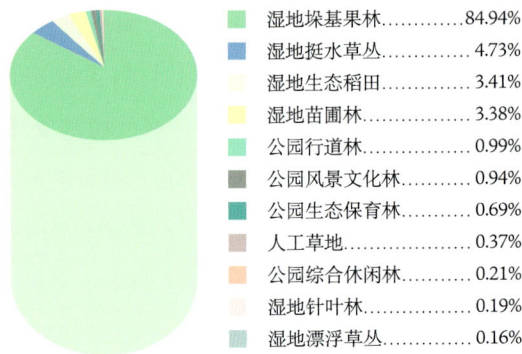

« 图4-10 湿地二期各植被亚型包含群系数量统计图

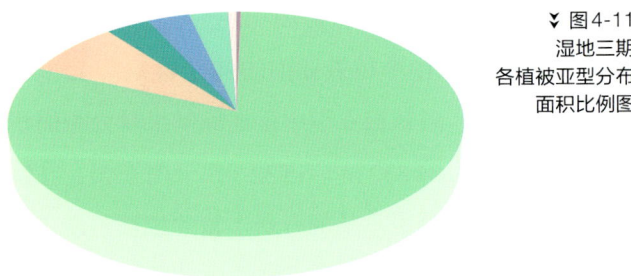

¥ 图4-11 湿地三期各植被亚型分布面积比例图

- 湿地垛基果林............81.92%
- 公园综合休闲林............7.57%
- 公园生态保育林............3.55%
- 湿地挺水草丛............3.30%
- 公园行道林............3.00%
- 湿地针叶林............0.63%
- 湿地沉水草丛............0.03%

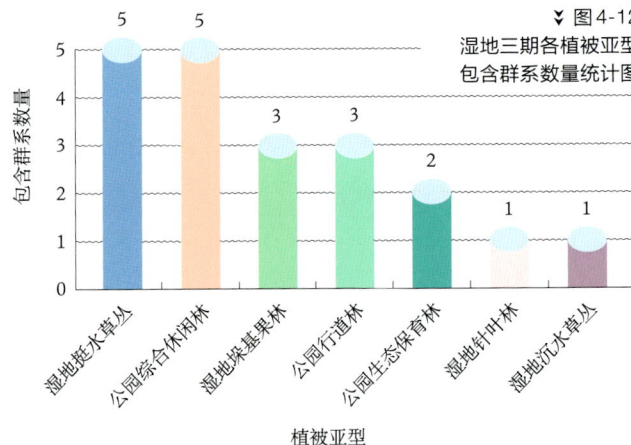

¥ 图4-12 湿地三期各植被亚型包含群系数量统计图

242

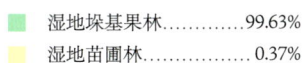

» 图 4-13
湿地保育区
各植被亚型分布
面积比例图

■ 湿地垛基果林............99.63%
■ 湿地苗圃林................0.37%

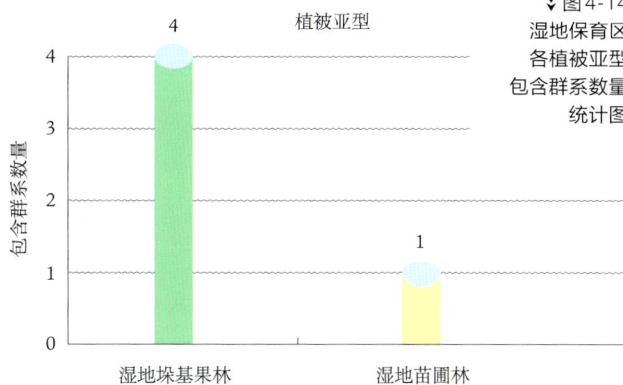

❤ 图 4-14
湿地保育区
各植被亚型
包含群系数量
统计图

## 6. 上涌生态科学园

上涌生态科学园区域植被覆盖面积约为 0.31 km²，植被类型单一，仅包含 2 个群系和 2 个群丛。植被亚型中，湿地垛基果林分布面积约为 0.31 km²，包含群系数量 2 个。在所有群系中，黄皮湿地垛基果林分布面积最大，面积达 0.24 km²，占 76.60%；黄皮湿地垛基果林和荔枝湿地垛基果林均拥有 1 个群丛。

上涌生态科学园的植被群系和群丛分布格局详见图 4-26 和图 4-32。

### 4.1.3 海珠湿地植被信息表和分布图

海珠湿地的植被类型较为多样，因此本章整理了植被信息表（表 4-1），清晰展现每个群丛对应的分类、分布区域和总计面积。

表 4-1　海珠湿地植被信息表

| 植被型 | 植被亚型 | 群系 | 群丛 | 分布区域 | 总面积 /m² |
|---|---|---|---|---|---|
| 湿地水生植被 | 湿地针叶林 | 池杉湿地针叶林 | 池杉 + 落羽杉群丛 | 海珠湖沙河粉村、西南侧东驿站、西南侧岸边 | 491 |
| | | | 池杉 - 凤尾竹 + 野芋群丛 | 海珠湖游船码头西南侧岸边 | 428 |
| | | | 池杉 - 菰群丛 | 湿地三期中南部路旁岸边 | 527 |
| | | | 池杉 - 水龙群丛 | 湿地三期南部南门附近湖沿岸 | 1 076 |
| | | | 池杉 - 睡莲群丛 | 湿地三期小洲东路以南区域木栈道旁水域 | 2 276 |
| | | | 池杉 - 香蒲群丛 | 湿地三期南部南门附近沿岸 | 836 |
| | | | 池杉 - 野芋 + 花叶芦竹群丛 | 湿地三期小洲东路以南区域中部旁湖沿岸 | 988 |
| | | 落羽杉湿地针叶林 | 落羽杉 - 美人蕉群丛 | 海珠湖观鸟长廊东南侧栈道旁 | 7 389 |
| | | | 落羽杉群丛 | 海珠湖亲水平台与观鱼亭间岸边、海珠湖湖心岛西侧岸边海珠湿地一期花溪北侧、湿地一期朱雀桥旁、湿地一期西门路旁和湿地二期南部凫鹭泾附近 | 6 456 |
| | | | 落羽杉 - 野芋群丛 | 海珠湖湖心岛西侧岸边 | 1 047 |
| | | | 落羽杉 - 再力花 + 菖蒲群丛 | 湿地一期绿影长廊南侧岸边 | 1 374 |

| 植被型 | 植被亚型 | 群系 | 群丛 | 分布区域 | 总面积/m² |
|---|---|---|---|---|---|
| | 湿地阔叶林 | 构湿地阔叶林 | 构+垂叶榕-夹竹桃-微甘菊群丛 | 海珠湖观鸟岛东部 | 1 192 |
| | | | 构+大花紫薇-夹竹桃-微甘菊群丛 | 海珠湖观鸟岛西南部 | 1 415 |
| | | | 构+瘤枝榕-黄花夹竹桃-花叶芦竹+镜面草+小鱼眼草群丛 | 海珠湖观鸟岛附近小岛四周沿岸 | 1 628 |
| | | 黄槿湿地阔叶林 | 黄槿-黄花夹竹桃-芦竹+蓝花草+野芋群丛 | 海珠湖碧云天亲子驿站西侧 | 719 |
| | 湿地针阔混交林 | 落羽杉湿地针阔混交林 | 落羽杉-构-鬼针草群丛 | 湿地一期南部凌波桥西南侧沿岸 | 8 971 |
| | | 榕树湿地针阔混交林 | 榕树+池杉-鹅掌藤-蓝花草群丛 | 海珠湖东部的东驿站南侧 | 3 461 |
| | 湿地灌丛 | 夹竹桃湿地灌丛 | 夹竹桃-花叶芦竹+毛草龙+野天胡荽群丛 | 海珠湖湖心岛东南侧岸边 | 1 710 |
| | | 银合欢湿地灌丛 | 银合欢+叶子花-皇冠草+风车草+草龙群丛 | 海珠湖湖心岛西北侧 | 2 191 |
| | 湿地挺水草丛 | 菖蒲湿地挺水草丛 | 菖蒲+美人蕉群丛 | 海珠湖四季茶室北侧岸边 | 712 |
| | | | 菖蒲群丛 | 海珠湖香源西北侧岸边 | 2 266 |
| | | 春羽湿地挺水草丛 | 春羽+水鬼蕉群丛 | 海珠湖雨林古茶坊西侧岸边 | 893 |
| | | | 春羽群丛 | 海珠湖湖心岛东北侧岸边 | 2 300 |
| | | 风车草湿地挺水草丛 | 风车草+畦畔莎草+菰群丛 | 湿地二期南丫围桥南侧水域岸边湖 | 4 042 |
| | | | 风车草+鸭跖草群丛 | 湿地一期都市田园东南角侧水边湖 | 482 |
| | | | 风车草+泽泻+睡莲群丛 | 湿地一期花溪北侧湖 | 382 |
| | | 菰湿地挺水草丛 | 菰+类芦群丛 | 湿地三期中部东侧水域沿岸 | 1 022 |
| | | | 菰+芦竹+类芦群丛 | 湿地三期中部东侧水域沿岸 | 1 586 |
| | | | 菰+睡莲群丛 | 湿地三期南门附近水域 | 792 |
| | | | 菰群丛 | 湿地三期南门附近水域岸边 | 447 |
| | | 类芦湿地挺水草丛 | 类芦+风车草+梭鱼草群丛 | 湿地一期都市田园南侧沿岸 | 5 021 |
| | | | 类芦群丛 | 湿地一期花果岛西北侧沿岸和湿地三期东南部水域湖沿岸 | 2 551 |
| | | 莲湿地挺水草丛 | 莲群丛 | 湿地一期凌波桥北侧西岸水域 | 2 664 |
| | | 芦苇湿地挺水草丛 | 芦苇+水葱+菰群丛 | 湿地二期南丫围桥南侧水域岸边 | 1 219 |
| | | | 芦苇群丛 | 湿地二期卧虹桥东侧、湿地二期老树园和湿地二期芒滘围桥水域岸边 | 8 378 |
| | | 芦竹湿地挺水草丛 | 芦竹+类芦+睡莲群丛 | 湿地三期中部 | 6 597 |
| | | | 芦竹+野芋群丛 | 海珠湖北广场东南角沿岸和蔷薇水廊东面小岛四周对岸 | 7 075 |
| | | 美人蕉湿地挺水草丛 | 美人蕉+莲群丛 | 湿地一期龙腾桥西南沿岸 | 3 290 |
| | | | 美人蕉+芦竹+花叶芦竹群丛 | 湿地三期南区中部连桥两岸 | 1 113 |
| | | | 美人蕉+水竹叶+凤眼莲群丛 | 湿地三期西北部连桥北侧 | 497 |
| | | | 美人蕉+梭鱼草+南美天胡荽群丛 | 湿地三期东北部水道沿岸湖 | 1 949 |
| | | | 美人蕉+梭鱼草群丛 | 海珠湖景融轩西南侧岸边 | 531 |
| | | | 美人蕉+香蒲+水竹叶群丛 | 湿地三期东北角水域沿岸 | 1 104 |
| | | | 美人蕉+野芋+凤眼莲群丛 | 湿地三期西北角水域沿岸 | 355 |
| | | | 美人蕉+野芋群丛 | 海珠湖可居文房东北侧岸边 | 1 799 |
| | | | 美人蕉+再力花+大薸群丛 | 湿地三期东北角水域湖沿岸 | 573 |
| | | | 美人蕉+再力花+水竹叶群丛 | 湿地三期北门和东北门正对水域的南侧沿岸 | 1 783 |
| | | | 美人蕉+再力花+野芋群丛 | 湿地三期西北角水域湖沿岸 | 640 |

| 植被型 | 植被亚型 | 群系 | 群丛 | 分布区域 | 总面积 /m² |
|---|---|---|---|---|---|
| | | 美人蕉湿地挺水草丛 | 美人蕉群丛 | 海珠湖亲水平台西南侧沿岸、海珠湖观鸟岛西南部沿岸、湿地一期飞龙桥两岸，并散布零星分布于湿地三期北部至中部沿岸 | 15 561 |
| | | 蒲苇湿地挺水草丛 | 蒲苇+美人蕉+莲群丛 | 湿地一期南部凌波桥南面水域湖沿岸 | 3 535 |
| | | | 蒲苇+再力花+水竹叶群丛 | 湿地三期东北角沿岸 | 332 |
| | | | 蒲苇+再力花群丛 | 湿地一期龙腾桥西侧水域湖沿岸 | 337 |
| | | 梭鱼草湿地挺水草丛 | 梭鱼草+莲群丛 | 湿地一期朱雀桥西北方的池塘沿岸 | 3 166 |
| | | 五节芒湿地挺水草丛 | 五节芒+风车草群丛 | 海珠湖湖心岛西南侧岸边 | 1 228 |
| | | | 五节芒群丛 | 海珠湖湖心岛西南侧岸边 | 1 557 |
| | | 香彩雀湿地挺水草丛 | 香彩雀群丛 | 海珠湖摘斗亭西侧岸边 | 1 958 |
| | | 香蒲湿地挺水草丛 | 香蒲+风车草+美人蕉群丛 | 湿地二期环境监测站附近 | 521 |
| | | 鸢尾湿地挺水草丛 | 鸢尾+莲群丛 | 湿地一期古荫帆影西北侧沿岸 | 1 787 |
| | | | 鸢尾+美人蕉+睡莲群丛 | 湿地二期清涟园南侧 | 14 108 |
| | | 再力花湿地挺水草丛 | 再力花+野天胡荽群丛 | 湿地一期花溪西侧沿岸 | 290 |
| | | | 再力花群丛 | 湿地一期科普馆附近、湿地一期果香桥与水质监测站之间区域、湿地一期龙吟潭附近 | 2 033 |
| | | 泽泻湿地挺水草丛 | 泽泻+睡莲+梭鱼草群丛 | 湿地一期绿心湖水域西南部 | 1 767 |
| | 湿地漂浮草丛 | 凤眼莲湿地漂浮草丛 | 凤眼莲+鸭跖草+芦苇群丛 | 湿地二期雁雨滩东侧 | 929 |
| | | 蕹菜湿地漂浮草丛 | 蕹菜+鸭跖草群丛 | 湿地一期龙吟潭近岸水域 | 1 960 |
| | 湿地沉水草丛 | 狐尾藻湿地沉水草丛 | 狐尾藻群丛 | 湿地一期绿心湖水域西南部、湿地三期小洲东路以南区域木栈道旁水域 | 425 |
| 湿地陆生景观植被 | 公园生态保育林 | 构公园生态保育林 | 构-构-海芋群丛 | 湿地二期雁语滩西侧 | 4 100 |
| | | 火焰树公园生态保育林 | 火焰树-构-蓝花草群丛 | 湿地一期红树林科普基地以北 | 8 976 |
| | | 榕树公园生态保育林 | 榕树+美丽异木棉+小叶榄仁-构-海芋群丛 | 湿地一期办公区西侧 | 6 203 |
| | | | 榕树+蒲桃-蒲桃-蓝花草群丛 | 湿地一期都市田园东侧 | 13 126 |
| | | | 榕树+宫粉羊蹄甲-灰莉-狼尾草群丛 | 湿地三期北门西侧 | 4 421 |
| | | | 榕树-芭蕉群丛 | 湿地三期 | 9 485 |
| | | 宫粉羊蹄甲公园生态保育林 | 宫粉羊蹄甲+秋枫+宫粉羊蹄甲-六棱菊群丛 | 湿地三期东南角 | 17 996 |
| | 公园行道林 | 高山榕公园行道林 | 高山榕-小琴丝竹-水蜈蚣群丛 | 海珠湖东南部的南驿站附近 | 3 909 |
| | | 红花羊蹄甲公园行道林 | 红花羊蹄甲-类芦+朱槿-中华结缕草群丛 | 湿地一期南部最外围沥青路两侧 | 18 174 |
| | | 猴樟公园行道林 | 猴樟+腊肠树+印度榕-鹅掌藤+假连翘-蓝花草群丛 | 海珠湖的西北部的观鱼亭附近 | 5 374 |
| | | 溪畔白千层公园行道林 | 溪畔白千层+榕树+澳洲鹅掌柴-龙血树-地毯草群丛 | 湿地一期花溪北侧 | 1 222 |
| | | 黄槿公园行道林 | 黄槿+杧果-构-春羽群丛 | 湿地二期芒滘围桥西侧 | 1 936 |
| | | 美丽异木棉公园行道林 | 美丽异木棉-头花蓼群丛 | 湿地二期芒滘围桥附近 | 3 999 |
| | | 榕树公园行道林 | 榕树+洋蒲桃-白茅群丛 | 湿地三期中部 | 7 213 |
| | | | 榕树-鹅掌藤-海芋群丛 | 湿地一期湿地北门西侧车道两侧 | 2 365 |
| | | | 榕树-软枝黄蝉-狗尾草群丛 | 湿地三期北门东侧 | 2 112 |
| | | | 榕树-叶子花-海芋群丛 | 湿地一期北门湿地广场东侧 | 2 009 |
| | | | 榕树-棕竹-五爪金龙群丛 | 湿地三期北门东侧 | 6 596 |
| | | 宫粉羊蹄甲公园行道林 | 宫粉羊蹄甲-宫粉羊蹄甲-地毯草群丛 | 湿地一期西部靠近华南快速一侧和湿地三期南部 | 31 795 |
| | | 樟公园行道林 | 樟+非洲楝-地毯草群丛 | 湿地三期南部水域附近 | 5 666 |

| 植被型 | 植被亚型 | 群系 | 群丛 | 分布区域 | 总面积/m² |
|---|---|---|---|---|---|
| | 公园综合休闲林 | 大花紫薇公园综合休闲林 | 大花紫薇+白千层+红花羊蹄甲-龙船花-肾蕨群丛 | 海珠湖西北部沿湖侧 | 4 591 |
| | | 高山榕公园综合休闲林 | 高山榕-山菅兰群丛 | 海珠湖北部瑶溪怀古附近和海珠湖听秋居北侧 | 5 840 |
| | | 林刺葵公园综合休闲林 | 林刺葵-龙船花-海芋群丛 | 海珠湖北部的亲水平台附近 | 4 156 |
| | | 美丽异木棉公园综合休闲林 | 美丽异木棉+大花紫薇+黄花风铃木-叶子花-麦冬群丛 | 湿地一期友谊林北部 | 1 697 |
| | | | 美丽异木棉+高山榕+南洋杉-龙船花-芦竹群丛 | 海珠湖西部内侧沿岸 | 8 539 |
| | | | 美丽异木棉+榕树+非洲楝-假连翘-地毯草群丛 | 湿地三期中部 | 4 718 |
| | | | 美丽异木棉+榕树+高山榕-地毯草群丛 | 湿地三期西南角和湿地三期中部 | 23 867 |
| | | | 美丽异木棉-构-弓果黍群丛 | 湿地一期红树林科普基地东侧 | 9 261 |
| | | 木芙蓉公园综合休闲林 | 木芙蓉+假苹婆-头花蓼群丛 | 湿地二期芒滘围桥 | 1 282 |
| | | 秋枫公园综合休闲林 | 秋枫+菩提树+羊蹄甲-狼尾草群丛 | 湿地三期西北部靠近华南快速一侧 | 8 056 |
| | | 人面子公园综合休闲林 | 人面子-狗牙根群丛 | 湿地三期中南部 | 1 511 |
| | | 榕树公园综合休闲林 | 榕树+火焰树-美丽异木棉-地毯草群丛 | 湿地三期中部 | 7 511 |
| | | | 榕树+秋枫+小叶榄仁-羊蹄甲-白茅群丛 | 湿地三期中部华南快速旁 | 14 587 |
| | | | 榕树-灰莉-地毯草群丛 | 湿地一期绿心湖西侧 | 3 139 |
| | | 榕树公园综合休闲林 | 榕树-九里香-蓝花草群丛 | 湿地一期玉龙桥以北 | 8 243 |
| | | 双荚决明公园综合休闲林 | 双荚决明+榕树-山黄麻-铺地黍群丛 | 湿地三期东南部 | 7 858 |
| | | 大王椰公园综合休闲林 | 大王椰+樟+雅榕-蒲葵-篱栏网群丛 | 海珠湖西部碧云天亲子驿站附近 | 2 342 |
| | 公园风景文化林 | 杜英公园风景文化林 | 杜英+大花紫薇-变叶珊瑚花+叶子花-艳山姜群丛 | 湿地一期龙腾桥以西 | 2 286 |
| | | 凤凰木公园风景文化林 | 凤凰木+黄花风铃木+高山榕-木樨-花叶芒群丛 | 海珠湖西南部的办公区附近 | 2 172 |
| | | 海南蒲桃公园风景文化林 | 海南蒲桃-火焰花-锦绣苋群丛 | 湿地二期老树园以北 | 5 613 |
| | | 红花羊蹄甲公园风景文化林 | 红花羊蹄甲+秋枫+宫粉羊蹄甲-小蜡-蓝花草群丛 | 海珠湖的东南部 | 14 182 |
| | | | 红花羊蹄甲-地毯草群丛 | 湿地一期花溪西部 | 4 507 |
| | | 水翁蒲桃公园风景文化林 | 水翁蒲桃+高山榕-金脉爵床-绣球群丛 | 海珠湖西北部 | 8 914 |
| | | 糖胶树公园风景文化林 | 糖胶树+降香+榕树-粉纸扇-鹅掌藤群丛 | 海珠湖的西部人行道西侧 | 8 997 |
| | | | 糖胶树-龙船花-水鬼蕉群丛 | 海珠湖的东部 | 5 560 |
| | | 小叶榄仁公园风景文化林 | 小叶榄仁-地毯草群丛 | 湿地一期友谊林南部 | 1 572 |
| | | 樟公园风景文化林 | 樟-假连翘-朱蕉群丛 | 海珠湖的西部东驿站东南侧 | 2 918 |
| | 人工草地 | 狗牙根人工草地 | 狗牙根群丛 | 湿地二期环境监测站附近 | 2 207 |
| 湿地生态农业植被 | 湿地垛基果林 | 黄皮湿地垛基果林 | 黄皮+荔枝-海芋-鬼针草群丛 | 湿地一期龙吟潭西侧 | 4 250 |
| | | | 黄皮+龙眼-番石榴-芭蕉群丛 | 南沙港快速路以南、小洲路以北的湿地保育区和广州环城高速公路以南的湿地保育区区内 | 463 860 |
| | | | 黄皮+龙眼+黄花风铃木-美人蕉群丛 | 湿地三期北门附近 | 7 049 |
| | | | 黄皮+阳桃-竹叶草群丛 | 上涌生态科学园 | 235 304 |

| 植被型 | 植被亚型 | 群系 | 群丛 | 分布区域 | 总面积 /m² |
|---|---|---|---|---|---|
| | | 黄皮湿地垛基果林 | 黄皮 - 番石榴 - 假臭草群丛 | 湿地三期北部和湿地三期小洲东路以南区域的东北角 | 223 105 |
| | | | 黄皮 - 鬼针草群丛 | 湿地二期土华桥东西两侧和湿地三期小洲东路以北 | 504 391 |
| | | | 黄皮 - 海芋 - 华南毛蕨群丛 | 湿地一期果林维育区 | 58 689 |
| | | | 黄皮 - 微甘菊群丛 | 广州环城高速公路的湿地保育区内 | 991 728 |
| | | 荔枝湿地垛基果林 | 荔枝 + 楝 + 秋枫 - 朱蕉 - 海芋群丛 | 湿地三期小洲东路以南区域中东部和官洲水道以北、 南沙港快速路以西区域 | 16 805 |
| | | | 荔枝 + 榕树 + 美丽异木棉 - 地毯草群丛 | 湿地三期小洲东路以南区域的西北部 | 8 299 |
| | | | 荔枝群丛 | 湿地二期东部华南快速收费站附近和官洲水道以北、 南沙港快速路以西区域 | 103 567 |
| | | | 荔枝 - 山油麻 - 鬼针草群丛 | 上涌生态科学园北部 | 71 895 |
| | | 龙眼湿地垛基果林 | 龙眼 + 黄皮 + 阳桃 - 鸭跖草群丛 | 湿地二期最北部、 最南部和贯穿南沙港快速路的湿地保育区 | 926 434 |
| | | | 龙眼 + 美丽异木棉 - 龙眼 + 土蜜树 - 美人蕉群丛 | 湿地三期东北部 | 842 |
| | | | 龙眼 + 美丽异木棉 - 宫粉羊蹄甲 - 地毯草群丛 | 湿地三期东北部 | 10 962 |
| | | | 龙眼 + 乌墨 - 构 + 小叶女贞 + 长隔木 - 地毯草群丛 | 湿地三期东北部 | 3 845 |
| | | | 龙眼 - 番石榴 - 假臭草群丛 | 湿地三期北门附近 | 8 681 |
| | | 龙眼湿地垛基果林 | 龙眼 - 狗牙花 - 狗牙根群丛 | 湿地三期东北部 | 1 020 |
| | | | 龙眼 - 鬼针草群丛 | 湿地二期石榴岗河两岸和广州环城高速公路附近的湿地保育区 | 525 766 |
| | | | 龙眼 - 幌伞枫群丛 | 湿地一期朱雀桥附近 | 3 412 |
| | | | 龙眼 - 朱樱花 - 金腰箭群丛 | 湿地二期环城高速以北 | 213 314 |
| | | 香蕉湿地垛基果林 | 香蕉 + 加杨 - 青葙 - 凹头苋群丛 | 湿地一期福寿果廊附近 | 4 040 |
| | | 阳桃湿地垛基果林 | 阳桃 + 黄皮 - 杜鹃 - 春羽群丛 | 湿地一期朱雀桥东南部 | 12 085 |
| | | | 阳桃 + 荔枝 - 马唐群丛 | 新港东路两侧万胜围和黄埔附近的湿地保育区 | 422 113 |
| | | | 阳桃 - 夹竹桃 - 大野芋群丛 | 湿地一期凌波桥东南部 | 19 609 |
| | | | 阳桃 - 苎麻 - 鬼针草群丛 | 新港东路以南、 黄埔冲以北区域 | 278 291 |
| | | 洋蒲桃湿地垛基果林 | 洋蒲桃群丛 | 湿地一期福寿果廊西北部 | 5 002 |
| | 湿地苗圃林 | 尾叶桉湿地苗圃林 | 尾叶桉 - 白饭树 - 蟛蜞菊群丛 | 南沙港快速路以西、 官洲水道以北的湿地保育区内 | 13 178 |
| | | 钟花樱湿地苗圃林 | 钟花樱 - 龙船花 - 狗牙根群丛 | 湿地二期的凫鹥泾西北侧 | 20 183 |
| | 湿地生态稻田 | 湿地生态稻田 | 稻群丛 | 湿地二期的卧虹桥附近和迎客桥以东 | 20 382 |

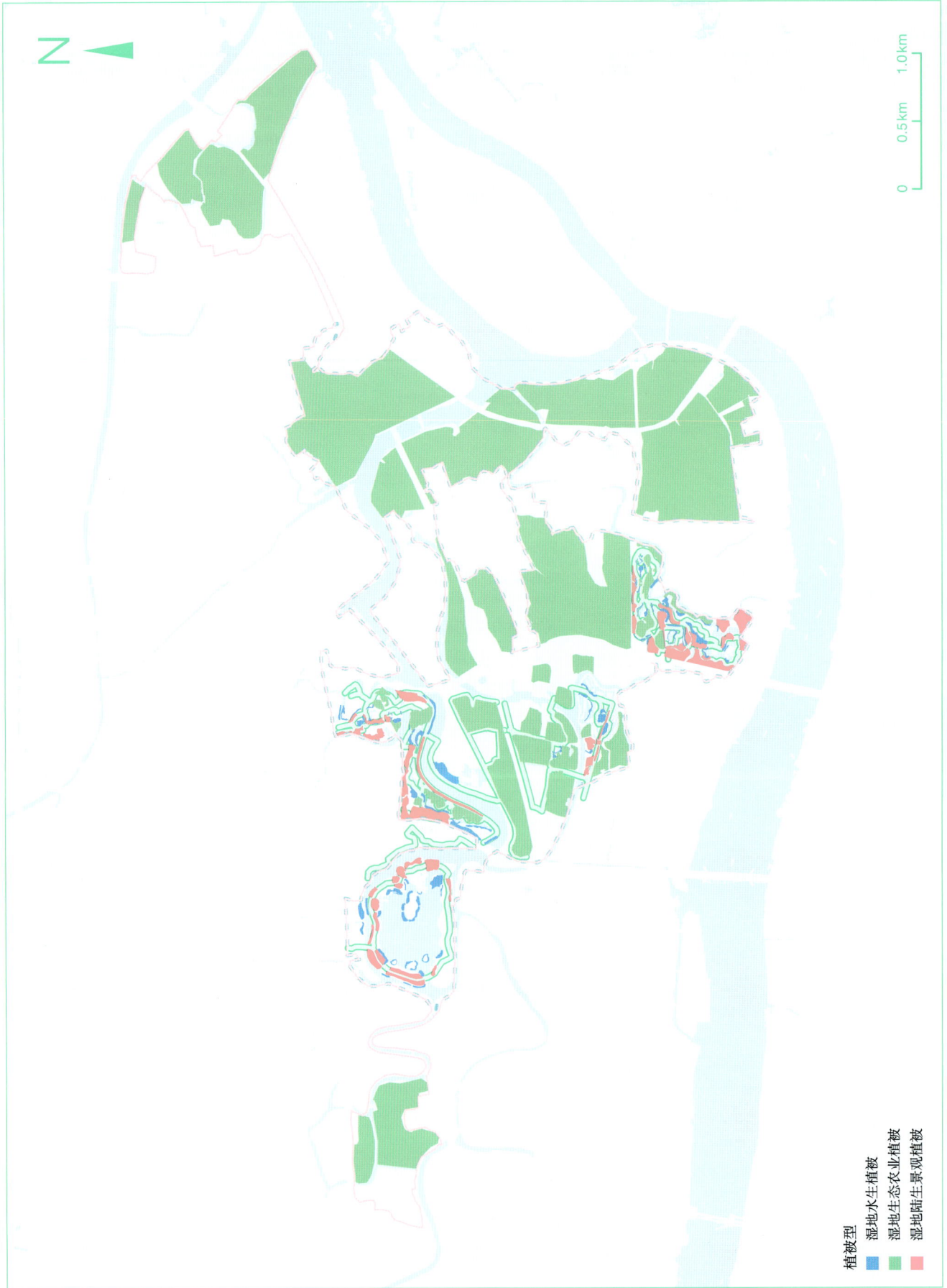

N

0  0.5km  1.0km

植被型
■ 湿地水生植被
■ 湿地生态农业植被
■ 湿地陆生景观植被

❯ 图4-15
海珠湿地
植被型分布图

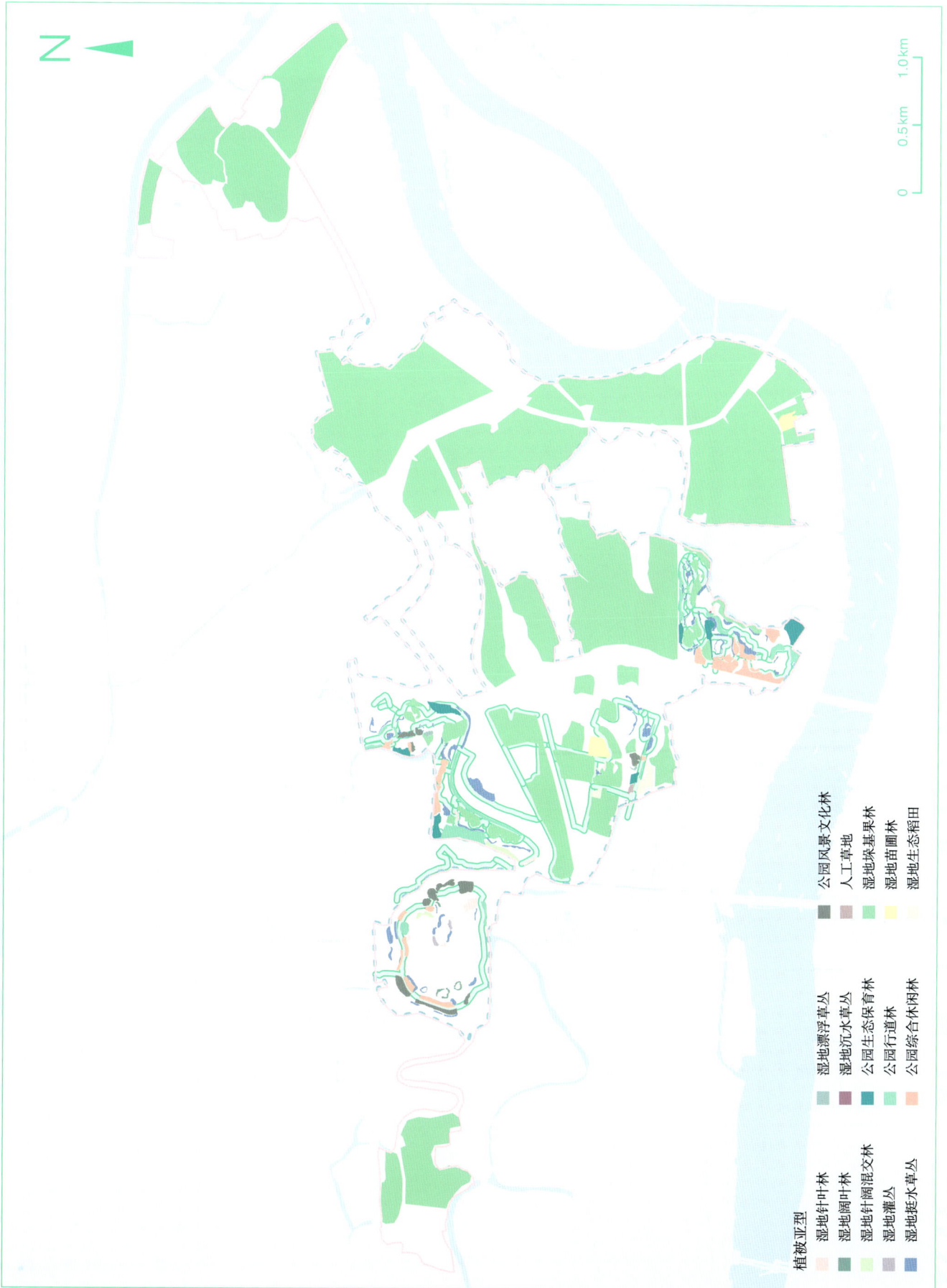

N

0  0.5km  1.0km

植被亚型

公园风景文化林　　湿地珠基果林
人工草地　　　　　湿地苗圃林
　　　　　　　　　湿地生态稻田

湿地漂浮草丛　　　湿地沉水草丛
公园生态保育林　　公园行道林
公园综合休闲林

湿地针叶林　　　　湿地阔叶林
湿地针阔混交林　　湿地灌丛
湿地挺水草丛

∧ 图 4-16
海珠湿地
植被亚型分布图

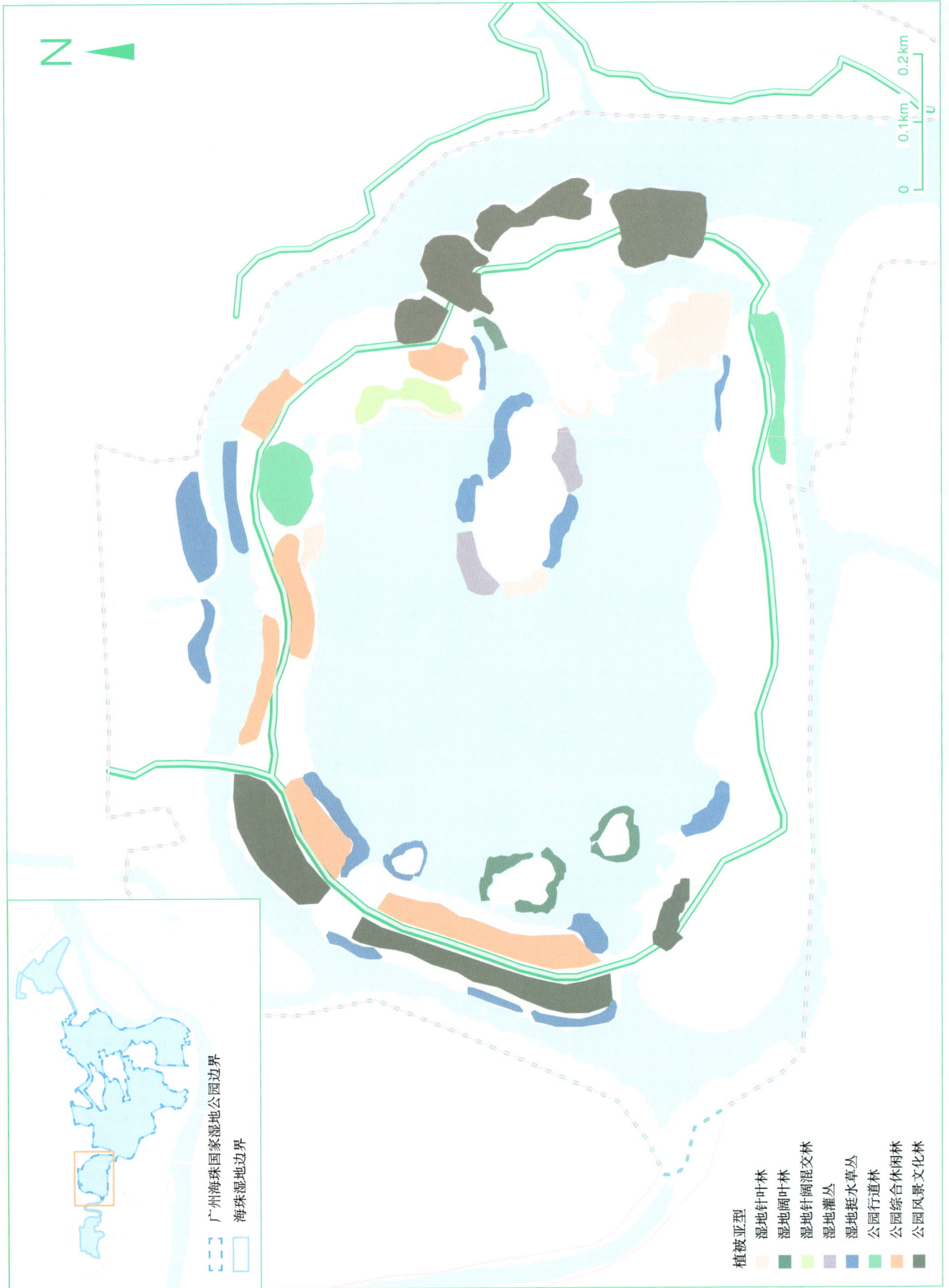

图例部分：

植被亚型

- 湿地针叶林
- 湿地阔叶林
- 湿地针阔混交林
- 湿地灌丛
- 湿地挺水草丛
- 公园行道林
- 公园综合休闲林
- 公园风景文化林

- 广州海珠国家湿地公园边界
- 海珠湿地边界

➤ 图 4-17
海珠湖
植被亚型分布图

0.1km　0.2km

N

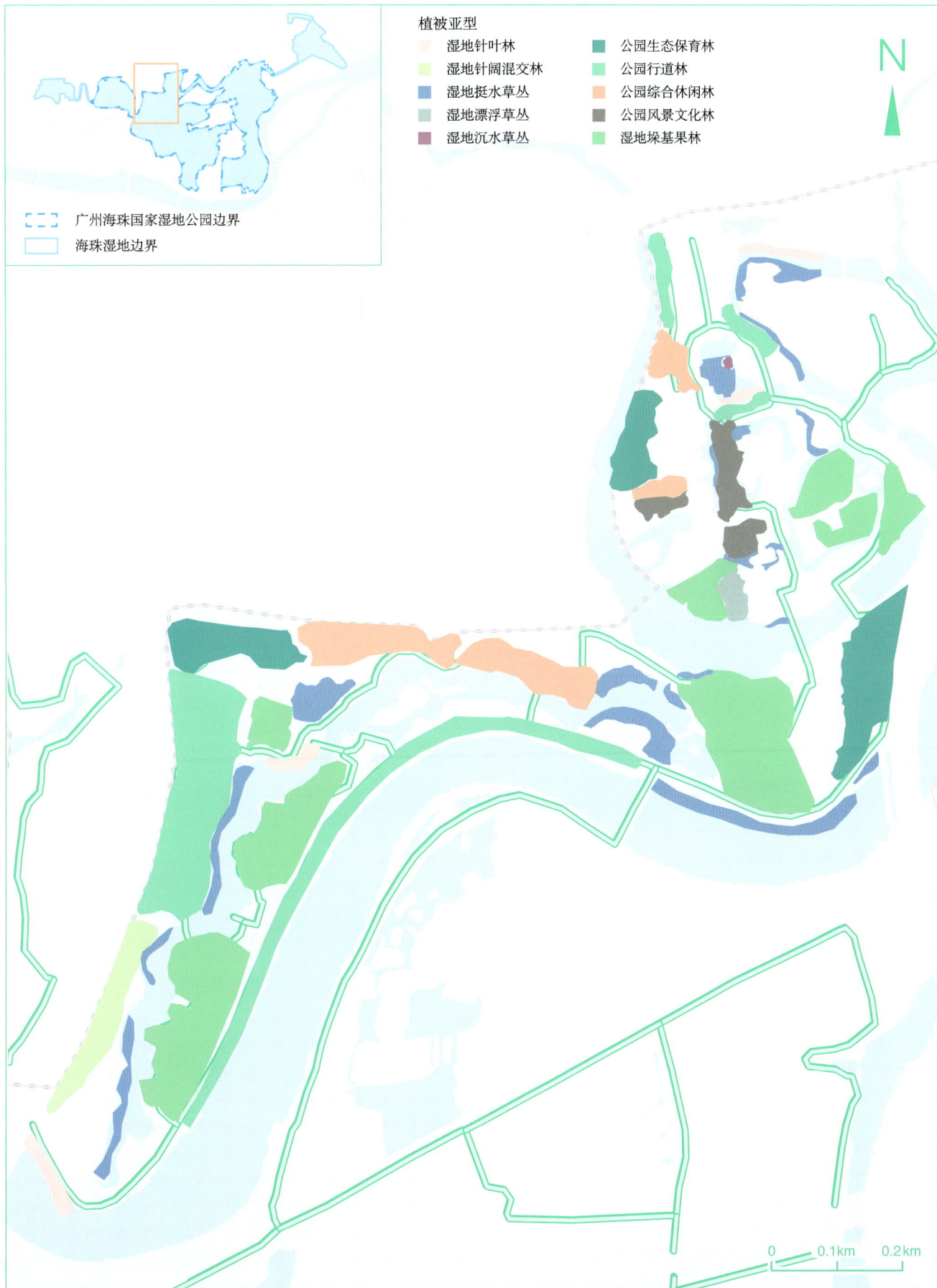

植被亚型
湿地针叶林　　　　　公园生态保育林
湿地针阔混交林　　　公园行道林
湿地挺水草丛　　　　公园综合休闲林
湿地漂浮草丛　　　　公园风景文化林
湿地沉水草丛　　　　湿地垛基果林

广州海珠国家湿地公园边界
海珠湿地边界

N

0　　0.1km　　0.2km

⌃ 图 4-18
湿地一期
植被亚型分布图

N

广州海珠国家湿地公园边界
海珠湿地边界

植被亚型
湿地针叶林
湿地挺水草丛
湿地漂浮草丛
公园生态保育林
公园行道林
公园综合休闲林
公园风景文化林
人工草地
湿地珠基果林
湿地苗圃林
湿地生态稻田

↗ 图4-19
湿地二期
植被亚型分布图

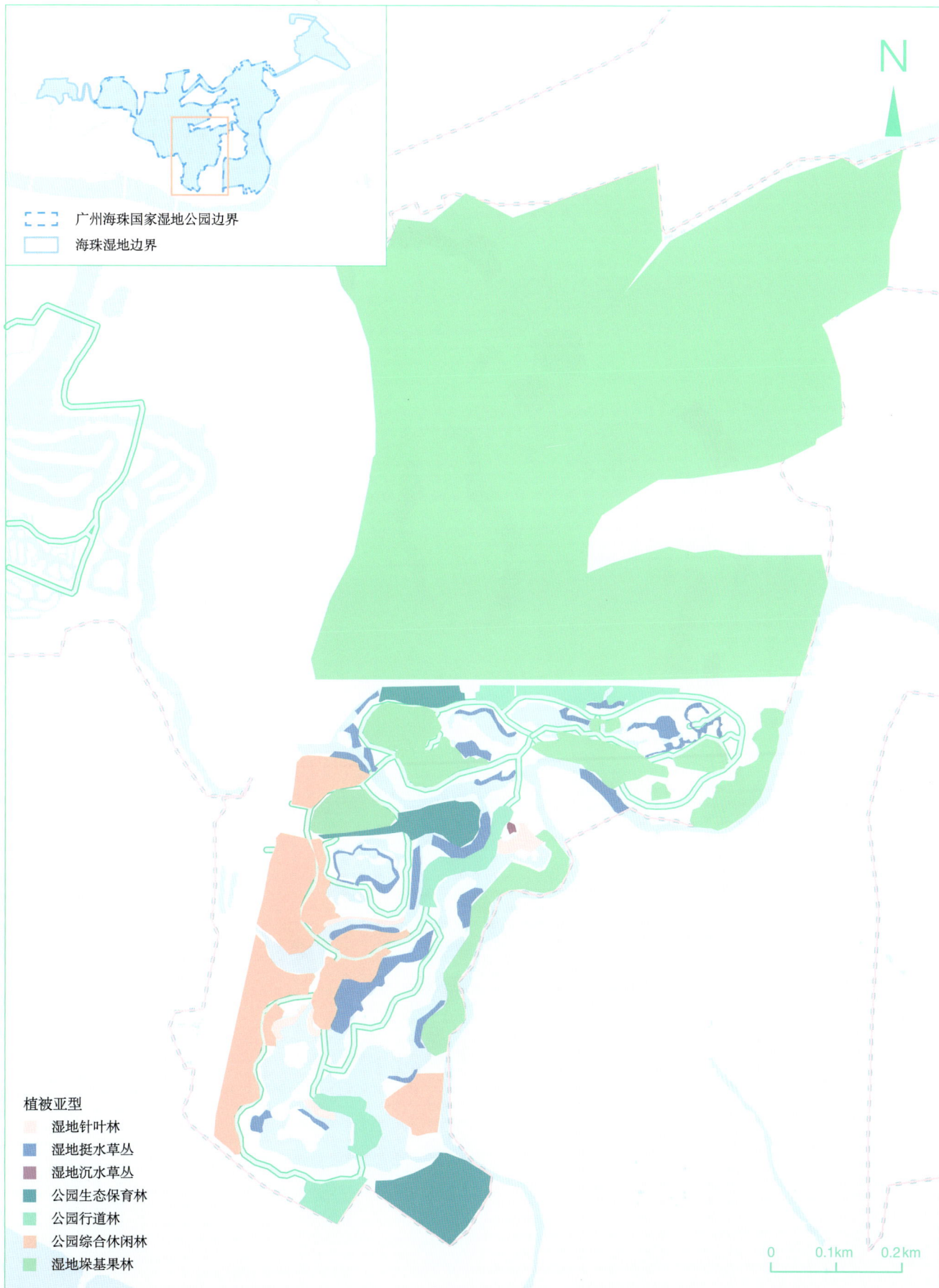

广州海珠国家湿地公园边界

海珠湿地边界

**植被亚型**

湿地针叶林

湿地挺水草丛

湿地沉水草丛

公园生态保育林

公园行道林

公园综合休闲林

湿地垛基果林

0    0.1km    0.2km

图 4-20
湿地三期
植被亚型分布图

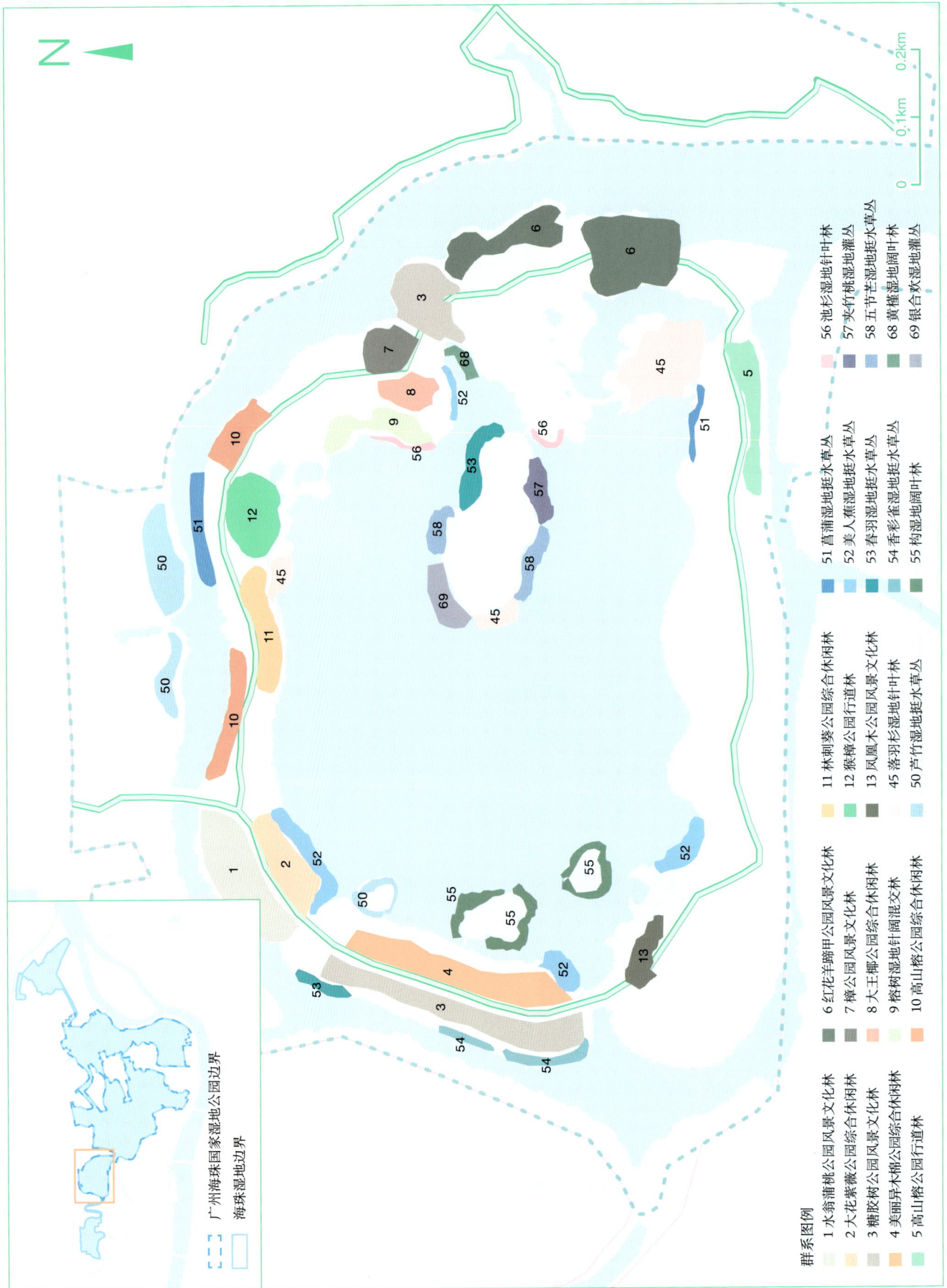

N

0.1km 0.2km
0 0.2km

**群系图例**

1 水翁蒲公园风景文化林　6 红花羊蹄甲公园风景文化林　11 林刺葵公园综合休闲林　51 菖蒲湿地挺水草丛　56 池杉湿地针叶林

2 大花紫薇公园综合休闲林　7 樟公园风景文化林　12 猴樟公园综合休闲林　52 美人蕉湿地挺水草丛　57 夹竹桃湿地灌丛

3 糖胶树公园风景文化林　8 大王椰公园风景文化林　13 凤凰木公园风景文化林　53 春羽湿地挺水草丛　58 五节芒湿地挺水草丛

4 美丽异木棉公园综合休闲混交林　9 榕树公园综合休闲林　45 落羽杉湿地针叶林　54 香彩雀湿地挺水草丛　68 黄槿湿地阔叶灌丛

5 高山榕公园行道林　10 高山榕公园综合休闲林　50 芦竹湿地挺水草丛　55 构湿地阔叶林　69 银合欢湿地灌丛

广州海珠国家湿地公园边界

海珠湿地公园边界

∧ 图4-21
海珠湖
群系分布图

254

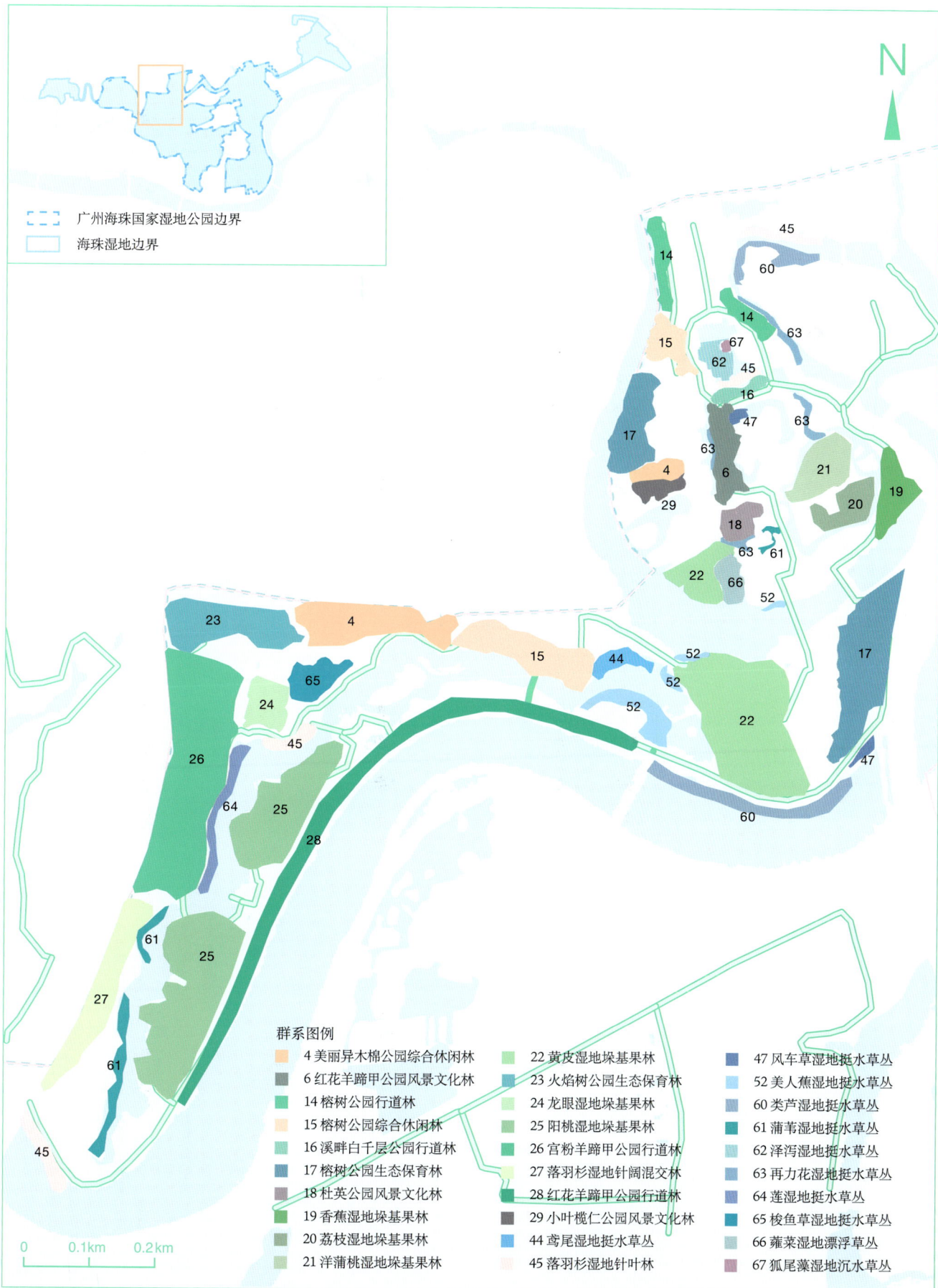

N

广州海珠国家湿地公园边界
海珠湿地边界

14
45
60
14
15
67
62 45
16
47 63
17 63
4 6 21
29 18 20 19
63 61
22 66
52

23 4
65 15 44 52
24 52 17
45 52
26 22
64 25
28 47
61
25 60
27
61
45

0  0.1km  0.2km

**群系图例**

| | |
|---|---|
| 4 美丽异木棉公园综合休闲林 | 22 黄皮湿地垾基果林 |
| 6 红花羊蹄甲公园风景文化林 | 23 火焰树公园生态保育林 |
| 14 榕树公园行道林 | 24 龙眼湿地垾基果林 |
| 15 榕树公园综合休闲林 | 25 阳桃湿地垾基果林 |
| 16 溪畔白千层公园行道林 | 26 宫粉羊蹄甲公园行道林 |
| 17 榕树公园生态保育林 | 27 落羽杉湿地针阔混交林 |
| 18 杜英公园风景文化林 | 28 红花羊蹄甲公园行道林 |
| 19 香蕉湿地垾基果林 | 29 小叶榄仁公园风景文化林 |
| 20 荔枝湿地垾基果林 | 44 鸢尾湿地挺水草丛 |
| 21 洋蒲桃湿地垾基果林 | 45 落羽杉湿地针叶林 |

| |
|---|
| 47 风车草湿地挺水草丛 |
| 52 美人蕉湿地挺水草丛 |
| 60 类芦湿地挺水草丛 |
| 61 蒲苇湿地挺水草丛 |
| 62 泽泻湿地挺水草丛 |
| 63 再力花湿地挺水草丛 |
| 64 莲湿地挺水草丛 |
| 65 梭鱼草湿地挺水草丛 |
| 66 蕹菜湿地漂浮草丛 |
| 67 狐尾藻湿地沉水草丛 |

图4-22
湿地一期
群系分布图

第 4 章　海珠湿地植被聚类分析和分布格局　　4.1 海珠湿地植被分布格局　　255

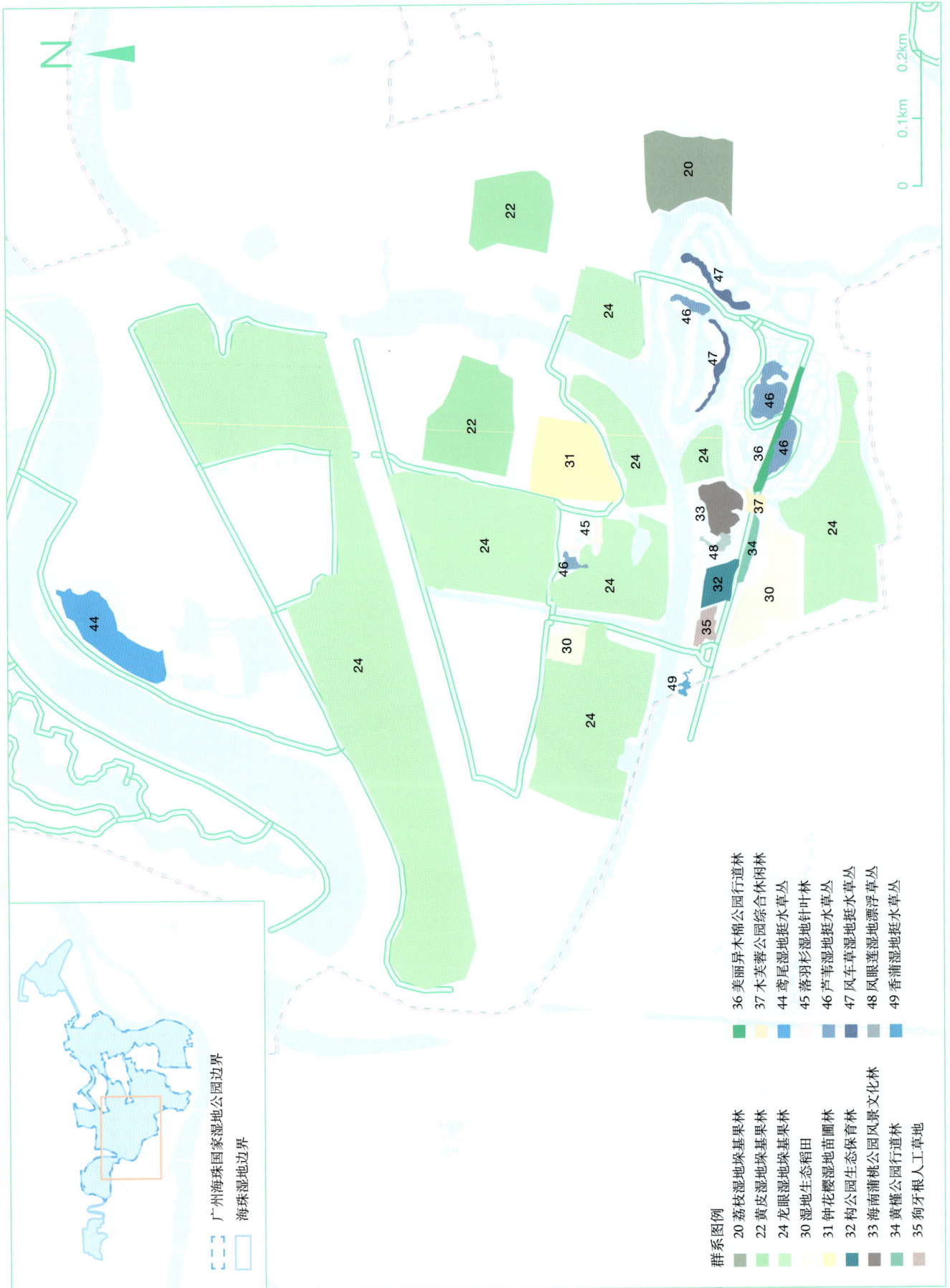

N

0    0.1km    0.2km

群系图例

20 苏枝湿地埠基果林
22 黄皮湿地埠基果林
24 龙眼湿地埠基果林
30 湿地生态稻田
31 钟花樱湿地苗圃林
32 构公园生态保育林
33 海南蒲公园风景文化林
34 黄槿公园行道林
35 狗牙根人工草地

36 美丽异木棉公园行道林
37 木芙蓉公园综合休闲林
44 鸢尾湿地挺水草丛
45 落羽杉湿地针叶林
46 芦苇湿地挺水草丛
47 风车草湿地挺水草丛
48 凤眼莲湿地漂浮草丛
49 香蒲湿地挺水草丛

广州海珠国家湿地公园边界

海珠湿地边界

▲图4-23
湿地二期
群系分布图

256

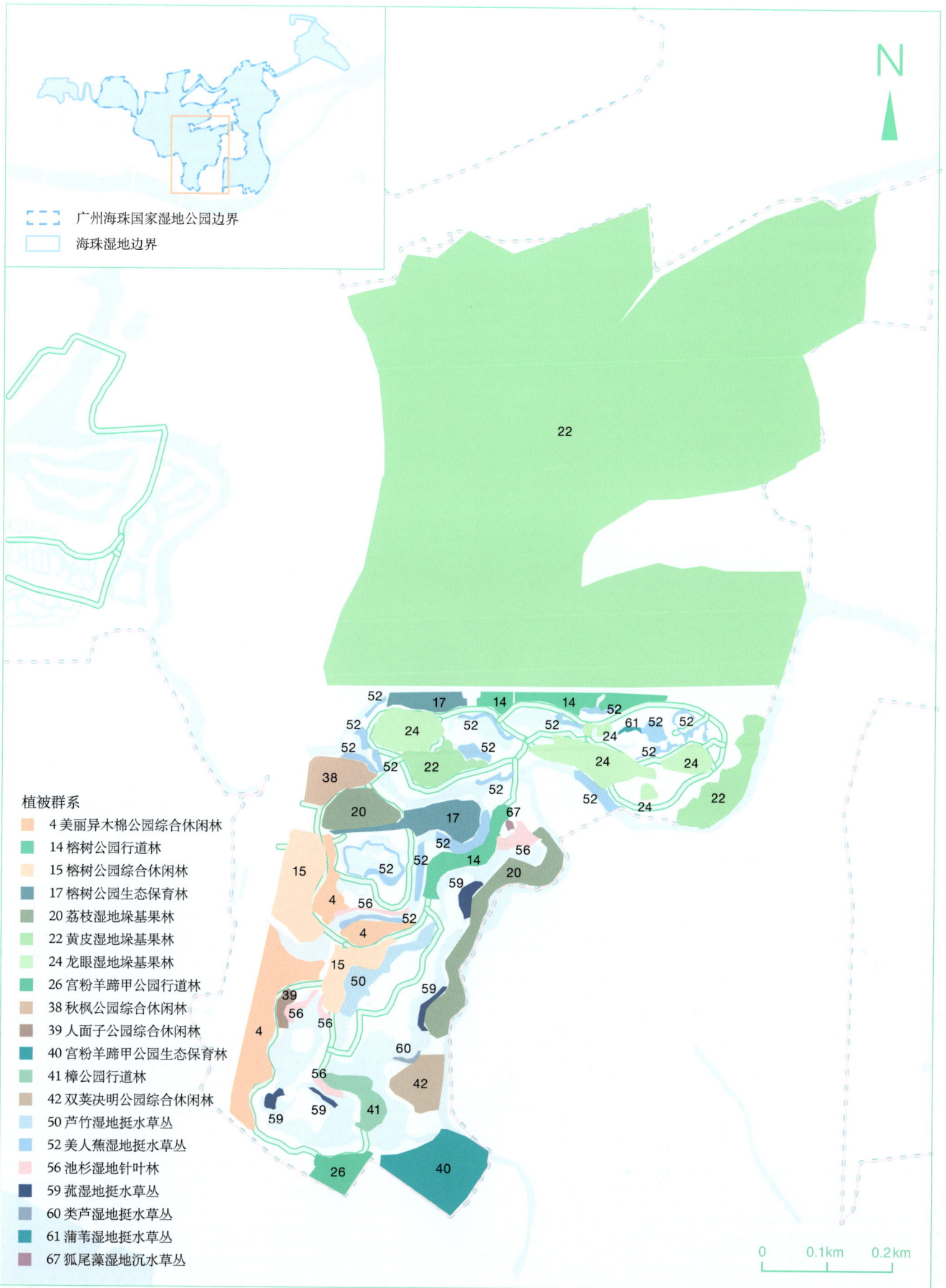

N

植被群系
4 美丽异木棉公园综合休闲林
14 榕树公园行道林
15 榕树公园综合休闲林
17 榕树公园生态保育林
20 荔枝湿地垛基果林
22 黄皮湿地垛基果林
24 龙眼湿地垛基果林
26 宫粉羊蹄甲公园行道林
38 秋枫公园综合休闲林
39 人面子公园综合休闲林
40 宫粉羊蹄甲公园生态保育林
41 樟公园行道林
42 双荚决明公园综合休闲林
50 芦竹湿地挺水草丛
52 美人蕉湿地挺水草丛
56 池杉湿地针叶林
59 菰湿地挺水草丛
60 类芦湿地挺水草丛
61 蒲苇湿地挺水草丛
67 狐尾藻湿地沉水草丛

0   0.1km   0.2km

⌃图4-24
湿地三期
群系分布图

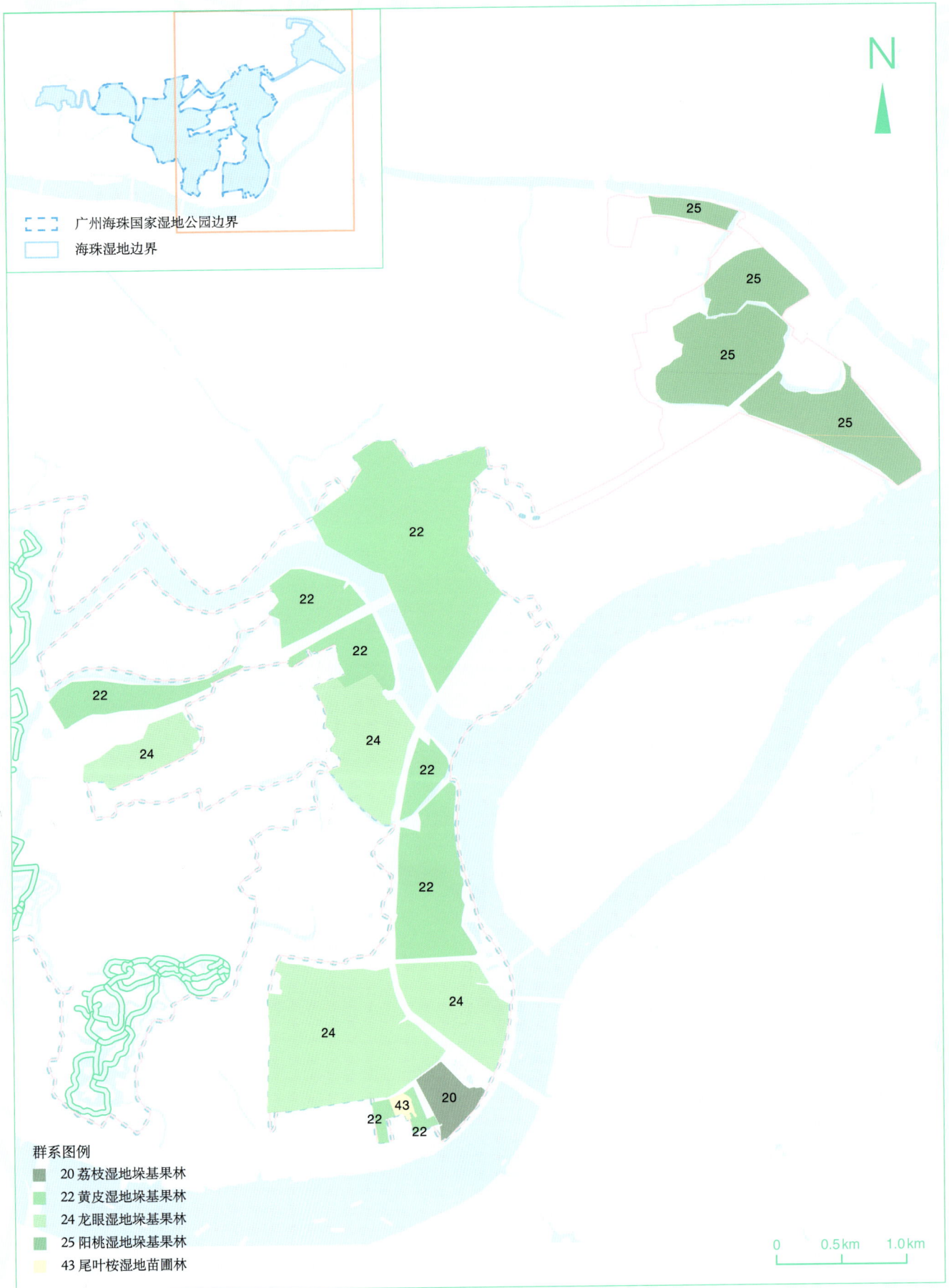

广州海珠国家湿地公园边界

海珠湿地边界

群系图例

■ 20 荔枝湿地垛基果林
■ 22 黄皮湿地垛基果林
■ 24 龙眼湿地垛基果林
■ 25 阳桃湿地垛基果林
■ 43 尾叶桉湿地苗圃林

0    0.5km    1.0km

図 4-25
湿地保育区
群系分布图

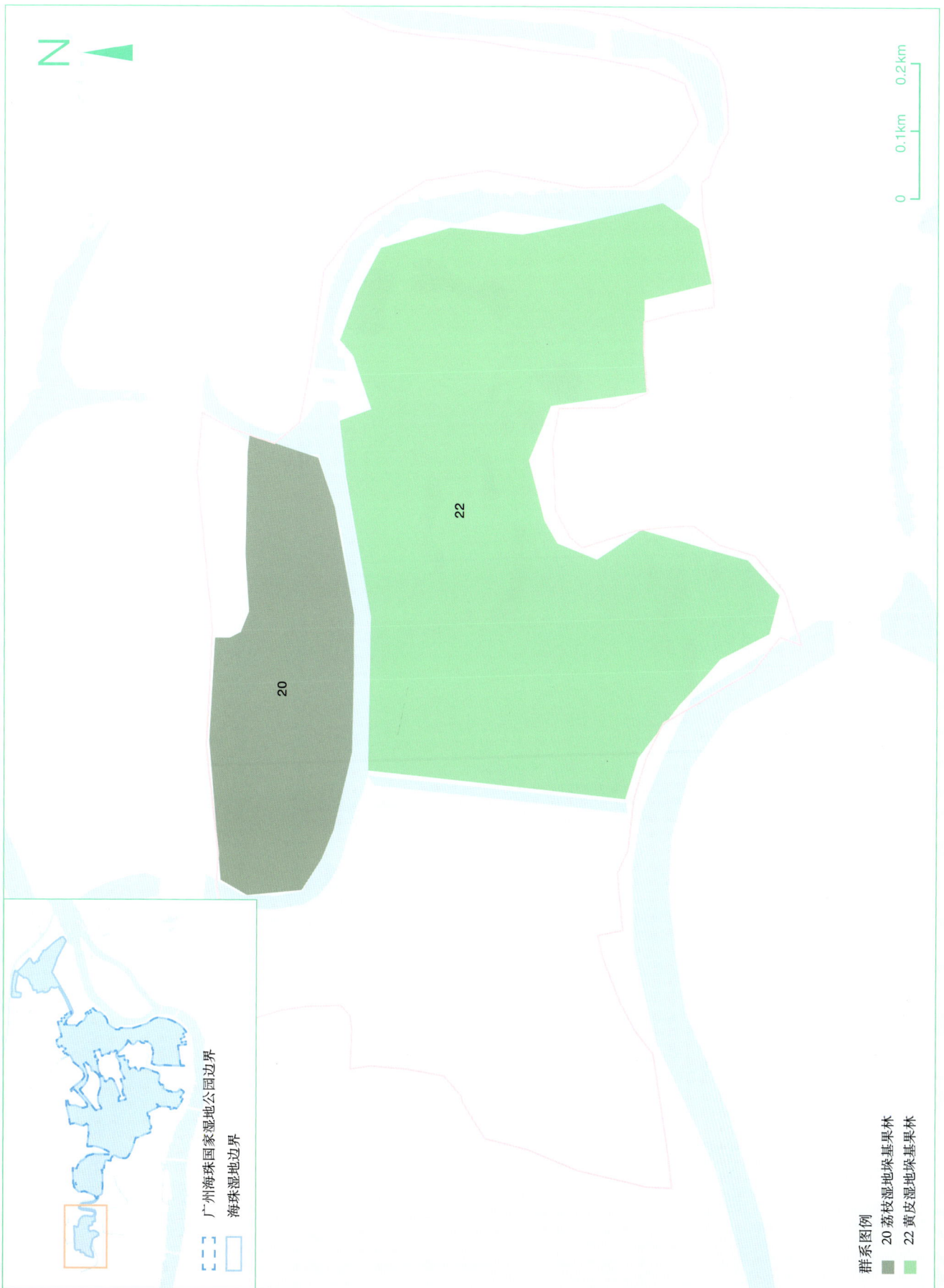

N

22

20

群系图例
20 荔枝湿地埔基果林
22 黄皮湿地埔基果林

广州海珠国家湿地公园边界
海珠湿地边界

⌃ 图4-26
上涌生态科学园
群系分布图

图4-27
海珠湖
群丛分布图

N

0　0.1km　0.2km

植被群丛

1 水翁蒲桃 + 高山榕 – 金脉爵床 – 绣球群丛
2 大花紫薇 – 龙船花 – 红花羊蹄甲 – 龙船花 – 肾蕨群丛
3 橡胶树 + 降香 + 榕树 – 粉纸扇 – 鹅掌藤群丛
4 美丽异木棉 + 高山榕 + 南洋杉 – 龙船花 – 芦竹群丛
5 高山榕 – 小琴丝竹 – 水喇叭群丛

6 红花羊蹄甲 + 秋枫 + 宫粉羊蹄甲 – 小蜡 – 蓝花草群丛
7 糖胶树 – 龙船花 – 水蕉群丛
8 樟 – 假连翘 – 禾雀群丛
9 大王椰 + 樟 + 雅榕 – 蒲葵 – 簕栏冈群丛
10 榕树 + 池杉 – 鹅掌藤 – 蓝花草群丛

11 高山榕 – 山菅兰群丛
12 林刺葵 – 龙船花 – 海芋群丛
13 猴樟 + 腊肠树 + 印度榕 – 鹅掌藤 + 假连翘 – 蓝花草群丛
14 凤凰木 + 黄花风铃木 + 高山榕 – 木槿 – 花叶芒群丛
82 落羽杉群丛
88 芦竹 + 野芋群丛
89 菖蒲群丛
90 美人蕉群丛
91 春羽 + 水蒬蕉群丛
92 香彩雀群丛
93 构 + 蜡枝榕 – 黄花夹竹桃 – 花叶芦竹 + 铜钱草 + 小鱼眼草群丛
94 美人蕉 + 野芋群丛
95 菖蒲 + 美人蕉群丛
96 落羽杉 – 美人蕉群丛
97 池杉 – 凤尾竹 + 野芋群丛
98 池杉 + 落羽杉群丛
99 夹竹桃 – 花叶芦竹 + 毛草龙 + 野天胡荽群丛
100 五节芒群丛
101 落羽杉 – 野芋群丛
102 五节芒 + 风车草群丛
103 春羽群丛
104 美人蕉 + 梭鱼草群丛
140 构 + 垂叶榕 – 夹竹桃 – 微甘菊群丛
141 构 + 大花紫薇 – 夹竹桃 – 蓝花草 + 野芋群丛
142 黄槿 + 黄花夹竹桃 – 芦竹 – 夹竹桃 + 蓝花草 + 野芋群丛
143 银合欢 + 叶下花 – 皇冠草 + 风车草 + 草龙群丛

广州海珠国家湿地公园边界
海珠湿地边界

植被群丛

15 榕树－鹅掌藤－海芋群丛
16 榕树－灰莉－地毯草群丛
17 榕树－叶子花－海芋群丛
18 溪畔白千层＋榕树＋澳洲鸭脚木－龙血树－地毯草群丛
19 红花羊蹄甲－地毯草群丛

广州海珠国家湿地公园边界
海珠湿地边界

20 榕树＋美丽异木棉＋小叶榄仁－构－海芋群丛
21 杜英＋大花紫薇－变叶珊瑚花＋叶子花－艳山姜群丛
22 香蕉＋加杨－青葙－凹头苋群丛
23 荔枝群丛
24 洋蒲桃群丛
25 黄皮＋荔枝－海芋－鬼针草群丛
26 黄皮－海芋－华南毛蕨群丛
27 榕树＋蒲桃－蒲桃－蓝花草群丛
28 榕树－九里香－蓝花草群丛
29 美丽异木棉－构－弓果黍群丛
30 火焰树－构－蓝花草群丛
31 龙眼－幌伞枫群丛
32 阳桃＋黄皮－杜鹃－春羽群丛
33 宫粉羊蹄甲－宫粉羊蹄甲－地毯草群丛
34 落羽杉－构－鬼针草群丛
35 阳桃－夹竹桃－大野芋群丛
36 红花羊蹄甲－类芦＋朱槿－中华结缕草群丛
37 美丽异木棉＋大花紫薇＋黄花风铃木－叶子花－麦冬群丛

38 小叶榄仁－地毯草群丛
82 落羽杉群丛
90 美人蕉群丛
117 类芦群丛
124 泽泻＋睡莲＋梭鱼草群丛
125 风车草＋泽泻＋睡莲群丛
126 再力花群丛
127 落羽杉－再力花＋菖蒲群丛
128 蒲苇＋再力花群丛
129 再力花＋野天胡荽群丛
130 风车草＋鸭跖草群丛
131 蒲苇＋美人蕉＋莲群丛
132 莲群丛
133 梭鱼草＋莲群丛
134 蕹菜－鸭跖草群丛
135 美人蕉＋莲群丛
136 鸢尾＋莲群丛
137 类芦＋风车草＋梭鱼草群丛
139 狐尾藻群丛

0    0.1km    0.2km

↑ 图4-28
湿地一期
群丛分布图

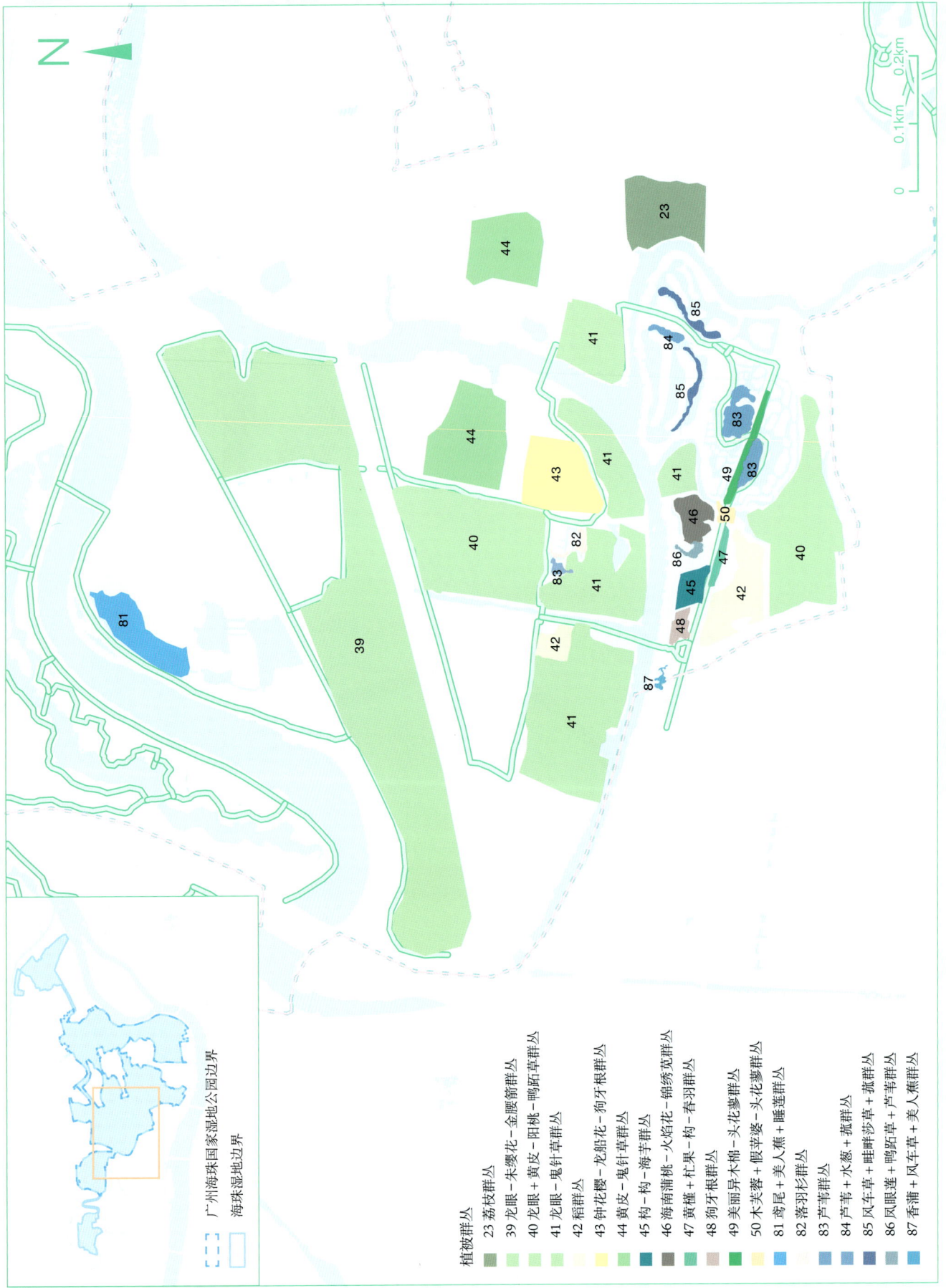

N

0.2km
0.1km
0.2km
0

23
44
41
85
84
85
83
44
41
43
41
49
83
40
46
50
82
86
47
40
83
45
41
48
42
42
87
39
81
41

广州海珠国家湿地公园边界
海珠湿地边界

植被群丛
23 荔枝群丛
39 龙眼－末樱花－金腰箭群丛
40 龙眼＋黄皮－阳桃－鸭跖草群丛
41 龙眼－鬼针草群丛
42 稻群丛
43 钟花樱－龙船花－狗牙根群丛
44 黄皮－鬼针草群丛
45 构－构－海芋群丛
46 海南蒲桃－火焰花－锦绣苋群丛
47 黄槿＋杧果－构－春羽群丛
48 狗牙根群丛
49 美丽异木棉－头花蓼群丛
50 木芙蓉＋假辛婆－头花蓼群丛
81 鸢尾＋美人蕉＋睡莲群丛
82 落羽杉群丛
83 芦苇群丛
84 芦苇＋水葱＋菰群丛
85 风车草＋睡畔莎草＋菰群丛
86 凤眼莲＋鸭跖草＋芦苇群丛
87 香蒲＋风车草＋美人蕉群丛

↑ 图4-29
湿地二期
群丛分布图

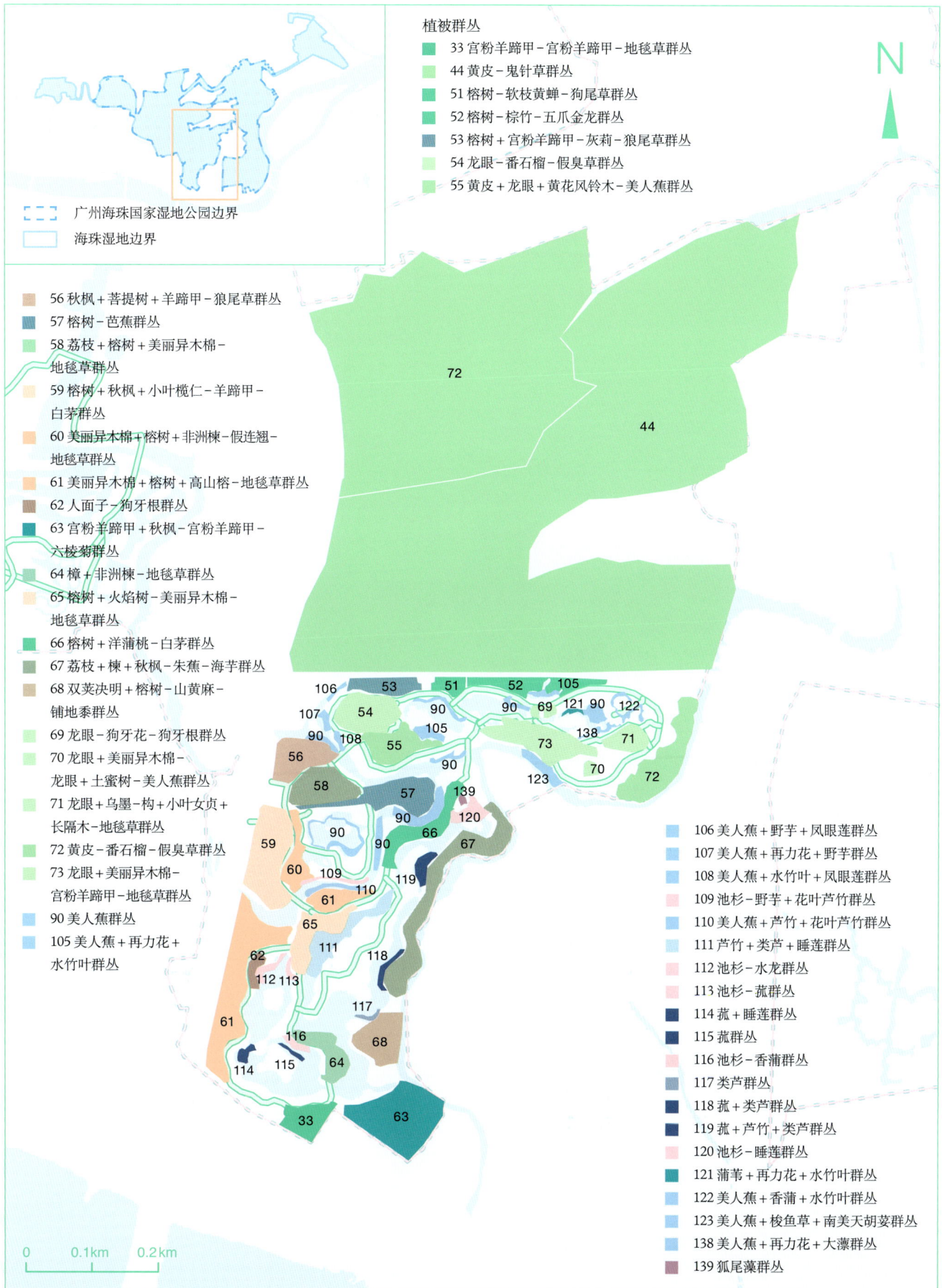

植被群丛

33 宫粉羊蹄甲-宫粉羊蹄甲-地毯草群丛
44 黄皮-鬼针草群丛
51 榕树-软枝黄蝉-狗尾草群丛
52 榕树-棕竹-五爪金龙群丛
53 榕树+宫粉羊蹄甲-灰莉-狼尾草群丛
54 龙眼-番石榴-假臭草群丛
55 黄皮+龙眼+黄花风铃木-美人蕉群丛

56 秋枫+菩提树+羊蹄甲-狼尾草群丛
57 榕树-芭蕉群丛
58 荔枝+榕树+美丽异木棉-地毯草群丛
59 榕树+秋枫+小叶榄仁-羊蹄甲-白茅群丛
60 美丽异木棉+榕树+非洲楝-假连翘-地毯草群丛
61 美丽异木棉+榕树+高山榕-地毯草群丛
62 人面子-狗牙根群丛
63 宫粉羊蹄甲+秋枫-宫粉羊蹄甲-六棱菊群丛
64 樟+非洲楝-地毯草群丛
65 榕树+火焰树-美丽异木棉-地毯草群丛
66 榕树+洋蒲桃-白茅群丛
67 荔枝+楝+秋枫-朱蕉-海芋群丛
68 双荚决明+榕树-山黄麻-铺地黍群丛
69 龙眼-狗牙花-狗牙根群丛
70 龙眼+美丽异木棉-龙眼+土蜜树-美人蕉群丛
71 龙眼+乌墨-构+小叶女贞+长隔木-地毯草群丛
72 黄皮-番石榴-假臭草群丛
73 龙眼+美丽异木棉-宫粉羊蹄甲-地毯草群丛
90 美人蕉群丛
105 美人蕉+再力花+水竹叶群丛

106 美人蕉+野芋+凤眼莲群丛
107 美人蕉+再力花+野芋群丛
108 美人蕉+水竹叶+凤眼莲群丛
109 池杉-野芋+花叶芦竹群丛
110 美人蕉+芦竹+花叶芦竹群丛
111 芦竹+类芦-睡莲群丛
112 池杉-水龙群丛
113 池杉-菰群丛
114 菰+睡莲群丛
115 菰群丛
116 池杉-香蒲群丛
117 类芦群丛
118 菰+类芦群丛
119 菰+芦竹+类芦群丛
120 池杉-睡莲群丛
121 蒲苇+再力花+水竹叶群丛
122 美人蕉+香蒲+水竹叶群丛
123 美人蕉+梭鱼草+南美天胡荽群丛
138 美人蕉+再力花+大藻群丛
139 狐尾藻群丛

▲ 图4-30
湿地三期
群丛分布图

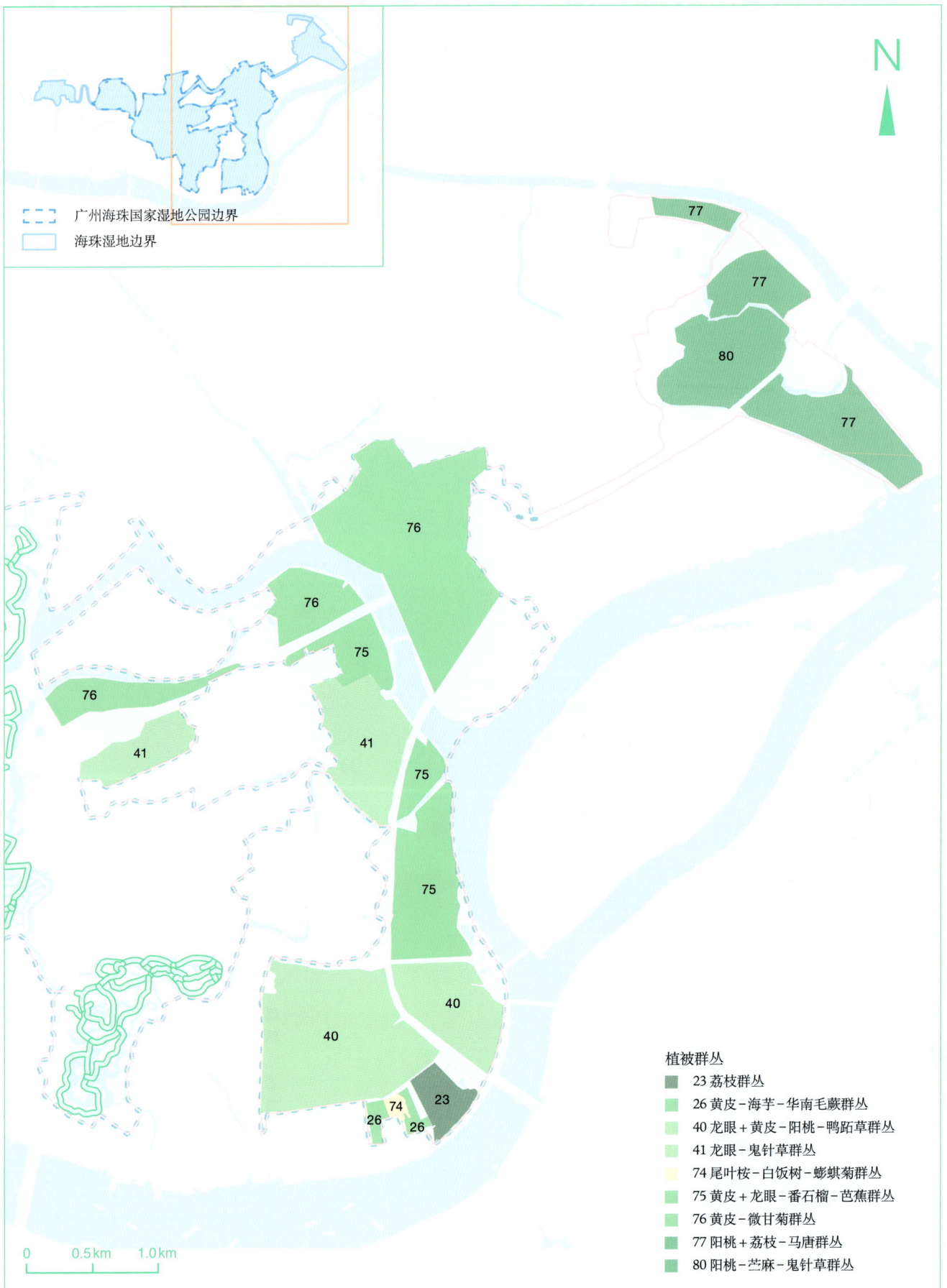

N

广州海珠国家湿地公园边界
海珠湿地边界

植被群丛
23 荔枝群丛
26 黄皮-海芋-华南毛蕨群丛
40 龙眼＋黄皮-阳桃-鸭跖草群丛
41 龙眼-鬼针草群丛
74 尾叶桉-白饭树-蟛蜞菊群丛
75 黄皮＋龙眼-番石榴-芭蕉群丛
76 黄皮-微甘菊群丛
77 阳桃＋荔枝-马唐群丛
80 阳桃-苎麻-鬼针草群丛

0    0.5km    1.0km

图 4-31
湿地保育区
群丛分布图

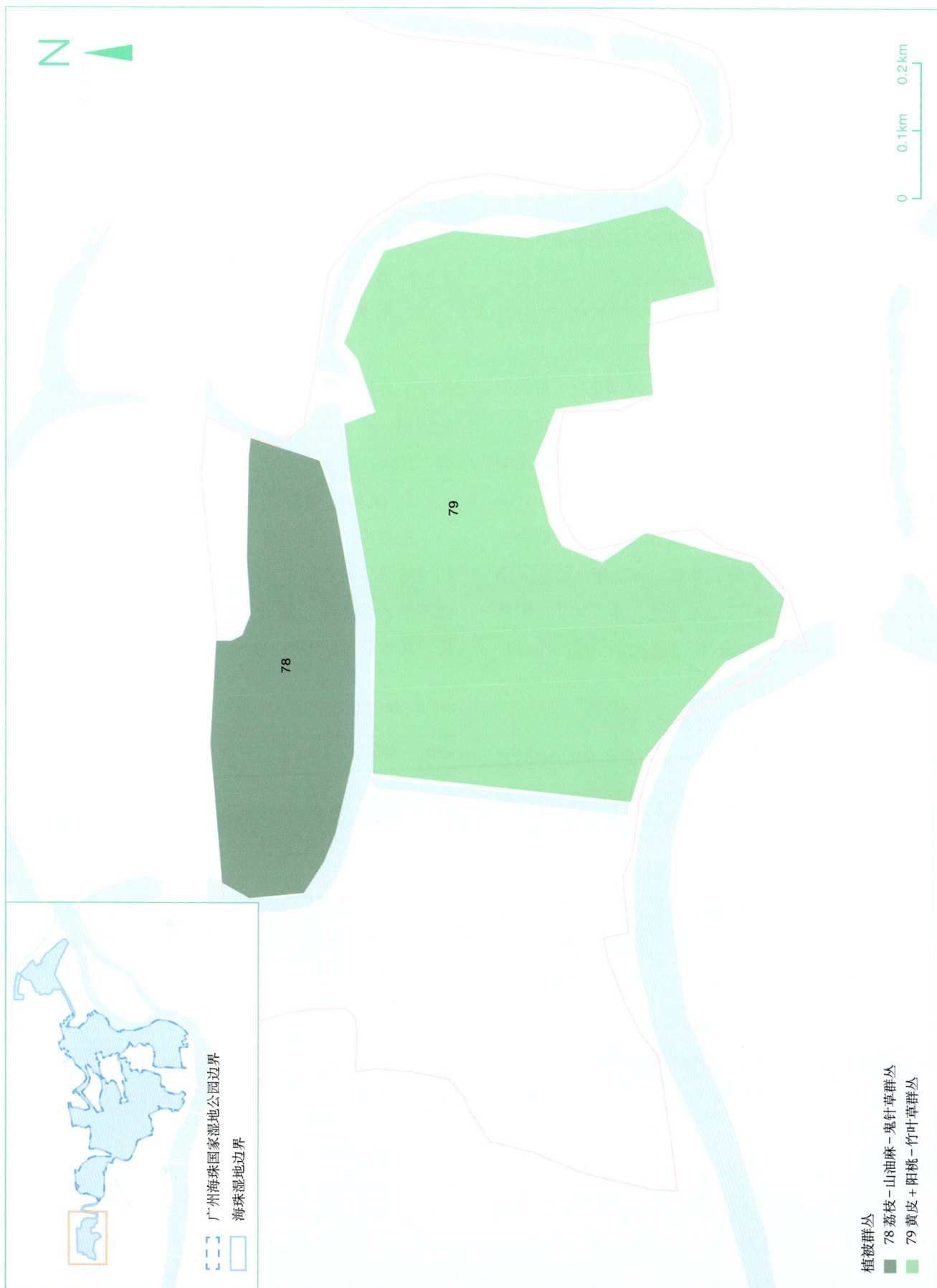

N

0.1km 0.2km

0

79

78

植被群丛

78 荔枝 – 山油麻 – 鬼针草群丛

79 黄皮 + 阳桃 – 竹叶草群丛

广州海珠国家湿地公园边界

海珠湿地边界

上涌生态科学园

群丛分布图

第 4 章　海珠湿地植被聚类分析和分布格局　　　4.1 海珠湿地植被分布格局　　　　　　　265

# 4.2 海珠湿地植被聚类分析

聚类分析（cluster analysis）是研究"物以类聚"的一种方法，它是多元统计分析技术被引入分类学后，在近期发展起来的一个数值分类的新分支；其适用于失误类别的面貌不清楚、甚至是事前都不能确定共有几类的情况下要进行分类的问题；其所依据的基本原则是直接比较样本中各事物之间的性质，将特性相近的分在同一类、性质相异的分在不同的一类（张金屯，2011）。对植物生态学调查的数据进行分类，可以简化大量的原始数据，还可能从中揭示出一些有生态意义的规律。

聚类分析先将各个群落各自为一类，计算他们之间的距离；选择距离最小的两个群落聚合为一新类，计算新类与其他群落的距离，再选择距离最小的两个群落或新类聚合为一个新类；依此类推，每次聚合就合并缩小一个类，直到所有群落都聚合成为一个类为止，因此聚类分析也就是逐步归类法（王伯荪与彭少麟，1985）。

聚类分析具体过程如下：

（1）计算实体间的相似矩阵 $C_N$

首先对 $N$ 个样方，需要计算两两之间的相似系数，并列出 $N*N$ 的相似系数矩阵；常采用两个样方间的距离系数，如欧氏距离（Euclidean distance）。

（2）找出最相似的两个样方进行一次合并

从矩阵 $C_N$ 的元素中找出相似性指标的最大值或相异性指标的最小值，将它们合并为一组。

（3）重新计算 $(N-1) \times (N-1)$ 的相似矩阵

对 $(N-1)$ 个样方组，再计算两两之间的相似系数，并列出 $(N-1) \times (N-1)$ 的相似矩阵 $C'_{N-1}$。

若 $A$ 与 $B$ 合并为新组 $A+B$，对与任一别的样方组 $C$，需要算它与新组 $A+B$ 的距离 $D_{CA+B}$，Lance 和 Williams 建立了一个线性计算公式：

$$D_{CA+B} = \alpha_A D_{CA} + \alpha_B D_{CB} + \beta D_{AB} + \gamma |D_{CA} - D_{CB}| \quad (4.1)$$

公式中：$D_{CA+B}$ 为样方组 $A+B$ 和样方 $C$ 间的距离；$D_{AB}$、$D_{CA}$ 和 $D_{CB}$ 分别为样方 $A$ 和 $B$、$C$ 和 $A$ 及 $C$ 和 $B$ 之间的距离系数；$\alpha$、$\beta$、$\gamma$ 为常数。

（4）重复合并过程直到全部样方合并成一组

对于 $C'$，又可以选出两个最相似的样方组，将其合并后，就变成 $N-2$ 个样方组了。重复这一聚类过程，每次使样方组数少1，总共进行 $N-1$ 次合并后，就将原有 $N$ 个样方聚合成一个组。

## 4.2.1 海珠湿地植被聚类分析方法

参考前人的植被聚类方法，本专著对海珠湿地的植被进行聚类分析，以求寻找不同类型植被群落中物种组成的规律，并为植被管理和修复提供指导意见（彭少麟等，2014；周婷等，2020）。

### 1. 植被聚类分析的数据准备

植被聚类分析以群丛作为单位，其中狐尾藻群丛和湿地共生型农田由于物种组成单一和面积较小，因此不纳入分析中。最后一共有142个群丛进行聚类分析，具体信息如表4-2所示。

表4-2　海珠湿地城市湿地公园植被聚类分析的群丛名称与编号

| 编号 | 群丛 | 植被型 |
| --- | --- | --- |
| 1 | 菖蒲+美人蕉群丛 | 湿地水生植被 |
| 2 | 菖蒲群丛 | 湿地水生植被 |
| 3 | 池杉-凤尾竹+野芋群丛 | 湿地水生植被 |
| 4 | 池杉-菰群丛 | 湿地水生植被 |
| 5 | 池杉-水龙群丛 | 湿地水生植被 |
| 6 | 池杉-睡莲群丛 | 湿地水生植被 |
| 7 | 池杉-香蒲群丛 | 湿地水生植被 |
| 8 | 池杉-野芋+花叶芦竹群丛 | 湿地水生植被 |
| 9 | 池杉+落羽杉群丛 | 湿地水生植被 |
| 10 | 春羽+水鬼蕉群丛 | 湿地水生植被 |
| 11 | 春羽群丛 | 湿地水生植被 |
| 12 | 风车草+畦畔莎草+菰群丛 | 湿地水生植被 |
| 13 | 风车草+鸭跖草群丛 | 湿地水生植被 |
| 14 | 风车草+泽泻+睡莲群丛 | 湿地水生植被 |
| 15 | 凤眼莲+鸭跖草+芦苇群丛 | 湿地水生植被 |
| 16 | 构+垂叶榕-夹竹桃-微甘菊群丛 | 湿地水生植被 |
| 17 | 构+大花紫薇-夹竹桃-微甘菊群丛 | 湿地水生植被 |

| 编号 | 群丛 | 植被型 |
|---|---|---|
| 18 | 构+瘤枝榕-黄花夹竹桃-花叶芦竹+镜面草+小鱼眼草群丛 | 湿地水生植被 |
| 19 | 菰+类芦群丛 | 湿地水生植被 |
| 20 | 菰+芦竹+类芦群丛 | 湿地水生植被 |
| 21 | 菰+睡莲群丛 | 湿地水生植被 |
| 22 | 菰群丛 | 湿地水生植被 |
| 23 | 黄槿-黄花夹竹桃-芦竹+蓝花草+野芋群丛 | 湿地水生植被 |
| 24 | 夹竹桃-花叶芦竹+毛草龙+野天胡荽群丛 | 湿地水生植被 |
| 25 | 类芦+风车草+梭鱼草群丛 | 湿地水生植被 |
| 26 | 类芦群丛 | 湿地水生植被 |
| 27 | 莲群丛 | 湿地水生植被 |
| 28 | 芦苇+水葱+菰群丛 | 湿地水生植被 |
| 29 | 芦苇群丛 | 湿地水生植被 |
| 30 | 芦竹+类芦+睡莲群丛 | 湿地水生植被 |
| 31 | 芦竹+野芋群丛 | 湿地水生植被 |
| 32 | 落羽杉-美人蕉群丛 | 湿地水生植被 |
| 33 | 落羽杉-野芋群丛 | 湿地水生植被 |
| 34 | 落羽杉-再力花+菖蒲群丛 | 湿地水生植被 |
| 35 | 落羽杉群丛 | 湿地水生植被 |
| 36 | 落羽杉-构-鬼针草群丛 | 湿地水生植被 |
| 37 | 美人蕉+莲群丛 | 湿地水生植被 |
| 38 | 美人蕉+芦竹+花叶芦竹群丛 | 湿地水生植被 |
| 39 | 美人蕉+水竹叶+凤眼莲群丛 | 湿地水生植被 |
| 40 | 美人蕉+梭鱼草+南美天胡荽群丛 | 湿地水生植被 |
| 41 | 美人蕉+梭鱼草群丛 | 湿地水生植被 |
| 42 | 美人蕉+香蒲+水竹叶群丛 | 湿地水生植被 |
| 43 | 美人蕉+野芋+凤眼莲群丛 | 湿地水生植被 |
| 44 | 美人蕉+野芋群丛 | 湿地水生植被 |
| 45 | 美人蕉+再力花+大藻群丛 | 湿地水生植被 |
| 46 | 美人蕉+再力花+水竹叶群丛 | 湿地水生植被 |
| 47 | 美人蕉+再力花+野芋群丛 | 湿地水生植被 |
| 48 | 美人蕉群丛 | 湿地水生植被 |
| 49 | 蒲苇+美人蕉+莲群丛 | 湿地水生植被 |
| 50 | 蒲苇+再力花+水竹叶群丛 | 湿地水生植被 |
| 51 | 蒲苇+再力花群丛 | 湿地水生植被 |
| 52 | 榕树+池杉+鹅掌藤-蓝花草群丛 | 湿地水生植被 |
| 53 | 梭鱼草+莲群丛 | 湿地水生植被 |
| 54 | 蕹菜+鸭跖草群丛 | 湿地水生植被 |
| 55 | 五节芒+风车草群丛 | 湿地水生植被 |
| 56 | 五节芒群丛 | 湿地水生植被 |

| 编号 | 群丛 | 植被型 |
|---|---|---|
| 57 | 香彩雀群丛 | 湿地水生植被 |
| 58 | 香蒲+风车草+美人蕉群丛 | 湿地水生植被 |
| 59 | 银合欢+叶子花-皇冠草+风车草+草龙群丛 | 湿地水生植被 |
| 60 | 鸢尾+莲群丛 | 湿地水生植被 |
| 61 | 鸢尾+美人蕉+睡莲群丛 | 湿地水生植被 |
| 62 | 再力花+野天胡荽群丛 | 湿地水生植被 |
| 63 | 再力花群丛 | 湿地水生植被 |
| 64 | 泽泻+睡莲+梭鱼草群丛 | 湿地水生植被 |
| 65 | 稻群丛 | 湿地生态农业植被 |
| 66 | 黄皮-番石榴-假臭草群丛 | 湿地生态农业植被 |
| 67 | 黄皮-鬼针草群丛 | 湿地生态农业植被 |
| 68 | 黄皮-海芋-华南毛蕨群丛 | 湿地生态农业植被 |
| 69 | 黄皮-微甘菊群丛 | 湿地生态农业植被 |
| 70 | 黄皮+荔枝-海芋-鬼针草群丛 | 湿地生态农业植被 |
| 71 | 黄皮+龙眼-番石榴-芭蕉群丛 | 湿地生态农业植被 |
| 72 | 黄皮+龙眼+黄花风铃木-美人蕉群丛 | 湿地生态农业植被 |
| 73 | 黄皮+阳桃-竹叶草群丛 | 湿地生态农业植被 |
| 74 | 荔枝-山油麻-鬼针草群丛 | 湿地生态农业植被 |
| 75 | 荔枝+楝+秋枫-朱蕉-海芋群丛 | 湿地生态农业植被 |
| 76 | 荔枝+榕树+美丽异木棉-地毯草群丛 | 湿地生态农业植被 |
| 77 | 荔枝群丛 | 湿地生态农业植被 |
| 78 | 龙眼-番石榴-假臭草群丛 | 湿地生态农业植被 |
| 79 | 龙眼-狗牙花-狗牙根群丛 | 湿地生态农业植被 |
| 80 | 龙眼-鬼针草群丛 | 湿地生态农业植被 |
| 81 | 龙眼-幌伞枫群丛 | 湿地生态农业植被 |
| 82 | 龙眼-朱缨花-金腰箭群丛 | 湿地生态农业植被 |
| 83 | 龙眼+黄皮-阳桃-鸭跖草群丛 | 湿地生态农业植被 |
| 84 | 龙眼+美丽异木棉-龙眼+土蜜树-美人蕉群丛 | 湿地生态农业植被 |
| 85 | 龙眼+美丽异木棉-宫粉羊蹄甲-地毯草群丛 | 湿地生态农业植被 |
| 86 | 龙眼+乌墨+构+小叶女贞+长隔木-地毯草群丛 | 湿地生态农业植被 |
| 87 | 尾叶桉-白饭树-蟛蜞菊群丛 | 湿地生态农业植被 |
| 88 | 香蕉+加杨-青葙-凹头苋群丛 | 湿地生态农业植被 |
| 89 | 阳桃-夹竹桃-大野芋群丛 | 湿地生态农业植被 |
| 90 | 阳桃-苎麻-鬼针草群丛 | 湿地生态农业植被 |
| 91 | 阳桃+黄皮-杜鹃-春羽群丛 | 湿地生态农业植被 |
| 92 | 阳桃+荔枝-马唐群丛 | 湿地生态农业植被 |
| 93 | 洋蒲桃群丛 | 湿地生态农业植被 |
| 94 | 钟花樱-龙船花-狗牙根群丛 | 湿地生态农业植被 |

| 编号 | 群丛 | 植被型 |
|---|---|---|
| 95 | 大花紫薇+白千层+红花羊蹄甲-龙船花-肾蕨群丛 | 湿地陆生景观植被 |
| 96 | 杜英+大花紫薇-变叶珊瑚花+叶子花-艳山姜群丛 | 湿地陆生景观植被 |
| 97 | 凤凰木+黄花风铃木+高山榕-木槿-花叶芒群丛 | 湿地陆生景观植被 |
| 98 | 高山榕-小琴丝竹-水蜈蚣群丛 | 湿地陆生景观植被 |
| 99 | 高山榕-山菅兰群丛 | 湿地陆生景观植被 |
| 100 | 狗牙根群丛 | 湿地陆生景观植被 |
| 101 | 构-构-海芋群丛 | 湿地陆生景观植被 |
| 102 | 海南蒲桃-火焰花-锦绣苋群丛 | 湿地陆生景观植被 |
| 103 | 红花羊蹄甲-地毯草群丛 | 湿地陆生景观植被 |
| 104 | 红花羊蹄甲+秋枫+宫粉羊蹄甲-小蜡-蓝花草群丛 | 湿地陆生景观植被 |
| 105 | 红花羊蹄甲+类芦+朱槿-中华结缕草群丛 | 湿地陆生景观植被 |
| 106 | 猴樟+腊肠树+印度榕-鹅掌藤+假连翘-蓝花草群丛 | 湿地陆生景观植被 |
| 107 | 溪畔白千层+榕树+澳洲鹅掌柴-龙血树-地毯草群丛 | 湿地陆生景观植被 |
| 108 | 黄槿+杧果-构-春羽群丛 | 湿地陆生景观植被 |
| 109 | 火焰树-构-蓝花草群丛 | 湿地陆生景观植被 |
| 110 | 林刺葵-龙船花-海芋群丛 | 湿地陆生景观植被 |
| 111 | 美丽异木棉-头花蓼群丛 | 湿地陆生景观植被 |
| 112 | 美丽异木棉-构-弓果黍群丛 | 湿地陆生景观植被 |
| 113 | 美丽异木棉+大花紫薇+黄花风铃木-叶子花-麦冬群丛 | 湿地陆生景观植被 |
| 114 | 美丽异木棉+高山榕+南洋杉-龙船花-芦竹群丛 | 湿地陆生景观植被 |
| 115 | 美丽异木棉+榕树+非洲楝-假连翘-地毯草群丛 | 湿地陆生景观植被 |
| 116 | 美丽异木棉+榕树+高山榕-地毯草群丛 | 湿地陆生景观植被 |
| 117 | 木芙蓉+假苹婆-头花蓼群丛 | 湿地陆生景观植被 |
| 118 | 秋枫+菩提树+羊蹄甲-狼尾草群丛 | 湿地陆生景观植被 |
| 119 | 人面子-狗牙根群丛 | 湿地陆生景观植被 |
| 120 | 榕树-芭蕉群丛 | 湿地陆生景观植被 |
| 121 | 榕树+美丽异木棉+小叶榄仁-构-海芋群丛 | 湿地陆生景观植被 |
| 122 | 榕树+蒲桃-蒲桃-蓝花草群丛 | 湿地陆生景观植被 |
| 123 | 榕树+宫粉羊蹄甲-灰莉-狼尾草群丛 | 湿地陆生景观植被 |
| 124 | 榕树-鹅掌藤-海芋群丛 | 湿地陆生景观植被 |
| 125 | 榕树-软枝黄蝉-狗尾草群丛 | 湿地陆生景观植被 |
| 126 | 榕树-叶子花-海芋群丛 | 湿地陆生景观植被 |
| 127 | 榕树-棕竹-五爪金龙群丛 | 湿地陆生景观植被 |

| 编号 | 群丛 | 植被型 |
|---|---|---|
| 128 | 榕树+洋蒲桃-白茅群丛 | 湿地陆生景观植被 |
| 129 | 榕树-灰莉-地毯草群丛 | 湿地陆生景观植被 |
| 130 | 榕树-九里香-蓝花草群丛 | 湿地陆生景观植被 |
| 131 | 榕树+火焰树-美丽异木棉-地毯草群丛 | 湿地陆生景观植被 |
| 132 | 榕树+秋枫+小叶榄仁-羊蹄甲-白茅 | 湿地陆生景观植被 |
| 133 | 双荚决明+榕树-山黄麻-铺地黍群丛 | 湿地陆生景观植被 |
| 134 | 水翁蒲桃+高山榕-金脉爵床-绣球群丛 | 湿地陆生景观植被 |
| 135 | 糖胶树-龙船花-水鬼蕉群丛 | 湿地陆生景观植被 |
| 136 | 糖胶树+降香+榕树-粉纸扇-鹅掌藤群丛 | 湿地陆生景观植被 |
| 137 | 大王椰+樟+雅榕-蒲葵-篱栏网群丛 | 湿地陆生景观植被 |
| 138 | 小叶榄仁-地毯草群丛 | 湿地陆生景观植被 |
| 139 | 宫粉羊蹄甲+秋枫-宫粉羊蹄甲-六棱菊群丛 | 湿地陆生景观植被 |
| 140 | 宫粉羊蹄甲-宫粉羊蹄甲-地毯草群丛 | 湿地陆生景观植被 |
| 141 | 樟-假连翘-朱蕉群丛 | 湿地陆生景观植被 |
| 142 | 樟+非洲楝-地毯草群丛 | 湿地陆生景观植被 |

## 2. 聚类分析方法

作为城市湿地公园植被，海珠湿地植被能纳入数量分析的群丛多达142个，按照物种重要值加权分析群落间的相似性，并使用欧氏距离表征群落间的相似程度的传统数量分类方法并不适合。一方面，三类植被型的生境与物种组成差异程度较高，直接进行数量分类会使数据维数急剧增大，可能会因为计算量剧增导致模型敏感度降低，导致聚类结果不准确。另一方面，欧氏距离在复杂数据中表现一般，不能很好地反映群落间的相似性。综上，需要针对城市湿地公园植被调整数量分类的方法。

为了使分析的数据有一定程度的降维并减少复杂性，本书获得142个群丛的物种列表，并按照物种在群丛的有无赋予相应的布尔值（有赋值为1，否则为0），仅计算群丛间非重要值加权的物种相似性。同时在此基础上，按群丛的植被型分别进行分析，分别得到每类植被型下的群丛聚类结果，同时使用融合水平值计算聚类树中分支融合处相异性，以寻找聚类簇的分类数目（Borcard等，2020）。

在衡量相似性的距离系数选择上，本书选择了雅卡尔指数（Jaccard index）代替欧氏距离。雅卡尔指数又称为交并比，是用于比较样本集相似性与多样性的统计量它能够量度有限样本集合的相似度，其定义为两个集合交集大小与并集大小之间的比例。如两个集合有1个共同的实体，而有5个不同的实体，那么雅卡尔指数为1/5 = 0.2。要计算雅卡尔指数间的距离，只需从1中减去雅卡尔指数（Grootendorst，2021）。雅卡尔距离的计算公式为：

$$D(x, y) = 1 - \frac{|x \cap y|}{|y \cup x|} \quad (4.2)$$

在聚合方法上，本书选择组平均法进行聚类分析。组平均（group-average）法又称平均联结（averagelinking），其特点是既是单调的又是空间保持的，是较理想的聚合方法，也是应用的较为广泛的聚类分析方法（阳含熙与卢泽愚，1981）。

新类群与其他群落见的距离公式为：

$$D_{CA+B} = \frac{n_A}{n_{A+B}} D_{CA} + \frac{n_B}{n_{A+B}} D_{CB} \quad (4.3)$$

## 4.2.2 海珠湿地植被聚类分析结果

142个群丛经聚类后可分为59个类群。下面将比较三类植被型的聚类分析结果，并进行分类总结。

### 1. 湿地水生植被聚类分析结果

该植被型的群落聚类较复杂，可聚为22类（图4-33）。其中聚类程度较好，包含群丛数量较多的类群包括以下5个。

类群1：含有群丛32、33、38、39、40、41、42、43、44、45、46、47、58，共13个群丛；除群丛32、33因以落羽杉为优势种而可统称为落羽杉群系外，其他群丛以美人蕉及多种其他水生草本组成群落优势种，可统称为美人蕉＋其他草本群系。

类群2：含有群丛50、51、62、63，共4个群丛；包含以蒲苇和再力花为主要优势种的群丛50、51，和以再力花为优势种的群丛62、63，统称为再力花群系。

类群3：含有群丛27、37、48、53、59，共5个群丛，群丛中皆含有美人蕉和莲，除群丛59因以银合欢为优势种而可单称为银合欢群系外，其他群丛可统称为美人蕉＋莲群系。

类群4：含有群丛4、19、20、21、22、28、30，共7个群丛，这些群丛中皆含有菰或类芦。除群丛4、19因以池杉为优势种而可区分为池杉群系外，其他群丛可统称为菰＋类芦群系。

类群5：含有群丛3、5、6、7、8、9，共6个群丛，均以池杉为主要优势种，可统称为池杉群系。

### 2. 海珠湿地湿地生态农业植被聚类分析结果

该植被型的群落聚类相对另外两个植被型较为简单，可聚为16类（图4-34）。其中聚类程度较好，包含群丛数量较多的类群包括以下2个。

类群1：含有群丛66、67、68、83、92，共5个群丛，群丛特征为以黄皮为单一优势种或伴生有大量黄皮。其中群丛66、67、68以黄皮为单一优势种，称为黄皮群系；群丛83以龙眼和黄皮同为优势种，可称为龙眼＋黄皮群系；群丛92以阳桃和荔枝为优势种，单称为阳桃＋荔枝群系。

类群2：含有群丛72、73、78、81、82、85、89，共7个群丛，分类上为不包含黄皮或黄皮优势地位相对较低的主要果林群丛，其中群丛72、73以黄皮分别与阳桃和龙眼为优势种，统称为黄皮＋阳桃＋龙眼群系；78、81、82、85以龙眼为单一优势种，可以统称为龙眼群系；89以阳桃为优势种，可以统称为阳桃群系。

根据类群分类结果，可见湿地生态农业植被主要由黄皮、龙眼和阳桃组成，以黄皮的优势地位区分开了两类物种组成相同但数量结构差异较大的类群，可见黄皮是湿地生态农业植被的最重要组成物种之一。

### 3. 湿地陆生景观植被聚类分析结果

这一个植被型的群落聚类较为复杂，可聚为21类（图4-35）。其中聚类程度较好，包含群丛数量较多的类群包括以下5个。

类群1：含有群丛95、98、105、134、135，共

5个群丛，尽管优势种各不相同，但皆含有红花羊蹄甲，其中除群丛105外皆包含有高山榕，在花期具有较高的观赏性。

类群2：含有群丛97、113、141、142，共4个群丛，群丛中皆含有樟树，具有相对较好的遮阴作用。

类群3：含有群丛109、110、121、136，共4个群丛，群落中皆包含有榕树和小叶榄仁，可统称为榕树＋小叶榄仁群系。由于两种树木冠幅较大，这些群系有较好的遮阴降温作用。

类群4：含有群丛118、123、125、127、129、132、133、139，共8个群丛，主要以榕树为优势种，此外也共有羊蹄甲、宫粉羊蹄甲、秋枫等观赏性树种。

类群5：含有群丛108、115、128、131，共4个群丛，尽管优势种不尽相同，但皆含有少量龙眼或杧果，有一定的观果价值，除此以外没有其他显著的共同特征。

## 4. 海珠湿地植被聚类分析结果总结

聚类分析依靠群落间物种组成的相似性来进行分类，方法上具有单调性，且不一定完全与人为划分的群系类别相同。在湿地水生植被中，可以明确划分出池杉、落羽杉、美人蕉、再力花和菰几类物种，它们在水生的群落中比较常见，经常单独形成一个单优势种群落或与其他物种形成多优势种群落。这与人为调查和划分的结果比较相近，因此认为池杉、落羽杉、美人蕉、再力花和菰是湿地水生植被的特征种。在湿地生态农业植被中，由于主要以湿地垛基果林为主，所以分类上基本突出的是黄皮、龙眼、阳桃和荔枝4

个湿地垛基果林的主要组成物种。然而在湿地陆生景观植被聚类分析中则不能明显按照优势种进行聚类，主要是根据共有种将群落聚为一类。这是因为湿地陆生景观植被是建设湿地公园过程中人为栽种和恢复的群落，群落物种更多是人为驱动的结果，具有相对较高的复杂性，因此单纯从物种层面进行聚类分析可能无法有效反映这一植被型的特征。值得注意的是，划分结果中多出现榕树、樟、高山榕、红花羊蹄甲和美丽异木棉等物种，从另一个角度上也印证了它们是合适的城市绿化树种。

在控制植被型的情况下，聚类分析的结果很大程度上反映了两类植被在群系水平上的区分，但对于群落结构复杂，受人为干扰较大的湿地陆生景观植被则无法有效区分。自然演替所形成的植被由于环境条件的限制，通常在某个区域内的植被优势种会十分相近，农业用途等简单的人工植被通常也能形成这种现象。但公园植被除了考虑环境适宜性外，还需要顾及群落的功能与服务，因此在人为设计的驱动下，不同群落可以出现并不相似的优势种，导致在聚类分析中无法形成良好的类群。另外，公园植被中经常有榕树、樟、美丽异木棉等城市绿化树种构造群落，共有种比优势种的特征更为明显，因此在聚类中更会成为一个划分的标准。所以，聚类分析可作为一种辅助手段对城市湿地公园植被进行分类，但更为准确的分类还需要依赖人为分类，或将植被起源、植被功能等更多因素量化并纳入聚类分析模型中。

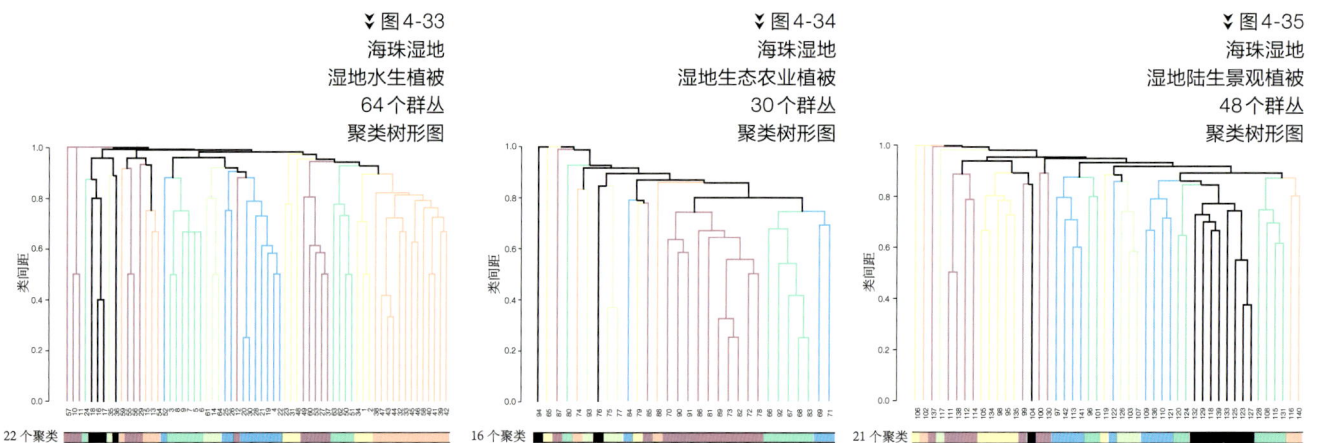

❤图4-33
海珠湿地
湿地水生植被
64个群丛
聚类树形图

22个聚类

❤图4-34
海珠湿地
湿地生态农业植被
30个群丛
聚类树形图

16个聚类

❤图4-35
海珠湿地
湿地陆生景观植被
48个群丛
聚类树形图

21个聚类

# 第5章
# 海珠湿地的生态系统服务

生态系统服务是指生态系统与生态过程所形成及所维持的人类赖以生存的自然环境条件与效用，包括调节服务、供给服务、支持服务和文化服务。海珠湿地拥有丰富的植被类型，形成了良好生境并保育了大量的物种，良好的生物多样性为提供多项重要的生态系统服务打下基础，带来了良好的经济、社会与生态效益。本章在生态系统服务的分类框架下介绍海珠湿地提供的生态系统服务，并运用多种评估方法对海珠湿地的部分生态系统服务功能进行价值评估。

# 5.1 调节服务

海珠湿地的调节服务包括土壤保持、涵养水源、固碳释氧、调节气候。海珠湿地的土壤主要为湿潮土成土，其母质为珠江三角洲河流冲积物，具有耕作层乌黑油润，拥有蓄水、保水力强，肥力持久，耕性良好，水、肥、气协调等特征，土壤熟化程度高，因此有较强的土壤保持能力。

## 5.1.1 涵养水源

湿地有强大的涵养水源功能，具有"地球之肾"的美誉。海珠湿地地处珠江三角洲的入海处，水源补给主要来自与珠江连接的感潮河涌—石榴岗河，进入海珠湖后，经西碌涌和北濠涌流入珠江后航道。海珠湿地共有湖泊湿地 53.10 hm$^2$，河口水域湿地 139.00 hm$^2$，三角洲湿地 558.80 hm$^2$。海珠湿地在珠江三角洲地区的调节水量和水质净化等方面有着不可替代的生态服务功能。

### 1. 调节水量

海珠湿地具有出色的蓄水功能。湿地河涌水系发达，河流纵横交错，可以通过水闸与珠江联通，既能在干旱时节储存水量、增加湿度，又可在汛期来临前开闸放水以接收雨水，防止城市内涝。"一湖六脉"形成了庞大而复杂的水网格局，成为广州市海珠区极具价值的天然储水库。

对于调节水量价值的评估，目前多采用替代的方式间接计算，影子工程法是其中应用最广泛的方法。该方法从货币价值的角度出发，将生态系统的调节水量能力进行价值化表达，通过假设构建同等蓄水量的水库工程所需的经济投入，评价海珠湿地调节水量价值。具体公式如下：

$$U_m = V_{qm} \times Q_m \qquad (5.1)$$

公式中：$U_m$ 为湿地调节水量价值；$V_{qm}$ 为单位库容成本；$Q_m$ 为湿地调节水量大小。根据海珠湿地的水域面积（380.00 hm$^2$）、水域平均深度（1.50 m）及单位库容成本（0.67 元/m$^3$），计算可得到海珠湿地调节水量价值为 381.90 万元。

### 2. 净化水质

湿地生态系统具有优秀的水质净化功能。被誉为广州"绿心"、城市"南肾"的海珠湿地物种组成丰富，群落结构多样，在改善水质、维持区域水循环等方面具有重要作用。生态修复工程开始前，海珠湿地的水质曾一度为 V 类水质，现在水质普遍达到 III 类水质，部分达到 II 类和 I 类水质，对于流入湿地的珠江水也起到了良好的净化效果。

对于净化水质价值的评估，可以采用成本替代法（replacement cost 或 restoration cost，也称恢复成本法），即生态系统被破坏后，替代或恢复这种已被破坏的生态系统服务功能所需的成本，可以视为该生态系统服务功能的价值。具体公式如下：

$$U_{wq} = V_{wq} \times A \qquad (5.2)$$

公式中：$U_{wq}$ 为湿地净化水质价值；$V_{wq}$ 为单位体积湿地净化水质价值；$A$ 为湿地净化水量。根据赵欣胜等人的研究计算，II 类水质的湖泊–人工湿地的净化水质价值约为 4.86 元/m$^3$，结合海珠湿地的水域面积及水域平均深度，最终可计算得到海珠湿地净化水质价值为 277.20 万元（赵欣胜等，2016）。

## 5.1.2 气候调节

以固碳释氧为代表的气候调节是湿地生态系统重要的服务功能，是生态系统碳循环和氧循环不可或缺的环节。海珠湿地有湿地陆生景观植被和湿地农业植被共 558.40 hm$^2$，每年可吸收大量 $CO_2$，释放 $O_2$。海珠湿地位于广州市中央核心城区，其固碳释氧能力对于调节海珠区乃至广州市空气碳氧平衡、缓解温室效应、改善城市环境质量等方面都具有重要意义。

湿地植物在光合作用过程中消耗 $CO_2$、产生 $O_2$，在呼吸作用过程中消耗 $O_2$、产生 $CO_2$，当光合作用强度大于呼吸作用强度时，植物从环境中吸收 $CO_2$、释放$O_2$、并积累有机物，这是湿地植物固碳释氧的原理。根据光合作用方程可知，植物每生产1.00 g干物质需要固定1.63 g $CO_2$，同时向大气中释放1.19 g $O_2$，据此可由净初级生产力（net primary productivity，NPP）计算海珠湿地$CO_2$年固定量和$O_2$年释放量，具体公式如下：

$$M_{CO_2} = 1.63 \times X_{NPP} \times S \tag{5.3}$$

$$M_{O_2} = 1.19 \times X_{NPP} \times S \tag{5.4}$$

公式中：$M_{CO_2}$为海珠湿地$CO_2$年固定量；$M_{O_2}$为海珠湿地$O_2$年释放量；$X_{NPP}$为净初级生产力；$S$为湿地面积。$X_{NPP}$取胡小飞等人根据遥感数据模拟计算的广州市平均NPP值6.945 t/hm²·a（胡小飞等，2016）。根据以上数据和公式，可计算出海珠湿地$M_{CO_2}$为12 452.385 t/a，$M_{O_2}$为9 091.005 t/a。

可采用市场价值法计算固碳释氧价值。目前我国已初步建立碳交易平台，但现有市场发展不成熟，交易量有限，碳交易价格波动大，北京、上海、广东、深圳等七大市场碳交易价格差距大，难以选取碳交易价格进行计算，参考价值有限。在已开征碳税的国家之间，税率水平差距较大，从低于1美元/t $CO_2$当量至120美元/t $CO_2$当量不等。根据世界银行《碳定价机制发展现状与未来趋势2020》报告，在全球碳排放交易体系和碳税所覆盖碳排放总量占比中，欧盟碳交易市场自2005年建立以来，覆盖了相当的碳排放比例（世界银行，2020）。因此，本书中固碳价值评估采用欧盟碳交易价格进行计算。释氧价值则选用工业氧气价格进行计算。具体固碳释氧价值计算公式如下：

$$E_{CO_2} = \overline{P}_{CO_2} \times E_X \times M_{CO_2} \tag{5.5}$$

$$E_{O_2} = P_{O_2} \times M_{O_2} \tag{5.6}$$

公式中：$\overline{P}_{CO_2}$为固碳价格；$E_X$为汇率；$P_{O_2}$为释氧价格。固碳价格采用EMBER网站统计的2021年欧盟碳交易价格平均值53.65欧元/t计算，汇率以2021年欧元对人民币的平均汇率7.636 9计算，释氧价格采用工业氧气价格400元/t计算。最终计算得出海珠湿地年固碳价值$E_{CO_2}$为510.20万元，年释氧价值$E_{O_2}$为363.64万元，海珠湿地年固碳释氧总价值为873.84万元。

## 5.2 供给服务

供给服务是指生态系统为人类提供食物、水等资源，满足人类的生活需求。海珠湿地万亩果园有丰富的热带果树种质资源，拥有40种果树（达79个品种），其中石硖龙眼、红果阳桃等十多种岭南佳果佳名远扬，集中展现了广州乃至整个岭南水果主要资源。另一方面，湿地河涌中发现有白鲢和鳙鱼等滤食性鱼类，在提供了潜在的淡水鱼类资源之外，还具有部分净化水质的功能，充分展现了湿地生态系统的供给服务。

根据调查，海珠湿地最丰富的果树种类为黄皮、龙眼、阳桃和荔枝，占果树总数量的96%，故选取以上4种水果产品进行供给服务价值计算。采用市场价值法进行计算，具体公式如下：

$$E_{PV} = \sum \alpha \times P_R \times S_i \times P_i \times 1\ 000 \tag{5.7}$$

公式中：$E_{PV}$为海珠湿地产品供给服务价值，$\alpha$为调整系数，$P_R$为单位面积产量，$S_i$为某种果树种植面积，$P_i$为某种水果的价格。根据《2020年海珠统计年鉴》所载的果树种植面积和总产量，计算出海珠区单位面积水果平均产量$P_R$为10.86 t/hm²（广州市海珠区统计局，2022）。调查发现，海珠湿地的果园为少人为干扰的生态种植模式，实际产量低于海珠区产量平均值，故设置调整系数$\alpha=0.25$。调查显示，海珠湿地果园面积为700 hm²（谢慧莹与郭程轩，2018）；种植数量最多的果树是黄皮，占调查果树总数的61.8%，其次是龙眼、阳桃、荔枝，分别占调查果树总数的19.1%、13.4%、1.7%（余平，2014），据此获得四种水果种植面积$S_i$分别为432.6、133.7、93.8和11.9 hm²。各种水果的价格通过广州市农产品市场价格采集系统查询天平架水果批发市场2020年批发价格并求平均值获得，黄皮、龙眼、阳桃和荔枝价格分别为15.11元/kg、15.36元/kg、6.00元/kg和18.89元/kg。根据以上数据和公式可计算出海珠湿地产品供给服务价值为2546.5万元。

# 5.3 维持服务

生物多样性维持是生态系统的重要维持服务之一。海珠湿地包含湖泊、天然河道以及沟渠，组成复杂的水网，为大量离开水生环境就明显生长不良的湖滨带植物和水生植物提供良好的生境。同时海珠湿地中分布有多达40种土著维管植物，部分珍稀物种在市郊已难以发现，湿地的良好环境为土著维管植物提供了良好的栖息地与避难所。

在植物多样性维持的基础上，海珠湿地维管束通过生境修复与建设营造了适合鱼类、昆虫、鸟类等多动物类群的适宜生境，维持了动物的多样性。如多孔穴的河岸与湖岸为鱼类提供了产卵基质，保护了多种淡水鱼类（图5-1）；湿地中多层次的植被、岸边的浅滩、湖心小岛等多类型生境保障了不同栖息习性的留鸟与候鸟的定居与繁衍（图5-2），而丰富的植物、昆虫与鱼类为不同食性的鸟类提供丰富的食物，确保其种群的扩张。这些例子无不体现海珠湿地的生物多样性维持功能。

海珠湿地的物种保育价值评估采用并改进胡涛等提出的基于能值的物种保育服务价值评估方法（胡涛，2019），通过InVEST模型模拟海珠湿地所具备的城市湿地生境质量特征，综合考虑了外来物种对物种保育服务价值可能造成的负面影响，计算公式如下：

$$\mathrm{ERV}_{\mathrm{cons}} = \frac{1}{\mathrm{EMR}} \times [r_m \times Q_{xi} \times (N + 0.1\sum E_m \times N_m +$$
$$0.1\sum B_n \times N_n + 0.1\sum C_r \times N_r - 0.1\sum D_i \times N_i) \times t \times \theta] \quad (5.8)$$

公式中：$\mathrm{ERV}_{\mathrm{cons}}$为湿地物种保育功能价值；$r_m$为物

» 图5-1
海珠湿地
鱼类物种数
统计图

| | | | |
|---|---|---|---|
| ■ 鲱形目 | 5.00% | ■ 鲇形目 | 1.67% |
| ■ 鲱形目 | 1.67% | ■ 鲶形目 | 5.00% |
| ■ 鲤形目 | 58.33% | ■ 银汉鱼目 | 1.67% |
| ■ 鳢形目 | 3.33% | ■ 鲻形目 | 1.67% |
| ■ 鲈形目 | 21.67% | | |

» 图5-2
海珠湿地
鸟类物种数
统计图
（按生态类群划分）

| | | | |
|---|---|---|---|
| ■ 陆禽 | 1.67% | ■ 攀禽 | 9.44% |
| ■ 猛禽 | 7.78% | ■ 涉禽 | 18.89% |
| ■ 鸣禽 | 55.00% | ■ 游禽 | 7.22% |

种更新率；$Q_{xi}$为InVEST模型模拟的生境质量系数；$N$为物种数量；$E_m$为物种$m$的珍稀濒危等级指数；$B_n$为物种$n$的特有等级指数；$C_r$为物种$r$的保护等级指数；$D_i$为物种入侵等级指数；$N_m$为珍稀濒危物种$m$的物种数量；$N_n$为特有物种$n$的数量；$N_r$为保护物种$r$的数量；$N_i$为入侵物种$i$的数量；$t$为单个物种能值转换率；$\theta$为研究区面积与地球总面积之比；EMR为能值货币比率。

对于模型中的$r_m$，植物取值为0.01，动物取值为0.1；$Q_{xi}$通过InVEST模型进行计算，取海珠湿地的数值平均值0.34。保护物种、濒危物种和特有物种的等级及赋值参考胡涛所计算的数据（表5-1）；外来物种风险等级赋值与评估则参考蒲霜对于广东四市外来植物的风险评估表（表5-2）；EMR取值为$1.995 \times 10^{12}$。最终计算得到海珠湿地物种保护价值为471.3万元。

表5-1 保护物种、濒危物种和特有物种的等级及赋值（胡涛，2019）

| 类别 | 名称 | 等级 | 赋值 |
|---|---|---|---|
| 保护物种 | 国家重点保护等级 | 国家一级 | 4 |
| | | 国家二级 | 3 |
| | 广东省重点保护等级 | 广东省重点保护 | 2 |
| 濒危物种 | IUCN等级 | 极危（CR） | 4 |
| | | 濒危（EN） | 3 |
| | | 易危（VU） | 2 |
| | | 近危（NT） | 1 |
| 特有物种 | 特有等级 | 中国特有种 | 2 |

表5-2 外来植物风险等级赋值与评估（蒲霜，2016）

| 外来物种 | 入侵风险等级 | 赋值 |
|---|---|---|
| 夹竹桃 | 中 | 1 |
| 马占相思 | 低 | 0 |
| 无瓣海桑 | 中 | 1 |
| 叶子花 | 低 | 0 |
| 马缨丹 | 高 | 2 |
| 青葙 | 中 | 1 |
| 田菁 | 高 | 2 |
| 白茅 | 中 | 1 |
| 草胡椒 | 低 | 0 |
| 草龙 | 中 | 1 |
| 地毯草 | 高 | 2 |
| 鹅肠菜 | 低 | 0 |
| 狗尾草 | 中 | 1 |
| 合果芋 | 低 | 0 |
| 红花酢浆草 | 中 | 1 |
| 假臭草 | 高 | 2 |
| 金腰箭 | 高 | 2 |
| 阔叶丰花草 | 高 | 2 |
| 两耳草 | 高 | 2 |
| 蔓马缨丹 | 中 | 1 |
| 美人蕉 | 低 | 0 |
| 铺地黍 | 高 | 2 |
| 少花龙葵 | 中 | 1 |
| 水茄 | 高 | 2 |
| 土牛膝 | 高 | 2 |
| 微甘菊 | 高 | 2 |
| 五爪金龙 | 高 | 2 |
| 象草 | 高 | 2 |
| 银合欢 | 中 | 1 |
| 羽芒菊 | 高 | 2 |
| 酢浆草 | 中 | 1 |

# 5.4 社会人文服务

海珠湿地除了拥有调节、供给和维持的服务外，在社会人文服务方面也有显著的服务效果，主要包括科普宣教、景观美学、休闲游憩三大方面。

## 5.4.1 科普宣教

海珠湿地位于国际城市广州市的市中心，能够得以保存实属不易。向公众宣传湿地，普及湿地知识，提高公众对湿地植被与环境、湿地植被与生物保护、湿地与文化关系的认识，让更多人参与到湿地保护中来，是海珠湿地科普宣教的宗旨，也是做好国家湿地公园的建设极其重要的一环。对市民进行湿地保护宣传教育，有助于普及湿地知识与植被知识，提高公众对城市湿地乃至城市植被的认识，同时有助于展示海珠湿地文化，增强公众湿地保护的自豪感和保护意识，形成良好的宣传示范效应。

### 1. 公众教育

城市植被提供的生态系统功能与服务和城市居民的生活质量息息相关。通过开展公民科学项目调查和植被研究，既能为大范围监测城市植被提供解决方案，也能增加公众对城市植被的认知和管理热情。2020年9月26日，海珠湿地举办了粤港澳大湾区海珠湿地植被生态修复科考大赛，吸引了来自广州、深圳、佛山、香港、澳门等地各高校、科研院所师生、社会各界植物爱好者以及广大志愿者参与。在经过培训后，47支队伍在海珠湿地各个区域进行植被调查的探索与实践，递交了大量的记录数据与群落图片。本次大赛在提升公众科研参与度和丰富了海珠湿地植被的科学数据之余，增长了公众对植被的认识和对城市植被乃至城市生态的关注与保护意识（图5-3、图5-4）。

为激发公众走进自然、保护自然，关注野生动植物和昆虫，共同建设生态文明，海珠湿地已举办两届粤港澳自然观察大赛。大赛面向粤港澳地区中小学生

征集昆虫类自然笔记作品。旨在从昆虫世界出发，通过探寻昆虫们的"小秘密"，与大自然建立更进一步的联系。

2019年12月21日上午，首届粤港澳三地观鸟大赛暨自然观察可持续发展研讨会在海珠湿地正式启动，吸引了国内著名鸟类学、生态保育、自然教育等方面的专家学者以及民间自然观察人士、志愿者等约300人参与活动，共同促进大湾区生态文明建设的发展。

### 2. 自然学校

海珠湿地科普宣教工作始于2013年，于2015年2月2日正式成立海珠湿地自然学校，搭建由政府主导、全社会参与的开放式自然教育平台。

自然学校宗旨：建立人与自然沟通的桥梁，同声传译自然智慧，让孩子在自然中回归、探索、发现、成长，让湿地成为保护之地、教育之所、陶冶之园。

近6年来，海珠湿地已与200多所学校、100多家企业、60多家社会组织等建立合作联系，开展自然教育课程及品牌活动3 000多场次，参与者达上百万人次，获评全国中小学环境教育社会实践基地、首批全国自然教育基地、全国林草科普基地、国家青少年自然教育绿色营地、广东省自然教育基地、广东省中小学生研学实践基地等称号。

## 5.4.2 景观美学

海珠湿地位于广州市区最繁华中轴线的江心洲上，构成现代化繁华都市与湿地，自然生态与岭南人文风光交融于一体的独特生态文化景观。其丰富的植被与多样的景观，体现了"现代与传统，自然与人文，闹中有静，快中有慢"之特点，被誉为"世间罕见，中国唯一的繁华都市中的江心洲湖泊与潮汐河流湿地"。同时，古代文化遗址和岭南水乡风情与湿地内不同类型的植被巧妙融为一体，形成湖泊景观、河流及河涌景观、禽鸟景观以及果园景观四大类美景，具有浓厚的岭南水乡文化特色。

### 1. 湖泊景观

海珠湿地内形成的江心洲上的城市内湖——海珠湖，水域开阔、水面平静、水体清澈、景观质量优异、远观有"春来江水绿如蓝"之感，搭配上错落有致、形态优美的湿地群落，更是令人心旷神怡。

∧ 图 5-5
海珠湿地石榴岗河与
岸边的宫粉羊蹄甲
景观林

## 2. 河流及河涌景观

海珠湿地东侧的珠江内河，由下至上，河道渐窄，河流蜿蜒曲折，河水清澈见底，搭配沿途种植的绿化林和景观林，平时绿意盎然，在盛花期与果期则繁花似锦、硕果累累，如临仙境（图5-5）。

## 3. 禽鸟景观

海珠湿地有开阔的水域、丰富的湿地植被与陆生植被，为湿地鸟类提供了良好的栖息、繁殖场所，尤其在每年的夏天，滩涂露出，众多水鸟在此栖息、繁殖，在树上与灌丛间结队穿梭翱翔，景象甚为壮观（图5-6）。

## 4. 农田果园景观

海珠湿地拥有丰富的岭南佳果果树品种，包括荔枝、龙眼、阳桃、黄皮、芭蕉、石榴等。湿地内被纵横交错的河网穿插包围，形成湿地果园和垛基果林两种景观，具有岭南水乡和田园野趣的自然风景。游人可歇息于返璞归真的"绿色迷宫"里面，乘着小船快艇游漾于河涌之中，欣赏两岸的岭南水乡风情，品尝岭南佳果（图5-7）。

∧ 图 5-6
黑翅长脚鹬
穿越湿地

∨ 图 5-7
湿地二期湿地垛基果林
俯瞰图

### 5.4.3 休闲游憩

湿地生态环境可持续是生态休闲旅游可持续的基础，生态休闲旅游结合湿地景观植被、陆生景观植被和农业植被，以休憩点、河流廊道、湿地斑块、果园基质、聚居斑块等各要素明确的空间范围和保护边界，构筑"点、线、面一体化"的生态休闲旅游空间分异格局。

海珠湿地发掘了珠江三角洲河涌湿地、城市内湖与半自然果林镶嵌交错的复合湿地生态系统独特的自然景观和悠久的岭南水乡文化内涵，开发了以黄埔古港、古村和小洲村、龙潭村为代表的岭南历史文化遗产，开展了繁华都市中央的海珠湖、万亩果园复合湿地生态系统与古港古村、名人故居等历史人文景观为主题的"都市湿地生态文化旅游"，吸引中外游客游览观光，并为广州市民提供一个"城市绿心，闹中取静，快中有慢"的大都市慢节奏休闲空间。

海珠湿地的旅游设施遵循了以下原则：①"以人为本"原则，在保护湿地生态环境的前提下，合理配置旅游服务设施；②"景观"原则，设施与景观相互协调，充分体现旅游设施美学价值；③"环境保护"原则，所有设施建设尽量使用环保低碳材料，在提供观赏性的同时也为生物营造栖息环境，尽可能保护原生态湿地生态系统（图5-8）。

## 5.5　总结

海珠湿地生态系统服务功能价值评估与结果如表5-3所示。首先由于海珠湿地有大量的湿地生态农业植被，提供了理论价值超过2 000万元的生态价值。其次，高盖度的植被也为气候调节和物种保育提供了超873万元的高价值。海珠湿地尤其是海珠湖，作为海珠区水系的重要组成部分，在水源涵养方面具有超650万元的生态价值。海珠湿地还保育着约835种植物、881种动物，其中包含多种IUCN濒危物种、国家重点保护物种等，物种保育价值达471万元。在服务于人民大众的社会人文服务中，海珠湿地也是一个集科普宣教、景观美学和休闲游憩等多种服务价值为一体的城市湿地公园。

表5-3　海珠湿地生态系统服务功能价值评估与结果

| 一级服务功能分类 | 二级服务功能分类 | 评价指标 | 评估方法 | 评估结果/万元 |
|---|---|---|---|---|
| 调节服务 | 涵养水源 | 调节水量价值 | 影子工程法 | 381.90 |
| | | 净化水质价值 | 成本替代法 | 277.20 |
| | 气候调节 | 固碳释氧价值 | 市场价值法 | 873.84 |
| 供给服务 | 农产品供给 | 农产品价值 | 市场价值法 | 2546.55 |
| 维持服务 | 生物多样性保护 | 物种保育价值 | 能值分析法 | 471.30 |
| 社会人文服务 | 科普宣教<br>景观美学<br>休闲游憩 | / | / | 为观赏游览 |

◄◄ 图5-8
由废弃果树枝制成的
昆虫旅馆

278

# 第6章
## 海珠湿地的生态恢复过程与成效

海珠湿地作为城市湿地的典范和城市湿地植被的区域代表，其恢复与前期建设的规划与实践功不可没。本章主要叙述2019年制定的海珠湿地恢复总体规划，同时展示修复后的成效，为城市湿地的恢复和保护提供参考样例。

# 6.1 生态恢复背景

海珠湿地位于广州市中央核心城区，是我国非常特殊而罕见的三角洲城市湖泊与河流湿地。海珠湿地建设对珠江三角洲地区的水文调节、水源涵养和水质净化有着不可替代的作用，为广州城市经济社会发展提供了重要的生态安全保障和良好的生态环境，在维系珠江入海水系及港澳地区的水资源安全和促进经济社会发展方面有着重要的战略意义。

尽管海珠湿地的自然性和完整性较好，但由于地处城市中心地带，人为干扰对海珠湿地生态系统产生了一定的冲击，对维持海珠湿地的可持续发展带来了一定压力。为了加强对海珠湿地的保护和可持续利用，2012年初，广州市人民政府提出了建设海珠湿地的目标；2013年1月，国家林业局批准海珠湿地成为国家湿地公园建设试点；2015年，海珠湿地顺利通过国家林业局的验收，同时成为全国重点建设的湿地公园。

尽管海珠湿地在某些方面具有一定的优势，但众多国家湿地公园相比，还存在着明显的不足和问题，如：湿地公园功能表达不够，功能性建设不够；湿地结构有待优化，湿地功能提升不够；现有的湿地结构建设人为性较大，缺乏整体生态系统设计等。

2017年,海珠湿地发起成立"中国国家湿地公园创先联盟"，作为发起人和第一届轮值主席，海珠湿地在国内湿地公园中产生了很大的影响。作为国家重点湿地公园和"中国国家湿地公园创先联盟"发起人，海珠湿地在湿地公园保护、修复、科普宣教、科研监测等方面创先争优，通过湿地保护、恢复与可持续管理，走在全国前列，真正地成为创先样板。

作为南亚热带季风气候下的大河三角洲城市与湿地协同共生的典范，珠江三角洲湿地保护网络的重要组成部分，广州城市湿地生态网络的重要节点以及城市中轴上的重要地标，海珠湿地的建设具有重要的示范意义。围绕湿地如何让城市人民生活更幸福，如何走内涵式发展之路，大力提升湿地生物多样性、优化湿地生态系统服务功能，海珠湿地正面临着发展的重大转折关头。综上所述，进行海珠湿地修复规划及设计乃至开展全面的湿地修复工作迫在眉睫。

# 6.2 生态恢复建设

## 6.2.1 原则与策略

生态恢复需要遵照一定的原则与策略，以使生态恢复建设具有可行性和可持续性。下面叙述海珠湿地恢复建设中制定的原则与策略。

### 1. 生态恢复原则

（1）整体性

以系统的观点设计湿地恢复，保证湿地生态系统结构恢复的完整性和生态过程的完整性。重视湿地与周边城市的有机协调。

（2）自我维持设计

湿地恢复的最终目的是达到湿地生态系统的自我维持。因此，了解湿地生态系统各要素之间的耦合关系以及在自然状态下自我维持机制，发挥湿地生态系统自我设计和自我维持的功能，是湿地恢复的关键内容。

（3）自然性

强调"自然是母，时间为父"的原则，以自然为模板，了解原生状态下海珠湿地的结构和功能，为湿地恢复提供指导。强调与自然合作而进行湿地恢复，这样可提供优化的功能和效益。

（4）功能性

湿地恢复工作中应重形态、重结构，但是更应重视功能的恢复。只有功能的全面恢复才是湿地恢复永久可持续的保证。

（5）多样性

湿地的多样性表现在生物种类多样性、群落结构多样性以及景观类型的多样性等。因此，进行生物多样性、水文多样性、地形多样性的恢复是湿地恢复的重要内容。

（6）协同共生

湿地生态系统中的生物要素与环境要素，以及人与湿地生态系统都共处于一个协同进化体之中，湿地恢复的目的就是实现湿地系统各要素之间的协同共生。

（7）地域性

湿地生态系统的特征具有明显的地域差异，对每一个不同地域的湿地恢复都必须考虑其地域特色。地处岭南的海珠湿地，其恢复一定要充分考虑岭南和珠江三角洲的地域特色。

**2. 生态恢复策略**

（1）自然设计策略

以自然的自我设计为主，尊重自然，司法自然，按照"自然是母，时间为父"的原则，充分发挥潮汐水动力、风力、生物传播者等自然之力的作用，以自然的自我设计为主、人工调控为辅，达到湿地恢复过程、湿地恢复后的长期自我维持。以师法自然的手段，建设海珠具有蜿蜒多变、多景观层次、多生态序列的湿地景观。

（2）柔性设计策略

岭南湿地是柔美的，因此其湿地恢复手法不能是刚性、生硬的。柔性设计是应对多变环境的多功能需求而提出的一种适应性设计技术，以湿地之柔美，改善刚性城市的缺陷，应对多变环境的多功能需求。柔性设计强调材料的就地取材，强调遵循生态系统完整性设计，强调人与自然的和谐共生。这种适应性设计正是海珠湿地恢复所需要的，其技术体系的组成包括：①柔性景观空间构建。以师法自然的手段，建设具有蜿蜒多变、多景观层次、多生态序列的湿地景观；②柔性景观材料运用。强调材料的就地取材，强调木质物残体及植物材料的运用，强调生态友好型材料运用；③应对变化环境的动态景观技术运用。尤其是在全球变化背景下，应对灾害性天气频发（如连续干旱或频发的洪涝灾害）对乡村湿地的不利影响，设计适应性湿地景观结构；④设计多功能湿地景观体系，满足生态需求和景观需求。

（3）生态智慧策略

海珠湿地的发育在自然环境变化的背景下进行的，人的生产、生活活动与湿地的自然变化过程紧密关联，人不仅享受着湿地所提供的生态服务，更以智慧的行动主动介入了对湿地的设计和可持续利用，产生了众多与湿地相关联、光芒照耀后世的生态智慧。海珠湿地的恢复规划，就是要挖掘千百年来岭南人民的生态智慧，传承珠江三角洲传统农耕时代流传下来的文化遗产，如桑基鱼塘、果基鱼塘、蔗基鱼塘、基围系统、风水塘等，借鉴这些农业文化遗产中的生态智慧，融入海珠湿地恢复与可持续利用中，融合最先进的生态工程技术、湿地科学技术，创建独具特色的"海珠新生态智慧体系"。

## 6.2.2 恢复功能分区

除了遵循科学的策略，生态恢复还需要考虑现状与目标。海珠湿地不同区域具有不同的破坏现状及服务功能与作用，因此需要进行恢复功能分区。

**1. 功能分区目标**

功能分区是湿地恢复的基础，是自然和人力资源整合的载体，湿地恢复功能分区的目标是要了解海珠湿地生态系统类型的结构和过程特征，对不同湿地生态系统的生态服务功能进行评价，明确湿地生态敏感区和湿地退化特征，并结合湿地生态和资源禀赋状况，进行湿地恢复功能分区，以揭示各湿地区域的生态综合发展潜力和湿地保护与管理的要求，为海珠湿地科学的空间布局和生态服务功能的优化提升提供科学依据。

**2. 功能分区原则**

根据湿地恢复功能分区的目的，以及各功能分区湿地生态服务功能与生态问题形成机制和环境分异规律，海珠湿地恢复功能分区应遵循以下原则：

（1）生态完整性原则

把握生态系统的开放性和整体性，以海珠湿地自然环境的特征性、相似性和连续性为基础，保持各功能区的相对完整，保证整合生态效益。

（2）景观异质性原则

景观是人类作用于土地而形成的自然人文综合体。由于各功能分区受人类活动的作用不同，因而对各功能分区生态环境的影响也存在着一定的差异，导致不同功能分区景观面临的生态环境问题有所不同。

（3）主导功能与辅助功能相结合原则

湿地资源的多样性和生态环境的复杂性，使不同的功能分区具有不同的生态功能，甚至同一功能分区具有几种不同的功能。根据景观生态学异质共生原理，异质性是共生的必要条件，是生态系统发展进化的基础与动力；反映在生态功能上，就是要多种功能并存，将主导功能与辅助功能相结合。

（4）生态多样性保护原则

保护和维持生态系统多样性，禁止破坏栖息地和任意引进物种，保护生物多样性。建设一个布局合理、类型齐全、管理高效的生态多样性网络，避免生态系统退化，降低生态风险。

## 3. 湿地恢复功能分区方案

根据《全国湿地保护修复制度方案》，结合海珠湿地生态保护发展方向以及自然环境特征，遵循区划原则，全面分析海珠湿地资源及生态特点和管理方向，合理划分海珠湿地恢复功能分区。湿地公园修复规划原则上遵从了原湿地公园总体规划中的五大功能分区，将海珠湿地恢复功能分区划分为：

① 果林湿地保育及自然恢复区；

② 垛基果林湿地恢复区；

③ 自然湿地生境恢复区；

④ 都市田园湿地恢复区；

⑤ 河涌水网湿地恢复区；

⑥ 库塘深水湿地恢复区；

⑦ 水敏性系统恢复区。

## 4. 海珠湿地功能分区描述

《广州海珠国家湿地公园总体规划（2012）》根据分区的原则和方法，将海珠湿地的范围划分为湿地保育区、恢复重建区、宣教展示区、合理利用区和管理服务区，对各功能区实施分区管理、设立管理目标、制定技术措施。

（1）湿地保育区

湿地保育区主要是以海珠湖水体、河涌和三角洲湿地构成，以保护湖泊、河流、河网密布的三角洲果园复合生态系统为主要管理目标。湿地保育区面积为271.6 hm²，占海珠湿地总面积的31.3%，共有四个片区，由海珠湖、小洲村以东/以南的果园和公园东北角的石榴岗河入口处北岸的汇水林带，是珠江三角洲江心洲湿地系统和植被集中分布的水源涵养地带以及水鸟的繁殖栖息地。湿地保育区是目前海珠湖生态系统中最为完好的部分，水域环境相对分布集中，植被盖度较高，是海珠湿地最为重要的核心结构组成和重要的生态功能区，承担着海珠湿地水文调节、水源涵养、水质净化以及生态安全屏障等关键生态功能，对海珠湿地生态环境和生物多样性保护具有决定性作用。同时，该区域也是整个海珠湿地最为敏感的区域，容易受自然和人为的干扰而影响生态系统的结构与功能，进而导致湿地的退化。因此是海珠湿地的核心和关键部分。

（2）湿地恢复重建区

湿地恢复重建区主要包括河流两岸及海珠湿地东部，主要开展水网连通及河滨带生境恢复，以达到控制污染、净化水质的目的。湿地恢复重建区规划总面积258.5 hm²，占湿地公园总面积的29.7%，范围包括珠江南支沿岸、石榴岗河沿岸、土华涌、小洲村和土华村周围与村镇靠近的区域及其周边农田的面源污染（生活污水、化肥农药）控制和治理的区域，以及沿海珠湖、河涌水网湿地受损区域。珠江三角洲湿地退化和对海珠湿地的人为干扰加剧，导致了水体污染加剧、水环境恶化，原生湿地植被生长受到干扰、盖度不断降低并致使海珠湿地规划区生态系统结构改变、生态功能退化。该区域需要及时采用科学的技术方法进行生态恢复与重建。根据湿地恢复重建区生态系统现状条件，通过水资源调配、居民生产生活污水收集与处理、退化湿地植被恢复等技术措施，开展海珠湿地退化湿地的恢复与重建。

（3）宣教展示区

宣教展示区主要位于海珠湖东南面石榴岗河与土华涌围成的三角地带，规划总面积54.4 hm²，占公园总面积的6.3%。具体位置是新光快速以东、华泰路以南、青山围以西和土华涌以北的区域。该区域是湿地公园对外宣传展示的重要功能区，主要开展生态展示、科普教育等活动，允许游客进入以认识和体验湿地生态系统在珠三角地区起到的无可替代的生态服务功能，但严格控制游客进入量。

（4）合理利用区

海珠湿地是全球最具代表性的河口三角洲湿地之一，包括江心洲上城市湖泊、发达的河涌水网、典型的三角洲涌沟—万亩果园镶嵌交错复合湿地生态系统等。合理利用区规划总面积276.3 hm²，占湿地公园总面积的31.8%。范围包括海珠湖周围，石榴岗河、土华涌两侧河道，以及龙潭公园和土华立交桥以南的区域，由相互连接的四片组成；主要通过展示独特的湿地自然与人文景观，形成具有特色的生态休闲旅游区。

（5）管理服务区

管理服务区是海珠湿地管理服务设施建设用地区域，用于工作人员办公室、工作间以及储藏库等公园管理设施的区域。主要位于石榴岗河西段进入海珠湖前东南岸与宣教展示区以北之间的三角地带，规划面积8.2 hm²，占总面积的0.9%。

**5. 海珠湿地湿地恢复功能分区描述**

（1）果林湿地保育及自然恢复区

该区基本上对应湿地公园总体规划功能分区中的湿地保育区（海珠湖水面区域没有包括在本区内，作为另一种湿地类型处理）。该区河涌沟渠及垛基果林湿地发育良好，人为干扰相对较小，是海珠湿地的核心区域。

该区强调以保护为主，保护珍贵的岭南湿地农业文化遗产——垛基果林湿地，保护荔枝、龙眼等重要的热带水果种质资源。在保护的前提下，对局部退化或受到人为干扰的区域采取湿地的自然恢复为主，适度实施人为辅助恢复措施。

（2）垛基果林湿地恢复区

该区大部分与海珠湿地总体规划功能分区中的恢复重建区对应。该区现状果林湿地退化明显，水系网络发育程度较差，果林内部的沟渠淤塞明显，水系网络不完整；形态单一，空间结构单一，景观层次较差，生物多样性较为贫乏，生态服务功能较为单一和低下。

该区的湿地恢复是以全面优化生态系统服务为目标，重点针对湿地景观品质提升、河涌沟渠水质改善、湿地生物多样性恢复，将自然的自我设计与人工辅助生态恢复相结合，整理水系，恢复湿地内的水文连通性，进行垛间水道拓展及设计，适度拓展水面空间；进行垛上果林疏伐及植被结构优化改造；进行果林开敞空间营建及湿地生境修复，恢复典型的垛基果林湿地形态和功能。

（3）自然湿地生境恢复区

该区位于土华涌两岸，是水鸟集中的主要区域，但目前生境类型较为单一。

该区的恢复策略是针对生物多样性提升，通过水系结构优化、地形设计及植被结构优化等措施进行自然生境恢复。打开河流两岸空间，在河流两岸形成以鸟类生境为主的河流-湿地复合体；在开敞空间设计建设水系贯通的浅水沼泽和水塘系统复合体；对原9号地块的水鸟栖息地，结合水面拓展及鸟类生境岛设计，进行空间拓展。通过适度抛石及水系网络的连通性建设，恢复鱼类生境；通过对植物种类的优化和群落结构的优化配置，以及设计建设昆虫旅馆（以公园内大量的枯枝落叶作为材料），提升昆虫多样性。

（4）都市田园湿地恢复区

该区位于湿地二期南部，自然湿地生境恢复区的东南角，对应海珠湿地总体规划的宣教展示区。该区现状为与果林镶嵌分布的农田，包括部分菜地及稻田。该区应充分挖掘岭南湿地农业文化遗产，利用岭南传统生态智慧，在恢复湿地资源的同时，构建各种类型的岭南共生型湿地农业模式，发挥岭南湿地资源可持续利用示范作用，同时满足湿地科普宣教的需求。

（5）河涌水网湿地恢复区

该区以石榴岗河为干，集土华涌等若干的河涌为水系经络。改造前其主要干支流水质尚可，但果林内部的沟渠系统淤塞严重，部分沟渠水质较差。该区的主要恢复任务是疏通水系网络，改善水质，理水、治水、利水、善水，在满足果林湿地的生态需水外，恢复良好的河涌水网景观形态，为鱼类、水生昆虫及水鸟提供优良生境。

（6）库塘深水湿地恢复区

该区主要是海珠湖水面区域。由于建设之初主要考虑了海珠湖作为人工湖的景观效果，缺乏从生态系统整体设计角度的考虑，因此改造前海珠湖水深、岸陡、岸线平直、水下地形较为单一，不利于水生生物尤其是水鸟的栖息。该区恢复的重要任务是探索创新性的深水湖库湿地的恢复途径，尤其是水鸟生境的恢复。进行岸线的生态化和柔性化处理；重建连续的湖岸植被，优化现有湖岸植被结构；进行深水区域鸟类生境的修复。

（7）水敏性系统恢复区

该区主要包括海珠湖周边陆地部分，以及湿地一期的陆地部分。该区园林化、人工化痕迹明显。但其作为海珠湿地水体周边的重要缓冲区，对于维持海珠湿地水质具有重要作用，是典型的水敏性区域。该区的恢复任务是根据水敏性规划设计的原理，建设系列水敏性结构，如雨水花园、生物沟、生物洼地等，实际上这些结构也是目前国内正在倡导的小微湿地建设。通过一系列小微湿地建设，在提升该区景观品质的同时，发挥其改善局地微气候、净化地表径流污染、调控城市雨洪、提升生物多样性等重要生态服务功能。

# 6.3 生态恢复总体规划

## 6.3.1 总体规划布局

按照湿地恢复总体规划布局，海珠湿地范围内的湿地恢复项目共划分为16类：

① 垛基果林湿地恢复重建；

② 海珠湖鸟类生境修复及优化；

③ 海珠湖沿岸小微湿地群建设；

④ 公园水敏性系统建设及环境优化；

⑤ 河流-湿地复合体营建；

⑥ 农林共生系统重建；

⑦ 鸟类生境营建；

⑧ 农林共生系统及都市乡野稻田湿地营建；

⑨ 生态缓冲带建设及优化；

⑩ 湿地生境重建及景观优化；

⑪ 乡土物种保育及恢复；

⑫ 果林-湿地复合生态系统保育；

⑬ 果林湿地及基塘系统恢复重建；

⑭ 滨江自然生境恢复带建设；

⑮ 自然湿地生境恢复；

⑯ 都市田园湿地及岭南共生型湿地农业恢复。

## 6.3.2 水文与水环境修复规划

水文和水环境修复是海珠湿地恢复的关键环节。水文恢复主要通过维持河涌水文连通性、恢复潮汐水动力及调控水位来实现。水环境修复内容包括水质改善、面源污染防控等措施。

## 1. 水文恢复

### (1) 恢复水文连通性

由于长期淤积，海珠湿地部分河涌及果林内部沟渠淤塞，水文连通性降低。规划通过生态清淤的措施，及打通部分地块与主河涌及珠江后航道的水文联系以恢复水文连通性。生态清淤重点针对海珠湿地湿地恢复的二期和四期片区。

水文连通和生态清淤通过拓宽水道，挖除淤积物，将断头水路打通。这一恢复工作结合垛基果林湿地恢复的垛间水道扩宽进行。

### (2) 恢复潮汐水文及水动力

海珠湿地位于广州中南部珠江三角洲河网区，区内河涌纵横，分布密集，有石榴岗河、海珠涌、北濠涌、土华涌等较大的河涌；其外围的珠江前、后航道属径流潮流共同作用的河段，洪水季节以径流为主，枯水季节以潮流为主。各河涌出口均有水闸控制，内涌水位受水闸调控。受到潮汐影响，河涌为双向流，容易造成回流和淤积，使正常的潮汐过程受到破坏，河涌污染严重，水质恶化。海珠湿地水源补给主要来自与珠江连接的感潮河涌——石榴岗河，进入海珠湖后，经西碌涌和北濠涌流入珠江后航道。众所周知，周期性的潮汐水文保持着河涌湿地的水文交换，维持着河涌湿地的水质；潮汐动力及其所携带的泥沙对于河涌滩涂的形成和动态维持起着至关重要的作用。缺少了潮汐水文周期及潮汐动力过程，河涌湿地发育及维持功能受到破坏，水质变差，河涌滩涂消失，河涌湿地结构和功能受损。

海珠湿地的潮汐类型属于典型的非正规半日潮，每日有两个高潮位和两个低潮位，高、低潮间隔约6 h。涨潮时打开石榴岗河、土华涌、登瀛、塘涌水闸，珠江水进入石榴岗河、土华涌等河涌及海珠湖，退潮时关闭上述水闸；对于北濠水闸和黄涌水闸，则是涨潮时关闭，退潮时打开。通过科学调度石榴岗河、深垄、塘涌等水利设施，将丰沛的潮汐水由石榴岗河引入湿地，然后自东向西逐渐流入海珠湖、黄埔涌、土华涌等主干河涌，进而入湿地核心区域，经过湿地净化后最终汇入珠江后航道。海珠湖与石榴岗河、西碌涌、杨湾涌、上冲涌、大塘涌、大围涌6条河涌的水调度同步进行，主要河涌的大量支沟、渠系上的水桩同步运行，由此形成海珠湖"一湖六脉"湖-涌活水体系。通过引潮入涌，可恢复河涌湿地潮汐水文及水动力沉积过程，且潮汐动力及其所携带的泥沙对于河涌滩涂的形成和动态维持起着至关重要的作用，使河涌滩涂上由潮汐动力所形成的微型潮沟系统、滩涂微地貌结构得到重建。

### (3) 调控水位

水位深浅及具有动态变化的水位是影响湿地发育的重要因子。在海珠湿地范围内，主要实施两个方面的水位调控：

①河涌、沟渠间的水位调控：在各级河涌及各级沟渠之间，通过恢复具有自动调控水位功能的水桩，进行水位的自动调控。

②湿地塘的水位调控：根据海珠湿地内各种湿地塘（包括各种基塘系统的水塘等）的水位要求，通过自动溢流水控结构，进行水位的调控，满足湿地塘内合理的生态用水、动植物生长及水鸟栖息要求。

## 2. 水环境修复

### (1) 实施海珠湿地水体生物-生态联合修复工程

对海珠湿地内目前部分水质较差的水体，采用生物-生态修复联合技术，通过重建完整的水生态系统，完成水质净化，恢复水体自净功能；通过种植苦草等沉水植物，投放枝角类、桡足类等浮游动物，放养白鲢和鳙鱼等滤食性鱼类，构成完整的水生生态系统，通过虫控藻、鱼食虫、草净水等形成完整的食物网，发挥枝角类和桡足类的控藻作用，以及沉水植物释放氧气和吸收营养物质的双重作用，综合改善海珠湿地的河涌及塘库水质，恢复水体的自我净化能力。

### (2) 恢复潮汐动力，保障河涌网络水文交换，改善水质

海珠湿地内的水域都属于感潮地区，规划利用潮

汐水动力进行调水，涨潮引水，落潮排水，恢复正常的潮汐动力过程，实现"以动治静、以净释污、以丰补枯"的引清调水工程，改善海珠湿地水环境。根据潮汐特征，改变湿地公园内河涌水体流态，变双向流为整体单向流，改善河涌水质，提高河涌水体自净能力；通过水闸、泵站、水梐等水利设施的联合调控，利用涨潮引外江水入内河涌，通过河涌水动力作用将内河涌水体排出，进行水体置换，起到改善河涌水质作用。通过潮汐水动力的引清调水工程的实施，使湿地公园内部的河涌网络水文交换得到保障，改善水质。

## 6.3.3 基底结构恢复规划

海珠湿地的基底结构恢复主要包括基底地形恢复与改造。在湿地修复工程中，适宜的地形处理有利于控制水流和营造生物适宜栖息生境，达到改善湿地环境的目的。可通过挖深与填高方法营造出凹凸不平、错落有致的湿地地形，因为具有不规则形状和边缘的湿地更加接近于自然形态，拥有更大的表面积来吸收地表径流中的营养物质，并且包含更多形态多样的空间和孔穴来为水生生物提供栖息和庇护场所。

### 1. 营造海珠湿地恢复区地形基本骨架

通过微地形营造和恢复，确立海珠湿地恢复区地形基本骨架，营造湿地岸带、浅滩、深水区、浅水区和促进水体流动、开敞水域分布区等地形，疏通水力连通性，提高水体中物质迁移转换速率，恢复海珠湿地植被及生物多样性。

### 2. 营造缓坡岸带

对海珠湖、石榴岗河、土华涌等河涌湿地类型，通过对水岸地形的适度改造，营造缓坡岸带，可为湿地植物着生提供基底，形成水陆间的生态缓冲带，发挥净化、拦截、过滤等生态系统服务功能。根据岸带发育系数恢复岸带，确定地形修复工程的空间位置，对较陡的坡岸进行削平处理，削低高地、平整岸坡、去直取弯，进行缓坡岸带地形恢复。从水体向陆地过渡依次为沉水植物带、浮水植物带、挺水植物带、湿生植物带（包括湿生草本、灌木和乔木），形成滨岸水平空间上的多带生态缓冲系统。利用物种在空间上的生态位分化，构建按水位梯度的条带式植物群落，可以提高滨岸带生物多样性，加强生态缓冲能力，促进形成多样化的生境格局。

### 3. 营造浅滩

主要针对海珠湖、石榴岗河及其与大的河涌之间交汇地带的硬质驳岸及陡坡等岸带，营造浅滩基底。通过对临近水面起伏不平的开阔地段进行局部微地形调整（即局部土地平整），削平过高地势、减小坡度，以减缓水流冲击和侵蚀。对周围地势过高区域，通过削低过高地形、填土降低水深等方式塑造浅滩地形，营造适宜湿地植被生长和水鸟栖息的开阔环境，使其成为涉禽、两栖动物的栖息地以及鱼类的产卵场所。

### 4. 营造深水区

在海珠湿地中，尤其是垛基果林湿地的恢复中，需要保留或营造一定面积的深水区，保证其底层水体在冬季不会结冰，为鱼类休息、幼鱼成长及隐匿提供庇护场所以及湿地水生动物越冬场所。垛基果林间开敞区域深水区地形的恢复，可满足游禽栖息和觅食需求。主要在海珠湿地四期的垛基果林湿地恢复区内和垛间开敞水域深挖基底营造深水区。

### 5. 营造生境岛屿

营造生境岛屿对于拟恢复的海珠湿地退化湿地来说是重要的地形恢复措施。结合不同种类水鸟的栖息和繁殖环境要求，通过堆土（石），进行生境岛地形恢复。主要在湿地二、四期的鸟类生境恢复区进行。

营造生境岛屿，种植不规则的芦苇、菖蒲等净水植物，确保在自然环境下为水深昆虫、鱼类等鸟类的食物来源提供栖息空间；在浅水滩涂上随机布置碎石与就地取材的原始形态木桩及倒木，为鸟类提供栖息的场所；完善鸟岛上的植物群落结构，在鸟岛上营造多样化的生境格局，为鸟类提供觅食、庇护、繁殖场所。

## 6. 营造洼地

在平坦地面上塑造不均一分布的洼地，提高地表环境异质性。洼地营造主要在果林内部的林间空间进行。此外，在海珠一期、二期的陆地部分的水敏性系统建设区域，将洼地营造作为小微湿地建设的措施之一。

## 7. 营造水塘

水塘是湿地恢复中有重要的储蓄水、补水、雨洪管理、开展生物多样性保育作用。在海珠湿地，主要在基塘系统恢复重建区和湿地一期、二期陆地部分水敏性系统建设区域进行水塘营造。

## 6.3.4 植被恢复规划

海珠湿地的植被恢复包括自然恢复和人工辅助自然恢复两种方式。在人为干扰不大、土壤种子库丰富的区域，规划采取自然恢复技术，即对湿地修复区域通过封育措施恢复林草植被。在人为干扰强度大、采取自然恢复效果较慢时，规划采用人工辅助自然恢复，即采取种植湿地内原有乡土植物改善生境的方式进行群落结构配置和优化，恢复湿地植被的外貌、结构及功能；在恢复后期，以自然的自我修复为主。

### 1. 种类筛选及其原则

海珠湿地恢复中植物种类的筛选，要确保该植物生长的环境条件与湿地恢复区条件相似，筛选原则如下：①应采用本地物种；②对修复区域的适应性强；③具有环境净化功能，且具有观赏价值；④抗病虫害能力强；⑤繁殖、栽培和管理容易。

优先选择乡土植物开展湿地植被恢复对于海珠湿地恢复来讲至关重要。乡土植物更易适应海珠湿地的生长条件，能够与公园内的动物和微生物形成长期协同进化关系，且许多鸟类与昆虫对特定的乡土植物存在依赖关系。种植乡土植物还能够帮助保存海珠湿地内原有的乡野杂草资源（杂草基因库）。

在乡土植物的选择上，应考虑增加耐水湿乔木，如水石榕、水黄皮、水蒲桃、构、朴树、桑树、岭南

山竹子、乌桕、榔榆等。在垛基果林和海珠生命乐园的大水面位置种植如乌桕、水翁、水松、池杉、落羽杉等耐水植物，提高水上、水下生境的异质化程度，提升生物多样性，营造"水中林泽"。

在保护恢复红树林的区域，根据场地的情况，在咸淡水交汇的黄埔涌受潮汐影响地块，可种植秋茄、木榄、桐花树、老鼠簕等真红树植物；临水区域可种植海漆、杨叶肖槿、水黄皮、银叶树、黄槿等半红树植物；可选择茳芏作为伴生植物进行种植。最终形成以真红树、半红树、伴生植物构成的红树林群落，形成上层＋中层＋下层的复层混交植物群落。

### 2. 植物群落配置

在进行湿地植物配置前，应充分调查海珠湿地恢复区的水文、地形、土壤等环境特征和现有植被状况，借助自然环境梯度构建相适应的植物群落，使其在没有人为干预的条件下能够自发演替。

（1）果林区域植被恢复及群落配置

现有果林区域群落结构较为单一，群落类型单一，种类较少。要营造丰富的生物多样性和整体的植物群落，特别是陆生植物。植被恢复措施包括：

①对现有果林进行疏伐后，稀疏种植南亚热带地带性高大乔木；间植一些小灌木（原则上不种草本植物，让其自然恢复），形成"乔木＋灌木＋地被植物"的丰富植被层次。无论果林进行疏伐与否，可在垛与垛之间的交汇处，尤其是林窗和开阔水面处，种本地高大乔木，使得林冠结构丰富起来。可规划在河涌、溪流边岸，丛状种植竹子。恢复过程中，木本植物以种植为主，草本植物以自然恢复为主。

②打开林窗，形成林内开敞空间。在林内开敞空间进行地形塑造，以自然恢复方式恢复草本植物群落，或稀疏种植本地观赏草为主的草本群落。

（2）水面植被恢复

①小型水面植被恢复：以自然恢复为主，利用湿地土壤种子库，让其自然恢复。如果缺乏土壤种子库，可适量撒播漂浮和浮叶植物的繁殖体，以小型浮

叶植物为主，如四叶苹、荇菜、水鳖等。

②大型水面植被恢复：以适量撒播沉水、漂浮和浮叶植物的繁殖体为主，如穗花狐尾藻、眼子菜、荇菜等。

③在海珠湿地恢复中进行水生植物群落配置时，按照水下沉水植物、水面浮叶植物的群落配置格局。

（3）滨岸带植被恢复

根据库塘湿地、湖泊湿地、河流湿地滨岸的水位变化情况营造植物的分带格局，从水体向陆地过渡依次为沉水植物带、浮水植物带、挺水植物带、湿生植物带（包括湿生草本、灌木和乔木），形成滨岸水平空间上的多带生态缓冲系统。这种按水位梯度构建的条带式植物群落利用了物种在空间上的生态位分化，以提高滨岸带生物多样性和生态缓冲能力，并形成多样化生境格局。

（4）陆地植被结构优化

对湿地修复区域内的陆地植物群落（灌丛、森林等），根据不同植物对光的适应差异，形成林下垂直空间上的乔灌草分层格局。运用垂直混交技术构建"乔木＋灌木＋地被植物"群落，形成丰富的陆地植被层次。

### 6.3.5 生境恢复规划

在海珠湿地退化湿地恢复过程中，为珍稀濒危特有目标物种以及乡土物种营造良好的栖息环境是实现湿地生态系统功能完整性的关键步骤。鸟类、鱼类、昆虫是湿地的重要功能类群，其中很多物种是湿地生态系统中的关键物种，对于反映湿地环境变化和调控群落结构起着重要作用。海珠湿地恢复工程就是要利用能够提高生境多样性的技术，使得植物和动物多样性增加。通过恢复与改善生境结构以及引入关键种，建立适于鸟类、鱼类、昆虫及其他野生动物的栖息地，从而恢复湿地的生物多样性。生境恢复的具体内容见下一章专项规划。

# 6.4 生态恢复专项规划

### 6.4.1 垺基果林湿地恢复规划

垺基果林湿地是海珠湿地最具代表性特征的湿地类型，是岭南热带果林–湿地复合生态系统，是重要农业文化遗产。根据其"五素同构"的生态特征，综合考虑基、果、水、岸、人各要素的协同共生，其恢复主要包括以下7个方面。

#### 1. 垺基果林湿地形态及结构设计

对海珠湿地生态恢复来说，除了原态保留的果林，即保留小部分原生形态的果林外，应基于生物多样性提升和生态系统服务功能全面优化目标，必须尽可能地恢复重建垺基果林湿地。垺基果林湿地是海珠最为重要的湿地形态，既是对过去几百年来在珠三角河涌湿地上形成的果林形态的继承，又有机结合了珠三角水网密布区域的特点，创新性营建出这一独特的南亚热带湿地景观类型——垺基果林湿地。

对垺的形态做局部改良和优化，并结合水系改造进行。外部形态看是垺基果林，但进入其中给人的感觉是典型的湿地。总体上还保留了垺的形态，但规划将垺的边缘进行蜿蜒处理，垺与垺之间的水湾形成整体。

#### 2. 垺基果林疏伐

现有垺基上的果树密度太大，景观结构较差，且不利于林下植物的生长。通过对垺上的果树进行适度疏伐，营造疏林垺田景观。疏伐后，每个垺上可保留1-3排果树，但要根据每个垺的具体面积而定。由于鸟类的生存还需要一些密林环境以形成鸟类的食物仓库，因此要保留部分过去密植的果林，形成疏林与密林有机结合的垺基果林生境。

#### 3. 垺间水道拓展及设计

对垺间沟渠扩挖（或去除中间的垺），形成垺间清晰可见的水面空间。各个垺不必大小及形态均一，应力求形态多样，除了为鸟类、鱼类形成适宜的生境空间外,在允许游客进入的区域,能够让游客从空中、地面、水上,均可观察到独具特色的垛基果林湿地。垛间沟渠扩挖规划应不对大的水系形态做改变。垛与垛之间的连接桥都以木质结构为主。

### 4. 果林植被结构优化设计

通过营建层次丰富、种类多样的植物群落,丰富海珠湿地的生物多样性。无论果林疏伐与否,在垛与垛交汇处、林窗边缘和开阔水面水岸边缘等地种植本地高大乔木,从而丰富群落结构。以种植乔木、灌木等木本植物为主,草本植物以自然恢复为主。

### 5. 果林开敞空间恢复营建

营建果林内部的开敞空间,如果是陆地部分,可以营建垛间荒野,即隔离出人无法干扰的地方。在大多数果林内部的开敞空间,进行果林开敞空间多塘湿地恢复和果林开敞空间浅水沼泽恢复,以增加环境空间异质性和生境类型多样性,同时丰富湿地的景观层次和内涵。

### 6. 果林区域河涌-渠系网络恢复

对于那些河涌-沟渠退化或者淤塞严重的垛基果林区域,通过生态清淤和开挖,恢复垛基果林区域河涌-渠系网络。

### 7. 果林生境管理

经恢复后的垛基果林湿地,由于生境类型丰富,分布有明水面和浅水区,以及岛屿、半岛、浅滩等生境,鸟类等野生动物会丰富起来。因此,必须加强生境管理,对野生生物生境进行人工管理,以利于野生生物种群的生存和繁衍。采取相应的管理措施,令不同类型的生境适合各种野生动植物的需要,以增加物种多样性。管理措施分植被管理、水文管理和外来有害物种防控三方面。

①植被管理:应清除杂草及种植多种本地植物,用以增加物种多样性及吸引各种不同类型的野生动物。在鸟类经常栖息的区域,可通过适度控制草本植物生长,满足鸟类栖息的需求,同时保留一些密林环境以及干草地,以形成鸟类的食物仓库;总体而言,

在植被管理方面,要疏林与密林结合,有草的环境与无草的水面相结合。

②水文管理:湿地水位除了影响水生植物的生长和分布外,还直接影响野生动物尤其是水鸟的觅食和栖息地。可在公园范围内的池塘和泥滩设置活门和水桓,以调节水位高度。

③外来有害物种防控:应加强外来入侵有害物种防控,如白花鬼针草、微甘菊、凤眼莲、福寿螺等。建立外来有害物种预警应急系统,并定期清除这些外来物种,以控制它们在湿地公园的数量和分布。

### 6.4.2 基塘湿地系统恢复规划

基塘湿地系统是珠江三角洲劳动人民在数千年的生产活动中形成的农业文化遗产。这种在降水充沛的三角洲低平区域挖泥成塘、堆泥成基、基上种桑(果、花、药等)、桑叶养蚕、蚕粪肥鱼的共生循环系统,蕴含着宝贵的生态智慧。

海珠湿地的果林位于三角洲河涌湿地上,并被珠江前后航道围绕,散布着密如蛛网、蜿蜒弯曲的潮汐水道。在这种地下水位较高的河涌土地上,古代劳动人民在纵横交织的河涌之间的土地上开挖沟渠,堆土成基,在基上种植果树,在开挖的河涌(塘)养鱼,形成了果基鱼塘农业模式。果基鱼塘是基塘农业的重要形式之一,是古代劳动人民在土地利用方面的一种创造,凝聚着古代劳动人民的生态智慧。基塘农业既能合理利用水和土地资源,又能合理利用动植物资源,不论在生态上,还是在经济上都取得了很高的效益,赢得了世界瞩目,成为宝贵的农业文化遗产。纵横交织的河涌沟渠,像毛细血管网络一样与果林种植田块交织;自然河涌与人工挖掘的沟渠形成四级水网体系,河涌潮起潮落,水沿着不同级别的涌壕沟渠进入果林内部,湿地之水滋养果林,果林为水体和鱼塘遮阴,其凋落物为水体输送着营养物质,维持着湿地食物网。交织的河涌沟渠、茂密的果林、水岸滩涂觅食的水鸟与周边的农舍,构成了美丽富饶的珠江三角

洲水乡特色湿地画卷,形成了独特的自然－人文果基湿地农业文化体系。

规划在海珠湿地内的都市田园湿地恢复区内进行系列基塘湿地恢复。重点如下:

(1) 果基多塘恢复设计

选择果树种质资源较好、水系较为通畅的新涌以南区域,开展水系清淤、基塘开挖、滩涂沼泽地营造、水闸及水榷维修、水生植物种植、果林维育、塘鱼自然放养等系统工程,建设具有岭南水乡特色和生态循环特点的果基鱼塘农业文化遗产示范点,营造植物繁茂、鱼虾成群、鸟类翔集的基塘湿地系统,构建种养结合、水陆互促的具有多种生态经济功能的湿地生态系统,实现湿地的生态效益、社会效益、经济效益的有机结合。基上以荔枝、龙眼、黄皮、阳桃等热带水果为主,形成果基多塘,塘内自然放养本地的土著鱼类。

(2) 桑基多塘恢复设计

在珠江三角洲低平的区域,挖泥成塘、堆泥成基、基上种桑、桑叶养蚕、蚕粪肥鱼的桑基多塘共生循环系统,是宝贵的农业文化遗产。海珠湿地内规划的桑基多塘,基上以桑树为主,形成桑基多塘;塘内自然放养本地的土著鱼类。

(3) 花基多塘恢复设计

海珠湿地内规划的花基多塘,基上以各种花卉或野花为主,形成花基多塘;塘内自然放养本地的土著鱼类。

(4) 药基多塘恢复设计

海珠湿地内规划的药基多塘,基上以各种药用植物为主,形成药基多塘系统;塘内自然放养本地的土著鱼类。

## 6.4.3 柔性水岸恢复规划

水岸是水(河、湖、塘)和陆地之间的重要生态界面,对水陆之间的物质迁移起着重要的调控功能,发挥着拦截地表径流、环境污染净化、生物多样性保育等生态服务功能。目前,湿地内尚有不少人工化、硬质化的水岸。湿地恢复应在整体生态系统设计框架下,进行柔性水岸恢复,打造海珠湿地的柔性水岸生态智慧体系,海珠湿地的柔性水岸恢复包括河岸(含河、涌、沟渠的边岸)、湖岸及塘岸等几个方面。

### 1. 柔性湖岸设计

以海珠湖为主,进行柔性湖岸恢复,模拟自然湖岸,营建多孔穴水岸。卵石的缝隙里是水生昆虫很好的藏身栖息地,同时很多产黏性卵的鱼类把卵产在这些石块底下,因此水岸需要保持多孔穴结构。应根据不同的生态功能要求,设计不同的柔性湖岸结构,如模拟自然湖岸用大小不同的卵石堆砌一些具有大小不等的孔穴、洞穴等结构,为鱼类、虾蟹等提供生存生活环境。

### 2. 柔性河岸设计

现有大河涌、沟渠的水岸过于陡峭,应对现有生硬的河涌水岸进行生态化改造,削缓坡面,让植物自然恢复生长,形成起伏、多样化的南亚热带柔性水岸。在河岸边生长的荔枝、番石榴等植物的根系与河涌水岸有机融合,形成柔性植物水岸;植物发挥着对鱼类等水生生物的多种生态功能,如保护河岸及近岸水域空间、为鱼类提供食物、提供庇护及产卵场所。

充分利用河涌水岸咸淡水交混的环境中生存的无齿相手蟹等无脊椎动物,因为它们在生存过程中需要挖掘洞穴,对河岸起着疏松、通气、供氧、增加养分等生态作用,可帮助营造出的多孔穴生物相水岸。

### 3. 柔性塘岸设计

对现有基塘系统或规划拟建的基塘系统,进行塘岸的生态设计,形成自然蜿蜒、生长多种草本植物的柔性塘岸;此外,可将野草稻(再生稻)用于塘岸的生态化改造。

## 6.4.4 生物多样性恢复规划

生物多样性包括物种多样性和生态系统多样性,是一个湿地生态系统健康赖以维持的根本,被誉为"湿地的免疫系统"。由于数百年来果林生产功能的单一性，以及位于城市中央所遭受到的巨大的人为干扰，现在海珠湿地内的生物多样性较为贫乏，也是海珠湿地最为突出的问题之一，生物多样性是海珠湿地建设的重中之重。国家重点湿地公园建设的重要指标之一就是通过湿地保护与恢复重建，极大提升生物多样性，使湿地公园成为城市生物多样性的乐园，成为人与自然相遇并和谐共生的美妙区域。规划重点针对植物多样性、鸟类多样性、昆虫多样性，从生境设计、建设入手，极大地提升海珠湿地的生物多样性。根据海珠湿地内生物多样性现状和不同生境类型，海珠湿地的生物多样性恢复包括植物多样性恢复和生物生境的恢复(鸟类、鱼类、昆虫)。

### 1. 植物多样性恢复

植物多样性的恢复首先要强调乡土植物的引入和运用。植物多样性的恢复不一定是要多种很多种植物，只要把植物生境营造好，自然就会有乡土植物生长起来。比如草坡做成下沉式绿地甚至挖成塘，水湿条件改变后，相应的湿地植物就会生长起来。在垂直方向上，对公园内现有房屋进行屋顶、墙面的生态化建设，即生命景观屋顶、生命景观墙的建设，在垂直空间上让植物丰富起来，促进植物多样性恢复起来。

### 2. 鸟类生境恢复

应根据鸟类生态学和生态工程原理，通过营建鸟岛、潟湖、浅水滩涂等生境，以及种植鸟类的食物源群落为鸟类提供栖息场所、觅食场所、庇护场所及繁殖场所。要让人能看到和接近鸟类，且保证与鸟类的隔离度，比如在人和湖的边岸界限上种植植物篱笆(如树林、灌丛)。植物篱笆应具有一定宽度，这种宽度能够保证其有一个内部生境，能够为需要内部生境的野生动物提供栖息空间。

针对海珠湿地以果林、河涌、湖库为主，缺少浅水滩涂特点，应借鉴自然智慧，向自然学习，以自然之力和人工辅助手段，营造多种多样的浅水滩涂，为鸟类(特别是涉禽)提供栖息生境和食物资源。

(1) 针对不同生态习性的水鸟的生境恢复模式

鸟类生境恢复主要针对不同生态习性的鸟类的需求功能进行。需求功能分为觅食、庇护、繁殖功能。

觅食功能：指生境能够为鸟类提供浆果、鱼类、底栖动物等食物资源的功能。

庇护功能：在受到外界一定强度的干扰时，目标鸟种能够受到保护，而不迁移到生境外的功能。

繁殖功能：指在繁殖时间段，生境能够为鸟类提供繁殖场所、巢材的功能。

本地繁殖鸟和夏候鸟需求功能为觅食、庇护、繁殖；旅鸟和冬候鸟需求功能为觅食与庇护。

针对游禽与涉禽生境，尤其是其夜栖地的营建，应规划设计满足其夜栖的平缓浅滩及低矮草丛生境。

(2) 以"浮排"营建深水区草滩系统，创新鸟类生境恢复技术

海珠湖湖面开阔，但湖水较深，湖周及湖心岛屿缺乏浅水滩涂，不能为涉禽等水鸟提供适宜的栖息生境。海珠湖的湖心小岛周边为深水环境，岛岸陡峭，无法通过挖填堆土的方式营造浅滩，因此计划在湖心小岛(位于海珠湖中部的鸟类保护区)东部沿陡岸边缘设计以竹子为支撑材料的"浮排"(人工浮岛)。浮排结构由下到上依次为竹子、泡沫、泥土，在浮排上覆薄层种植土，约15 cm厚；浮排周围用直径10 cm左右的杉木桩打桩固定；浮排上种植挺水植物和草本植物(芦苇、野芋、灯芯草、狗尾草等)，浮排周边插放木桩固定并提供鸟类停歇。浮排使用绳索套在木桩上固定，各浮排紧密连成一片，形成一个整体的浮岛，随海珠湖水位变化在垂直方向上移动。浮排被植物覆盖，形成略高于湖水水面的浅滩植被，不仅可延伸岛屿生态空间，为鸟类营建类似浅滩的生境空间，而且在浮排上种的植物可为鸟类提供食物来源。在浮排上形成的自然草滩植被，将是供水鸟觅食、庇护及繁殖的良好生境。

(3) 以潮汐动力营造河涌滩涂，修复水鸟生境

周期性的潮汐动力及其所携带的泥沙对于河涌滩

涂的形成和动态维持起着至关重要的作用，而这些滩涂是以涉禽为主的水鸟栖息的必要场所。海珠湿地为典型的感潮地区，利用潮汐水动力特性，通过水闸、泵站等水利设施的联合调控，利用涨潮引外江水入内河涌，恢复河涌湿地潮汐水文及动力过程。以潮汐动力营造河涌浅滩，使河涌滩涂得到恢复，重建滩涂上由潮汐动力所形成的潮沟系统、滩涂微地貌结构，可吸引弹涂鱼、无齿相手蟹等底栖生物，在为鸟类提供栖息生境的同时，可为涉禽等水鸟提供食物资源。

### 3. 鱼类生境恢复

鱼类作为湿地生态系统中食物链的底层动物，生境恢复要考虑鱼类的生境，才能维持水生食物网结构完整和水生生态系统健康。在建设中应为鱼类提供产卵基质（包括各种产卵习性的鱼类），满足鱼类产卵条件。在河岸、湖岸构建多孔穴空间，为鱼类提供良好的生存环境。

### 4. 昆虫生境恢复

海珠湿地内昆虫的多样性远远高于脊椎类动物。通过调查了解公园内及其周边各种昆虫的生活习性、特点并以此为依据，规划各种类型的昆虫生境，同时形成具有观赏价值的生物多样性小品和科普知识的宣教点。

整，总面积869 hm²，湿地率为86.4%；其中，湖泊湿地53.1 hm²，河口水域湿地139.0 hm²，三角洲湿地558.8 hm²。海珠湿地生物资源丰富，动植物种类众多。

2017年，海珠湿地已记录维管植物625种，2020年增加至835种，有200多个果树品种，物种多样性显著增加（图6-1）。其中包括国家一级保护植物2种（苏铁、水松）、国家二级保护植物9种（水蕨、樟树、舟山新木姜子、土沉香、降香黄檀、美冠兰、罗汉松、短叶罗汉松、海南龙血树）。

海珠湿地昆虫、鱼类、鸟类等动物物种多样性也在不断增加。2017年，海珠湿地记录到的昆虫物种数仅103种，2020年增加至12目155科535种，包括蝴蝶81种、蜻蜓34种、甲虫95种、其他昆虫325种（图6-2）。其中三有名录物种3种（丽叩甲、中华蜜蜂、双齿多刺蚁），IUCN濒危物种红色名录物种1种［近危（NT）：四斑细蟌］。

2017年，海珠湿地记录到鱼类45种，2020年增加至60种，分属于鲤形目、鲈形目、鲱形目、鳢形目、鲇形目、鲀形目、鳉形目、鳉形目、银汉鱼目等9目18科（图6-3）。

海珠湿地鸟类从2016年的142种增加至2020年的180种，分属于17目53科，包括涉禽34种、游禽

## 6.5 生态恢复成效

2015年，海珠湿地顺利通过国家林业局的验收，同时成为全国重点建设的湿地公园和恢复样板。自海珠湿地成为国家湿地公园建设试点以来，海珠区为保护湿地做出了巨大努力。主要体现在以下两点。

### 6.5.1 生物多样性建设成果显著

海珠湿地生态环境良好，生境质量优良，生物多样性丰富，湿地保护工作成效显著。经过恢复工作后的海珠湿地生态系统自然、完

❯ 图6-1
海珠湿地
2017—2020年维管植物物种数
统计图

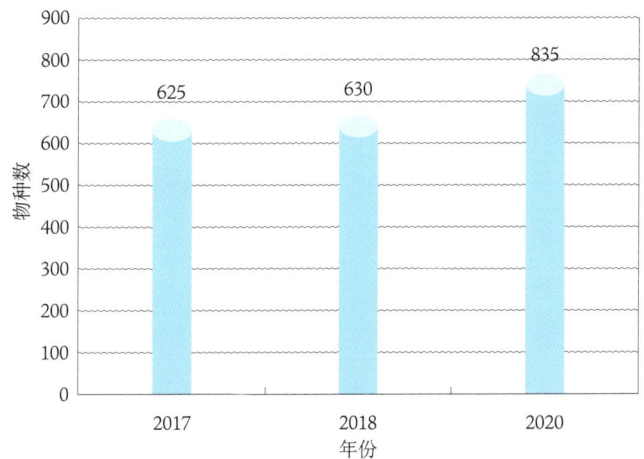

13种、攀禽17种、鸣禽99种、陆禽3种、猛禽14种（图6-4）。其中包括国家一级保护动物黄胸鹀，国家二级保护动物26种，广东省重点保护鸟类29种，IUCN濒危物种红色名录3种［易危（VU）：鸿雁；近危（NT）：红颈滨鹬；极危（CR）：黄胸鹀］，三有名录物种139种。

### 6.5.2 生态系统服务功能大大提升

海珠湿地实施了保护基础设施建设和湿地恢复，重点加强了半自然果林湿地、河涌湿地的保护以及河涌水质恢复和鸟类生境恢复。

在河涌水质恢复方面，海珠湖区域水质监测站监测结果显示，海珠湖区域化学需氧量、氨氮含量及溶解氧含量均值呈现总体稳定向好趋势，上述各指标基本达到Ⅳ类水以上指标，个别指标能达到Ⅱ类水标准（图6-5～图6-7）。

在局部气候调节方面，海珠湖区域大气监测站数据显示，大气$PM_{10}$、$PM_{2.5}$、CO含量均值总体呈稳定下降趋势，说明在科学的湿地管理工作基础上，海珠湿地发挥了较明显的局部小气候调节作用（图6-8～图6-10）。

海珠湿地生物多样性和生境保护和恢复成效显著，为广州市提供了生态屏障、雨洪管理、水质净化、局地气候调节、城市生物多样性提升等重要的生态服务功能。同时，海珠湿地充分利用了各方面的基础和优势，开展了科研监测、科普宣教设施建设，设施特色明显。在公园范围内，从石榴岗河至海珠湖，无论从湿地形态、结构、植物生长状况，还是从湿地所表现的功能等方面，海珠湿地服务设施、基础设施建设符合湿地生态保护要求；海珠湿地科研监测步入了正轨；科普宣教方式多样、内容丰富而富有特色，开展了大量富有特色的科普宣教活动，提高了群众保护湿地的意识。

▼图6-2
海珠湿地
2017—2020年昆虫物种数
统计图

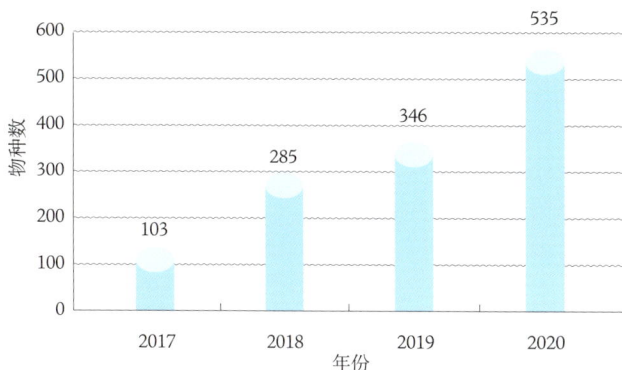

▼图6-3
海珠湿地
2017—2020年鱼类物种数
统计图

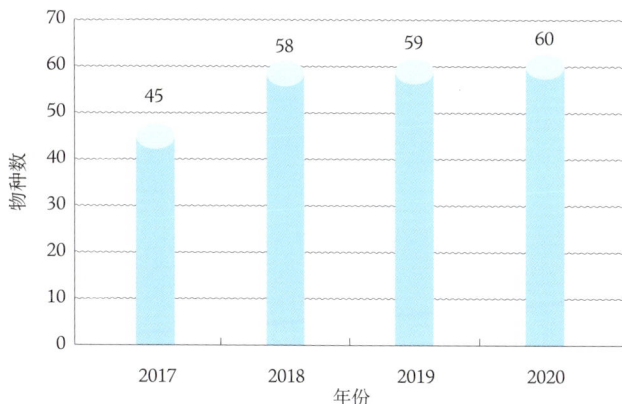

▼图6-4
海珠湿地
2016—2020年鸟类物种数
统计图

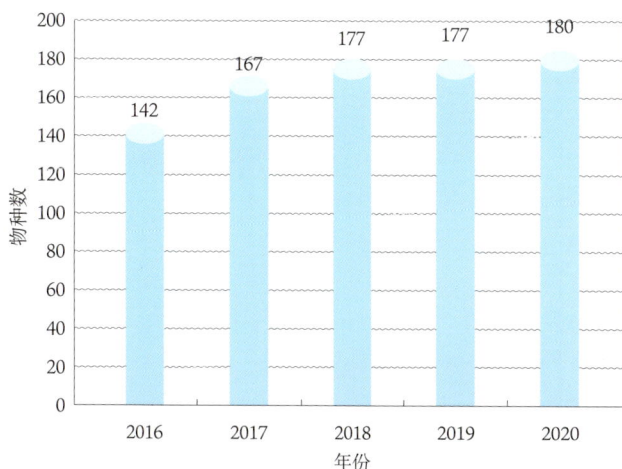

❯ 图6-5
海珠湖区域
2016—2020年化学需氧量均值
统计图

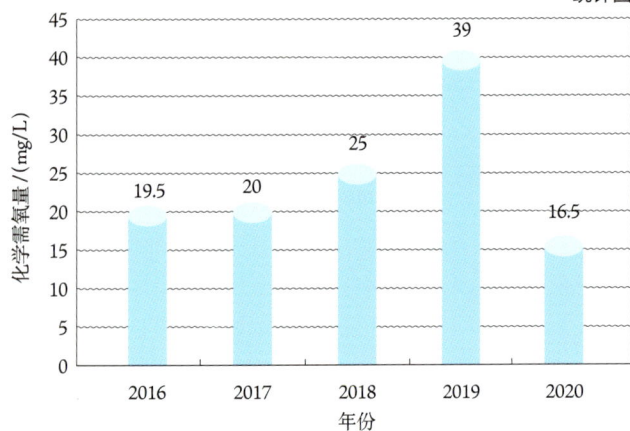

❯ 图6-6
海珠湖区域
2016—2020年氨氮含量均值
统计图

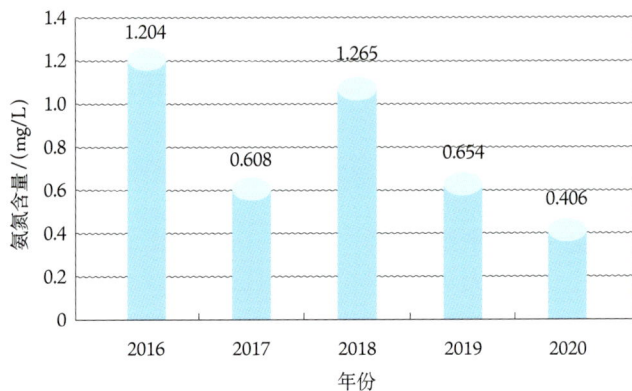

❯ 图6-7
海珠湖区域
2016—2020年溶解氧含量均值
统计图

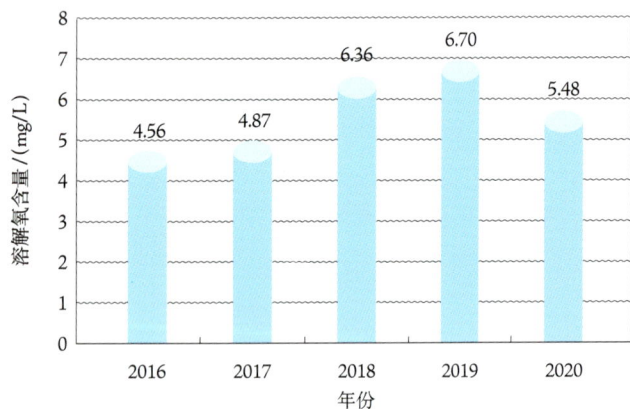

❯ 图6-8
海珠湖区域
2016—2020年$PM_{10}$含量均值
统计图

❯ 图6-9
海珠湖区域
2016—2020年$PM_{2.5}$含量均值
统计图

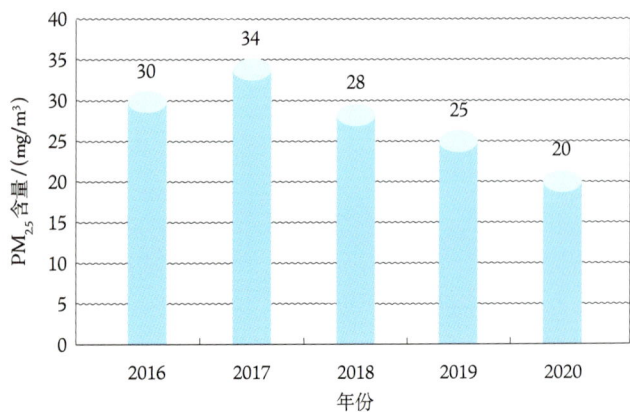

❯ 图6-10
海珠湖区域
2016—2020年CO含量均值
统计图

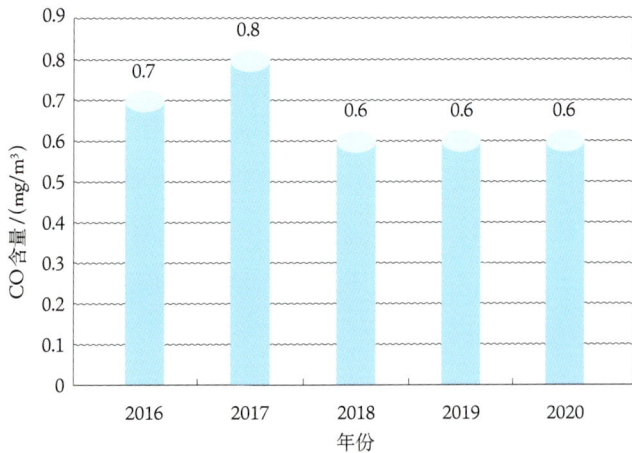

# 参考文献

→ BORCARD D, GILLET F, LEGENDRE P, 等. 数量生态学——R语言的应用 [M]. 2版. 赖江山, 译. 北京: 高等教育出版社, 2020.

→ VAN DER MAAREL E, FRANKLIN J. 植被生态学 [M]. 2版. 杨明玉, 欧晓昆, 译. 北京: 科学出版社, 2017.

→ 鲍锋. 杜英生物学特性及园林环保应用价值的研究 [J]. 湖南林业科技, 2010, 37 (2): 74-75.

→ 曹朝银. 优良观赏植物——香蕉树 [J]. 河北农业科技, 2006 (5): 23.

→ 陈楚戟. 木芙蓉的观赏特性及园林应用分析 [J]. 南方农业, 2015, 9 (15): 84-85.

→ 陈定如. 垂枝红千层、柠檬桉、窿缘桉、尾叶桉 [J]. 广东园林, 2009, 31 (5): 75-76.

→ 陈定如. 水翁、海南蒲桃、蒲桃、洋蒲桃 [J]. 广东园林, 2007 (3): 79-80.

→ 成玉宁, 张祎, 张亚伟, 等. 湿地公园设计 [M]. 北京: 中国建筑工业出版社, 2012.

→ 褚芷萱, 马锦义, 邵海燕, 等. 不同应用类型园林树木固碳能力 [J]. 中国城市林业, 2022, 20 (1): 126-129.

→ 从睿, 张开文. 燎燎火焰, 艳冠群芳——火焰树 [J]. 园林, 2017 (7): 90.

→ 邓小飞. 园林植物 [M]. 武汉: 华中科技大学出版社, 2008.

→ 董春阳, 何长流, 赵鹏举. 观赏果树在园林景观中的应用价值及建议 [J]. 现代农业科技, 2021 (23): 124-125.

→ 方精云, 郭柯, 王国宏, 等. 《中国植被志》的植被分类系统、植被类型划分及编排体系 [J]. 植物生态学报, 2020, 44 (2): 96-110.

→ 广州市海珠区统计局. 2020年海珠统计年鉴. [EB/OL]. (2022-02-07) [2022-06-01]. http://www.haizhu.gov.cn/gzhztj/gkmlpt/content/8/8055/post_8055619.html#15582.

→ 郭柯, 方精云, 王国宏, 等. 中国植被分类系统修订方案 [J]. 植物生态学报, 2020, 44 (2): 111-127.

→ 侯学煜. 中国的植被 [M]. 北京: 人民教育出版社, 1960.

→ 胡涛. 基于能值方法的区域物种保育服务价值评估研究 [D]. 北京: 中国环境科学研究院, 2019.

→ 胡小飞, 唐宪, 胡月明等. 广州市城市森林净初级生产力遥感估算 [J]. 中南林业科技大学学报, 2016, 36 (5): 19-25.

→ 胡瑶. 芒属植物观赏性状评价及园林应用分析 [D]. 湖南农业大学, 2014: 57.

→ 黄碧琳. 木芙蓉的观赏特性及其园林应用探究 [J]. 现代园艺, 2021, 44 (14): 124-125.

→ 姜汉侨. 植物生态学 [M]. 北京: 高等教育出版社, 2004.

→ 李国莲. 分析凤凰木的人工栽培技术及在园林中的应用 [J]. 花卉, 2019 (24): 29-30.

→ 梁士楚. 广西湿地植被 [M]. 北京: 科学出版社, 2020.

→ 林志伟. 黄金香柳的特征特性及栽培管理技术 [J]. 现代园艺, 2016 (9): 28-29.

→ 刘连海, 唐昌亮, 文才臻, 等. 宫粉羊蹄甲的文化内涵及其园林应用价值 [J]. 林业与环境科学, 2016, 32 (3): 104-107.

→ 陆健健. 湿地生态学 [M]. 北京: 高等教育出版社, 2006.

→ 罗毅. 风车草旋出绿色风情 [J]. 园林, 2000 (6): 37+36.

→ 蒲霜. 广东四市林业外来植物入侵风险评价 [D]. 广州: 华南农业大学, 2016.

→ 彭少麟, 潘永华, 周婷. 澳门植被志 [M]. 澳门: 澳门特别行政区民政总署园林绿化部, 2014.

→ 阮少唐. 阳桃的生物学特性与高产栽培技术 [J]. 中国果树, 1987, (2): 29-31.

→ 宋永昌. 对中国植被分类系统的认知和建议 [J]. 植物生态学报, 2011, 35 (8): 882-892.

→ 孙苏南, 王小德, 邓磷曦, 等. 水杉、池杉、落羽杉在园林植物造景中的应用 [J]. 福建林业科技, 2013, 40 (2): 171-175.

→ 田毅, 李家兴. 绿化树种杜英引种观察 [J]. 汉中科技, 2008, (3): 46-47.

→ 汪学峰, 杨清保. 鸢尾在园林中的应用 [J]. 现代装饰 (理论), 2011 (7): 36.

→ 王伯荪, 彭少麟. 鼎湖山森林群落分析——IV、相似性和聚类分析 [J]. 中山大学学报 (自然科学版), 1985 (1): 31-38.

→ 王伯荪, 彭少麟. 植物生态学——群落与生态系统 [M]. 北京: 中国环境科学出版社, 1997.

→ 王浩, 汪辉, 王胜永, 等. 城市湿地公园规划 [M]. 南京: 东南大学出版社, 2008.

→ 王炜, 孙发政, 刘荣堂, 2006. 深圳类芦边坡绿化的应用状况: 5.

→ 魏彦. 珠海市树——一红花羊蹄甲 [J]. 广东园林, 1990 (3): 36.

→ 吴豪, 徐晓帆. 黄金香柳的栽培管理及应用 [J]. 上海建设科技, 2005 (4): 42-43.

→ 吴诗华. 观果植物栽培与欣赏 [M]. 福州: 福建科学技术出版社, 1999.

→ 谢慧莹, 郭程轩. 广州海珠湿地生态系统服务价值评估 [J]. 热带地貌, 2018, 39 (1): 26-33.

→ 熊友华, 闫建勋. 银合欢和黑荆树的引种栽培研究 [J]. 中国热带农业, 2011 (4): 32-33.

→ 闫双喜, 刘保国, 李永华. 景观园林植物图鉴 [M]. 河南: 河南科学技术出版社, 2013.

→ 阳含熙, 卢泽愚. 植物生态学的数量分类方法 [M]. 北京: 科学出版社, 1981.

→ 杨成华任远. 优良园林树种猴欢樟及其培育 [J]. 贵州林业科技, 2001, (1): 28-31.

→ 杨海鸥. 观花植物——香彩雀 [J]. 中国花卉盆景, 2005 (6): 8-9.

→ 叶超宏, 胡晓敏, 刘湘源, 等. 值得在华南地区推广应用的3种野生观赏樱属植物 [J]. 广东园林, 2015, 37

（3）：4-6.

→ 余平. 广州市海珠湿地果园景观改造研究 [D]. 广州：仲恺农业工程学院，2014.

→ 张金屯. 数量生态学 [M]. 2版. 北京：科学出版社，2011.

→ 张少华，高泽正. 园林绿化新树种——银海枣 [J]. 林业实用技术，2005（4）：40.

→ 赵魁义，姜玥，田昆，等. 中国湿地植被与植物图鉴 [M]. 北京：科学出版社，2020.

→ 赵欣胜，崔丽娟，李伟，等. 吉林省湿地生态系统水质净化功能分析及其价值评价 [J]. 水生态学杂志，2016，37（1）：31-38.

→ 赵艳岭，刘志强，邢红华. 优质固土护坡植物——狗牙根 [J]. 种业导刊，2008（3）：33+35.

→ 郑志强. 荔枝林景观在岭南园林中的审美特征研究 [J]. 流行色，2019（1）：127-128.

→ 中国科学院中国植物志编辑委员会. 中国植物志：第八卷 [M]. 北京：科学出版社，1992.

→ 中国科学院中国植物志编辑委员会. 中国植物志：第二十七卷 [M]. 北京：科学出版社，1979.

→ 中国科学院中国植物志编辑委员会. 中国植物志：第二十三卷（第一分册）[M]. 北京：科学出版社，1998.

→ 中国科学院中国植物志编辑委员会. 中国植物志：第九卷（第二分册）[M]. 北京：科学出版社，2002.

→ 中国科学院中国植物志编辑委员会. 中国植物志：第六十九卷 [M]. 北京：科学出版社，1990.

→ 中国科学院中国植物志编辑委员会. 中国植物志：第六十三卷 [M]. 北京：科学出版社，1977.

→ 中国科学院中国植物志编辑委员会. 中国植物志：第六十四卷（第一分册）[M]. 北京：科学出版社，1979.

→ 中国科学院中国植物志编辑委员会. 中国植物志：第七卷 [M]. 北京：科学出版社，1978.

→ 中国科学院中国植物志编辑委员会. 中国植物志：第三十九卷 [M]. 北京：科学出版社，1988.

→ 中国科学院中国植物志编辑委员会. 中国植物志：第三十一卷 [M]. 北京：科学出版社，1982.

→ 中国科学院中国植物志编辑委员会. 中国植物志：第十卷 [M]. 北京：科学出版社，1997.

→ 中国科学院中国植物志编辑委员会. 中国植物志：第十六卷（第二分册）[M]. 北京：科学出版社，1981.

→ 中国科学院中国植物志编辑委员会. 中国植物志：第十六卷（第一分册）[M]. 北京：科学出版社，1985.

→ 中国科学院中国植物志编辑委员会. 中国植物志：第十三卷（第三分册）[M]. 北京：科学出版社，1997.

→ 中国科学院中国植物志编辑委员会. 中国植物志：第十三卷，第二分册 [M]. 北京：科学出版社，1979.

→ 中国科学院中国植物志编辑委员会. 中国植物志：第十三卷 [M]. 北京：科学出版社，1991.

→ 中国科学院中国植物志编辑委员会. 中国植物志：第十一卷 [M]. 北京：科学出版社，1961.

→ 中国科学院中国植物志编辑委员会. 中国植物志：第四十九卷（第二分册）[M]. 北京：科学出版社，1984.

→ 中国科学院中国植物志编辑委员会. 中国植物志：第四十九卷（第一分册）[M]. 北京：科学出版社，1989.

→ 中国科学院中国植物志编辑委员会. 中国植物志：第四十九卷（第一分册）[M]. 北京：科学出版社，1984.

→ 中国科学院中国植物志编辑委员会. 中国植物志：第四十七卷（第一分册）[M]. 北京：科学出版社，1985.

→ 中国科学院中国植物志编辑委员会. 中国植物志：第四十三卷（第二分册）[M]. 北京：科学出版社，1997.

→ 中国科学院中国植物志编辑委员会. 中国植物志：第四十三卷（第一分册）[M]. 北京：科学出版社，1998.

→ 中国科学院中国植物志编辑委员会. 中国植物志：第四十四卷（第一分册）[M]. 北京：科学出版社，1994.

→ 中国科学院中国植物志编辑委员会. 中国植物志：第四十五卷（第一分册）[M]. 北京：科学出版社，1980.

→ 中国科学院中国植物志编辑委员会. 中国植物志：第五十二卷，第二分册 [M]. 北京：科学出版社，1983.

→ 中国科学院中国植物志编辑委员会. 中国植物志：第五十三卷（第二分册）[M]. 北京：科学出版社，2000.

→ 中国科学院中国植物志编辑委员会. 中国植物志：第五十三卷（第一分册）[M]. 北京：科学出版社，1984.

→ 中国湿地植被编辑委员会. 中国湿地植被 [M]. 北京：科学出版社，1999.

→ 中国植物委员会. 中国植被 [M]. 北京：科学出版社，1980.

→ 周厚高. 植物造景丛书——绿篱植物景观 [M]. 南京：江苏凤凰科学技术出版社，2019c.

→ 周厚高. 植物造景丛书——水体植物景观 [M]. 南京：江苏凤凰科学技术出版社，2019a.

→ 周厚高. 植物造景丛书——行道植物景观 [M]. 南京：江苏凤凰科学技术出版社，2019b.

→ 周璟，陈中义，李华成. 野生植物构的生物学，生态学及园林应用 [J]. 长江大学学报（自然版）理工卷，2015（15）：9-12，26.

→ 周婷. 南岭自然保护区天井山植被志 [M]. 北京：科学出版社，2020.

→ 庄雪影. 园林树木学 [M]. 广州：华南理工大学出版社，2006.

→ BRAUN-BLANQUET J. Zur Kenntnis der Vegetationsverhältnisse des Grossen Atlas [M]. Zürich: Buchdruckerei Gebr. Fretz AG, 1928.

→ CARNAHAN J A. International classification and mapping of vegetation[M]. Paris: Unesco, 1973.

→ CLEMENTS F. Plant succession: an analysis of the development of vegetation [M]. Washington: Carnegie Institution of Washington, 1916.

→ CLEMENTS F E. Research methods in ecology[M]. New York: University Publishing Company, 1905.

→ DANSEREAU P. Biogeography—An ecological perspective.[M]. New York: The Ronald Press, 1957: 1-394.

→ ELLENBERG D, MUELLER-DOMBOIS D. Aims and methods of vegetation ecology [M]. New York: Wiley, 1974.

→ ELLENBERG H. Tentative physiognomic-ecological classification of plant formations of the earth. Ber. geobot[J]. Inst. ETH, Stiftg. Rubel, Zurich, 1967（37）: 21-55.

→ FLAHAULT C. La nomenclature de la géographie botanique[J]. JSTOR, 1901（10）: 260-265.

→  FOSBERG F R. A classification of vegetation for general purpose[J]. Trop. Ecol., 1961（2）: 1-28.

→  GRISEBACH A. Die Vegetation der Erde: nach ihrer Klimatischen Anordnung. Ein Abriss der Vergle-ichenden Geographie der Pflanzen[M]. Leipzig: W. Engelmann, 1884.

→  GROOTENDORST M. 9 Distance Measures in Data Science. [EB/OL]. （2021-02-01）[2021-06-01]. https://www.maartengrootendorst.com/blog/distances/.

→  KUCHLER A W. Vegetation mapping[M]. New York: The Roland Press, 1967.

→  MUELLER-DOMBOIS D, ELLENBERG H. Vegetation types: a consideration of available methods and their suitability for various purposes[J]. Island Ecosystems IRP, 1974.

→  TANSLEY A G. The classification of vegetation and the concept of development[J]. The Journal of Ecology, 1920: 118-149.

→  VON HUMBOLDT A, BONPLAND A. Ideen zu einer Geographie der Pflanzen nebst einem Naturgemälde der Tropenländer: auf Beobachtungen und Messungen gegründet, welche vom 10ten Grade nördlicher bis zum 10ten Grade südlicher Breite, in den Jahren 1799, 1800, 1801, 1802 und 1803 angestellt worden sind[M]. Cotta, 1807.

→  WESTHOFF V, MAAREL E V D. The braun-blanquet approach[M]. Berlin: Springer, 1978: 287-399.

→  WorldBank. State and Trends of Carbon Pricing 2020. [EB/OL]. （2020-05-27）[2020-06-01]. https://openknowledge.worldbank.org/handle/10986/33809.

图书在版编目（CIP）数据

广州海珠国家湿地公园植被志 / 周婷主编；蔡莹，
范存祥，陈子豪副主编.--北京：高等教育出版社，
2023.4
ISBN 978-7-04-059919-0

Ⅰ.①广… Ⅱ.①周… ②蔡… ③范… ④陈… Ⅲ.
①沼泽化地–国家公园–植被志–广州 Ⅳ.
①Q948.526.51

中国国家版本馆CIP数据核字（2023）第016388号

广州海珠
GUANGZHOU HAIZHU

国家湿地公园
GUOJIA SHIDI GONGYUAN

植被志
ZHIBEI ZHI

| | |
|---|---|
| 策划编辑　王　莉 | 字数　480千字 |
| 责任编辑　陈亦君 | 版次　2023年4月第1版 |
| 书籍设计　张申申 | 印次　2023年4月第1次印刷 |
| 责任印制　赵义民 | 定价　98.00元 |

出版发行　高等教育出版社
社址　北京市西城区德外大街4号
邮政编码　100120
购书热线　010-58581118
咨询电话　400-810-0598
网址
http://www.hep.edu.cn
http://www.hep.com.cn
网上订购
http://www.hepmall.com.cn
http://www.hepmall.com
http://www.hepmall.cn
印刷　北京盛通印刷股份有限公司
开本　889mm×1194mm　1/16
印张　20

本书如有缺页、倒页、脱页等
质量问题，请到所购图书销售
部门联系调换

版权所有　侵权必究
物料号　59919-00

反盗版举报电话
(010) 58581999
58582371
反盗版举报邮箱
dd@hep.com.cn
通信地址
北京市西城区
德外大街4号
高等教育出版社
法律事务部
邮政编码
100120

读者意见反馈
为收集对教材的
意见建议，进一步
完善教材编写并
做好服务工作，
读者可将对本教材的
意见建议通过
如下渠道反馈
至我社。

咨询电话
400-810-0598
反馈邮箱
gjdzfwb@pub.hep.cn
通信地址
北京市朝阳区
惠新东街4号
富盛大厦1座
高等教育出版社
总编辑办公室
邮政编码
100029

防伪查询说明
用户购书后刮开封底防伪涂层，使用手机微信等软件扫描二维码，会跳转至防伪查询网页，
获得所购图书详细信息。

防伪客服电话　(010) 58582300